大型锻件成形组织仿真预报

骆俊廷　张艳姝　著

燕山大学出版社
·秦皇岛·

图书在版编目(CIP)数据

大型锻件成形组织仿真预报/骆俊廷,张艳姝著.—秦皇岛:燕山大学出版社,2022.6
ISBN 978-7-5761-0115-7

Ⅰ.①大… Ⅱ.①骆…②张… Ⅲ.①大型锻件-成型-数值模拟 Ⅳ.①TG316

中国版本图书馆 CIP 数据核字(2022)第 083660 号

大型锻件成形组织仿真预报

骆俊廷　张艳姝　著

出 版 人：陈　玉	
责任编辑：孙志强	策划编辑：孙志强
责任印制：吴　波	封面设计：方志强
出版发行：燕山大学出版社 YANSHAN UNIVERSITY PRESS	地　　址：河北省秦皇岛市河北大街西段 438 号
邮政编码：066004	电　　话：0335-8387555
印　　刷：英格拉姆印刷(固安)有限公司	经　　销：全国新华书店
尺　　寸：170 mm×240 mm　16 开	印　　张：21.5
版　　次：2022 年 6 月第 1 版	印　　次：2022 年 6 月第 1 次印刷
书　　号：ISBN 978-7-5761-0115-7	字　　数：410 千字
定　　价：86.00 元	

版权所有　侵权必究

如发生印刷、装订质量问题,读者可与出版社联系调换
联系电话:0335-8387718

前 言

  大型铸锻件制造行业是我国经济建设的重要行业,也是我国重大装备制造业的基础。大型锻件在重型机械制造业、冶金业、电力工业、兵器工业与航空航天工业、石油化工业、船舶业以及汽车工业等领域有广泛的应用。

  数值模拟技术是进行锻件数字化成形设计的重要途径,采用数值模拟技术来指导锻造工艺的开发,对材料利用率的提高、锻件质量的改善以及新工艺的研发等方面具有重要的推动作用。通过此方法对大型锻件的成形工艺和微观组织进行模拟和预测,对大型锻件的实际生产具有重要的指导意义。对在 Gleebe-1500 热模拟机上进行热压缩试验获得的基础试验数据进行分析,研究材料的动态再结晶、亚动态再结晶、静态再结晶以及晶粒长大行为,建立微观组织演化的动力学方程,将方程插入 Deform-3D 有限元软件中,对材料热变形过程中的微观组织演化情况进行模拟,研究材料的微观组织演化规律,对于控制大型锻件质量具有重要的意义。

  30Cr2Ni4MoV 合金钢、42CrMo 合金钢、GH4169 高温合金和 TA15 钛合金等材料是大型锻件的常用材料:30Cr2Ni4MoV 属于超临界及超超临界机组汽轮机用超纯净低压转子大型锻件用钢;GH4169 高温合金是航空航天高温大型零部件和工业汽轮机领域大型零件的主要关键制造材料,主要用来制造航空发动机用涡轮盘、大型甩油盘、整体转子和大型轴类等零件;TA15 钛合金除了主要用来生产飞机发动机压气机盘、叶片、机匣、蒙皮等零件,同时也是火箭、导弹和高速飞机的大型结构件制造的主要材料之一;

42CrMo钢在汽车制造领域应用广泛,用于制造要求较高的大型锻件,如机车牵引用的大齿轮、增压器传动齿轮、转向节臂、后轴、受载荷极大的连杆等。目前,大型锻件锻造常用材料锻造过程中的组织仿真预报技术尚未系统化,本书以上述4种材料的锻造变形过程组织预报技术为例,对其进行系统介绍和归纳,致力于实现这一功能。

本书重点介绍如下内容:大型锻件组织仿真预报概况、30Cr2Ni4MoV钢锻造成形微观组织预报、GH4169高温合金锻造成形微观组织预报、GH4169高温合金多向锻造工艺微观组织预报、TA15钛合金锻造成形微观组织预报、42CrMo钢锻件微观组织预报以及基于BP神经网络的锻造成形微观组织预报。

本书由燕山大学骆俊廷、北京机科国创轻量化科学研究院有限公司(原机械科学研究总院先进制造技术研究中心)张艳姝著,两位著者在大型锻件制造领域开展了多年的合作。本书的绝大部分内容为著者多年来研究成果的凝练,对博士研究生靳永波,硕士研究生潘利永、吴桂芳、尹宗美、栾伟和杨哲懿等在攻读学位期间的贡献表示感谢。

本书在写作过程中得到了先进锻压成形技术与科学教育部重点实验室和燕山大学亚稳材料制备技术与科学国家重点实验室的大力支持,在此表示感谢。

大型锻件锻造过程的组织预报技术需要与生产实践密切结合,不断对模型进行修正,本书重在方法研究,尚需要不断完善。由于个人能力所限,一些相关内容和作者的研究成果会存在问题或错误,望读者批评指正。

著 者

2020年12月

目 录

第1章 材料锻造变形组织仿真预报概况 ………………………………………… 1
  1.1 引言 ……………………………………………………………………… 1
  1.2 大型锻件成形模拟研究概况 …………………………………………… 2
  1.3 锻件变形过程中的微观组织演变与模拟研究概况 …………………… 3
      1.3.1 微观组织演变的物理模拟研究概况 …………………………… 3
      1.3.2 微观组织演变的数值模拟研究现状 …………………………… 5
  1.4 材料模型研究进展 ……………………………………………………… 6
      1.4.1 材料本构模型研究进展 ………………………………………… 7
      1.4.2 材料微观组织演变模型研究进展 ……………………………… 11
  1.5 神经网络及其在锻造组织预测中的应用 ……………………………… 13
      1.5.1 神经网络 ………………………………………………………… 13
      1.5.2 神经网络在锻造组织预测中的研究进展 ……………………… 14

第2章 30Cr2Ni4MoV钢锻造成形微观组织预报 ………………………… 15
  2.1 30Cr2Ni4MoV钢热压缩变形及动力学方程 …………………………… 15
      2.1.1 动态再结晶 ……………………………………………………… 15
      2.1.2 亚动态再结晶 …………………………………………………… 27
      2.1.3 静态再结晶 ……………………………………………………… 31
      2.1.4 晶粒长大 ………………………………………………………… 36
  2.2 热锻模拟过程中热力学参数的测定 …………………………………… 39
      2.2.1 热力学参数对温度场的影响分析 ……………………………… 39
      2.2.2 等效热参数的定义 ……………………………………………… 40
      2.2.3 测定等效热力学参数的试验方案 ……………………………… 42
  2.3 材料微观组织预测模型的试验验证 …………………………………… 48
      2.3.1 材料的成形试验 ………………………………………………… 49
      2.3.2 成形试验结果 …………………………………………………… 51
      2.3.3 成形工艺的数值模拟 …………………………………………… 57
      2.3.4 试验值与模拟结果的对比 ……………………………………… 59

第3章　GH4169高温合金锻造成形组织预报 …… 61

3.1　引言 …… 61
3.2　GH4169高温合金的高温变形行为研究现状 …… 61
　　3.2.1　GH4169高温合金的流变应力模型研究现状 …… 62
　　3.2.2　GH4169高温合金的微观组织演化模型研究 …… 63
3.3　GH4169高温合金热变形过程中的成形模拟 …… 66
　　3.3.1　GH4169高温合金热变形过程中的宏观模拟 …… 66
　　3.3.2　GH4169高温合金热变形过程中的微观模拟 …… 67
3.4　GH4169高温合金的热压缩变形试验 …… 68
　　3.4.1　动态再结晶 …… 68
　　3.4.2　亚动态再结晶 …… 82
　　3.4.3　静态再结晶 …… 90
　　3.4.4　晶粒长大 …… 99
　　3.4.5　GH4169高温合金的热加工图 …… 102
3.5　GH4169高温合金的微观组织演化模型 …… 109
　　3.5.1　GH4169高温合金动态再结晶模型的建立 …… 109
　　3.5.2　GH4169高温合金亚动态再结晶模型的建立 …… 111
　　3.5.3　GH4169高温合金静态再结晶模型的建立 …… 114
　　3.5.4　GH4169高温合金晶粒长大模型的建立 …… 117
3.6　GH4169高温合金涡轮盘锻造工艺模拟 …… 119
　　3.6.1　等效热参数的测定 …… 119
　　3.6.2　高温合金涡轮盘锤锻模拟 …… 122
　　3.6.3　模拟结果分析 …… 123
　　3.6.4　模拟验证试验 …… 132

第4章　GH4169高温合金多向锻造工艺组织预报 …… 135

4.1　引言 …… 135
4.2　多向锻造工艺 …… 136
　　4.2.1　二维多向锻造工艺 …… 137
　　4.2.2　三维多向锻造工艺 …… 138
4.3　材料模型研究进展 …… 139
　　4.3.1　材料本构模型研究进展 …… 139
　　4.3.2　材料微观组织演变模型研究进展 …… 143
4.4　神经网络及其在锻造组织中的预测应用 …… 145
　　4.4.1　神经网络 …… 145

4.4.2 神经网络在锻造组织预测中的研究进展 ································ 146
4.5 GH4169合金本构方程和Deform软件二次开发 ································ 146
4.5.1 试验材料和试验方法 ································ 146
4.5.2 试验结果分析 ································ 148
4.5.3 本构方程的构建 ································ 150
4.5.4 动态再结晶模型 ································ 154
4.5.5 Deform软件二次开发 ································ 160
4.5.6 再结晶过程子程序的编制 ································ 161
4.6 多向锻造微观组织演化模拟 ································ 163
4.6.1 有限元模型的建立 ································ 164
4.6.2 单开式多向锻造数值模拟结果与分析 ································ 165
4.6.3 不同工艺对比分析 ································ 191
4.6.4 锻件在不同条件下微观组织变化情况 ································ 195
4.6.5 锻件的不均匀性 ································ 198
4.7 微观组织演化的神经网络预测 ································ 202
4.7.1 网络结构设计 ································ 202
4.7.2 神经网络训练结果与分析 ································ 204
4.8 微观组织演化预测的试验验证 ································ 211
4.8.1 试验材料及方法 ································ 211
4.8.2 锻造工艺 ································ 212
4.8.3 试验结果分析 ································ 212
4.8.4 与神经网络预测结果的对比分析 ································ 218

第5章 TA15钛合金锻造成形微观组织预报 ································ 220
5.1 TA15钛合金的国内外研究现状 ································ 220
5.1.1 钛合金简介 ································ 220
5.1.2 TA15本构模型的研究现状 ································ 221
5.1.3 TA15微观组织模型的研究进展 ································ 222
5.2 TA15钛合金的应力应变曲线 ································ 225
5.2.1 试验材料及方法 ································ 225
5.2.2 试验结果分析 ································ 226
5.2.3 变形热的计算 ································ 232
5.3 TA15钛合金的热变形本构关系 ································ 236
5.3.1 本构模型的构建 ································ 236
5.3.2 计算值与试验值对比 ································ 242

5.4 微观组织分析 ································ 244
5.4.1 钛合金的微观组织 ························ 244
5.4.2 金相试验 ······························· 245
5.4.3 试验结果分析与讨论 ······················ 245
5.4.4 微观组织模型 ··························· 257
5.5 锻造工艺设计 ·································· 260
5.5.1 热加工图 ······························· 260
5.5.2 局部流动失稳准则 ························ 265
5.6 TA15 钛合金横梁锻造过程模拟仿真 ················ 266
5.6.1 TA15 钛合金的热物理参数 ·················· 266
5.6.2 模具的材料参数 ·························· 267
5.6.3 模拟试验方案及参数设置 ···················· 268
5.6.4 模拟结果分析 ··························· 268
5.6.5 微观组织演化预测 ························ 275

第6章 42CrMo 钢锻造成形组织预报 ···················· 276
6.1 42CrMo 钢本构关系研究现状 ····················· 276
6.2 锻态 42CrMo 钢高温流变及动态再结晶行为 ·········· 278
6.2.1 引言 ································· 278
6.2.2 高温压缩试验 ··························· 278
6.2.3 金相试验 ······························ 282
6.3 锻态 42CrMo 钢本构方程和动态再结晶模型 ·········· 285
6.3.1 引言 ································· 285
6.3.2 本构方程的构建 ·························· 285
6.3.3 动态再结晶模型的建立 ····················· 289
6.4 锻态 42CrMo 钢的热加工图 ······················· 296
6.5 转向节臂锻造成形模拟与组织预测 ·················· 300
6.5.1 研究对象 ······························ 300
6.5.2 成形工艺模拟与组织预测 ···················· 300
6.6 转向节臂关键成形工序的改进 ····················· 307
6.6.1 制坯工序的改进 ·························· 307
6.6.2 楔横轧制坯有限元成形分析 ·················· 311
6.6.3 楔横轧制坯成形结果的分析 ·················· 313

第7章 基于 BP 神经网络的锻造成形微观组织预报 ········ 316
7.1 引言 ······································ 316

7.2 预报原理 ··· 316
7.2.1 神经网络建模 ··· 316
7.2.2 神经网络训练 ··· 317
7.2.3 神经网络 GUI 开发 ·· 321
7.3 采用 BP 神经网络建立组织性能预报模型 ························· 322
7.3.1 神经网络对 30Cr2Ni4MoV 多向锻造预测 ····················· 322
7.3.2 神经网络对 TA15 多向锻造预测 ································· 324
7.4 神经网络对其他锻造成形工艺的预报 ································ 326
7.4.1 30Cr2Ni4MoV 钢连接杆锻造工艺 ······························· 326
7.4.2 TA15 钛合金齿轮托架成形工艺 ·································· 329

参考文献 ··· 331

第1章
材料锻造变形组织仿真预报概况

1.1 引言

大型铸锻件制造行业是我国经济建设与发展国民经济的重要行业,也是我国重大装备制造业的基础,其中大型锻件在重型机械设备、冶金业中的轧钢设备、电力工业中的发电设备、兵工器与航空航天工业、石油化工、船舶业以及汽车工业等都有较为广泛的应用。

虽然我国锻造行业具备一定的生产规模,但是同发达国家锻造行业相比,在劳动生产率、技术水平以及制造材料的利用率方面都存在一定的差距。大锻件制造过程中废品率较高,这是制约大锻件行业发展的瓶颈,无法满足我国电力、石化、冶金以及船舶等行业快速发展的市场需求。要实现大锻件产品质量的稳定和尺寸精度的提高,必须提高该项技术的科学化和可控化水平,因此大型锻件的虚拟制造和仿真技术已经成为这一领域的主要发展方向。

近年来,热成形产品仿真重心已由仅仅局限于研究金属的宏观塑性流动行为或是局部热力参数的分布,转而投向预测高温变形过程中材料的微观组织变化与力学性能,这一问题涉及金属学、固体力学、传热学等多学科。仿真模拟能够为热变形工艺参数制定优化提供参考依据,对产品质量的提高与生产成本的降低也有着重要的作用,其应用前景十分广阔。

由于大型锻件生产的特殊性,计算机仿真模拟技术在研究大锻件"成形控性"过程中的作用就显得尤为重要。为了实现大型锻件材料热变形过程中宏观力学行为和微观组织演变行为的表征与预测,本书通过热压缩试验,研究其在整个热变形过程中的宏观流动行为与动态再结晶、亚动态再结晶、静态再结晶以及晶粒长大等微观组织的演化规律,在此基础上,建立宏观微观相耦合的模型,采用有限元模拟和神经网络相结合的手段来建立锻造过程中无相变材料 30Cr2Ni4MoV 合金钢、42CrMo 合金钢、GH4169 高温合金和锻造过程中有相变材料 TA15 钛合金四种大型锻件常用材料锻造变形过程中的神经网络模型,来指导锻造制品的实际生产过程,从而实现控制大型锻件的锻造质量。

1.2 大型锻件成形模拟研究概况

大型锻件锻造的目的在于既保证坯料所需尺寸,又能消除坯料内部的缺陷以及使得其内部处于良好的应力状态,以满足零件较高的机械性能要求。这就要求在实际生产中不断调整工艺参数寻找最优组合,而依靠工艺试验和试错法进行生产工艺的制定,更加依赖于设计者的经验,通常对新工艺分析不完善、模具设计不合理以及材料的选择不当,导致大量零件的报废,既浪费了大量的人力、物力、财力,也不能满足机械性能的要求。利用仿真模拟技术,对工艺参数以及模具设计进行优化,可以大大缩短产品的研发周期并降低产品的生产成本。

而无论是在保证锻件成形尺寸方面,还是在消弭锻件内部缺陷的研究中,数值模拟都是以获得更好的应力应变分布为目标,以改善模具的结构参数、变形温度、变形量以及砧宽比等大型锻造工艺参数。通过模拟可以比较多种工艺方案的优劣,从中总结规律、分析原因,最终确定最优的参数组合,并辅以试验或物理模拟予以修正。

在宏观成形仿真方面,刘鑫等在 FM 法的基础上,采用将上平砧改为凹型角度砧的工艺方法,利用三维刚塑性有限元法模拟了拔长过程中压下量、凹型角度以及砧宽比等工艺参数对应力应变分布的影响,优化得到当凹型角度是 6°时,可以使得心部获得更好的变形与更大的静水压力,从而对心部压实更加有利。同样,钟约先等通过模拟改进后的 V 形砧倒棱新工艺对工件的应力应变分布影响,发现新工艺同原工艺相比能更好地使锻件心部获得较大等效应变和静水压力,并确定该工艺下的最优工艺参数组合,即 V 形砧角度小于等于 120°、压下量应大于 20%、连砧错砧时为最佳工艺参量组合。张景利等则针对 FM 法拔长出现表面裂纹的情况,通过模拟研究对砧宽比和变形量这两个工艺参量进行了优化,发现当砧宽比控制在 0.6 左右、压下量为 14%～20%时,能够有效避免表面裂纹的出现,同时也能使得整个工件变形处于合理的塑性变形区间范围内,此法在保证塑性较差的材料锻造质量方面意义尤为重大。赵玲玲等通过模拟比较了不同夹角 V 形砧在相同变形条件下对工件变形区域应力应变分布效果的影响,提出了将 V 形砧面改为梯形凸面型砧的拔长锻造新工艺,数据显示改进后锻坯内部的压应力有所提高,在心部获得较大且均匀的变形的同时,其次表面金属也有比原工艺较好的变形和应力状态,因此也有利于工件内部孔洞缺陷的锻合。任运来等提出凹面砧拔长的新工艺,模拟结果表明,在相同变形量的前提下,该工艺应力水平比未改进前提高了 30%～50%,而且对空洞缺陷的闭合效果影响也优于未改进前的工艺。倪立勇等为了能够达到通过控制金属的流动方向来减少轴类锻件的异向力学性能的目的,通过模拟探讨了水平 V 形砧这一新的锻造方法,发现在相同工艺参数下,锻件心部的横向应力都处于压应力状态,比普通平砧锻造法在控制横向应力上更为有利。

在模拟锻造过程中工件内部缺陷消弭方面,李永华等以 MSC.Superform 软件模拟了镦粗过程中孔洞的闭合过程,并探讨了压下量对孔洞闭合的影响以及孔洞直径与闭合临界压下率的关系。崔振山等利用 MARC 再现了圆柱体热镦粗时内部球形空洞的闭合过程以及空洞周围的应力场分布,得到温度与应变速率对空洞闭合影响不大,但高温却是空洞焊合的必要条件的结论。蒋智等分别对圆柱体多空洞以及单空洞的情况进行了模拟分析,对于多空洞(以两个空洞为例)情况,主要分析了两空洞相对位置以及尺寸对孔洞闭合速度与圆柱体内部应力应变分布的影响;对于单空洞情况,则主要分析了空洞所处位置与对应闭合所需压下量的关系。江祖康等以计算机定量分析的方法,通过 ESR 树枝晶研究模型和物理常温模拟,研究了凹形坯料镦粗、扩孔及反复镦扩三种不同变形工艺对 ESR 树枝晶的改善效果。

上述锻造宏观方面模拟研究的特点是:通过模拟变形方式、砧宽比、模具结构参数以及变形量等大型锻造工艺参数的改变对材料内部应力水平的影响,评价不同工艺方案的优劣,从中总结规律和分析原因,最终实现锻造工艺参数的优化。

1.3 锻件变形过程中的微观组织演变与模拟研究概况

金属的热变形过程中,材料的组织由于温度与变形的耦合作用,发生了多种机制的微观变化,如动静态回复、动态再结晶、静态再结晶以及晶粒长大等组织变化,而这些微观组织的变化反过来作用于材料的宏观力学性能,对产品的质量产生影响。因此研究材料的微观组织演变的过程,预测与控制锻件的最终组织分布状态和性能具有非常重要的意义。比较现实的问题是,通过实际的生产试验来探索热变形过程中材料的微观组织演变规律的方法,无论是在经济、时间,还是试验条件上,都会造成大量能源、材料等不必要的浪费,特别是对于重量大、成本高、生产周期长的大型锻件。所以当前,国内外学者针对微观组织的研究,通常都是通过物理模拟和数值模拟进行的。对热变形过程进行微观组织模拟可以在实际成形前预测成形件的微观组织变化,从而有针对性地对工艺方案进行优化,进而达到对热成形过程中微观组织的控制,获得较高质量的工件。

1.3.1 微观组织演变的物理模拟研究概况

物理模拟是建立与原型基本条件相似的模型,通过试验室物理试验来模拟真实物理过程的方法。针对金属热变形过程中微观组织演变,则主要是通过研究金属与合金在热变形过程中温度、应变、应变速率等变形工艺参数来建立描述组织状态的函数,通常函数只考虑晶粒平均尺寸、结晶的体积分数、晶粒的平均分布情况等微观组织参量的数值。对于锻造过程而言,在研究锻造成形工艺时所采用的物理模拟试验主要有材料热变形基础试验和工艺模拟试验两种形式。而后者主要研究的是对砧宽比、料宽比和压下量等工艺参数的有效匹配控制,从而获得更优的锻件内部应力状态,总的来说其更侧重于宏观参量的描述。

通过压缩、拉伸、扭转等材料热变形基础试验的物理模拟试验,实测得到材料的应力应变关系、塑性等热变形性能参数、接触摩擦系数以及材料相应的热物性参数,以定量的金相分析的方式,研究热变形过程中组织的变化与变形温度、变形速度、变形量等热力参数的关系。采用等温恒应变速率压缩试验,研究锻造材料热变形过程中的动态回复、动态再结晶、晶粒长大和相变等多种微观组织演化过程。

刘鹏飞等采用热压缩试验建立了 GH761 合金在热态变形中动态再结晶过程的物理模型,使用 Quantiment-500 型自动图像分析仪,避免了人工测量人为误差,能够较为准确地测得材料的动态再结晶晶粒度和再结晶体积分数,这样使得后续验证更为可信。刘鑫等采用高温热力学模拟试验研究了 30Cr2Ni4MoV 钢在大型锻造生产条件下细化晶粒的锻造工艺区间和材料发生动态再结晶的临界条件。董岚枫等则在热模拟试验的基础上,针对 20SiMn 钢在动态再结晶机制下晶粒细化的锻造工艺区间进行了研究,建立动态再结晶动力学方程,通过一种新的基于材料流动应力曲线的测量方法,测量动态再结晶体积比,并对其加以验证。这些研究所得模型都是基于单道次压缩变形,不适用于描述由于多道次变形存在应变累积效应导致的热变形微观组织的演化情况。清华大学的刘鑫等虽然通过物理模拟试验研究了汽轮机低压转子用钢 30Cr2Ni4MoV 在低应变速率、多道次变形条件下的动态再结晶行为,但研究只是定性地描述了动态再结晶的发生条件和组织控制规律,并未建立准确的数学模型。

在材料其他的软化机制方面,Lin Yongcheng 等利用两道次热压缩的方法,研究了 42CrMo 钢在热变形后保温时间里的亚动态再结晶与静态再结晶的软化规律,分析了变形温度、应变速率、变形量与初始奥氏体晶粒尺寸等热变形工艺参数对该种材料亚动态再结晶、静态再结晶行为的影响。Ma 等以相同的研究方式,以 Q345B 钢为研究对象,分析了在变形道次间隔保温时间内,变形温度、变形速度以及变形程度等参量对材料的静态再结晶和亚动态再结晶的演变规律的影响。上述研究都是以 Avrami 方程为基础,辅以热压缩试验,通过数据的回归整理得到方程中各个参量的数值。钟志平通过热模拟和定量金相分析,将 20MnMoNi55 钢的亚动态再结晶与动态再结晶晶粒长大两种机制综合考虑为后动态再结晶,采用非线性回归法得到后动态再结晶模型。而 J. R. Cho 等在大量试验的基础上,建立了综合考虑动态再结晶和静态再结晶的微观组织演变数学模型,用于描述模具钢在热加工过程中的组织演变情况。

这些模型,都是根据试验数据回归获得材料的参数值而建立的经验本构模型,只能在一定范围内应用,且应用时模型中的常数要根据所研究的工艺条件重新确定。

上述这些研究,通过物理模拟得到了大量的试验数据,不仅能够为实际生产的工艺方案制定提供表征参数,如塑性、动态再结晶临界变形量等,同时也能为数值模拟提供必要而准确的材料模型或参数。模型的验证通常是从试样截面上取几个小区域进行平均晶粒度的计算值与试验值进行对比,研究的多是单道次或多道次的简单镦粗试验条件下的微观组织变化。而金属热变形过程是金属在热力作用下宏观流动行为和多种复杂微观组织变化行为相耦合的过程,且锻造间歇或成形后微观组织也有变化,模型无法对整个热成形过程金属的宏微观变形规律进行准确描述,需要进一步研究。

1.3.2 微观组织演变的数值模拟研究现状

试验研究方式与数值模拟技术相比,后者在问题的解决上更加全面、细致和深刻,这是前者所无法比拟的。因此,利用计算机模拟对问题进行研究,已成为当前研究和分析金属热塑性成形过程的主要方法。数值模拟技术在降低了制造生产成本的同时,还促使金属塑性成形研究从传统的定性化向定量化方向跨越。而且,由于晶粒尺寸、晶粒分布、相的组成等组织形态最终决定着零件的机械性能,因此数值模拟也已从单纯研究金属的宏观塑性流动行为或局部热力参数的分布,向更侧重于对热成形过程中复杂的组织演变进行模拟的方向发展,通过预测锻件组织变化,对工艺参数进行优化,最终达到控制产品质量的目的。

英国学者 Sellars 最早将热变形微观组织的预测应用于轧制工程领域,其在金属均匀变化的假设基础上,运用有限差分对热轧过程中温度场的变化进行了预测,并对热变形过程中材料的再结晶演化情况加以分析。而 Leduc 博士则将温度场模拟与微观组织模拟相结合,建立包含瞬时应变、应变速率和温度等参数的流动应力方程,对多道次轧制过程中奥氏体晶粒的演变进行了模拟。

在锻造方向,Kopp R. 将微观组织演变模型引入非稳态锻造过程,在整理分析了大量材料基础试验数据的基础上,拟合建立了一组关于再结晶体积分数、再结晶晶粒度以及流动应力等参量的经验函数式,编写有限元软件将其导入,并模拟预测了二维镦粗的动态再结晶情况。S. L. Semiatin 和 R. Shivpuri 等通过大量试验,研究了超耐热合金材料在热变形过程中的微观组织演变规律,以二维热镦粗和扁平状模锻过程为例,模拟预测了其晶粒尺寸和分布情况。Takaki 等将有限元法同多相场法相结合,对材料的静态再结晶情况进行了预测模拟,但模型未考虑变形材料的储存能分布的不均匀性。Y. S. Na 等将发生动态再结晶的临界应变值表述成应变、温度、应变速率三者的函数关系,建立镍基合金 718 在热变形过程中的微观组织演变方程,并基于三维有限元模拟,以变形后的晶粒尺寸和体积分数为目标,对镍基合金718叶片预锻和终锻进行了模拟分析。

在国内,曹起骧等应用三维热力耦合刚粘塑性有限元模拟技术,采用Yada模型描述高温情况下中碳钢动态再结晶的半经验数学模型,并考虑了再结晶这一微观演变过程对金属宏观流动行为的影响,将动态再结晶与塑性变形、热传导相耦合,模拟研究了中心压实法JTS锻造工艺下45号钢热锻成形的温度场、速度场、动态再结晶过程及再结晶晶粒大小、分布,并与试验结果进行了比较。王作成等则开发了微观组织模拟程序,使得模拟结果可视化,但只对45号钢热镦粗过程的动态再结晶的晶粒尺寸进行了模拟,并未考虑温度场变化的影响。上海交通大学的陈世佳选取我国生产低压转子的大锻件材料30Cr2Ni4MoV钢作为研究对象,以Laasraoui模型为基础,建立了该种材料的高温流动应力模型和微观组织演变模型,并通过对有限元软件MSC.Marc进行二次开发,对30Cr2Ni4MoV钢的热变形过程进行了数值模拟,但是由于试验模拟的局限性,模型未能对动态再结晶晶粒会发生静态再结晶和晶粒长大等现象进行描述。徐树杰等将多相场模型与Kocks-Mecking模型相结合构建了物理模型,通过模拟反映了初始晶粒度、温度以及变形速度对动态再结晶过程的影响,研究特别考虑了多道次变形的间隔时间内静态回复对动态再结晶的影响。北京机电所的曾志鹏将金泉林教授建立的基于细观力学和不可逆热力学内变量理论的一个新的动态再结晶过程的分析模型插入软件,用于预测动态再结晶引起的晶粒细化,还可以预测由于动态再结晶完成不充分所造成的晶粒度差(即混晶缺陷)的发生与发展。

以上这些模拟结果主要分析了金属热塑性成形过程中的如下问题:(1)获得了金属热塑性成形过程中的特定工艺下的等效应变,等效应变速率等宏观力学性能参数;(2)变形温度、应变速率、应变等工艺参数对动态再结晶、静态再结晶等微观组织演化规律的影响;(3)建立描述动态再结晶、静态再结晶以及晶粒长大等微观组织演变的函数,并对材料形变后的晶粒大小以及平均分布进行了研究。

这些模拟得到了大量的数据,既能够为大型锻造工艺提供一定的理论参考,也为数值模拟提供了必要而准确的材料模型和参数,但还存在如下问题:(1)研究多是基于热压缩或拔长模拟试验对热变形过程的某一特定工艺过程的变形机制,未能对与实际生产相近的工艺流程的微观组织演变进行模拟研究;(2)只是针对某一微观组织演变规律,如针对动态再结晶或是静态再结晶的演变规律,未对整个工艺过程中的多种微观组织演变机制加以考虑。

1.4 材料模型研究进展

随着计算机技术的发展,研究人员对材料在变形过程中的变形行为进行描述,大都通过计算机仿真软件来进行材料的宏观成形和微观组织的模拟,而实现上述模拟的根本是与材料相关的各类数学模型。通常情况下建立材料数学模型的方式有以下三种：宏观唯象方法、微细观力学方法和宏微观结合方法。宏观唯象方法建立的材料数学模型以连续介质力学和不可逆热力学理论为基础，该理论认为材料在发生塑性变形时应力与应变量、应变速率和温度有关。微细观力学方法建立的模型以材料的变形机理为基础，以位错密度和晶粒尺寸作为切入点来对材料进行描述。宏微结合方法是将两者相结合，对材料进行描述。

1.4.1 材料本构模型研究进展

从宏观尺度描述材料在变形过程中的变形行为称为本构模型，各国研究人员依照不同材料在变形过程中的表现形式建立了不同的本构模型。多晶金属材料在发生塑性变形时应力会随着变形程度的增加而发生增大的现象，起初人们认为此种现象属于加工硬化现象，并根据相应的应力应变曲线建立了硬化本构模型，如式(1-1)所示：

$$\sigma = k\varepsilon^n \tag{1-1}$$

式中：

σ——应力(MPa)；

k——强度因子；

ε——应变；

n——加工硬化指数。

该本构模型考虑了应变对应力的影响，进一步研究结果表明不同应变速率条件下，材料发生硬化的速率也会改变，因此将式(1-1)改进成包含应变量和应变速率的本构模型，如式(1-2)所示：

$$\bar{\sigma} = k\bar{\varepsilon}^n \dot{\bar{\varepsilon}}^m + y \tag{1-2}$$

式中：

$\bar{\sigma}$——流变应力(MPa)；

$\bar{\varepsilon}$——等效塑性应变；

$\dot{\bar{\varepsilon}}$——等效应变速率；

k——材料常数；

n——应变指数；

m——应变速率指数；

y——初始屈服应力(MPa)。

而绝大多数金属材料在变形时其应力会随着应变量、应变速率和温度等发生明显的变化，因此研究人员在上述两种模型的基础上引入温度影响并提出多个理论模型，如Johnson-Cook本构模型、Zerilli-Armstrong本构模型和Arrhenius本构模型等。

Johnson 和 Cook 在 20 世纪后期提出一种用于对金属材料在高温高应变速率条件下发生较大塑性变形时的应力应变准确拟合的数学模型,如式(1-3)所示。该模型考虑了材料在变形过程中的加工硬化、应变速率敏感性和温度敏感性,被广泛应用于对金属材料进行切削仿真的材料属性定义领域。

$$\sigma = [A + B\bar{\varepsilon}^n]\left(1 + C\ln\frac{\dot{\bar{\varepsilon}}}{\dot{\bar{\varepsilon}}_0}\right)\left[1 - \left(\frac{T - T_r}{T_m - T_r}\right)^m\right] \tag{1-3}$$

式中:

σ——流变应力(MPa);

$\bar{\varepsilon}$——等效塑性应变;

$\dot{\bar{\varepsilon}}$——等效塑性应变速率(s^{-1});

$\dot{\bar{\varepsilon}}_0$——参考应变速率($s^{-1}$);

T——试验温度(℃);

T_r——室温(℃);

T_m——材料熔点(℃);

A——屈服极限(MPa);

B——加工硬化模量(MPa);

C——应变速率常数;

n——硬化系数;

m——热软化常数。

20 世纪 80 年代,Zerilli 和 Amstrong 从微观角度对材料在发生塑性变形时的变形行为进行数学描述,并提出相应的本构模型,根据不同晶体结构并基于位错动力学将本构模型分为如式(1-4)和式(1-5)两种形式,该数学模型被广泛应用于描述工程实际应用。

对于面心立方晶格材料:

$$\sigma = \Delta\sigma'_G + c_2\varepsilon^{1/2}\exp(-c_3 T + c_4 T\ln\dot{\varepsilon}) + kl^{1/2} \tag{1-4}$$

对于体心立方晶格材料:

$$\sigma = \Delta\sigma'_G + c_1\exp(-c_3 T + c_4 T\ln\dot{\varepsilon}) + c_5\varepsilon^n + kl^{1/2} \tag{1-5}$$

式中:

σ——流变应力(MPa);

ε——应变;

$\dot{\varepsilon}$——应变速率(s^{-1});

T——试验温度(℃);

$\Delta\sigma'_G$——附加应力增量(MPa);

k——显微应力强度(MPa);

l——平均晶粒尺寸(μm);

$c_1 \sim c_5$——材料常数。

在20世纪中期,Sellars和Tegart依照Arrhenius方程建立了材料在高温条件下的本构模型,该模型基于在恒温恒应变速率条件下的理想刚塑性简化模型而建立,如式(1-6)所示。

$$\dot{\varepsilon} = f(\sigma)\exp\left(-\frac{Q}{RT}\right) \quad (1-6)$$

式中:

σ——应力(MPa);

$\dot{\varepsilon}$——应变速率(s^{-1});

Q——热变形激活能(kJ/mol);

R——气体常数[8.314 kJ/(mol·K)];

T——材料温度(K)。

该本构模型根据材料所处的应力等级分为幂指数、指数和双曲正弦三种方式。

当材料满足 $\alpha\sigma < 0.8$ 时,属于低应力等级,采用指数形式:

$$f = (\sigma) = A_1 \sigma^{n_1} \quad (1-7)$$

当材料满足 $\alpha\sigma > 1.2$ 时,属于高应力等级,采用幂指数形式:

$$f = (\sigma) = A_2 \exp(\beta\sigma) \quad (1-8)$$

当属于通用应力等级时,采用双曲正弦形式:

$$f = (\sigma) = A_3 [\sinh(\alpha\sigma)]^n \quad (1-9)$$

式中:

σ——应力(MPa);

β——材料参数;

α——应力水平参数(mm/N);

n_1——材料参数;

n——应力指数;

$A_1 \sim A_3$——结构因子(s^{-1})。

Zener和Hollomon在1944年提出一个参数用于表示温度对应变速率的补偿因子,如式(1-10)所示,其与Arrhenius方程相结合被广泛应用于描述材料的流变应力与应变速率和温度间的关系。

$$Z = \dot{\varepsilon}\exp\left(\frac{Q}{RT}\right) \quad (1-10)$$

式中:

$\dot{\varepsilon}$——应变速率(s^{-1});

Q——热变形激活能(kJ/mol);

R—— 气体常数[8.314 kJ/(mol·K)];

T—— 材料温度(K)。

陈世佳基于 Laasraoui 模型建立了 30Cr2Ni4MoV 在热加工条件下的流变应力模型,该模型涵盖了材料在加工过程中呈现的加工硬化—动态回复状态和动态再结晶状态,并以临界应变作为区分点将两种状态分段拟合,模型如式(1-11)所示:

$$\begin{aligned}&\sigma_{WH}=[\sigma_S^2+(\sigma_0^2-\sigma_S^2)e^{-\Omega\varepsilon}]^{0.5} & \varepsilon<\varepsilon_c \\ &\sigma=\sigma_{WH}-(\sigma_S-\sigma_{SS})\left\{1-\exp\left[-k_d\left(\frac{\varepsilon-\varepsilon_c}{\varepsilon_p}\right)^{n_d}\right]\right\} & \varepsilon\geqslant\varepsilon_c\end{aligned} \quad (1-11)$$

式中:

σ—— 流变应力(MPa);

σ_{WH}—— 加工硬化-动态回复阶流变应力(MPa);

ε—— 应变;

ε_c—— 临界应变;

σ_S—— 饱和应力(MPa);

σ_0—— 初始应力(MPa);

Ω—— 动态回复软化量;

σ_{SS}—— 稳态应力(MPa);

ε_p—— 峰值应变;

k_d—— 材料参数;

n_d—— 材料参数。

肖宁斌基于广义胡克定律和 Misiolek 方程建立了 BTi-6431S 钛合金在高温变形条件下的本构方程,该本构方程涵盖了材料的弹性和塑性两阶段的真实应力应变,其表达式如下:

$$\begin{aligned}\sigma_e &= E\varepsilon \\ \sigma_p &= C\varepsilon^n\exp(n_1\varepsilon)\end{aligned} \quad (1-12)$$

式中:

σ_e—— 弹性阶段流变应力应力(MPa);

σ_p—— 塑性阶段流变应力(MPa);

ε—— 应变;

E—— 杨氏模量(GPa);

C—— 稳态流变应力(MPa);

n—— 应变硬化指数;

n_1—— 材料参数。

1.4.2 材料微观组织演变模型研究进展

从微观尺度描述材料在变形过程中的再结晶行为称为动态再结晶模型,各国研究人员依照不同材料在变形过程中的表现形式建立了不同的动态再结晶模型。

黄世鹏研究了6061铝合金在塑性加工过程中的微观组织演变趋势,并根据JAMK理论建立了相应的再结晶数学模型,所用的模型如式(1-13)、(1-14)和(1-15)所示。

$$X_{drex} = 1 - \exp\left[-\beta_d \left(\frac{\varepsilon - a_1 \varepsilon_p}{\varepsilon_{0.5}}\right)^{k_d}\right] \quad (1\text{-}13)$$

$$\varepsilon_{0.5} = a_2 d_0^{h_1} \varepsilon^{n_1} \dot{\varepsilon}^{m_1} \exp\left(\frac{Q_1}{RT}\right) + c_1 \quad (1\text{-}14)$$

$$d_{drex} = a_3 d_0^{h_2} \varepsilon^{n_2} \dot{\varepsilon}^{m_2} \exp\left(\frac{Q_2}{RT}\right) + c_2 \quad (1\text{-}15)$$

式中:

X_{drex} ——动态再结晶体积分数;

$\varepsilon_{0.5}$ ——动态再结晶体积分数为50%时的应变;

d_{drex} ——动态再结晶晶粒大小(μm);

Q_1 ——晶粒长大激活能(kJ/mol);

Q_2 ——再结晶激活能(kJ/mol);

R ——气体常数[8.314 kJ/(mol·K)];

T ——热力学温度(K);

其余为材料待拟合参数。

陈世佳基于30Cr2Ni4MoV微观组织演变,并引入Z-H参数建立的模型如式(1-16)和(1-17)所示。

$$X_D = 1 - \exp\left[-k\left(\frac{\varepsilon - \varepsilon_c}{\varepsilon_p}\right)^d\right] \quad (1\text{-}16)$$

$$D_{drx} = AZ^m \quad (1\text{-}17)$$

式中:

X_D ——动态再结晶体积分数;

D_{drx} ——再结晶晶粒尺寸(μm);

Z ——Z-H参数;

ε ——真应变;

ε_c ——临界应变;

ε_p ——峰值应变;

其余为材料待拟合参数。

宫润燕基于Avrami方程描述GH4169动态再结晶行为,并引入变形温度的

影响对基础模型进行修正,同时建立了晶粒尺寸随温度和应变速率变化的数学模型,模型形式如下所示:

$$X = 1 - \exp\left[-k\left(\varepsilon - \varepsilon_c + C_T \frac{T - T_\delta}{1\,000}\right)^n\right] \tag{1-18}$$

$$\ln D_{drx} = A(T) + B(T)\ln\dot{\varepsilon} \tag{1-19}$$

式中:

X——动态再结晶体积分数;

D_{drx}——再结晶晶粒尺寸(μm);

ε——真应变;

ε_c——临界应变;

$\dot{\varepsilon}$——峰值应变;

T——材料热力学温度(K);

T_δ——δ 相溶解温度(K);

C_T——温度系数;

$A(T)$——温度函数;

$B(T)$——温度函数;

其余为材料待拟合参数。

R.Kopp 依照试验数据及金相试验结果建立了材料的动态再结晶体积分数模型,如式(1-20)所示,在模型中同样使用了 Z-H 参数进行拟合。

$$X_{drx} = 1 - \exp\left[-k\left(\frac{\varepsilon - \varepsilon_c}{\varepsilon_s - \varepsilon_c}\right)\right] \tag{1-20}$$

$$\varepsilon_s = k_m Z^n$$

式中:

X_{drx}——动态再结晶体积分数;

ε——真应变;

ε_c——临界应变;

ε_s——稳态应变;

Z——Z-H 参数;

其余为材料待拟合参数。

张海燕、张士宏等人根据 GH4169 在热加工过程中的微观组织变化趋势建立了微观组织再结晶模型,在模型中同样引入了 Z-H 参数进行计算,模型如式(1-21)、(1-22)和(1-23)所示。

$$d_{rex} = AZ^m \tag{1-21}$$

$$X_{rex} = 1 - \left[-\ln 2\left(\frac{\varepsilon}{\varepsilon_{0.5}}\right)^{1.68}\right] \tag{1-22}$$

$$\varepsilon_{0.5} = Bd_0^n Z^k \tag{1-23}$$

式中：

X_{rex}——动态再结晶体积分数；

ε——真应变；

$\varepsilon_{0.5}$——动态再结晶体积分数为50%时的应变；

d_0——初始晶粒尺寸(μm)；

Z——Z-H 参数；

其余为材料待拟合参数。

1.5 神经网络及其在锻造组织预测中的应用

1.5.1 神经网络

20世纪80年代人工智能兴起，人们利用计算机仿照人脑处理信息的方式而建立相对应的模型，该模型被称为人工神经网络。其本质是计算机用于处理数据信息的算法，随着研究人员的探索，人工神经网络现在已经能够实现函数拟合、模式识别、聚类等功能。人工神经网络依靠模拟神经元（也被称为节点）来进行数据的处理，模拟神经元间的数据传递依靠函数实现，此函数称为激励函数。每个神经元所用来控制数据传递的变量称为权值和阈值，权值代表两个神经元之间彼此连接的强弱，而阈值决定两个神经元间链接状态。

实际工程应用中，往往会碰到使用传统数学建模难以直观表达的情况。为此，1986年科学家提出使用反向前馈神经网络实现复杂非线性函数拟合的概念，即BP神经网络，其网络拓扑结构如图1-1所示。其计算过程是从输入层经由隐含层处理后转出到输出层，对比实际输出与期望输出的误差，将误差反向传播给隐含层，调整隐含层各节点间的权值，直到误差达到可接受的范围。

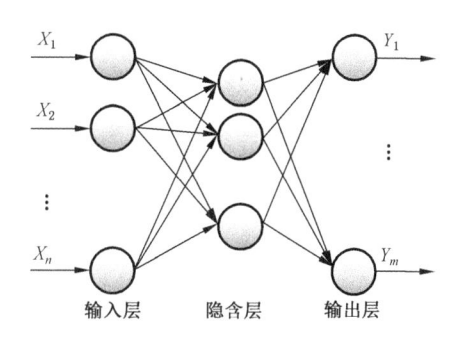

图 1-1　BP 神经网络拓扑结构

此外1985年有学者提出一种多维空间差值的神经网络，即径向基神经网络，也称为RBF神经网络，并在1989年验证了该类神经网络对非线性函数拟合的可行性。径向基神经网络是利用矩阵变换的方式将输入层由低维变到高维，从而解决了在低维线性不可分的问题。径向基神经网络所采用的激励函数为径向基函数，常被定义成单调函数，因此使用径向基神经元和线性神经元能够实现非线性函数的拟合，图1-2为径向基神经网络的拓扑结构。

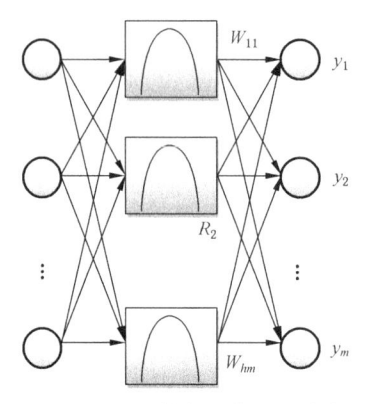

图 1-2　RBF 神经网络拓扑结构

1.5.2　神经网络在锻造组织预测中的研究进展

干佳骏等人基于 TC18 的热压缩试验结果建立了显微组织 α 相含量、α 相轴比与热变形参数间的神经网络,该网络模型经过训练后检测误差低于 10%。使用训练好的神经网络可预测出 TC18 合金的适宜加工区域。

姚小飞等人利用 BP 神经网络建立了 304 不锈钢的锻造再结晶相关模型,该模型以变形温度和应变速率为输入层节点,再结晶晶粒尺寸作为输出层节点,利用经验公式计算出隐含层节点个数,最后使用试探法确定最终的网络模型。使用训练后的神经网络进行结果预测,并与回归预测法进行对比,得出神经网络方法所产生的相对误差均值约为 0.295%,而回归预测法产生的相对误差均值约为 0.94%,说明该神经网络模型可以用于实际预测。

郭鹏以高温合金为研究对象建立了合金制备过程的神经网络模型,经过训练后预测结果与实测结果间的误差低于 5%,而且使用此网络模型预测出合金的力学性能,为新合金研究节省了大量的试验成本。

刘金提出了预测灰铸铁的铸造参数对产品性能影响的神经网络模型、预测铝基复合材料的焊接参数与焊接后连接头性能的神经网络模型和预测钢材挤压成型力的神经网络模型,经验证后上述三种网络模型的线性回归参数均在 0.99 左右,因此可以用于材料加工工艺的预测。

第2章 30Cr2Ni4MoV钢锻造成形微观组织预报

2.1 30Cr2Ni4MoV钢热压缩变形及动力学方程

30Cr2Ni4MoV属于超临界及超超临界机组汽轮机用超纯净低压转子大型锻件用钢,而汽轮机低压转子是大型核电机组的关键零部件,其服役时间很长,组织性能要求较高,因此对其锻造组织进行预报具有重要意义。

本节通过单道次压缩试验与两道次压缩试验,分别对材料在热变形过程中的动态再结晶、亚动态再结晶、静态再结晶以及晶粒长大行为规律进行研究,并建立其各自的动力学方程。

2.1.1 动态再结晶

金属在塑性变形后,晶粒被拉长、破碎重新形核、结晶,变成整齐的等轴晶粒的过程称为再结晶,动态再结晶则是在热变形过程中发生的再结晶。

2.1.1.1 试验材料

试验材料由天津重型装备研究工程有限公司提供,材料初始状态为锻态,微观组织如图2-1a),其主要化学成分如表2-1所示。将材料在1 050 ℃下退火10 h处理,退火后材料的微观组织照片如图2-1b)所示,退火后组织是近等轴组织,平均晶粒度为200 μm左右。试验用压缩试样为ϕ8 mm×12 mm的圆柱体,采用线切割方法加工。

表2-1 30Cr2Ni4MoV钢的化学成分

元素	C	Si	Mn	S	P	Cr	Ni	Mo	V
质量分数/%	0.240	0.040	0.260	0.0125	0.006	1.570	3.470	0.390	0.088

2.1.1.2 试验方案

将30Cr2Ni4MoV压缩试样以20 ℃/s速度升温到变形温度,保温5 min,然后以50 ℃/s的速度降到变形温度,保温3 min,开始试验,变形量为60%,变形后迅速水冷以及时保存变形后的微观组织。压缩试验完成后沿中心轴纵剖,剖面为金相观察面,所取图像为试样中心变形最大处的微观组织,共12种变形工艺参数,如表2-2所示。

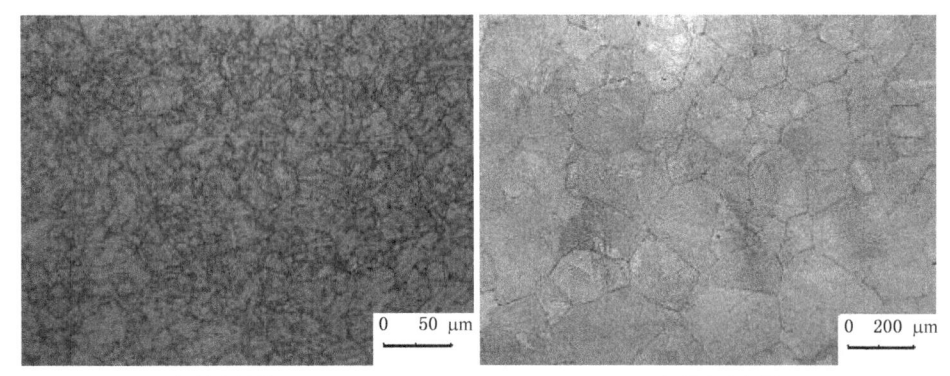

a) 锻态组织　　　　　　　　　　　b) 退火态组织

图 2-1　试验材料微观组织

表 2-2　变形工艺参数

应变速率/s^{-1}	温度/℃			
	900	1 000	1 100	1 200
0.001	1	2	3	4
0.01	5	6	7	8
0.1	9	10	11	12

2.1.1.3　试验设备

热压缩试验在 Gleeble-1500 热模拟试验机进行,采用通电加热试样方法,计算机按预定程序自动控制试验机卡头运动和试样温度并自动采集试验的载荷、位移和温度数据。主要技术参数如下:最大加热速度 10 000 ℃/s;最大加载速度 2 000 N/s;单道次最大载荷 8 t。

2.1.1.4　热压缩试验结果

1. 材料的应力应变曲线

图 2-2 为 30Cr2Ni4MoV 钢的热变形应力应变曲线。

由图 2-2 可以看出,在试验方案设计的应变速率和温度范围内,曲线都呈现出典型的单峰型的动态再结晶的特征:变形初始,应力随着应变迅速增大,达到峰值后随即开始缓慢地下降,并且当应变达到一定值后应力则维持在一个稳定值,随后此应力不随应变增大而变化。此处采用峰值应变、峰值应力、稳态应变和稳态应力四个典型参数来描述图的曲线,统计参数如表 2-3 所示。

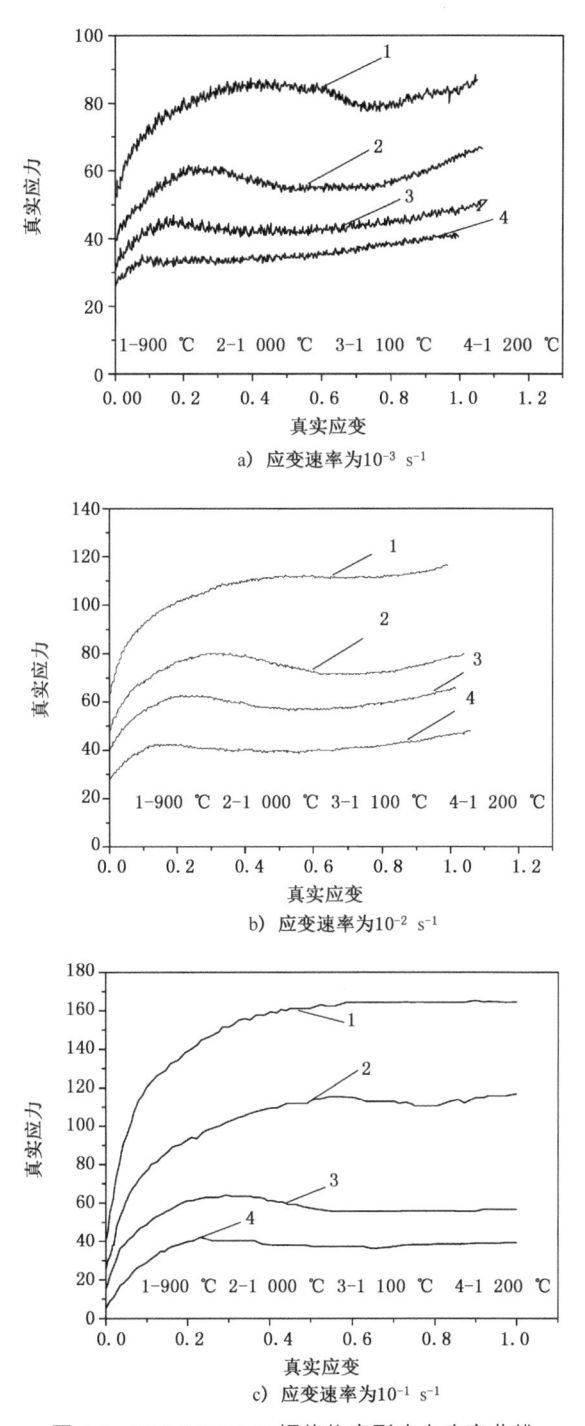

图 2-2 30Cr2Ni4MoV 钢的热变形应力应变曲线

由图 2-2 和表 2-3 可以看出,随着温度的升高和应变速率的减小,峰值应力和动态再结晶出现越早,并且当变形达到一定程度,应力也逐渐趋于平缓;在同一温度下,应力随着应变速率的升高而增大;在同一应变速率下,应力随着温度的升高而逐渐减小;而就同一条曲线来看,其峰值应力值和稳态应力值之差也随着应变速率的减小或温度的上升而减小,同样的在峰值应变和稳态应变之差也存在同样的规律。

表 2-3 为不同温度和不同应变速率下热压缩试验得到的峰值应变、峰值应力、稳态应变和稳态应力。

表 2-3 峰值应变、稳态应变、峰值应力、稳态应力统计表

温度/℃	参数	应变速率/s^{-1} 0.001	应变速率/s^{-1} 0.01
900	σ_s	78.613 3	111.328 1
900	σ_p	87.402 3	110.839 8
900	ε_s	0.727 8	0.781 3
900	ε_p	0.395 3	0.424 8
1 000	σ_s	53.710 9	71.289 1
1 000	σ_p	61.523 4	80.078 1
1 000	ε_s	0.512 7	0.683 6
1 000	ε_p	0.200 2	0.327 1
1 100	σ_s	41.503 9	56.640 6
1 100	σ_p	46.875 0	62.500 0
1 100	ε_s	0.385 7	0.551 8
1 100	ε_p	0.170 9	0.214 8
1 200	σ_s	34.179 7	40.039 1
1 200	σ_p	35.156 3	42.480 5
1 200	ε_s	0.288 1	0.488 3
1 200	ε_p	0.078 1	0.131 8

2. 金相试验结果

图 2-3 所示为变形量 60%、不同温度与应变速率下的金相微观组织。

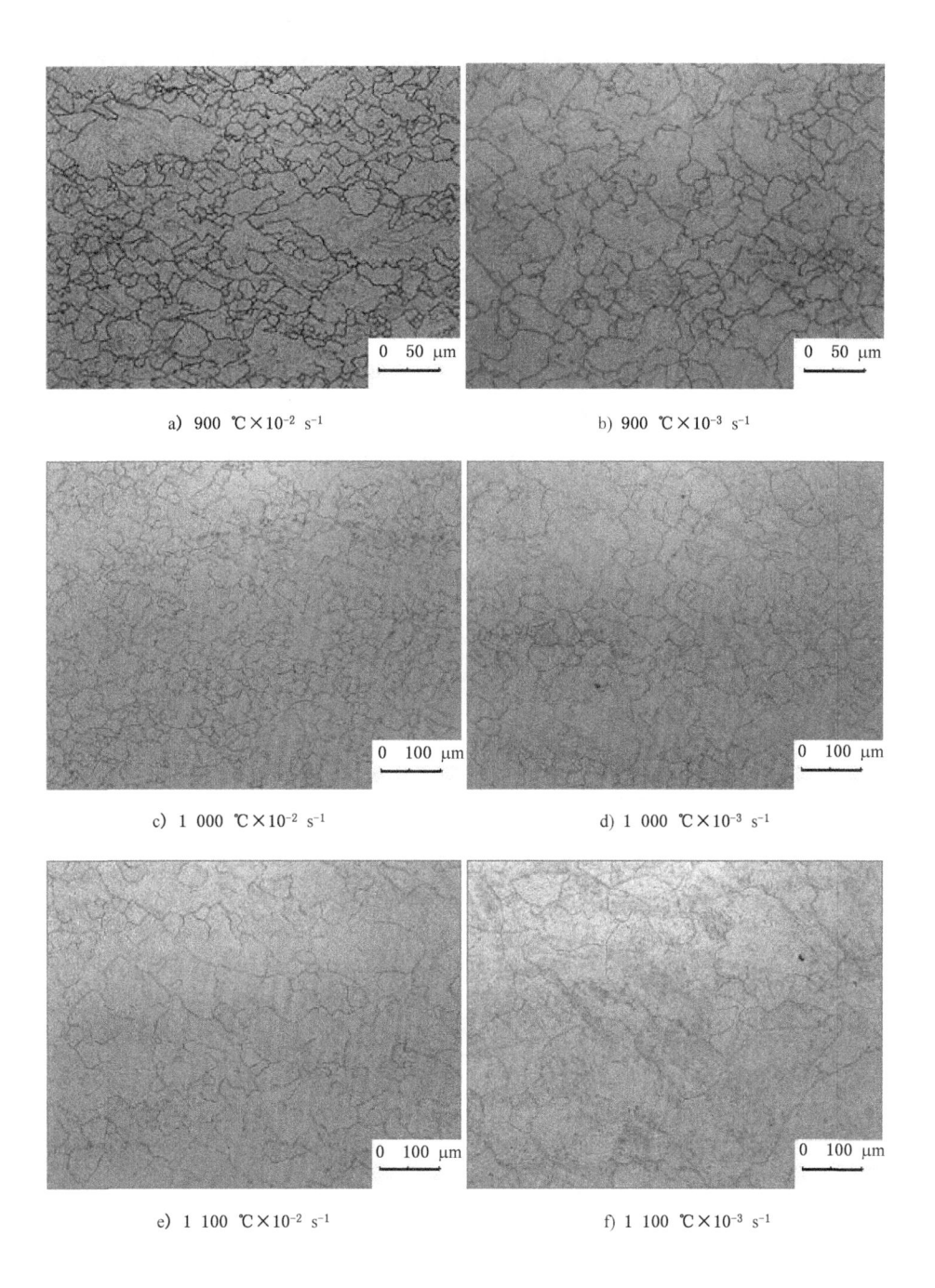

a) $900\ ℃×10^{-2}\ s^{-1}$

b) $900\ ℃×10^{-3}\ s^{-1}$

c) $1\ 000\ ℃×10^{-2}\ s^{-1}$

d) $1\ 000\ ℃×10^{-3}\ s^{-1}$

e) $1\ 100\ ℃×10^{-2}\ s^{-1}$

f) $1\ 100\ ℃×10^{-3}\ s^{-1}$

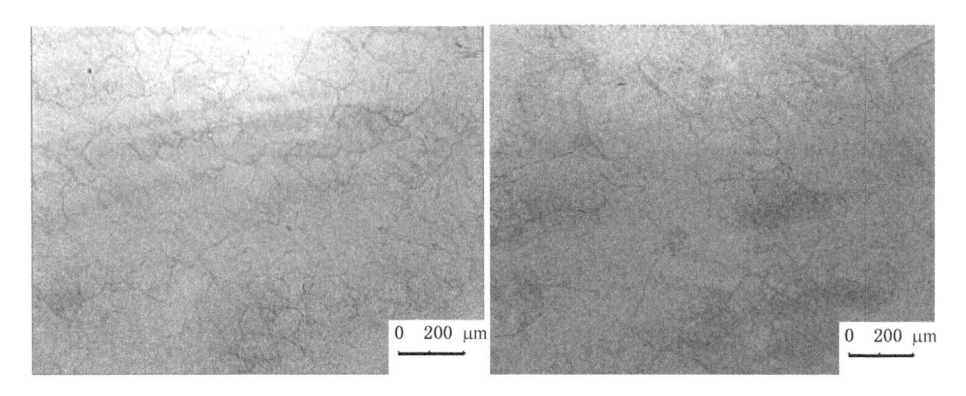

g) 1 200 ℃×10⁻² s⁻¹　　　　　　　　　h) 1 200 ℃×10⁻³ s⁻¹

图 2-3　不同温度、不同应变速率下微观组织

表 2-4 为热压缩试验后，不同温度和不同应变速率试样内部晶粒尺寸。

表 2-4　不同温度和不同应变速率试样内部晶粒尺寸

温度/℃	应变速率/s⁻¹	再结晶晶粒度 $D_2/\mu m$	未再结晶晶粒度 $D_1/\mu m$	再结晶体积分数 $X/\%$	平均晶粒度 $D/\mu m$	最大晶粒度差 $D_C/\mu m$
900	0.01	21.0	94.5	63.8	16.7	73.5
	0.001	55.0	82.5	79.1	20.0	27.5
1 000	0.01	50.0	106.5	91.4	32.0	56.5
	0.001	75.0	88.5	98.0	43.0	13.5
1 100	0.01	96.0	96.0	98.3	40.0	0.0
	0.001	118.5	112.5	100	76.6	0.0
1 200	0.01	195.0	195.0	100	107.2	0.0
	0.001	275.0	275.0	100	157.2	0.0

从表 2-4 可以看出：材料的再结晶体积分数都在 60% 以上。同一应变速率下，再结晶晶粒尺寸与平均晶粒度随着温度的升高而逐渐增大。虽然材料在 1 100 ℃ 以上时，已经完全再结晶且晶粒度差值为零，但其再结晶晶粒度和平均晶粒度比较粗大，这表明材料的再结晶晶粒尺寸受温度影响极大。

2.1.1.5　试验结果定量分析

1. 热变形激活能

在热变形过程中，峰值应力 σ_p 与参数 Z 存在如下关系：

$$Z=\dot{\varepsilon}\exp[Q/(RT)]=F(\sigma_p) \tag{2-1}$$

式中：

$\dot{\varepsilon}$——应变速率 (s⁻¹)；

Q——材料的热变形激活能(kJ/mol);
R——气体常数,一般取 8.314 (kJ·mol^{-1}·K^{-1});
T——绝对温度(K)。

根据相关研究结果,本书选用在较宽的应力变化范围内与试验结果相关性较好的应力表达式来计算变形激活能 Q,则有

$$Z = \dot{\varepsilon}\exp[Q/(RT)] = A[\sinh(\alpha\sigma_p)]^n \qquad (2\text{-}2)$$

式中:
A——结构因子(s^{-1});
α——应力水平参数(mm·N^{-1});
n——应力指数。

对式(2-2)两边取对数并整理得,

$$\ln[\sinh(\alpha\sigma_p)] = Q/(nRT) + \frac{1}{n}\ln\dot{\varepsilon} - \frac{1}{n}\ln A \qquad (2\text{-}3)$$

式(2-3)两边分别对 $\ln\dot{\varepsilon}$ 和 $\ln\sigma$ 求偏导,有

$$\frac{\partial \ln[\sinh(\alpha\sigma_p)]}{\partial \ln\dot{\varepsilon}} = \frac{1}{n} \qquad (2\text{-}4)$$

$$s = \frac{\partial \ln[\sinh(\alpha\sigma_p)]}{\partial \left(\frac{1}{T}\right)} = \frac{Q}{Rn} \qquad (2\text{-}5)$$

$$Q = Rsn \qquad (2\text{-}6)$$

图 2-4a)、b)分别为 $\ln[\sinh(\alpha\sigma_p)]$ — $1\,000/T$ 与 $\ln[\sinh(\alpha\sigma_p)]$ — $\ln\dot{\varepsilon}$ 按线性关系所拟合的曲线图,斜率为 $1/n$ 与 s 的值。式(2-4)、(2-5)中 $1/n$ 和 s 分别取图中曲线的平均值,则有 $s = [\partial\ln[\sinh(\alpha\sigma)]/\partial(1/T)]_{\dot{\varepsilon}} = 6.530\,65, n = [\partial\ln\dot{\varepsilon}/\partial\ln[\sinh(\alpha\sigma)]]_T = 6.761\,32$,因此可得到,$Q = Rsn = 367.173\,54$ kW/mol。

2. 材料热变形性能参数与 Z 参数的关系

对于呈单峰形的真应力真应变的几何形态,通常采用峰值应力、峰值应变和稳态应力、稳态应变这两组参数来进行描述。一般用 $0.8\varepsilon_p$ 与稳态变 ε_s 分别作为动态再结晶和完全动态再结晶的所需应变的表征量。这里为了研究方便,将发生动态再结晶的临界应变近似为峰值应变,则相应地就有了表征开始发生动态再结晶与完全动态再结晶时材料应力水平的峰值应力 σ_p 和稳态应力 σ_s。在热模拟压缩试验的前提下,通过对获得的数据进行数值拟合得到了峰值应力的双曲对数、稳态应力的双曲对数的表达式(2-7)和峰值应力、稳态应力、稳态应变以及稳态应变与峰值应变之差对热变形参数 Z 的函数表达式(2-8)。

$$\begin{cases} \ln\sinh(\alpha\sigma_p) = 0.144\,5\ln Z - 4.158 \\ \ln\sinh(\alpha\sigma_s) = 0.144\,4\ln Z - 4.254\,1 \end{cases} \qquad (2\text{-}7)$$

$$\begin{cases} \ln\varepsilon_s = 0.974\ln Z - 3.3561 \\ \ln\varepsilon_p = 0.1693\ln Z - 6.2693 \\ \ln(\varepsilon_s - \varepsilon_p) = 0.0131\ln Z - 0.0565 \\ \sigma_p = 7.6573\ln Z - 147.68 \\ \sigma_s = 7.4586\ln Z - 147.02 \end{cases} \quad (2\text{-}8)$$

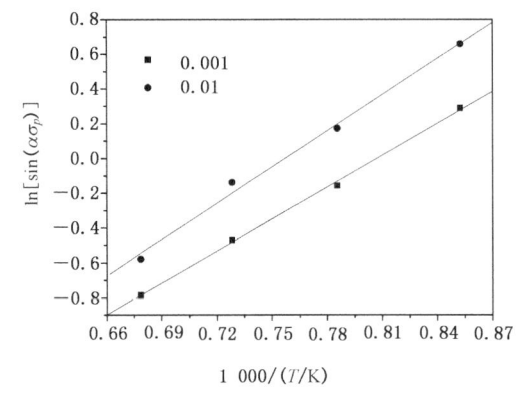

a) 峰值应力双曲对数 $\ln[\sinh(\alpha\sigma_p)]$ 与 1 000/T 的曲线图

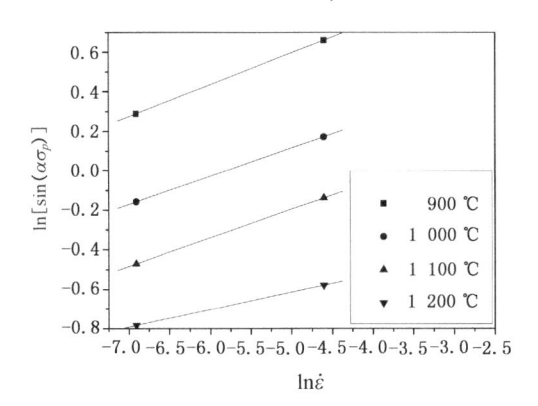

b) 峰值应力双曲对数 $\ln[\sinh(\alpha\sigma_p)]$ 与应变速率对数 $\ln\dot\varepsilon$ 曲线图

图 2-4 激活能所需参数拟合曲线图

图 2-5 为各应力应变曲线特征参数与 Z 参数的关系曲线，从图中可以看出各个参数与 Z 参数在各自对应坐标内呈现很好的线性关系。

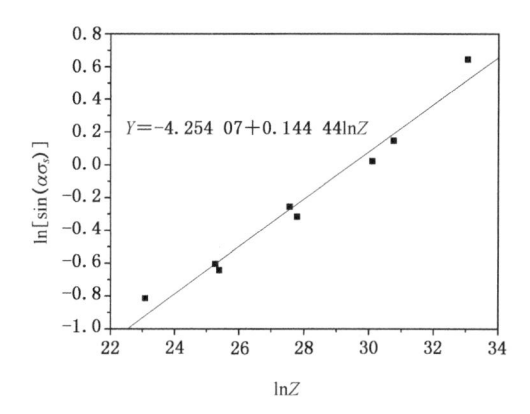

a) 稳态应力双曲对数ln[sinh($\alpha\sigma_s$)]与Z参数的关系

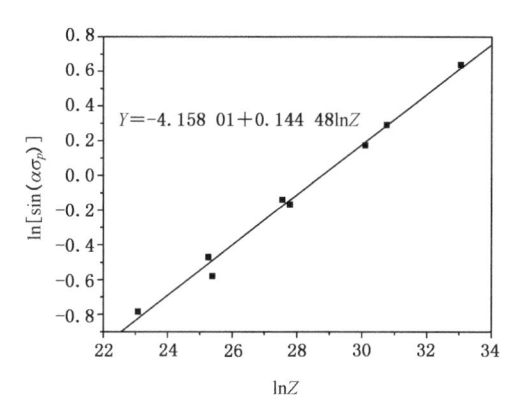

b) 稳态应力双曲对数ln[sinh($\alpha\sigma_p$)]与Z参数的关系

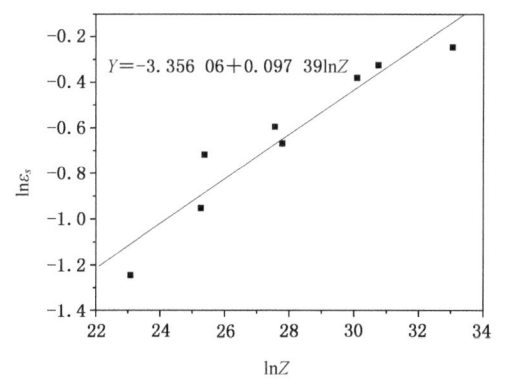

c) 稳态应变对数lnε_s与Z参数的关系

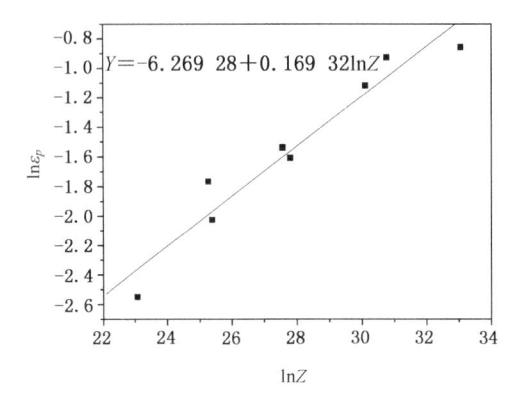

d) 峰值应变对数$\ln\varepsilon_p$与Z参数的关系

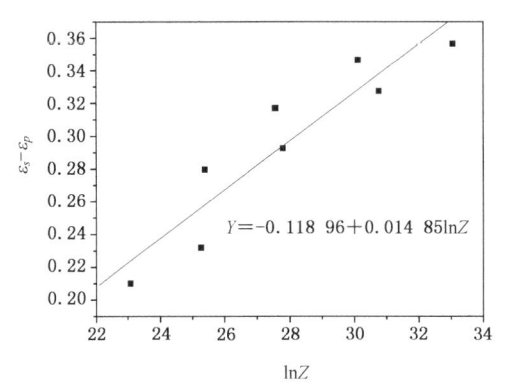

e) 稳态应变与峰值应变差值与Z参数的关系

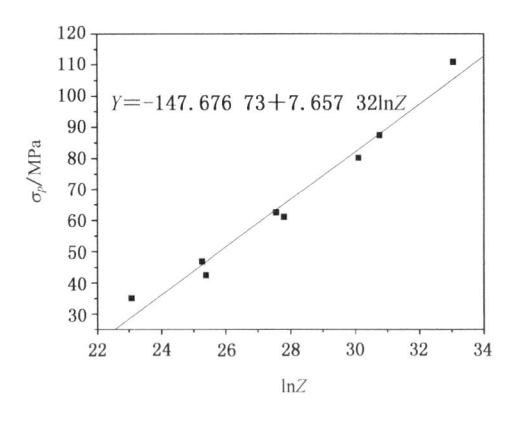

f) 稳态应力σ_p与Z参数的关系

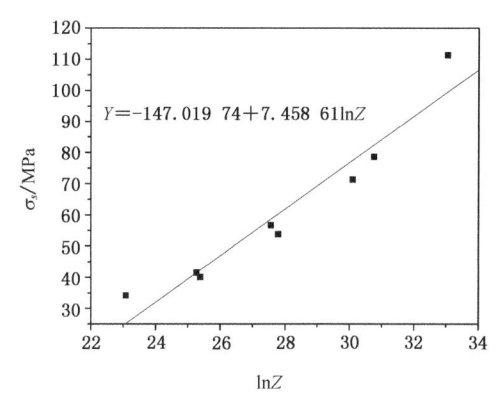

g) 稳态应力σ_s与Z参数的关系

图 2-5 各应力应变曲线特征参数与 Z 参数的关系

3. 材料微观组织演变参量与 Z 参数的关系

按照金泉林所述的基于内变量的动态再结晶方程,将上述试验所测得物理试验结果按照平均晶粒度 D,再结晶晶粒度 D_2,再结晶体积分数 X,未再结晶晶粒度 D_1,最大晶粒度差 $D_C (= D_1 - D)$ 进行归结,其中最大晶粒度差用于预测混晶情况,并通过数据拟合建立各个参数随着 Z 参数变化的趋势情况,如图 2-6 所示。如表 2-4 所示动态再结晶过程中的基本的特征参量与 Z 参数在直角坐标系下呈现良好的线性关系。随着 Z 参数的增加,平均晶粒度、再结晶晶粒度、未再结晶晶粒度、再结晶体积分数是逐渐减小的,只有最大晶粒度差是呈现增大的趋势。

动态再结晶各表征量与 Z 参数的拟合表达式如式(2-9)所示。

$$\begin{cases} \ln D = 1\,093.7(\ln Z)^{-1.7063} \\ \ln D_2 = -0.2399\ln Z + 11.127 \\ D_2 = 538.49 e^{-0.0304\sigma_s} \\ X = 0.0003x^3 + 0.016x^2 - 0.3067x + 2.7914 \\ D_1 = 2\times 10^6 (\ln Z)^{-2.9662} \\ D_c = 7.2569\ln Z - 177.12 \end{cases} \quad (2\text{-}9)$$

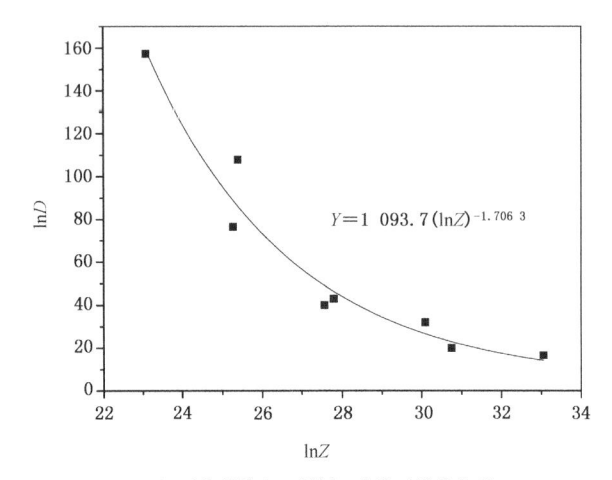

a) 平均晶粒度D对数与Z参数对数的关系

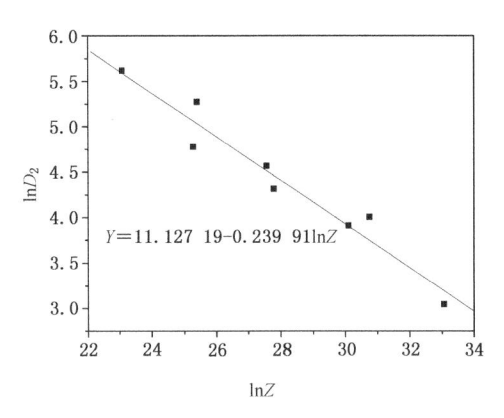

b) 再结晶晶粒度D_2对数与Z参数对数的关系

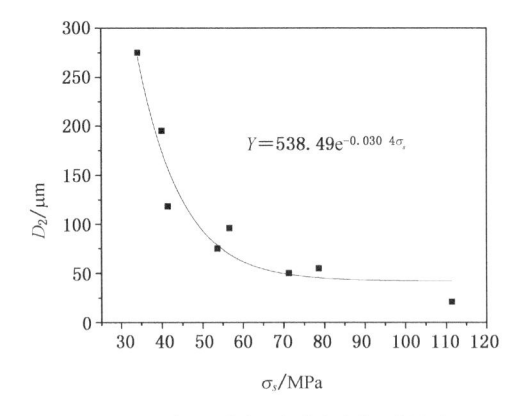

c) 再结晶晶粒度D_2与稳态应力σ_s的关系

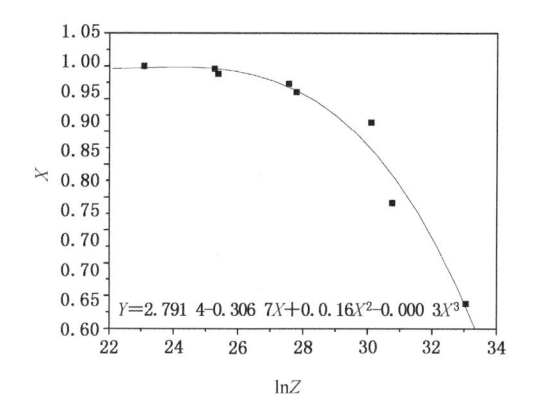

d) 再结晶体积分数 X 与 Z 参数对数的关系

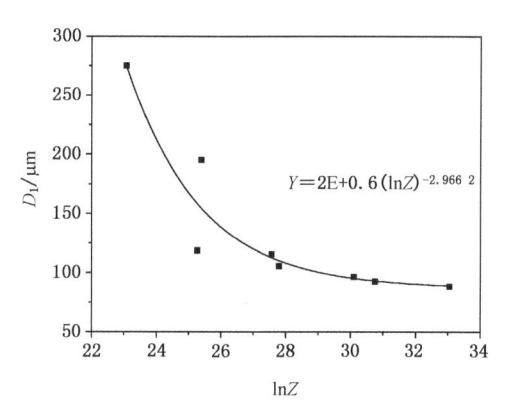

e) 未再结晶晶粒度 D_1 与 Z 参数对数的关系

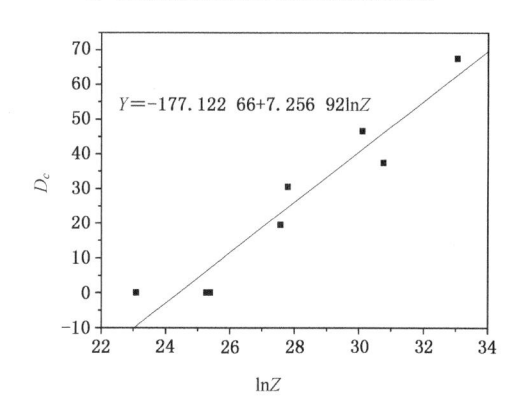

f) 最大晶粒度差 D_c 对数与 Z 参数对数的关系

图 2-6 动态再结晶各表征量与 Z 参数的关系图

2.1.2 亚动态再结晶

亚动态再结晶是在应变量达到动态再结晶临界值后,热变形道次间隔时间内,在温度作用下不经形核直接发生晶粒长大的过程,其发生的速度十分迅速,特别是在较高温度和较大应变速率时。

2.1.2.1 试验方案

(1) 30Cr2Ni4MoV 试样以 20 ℃/s 的速度升温到 1 250 ℃,保温 5 min,然后以 10 ℃/s 的速度降到变形温度,(1 000 ℃、1 150 ℃ 和 1 200 ℃)保温 3 min,开始试验,为双道次变形,第一道次变形后,在变形温度间隔不同时间后,再以相同应变速率进行第二道次变形,变形后迅速水冷;

(2) 考虑变形温度的影响。压缩的应变速率均为 0.01 s^{-1},变形温度分别为 1 000 ℃、1 150 ℃ 和 1 200 ℃,第一道次的变形量为 35%,道次间隔时间分别为 2 s、5 s、10 s、30 s,第二道次变形量为 25%,变形结束立即水冷;

(3) 考虑应变速率的影响。压缩的变形温度均为 1 000 ℃,应变速率分别为 0.001 s^{-1}、0.01 s^{-1} 和 0.1 s^{-1},第一道次的变形量为 35%,道次间隔时间分别为 2 s、5 s、60 s。第二道次变形量为 25%,变形结束立即水冷;

(4) 各道次变形温度分别为 1 000 ℃、1 150 ℃ 和 1 200 ℃,应变速率为 0.01 s^{-1},变形量为 35%,保温时间分别为 2 s、5 s、10 s 和 60 s,变形结束立即水冷。

2.1.2.2 试验曲线

图 2-7 为应变速率为 0.1 s^{-1},温度为 1 000 ℃、1 150 ℃、1 200 ℃ 下两道次压缩的应力应变曲线。

从图 2-7 可以看出:在同一应变速率同一温度下,随着道次保温时间的延长,第二次压缩时屈服应力越小,即软化效果越显著,而随着温度的升高,不同保温时间下第二次压缩时的屈服应力越来越趋近;在相同温度、相同保温时间和不同应变速率条件下,亚动态再结晶软化效果随着应变速率的增大而增大。

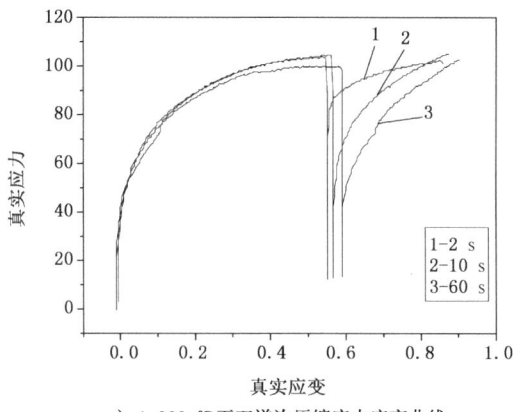

a) 1 000 ℃ 下双道次压缩应力应变曲线

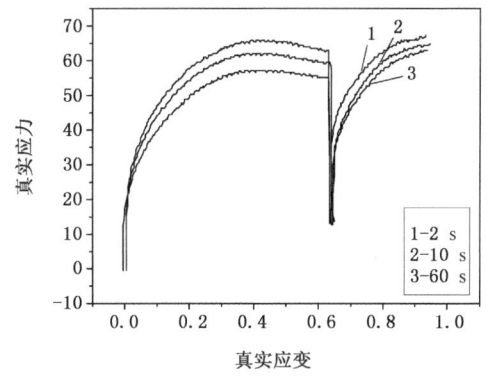

b) 1 150 ℃下双道次压缩应力应变曲线

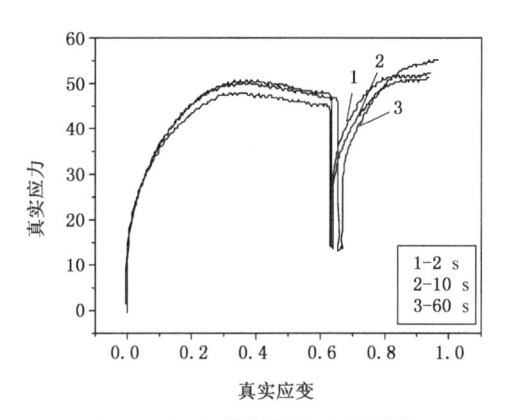

c) 1 200 ℃下双道次压缩应力应变曲线

图 2-7 两道次压缩应力应变曲线

2.1.2.3 试验数据分析

采用 0.2% 补偿法测定亚动态再结晶体积分数,图 2-8 为补偿法示意图。亚动态再结晶体积分数按式(2-10)计算:

$$X_{mrex} = (\sigma_m - \sigma_2)/(\sigma_m - \sigma_1) \tag{2-10}$$

式中:

X_{mrex}——亚动态再结晶体积分数;

σ_m——道次中断卸载时的流动应力(MPa);

σ_1——第一次压缩时的屈服应力(MPa);

σ_2——第二次压缩时的屈服应力(MPa)。

采用 Avrami 方程对亚动态再结晶过程进行描述:

$$\begin{cases} t_{0.5} = a\dot{\varepsilon}^m \exp[Q/(RT)] \\ X_{mrex} = 1 - \exp\left[-0.693\left(\frac{t}{t_{0.5}}\right)^n\right] \end{cases} \tag{2-11}$$

式中：

n、a、m——与材料相关的常数；

$t_{0.5}$——亚动态再结晶体积分数达到50%时所需要的时间(s)；

Q——亚动态再结晶激活能(kJ/mol)；

R——理想气体常数，一般取 8.314(kJ·mol^{-1}·K^{-1})；

T——绝对温度(K)。

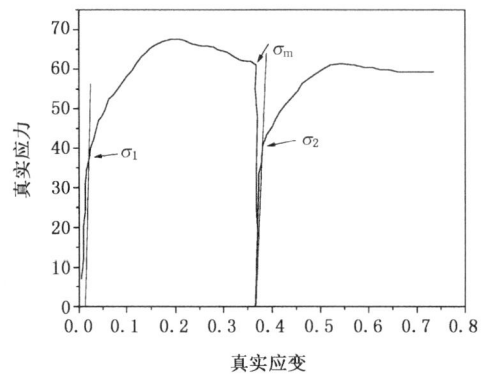

图 2-8　补偿法示意图

按 Lin Yongcheng 所述方法，在试验数据的基础上作出不同变形条件下 $\ln\ln[1/(1-X_{mrex})]$ 与 $\ln t$ 的关系、$\ln t_{0.5}$ 与 $\ln\dot{\varepsilon}$ 的关系、$\ln t_{0.5}$ 与 $1\,000/T$ 的关系图，回归得到方程所需参数，如图 2-9 所示。

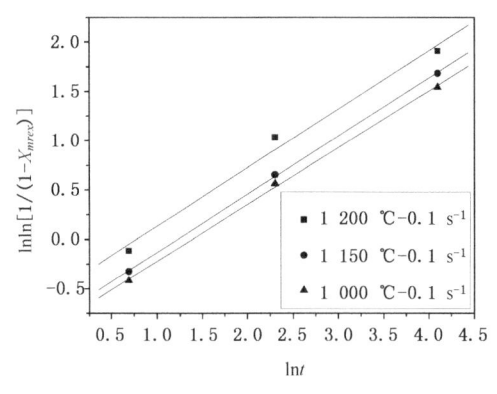

a) $\ln\ln[1/(1-X_{mrex})]$ 与时间对数 $\ln t$ 的关系

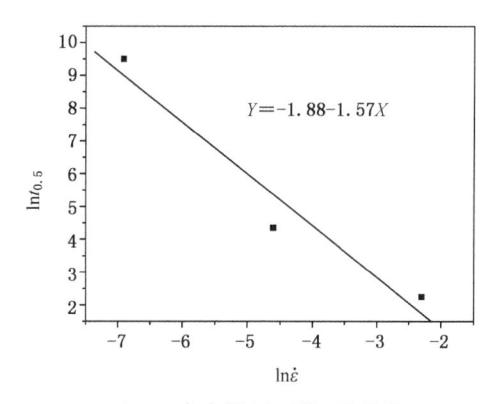

b）$\ln t_{0.5}$与应变速率对数$\ln \dot\varepsilon$的关系

c）$\ln t_{0.5}$与$1\ 000/T$的关系图

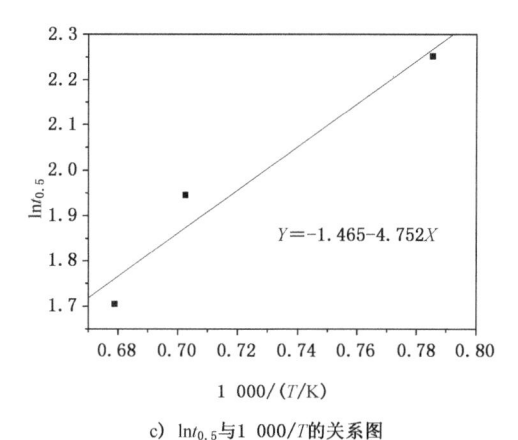

图 2-9　亚动态再结晶模型所需参数拟合曲线图

将线性回归得到的结果代入式(2-11)中,从而得到亚动态再结晶动力学方程如式(2-12)所示。

$$\begin{cases} t_{0.5}=3.1\times 10^{-3}\dot\varepsilon^{-1.57}\exp[39\ 492.444/(RT)] \\ X_{srec}=1-\exp[-0.693(t/t_{0.5})^{0.593}] \end{cases} \quad (2\text{-}12)$$

2.1.2.4　亚动态再结晶体积分数验证

图 2-10 为 30Cr2Ni4MoV 钢在应变速率为 $0.01\ \text{s}^{-1}$ 情况下,亚动态再结晶模型预测结果与试验计算值的比较,从图中可以看到动力学方程的预测结果与试验值吻合得很好。

2.1.3　静态再结晶

材料在热变形过程当中,应变量未达到发生动态再结晶的临界应变时,在热变形的间隙时间里发生的微观组织演化为静态再结晶。

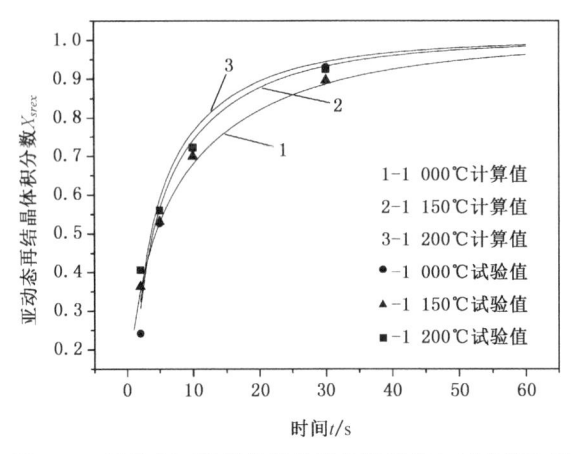

图 2-10 亚动态再结晶体积分数的计算值与试验值比较

2.1.3.1 试验方案

设计压缩试验则分别考虑变形温度、应变速率、变形量以及初始晶粒度对静态再结晶的影响。方案如下：

（1）考虑变形温度对静态再结晶体积分数的影响。变形温度分别为 1 000 ℃、1 150 ℃ 和 1 200 ℃，应变速率为 0.1 s^{-1}，前后两道次变形量均为 13%，道次间隔时间为 2 s、5 s 和 60 s，变形结束后迅速水冷；

（2）考虑应变速率对静态再结晶体积分数的影响。变形温度 1 000 ℃，应变速率分别为 0.001 s^{-1}、0.01 s^{-1} 和 0.1 s^{-1}，前后两道次变形量均为 13%，道次间隔时间为 2 s、5 s 和 60 s，变形结束后迅速水冷；

（3）考虑变形量对静态再结晶体积分数的影响。变形温度 1 000 ℃，应变速率 0.1 s^{-1}，第一道次变形量分别为 8%、13% 和 18%，道次间隔时间为 2 s、5 s 和 60 s，变形结束后迅速水冷；

（4）考虑不同初始晶粒度对静态再结晶体积分数的影响。分别升温到 900 ℃、1 000 ℃ 和 1 100 ℃，保温 5 min 后再以一定的冷却速度冷却到 850 ℃，保温 3 min，应变速率 0.1 s^{-1}，前后两道次变形量均为 13%，道次间隔时间分别为 2 s、5 s 和 30 s。

2.1.3.2 两道次压缩试验的应力应变曲线

图 2-11 为 30Cr2Ni4MoV 钢在变形温度 1 000 ℃、1 150 ℃ 和 1 200 ℃，应变速率为 0.1 s^{-1}，两道次变形量分别为 13%，道次间隔保温时间分别为 2 s、10 s、60 s 的双道次压缩试验的应力应变曲线。

从图 2-11 可以看出：在同一应变速率同一温度下，随着道次保温时间的延长，第二次压缩时屈服应力减小，回复到卸载时的应力值水平所需要的应变量增大，即由静态再结晶导致的软化效果逐渐显著；在相同温度、相同保温时间和不同应变速率条件下，随着应变速率的降低，第二道次压缩的屈服应力逐渐降低，但应变速率越低，第二道次应力值回复到卸载时的水平,所需要的应变量越小,即加工硬化现象逐渐明显。

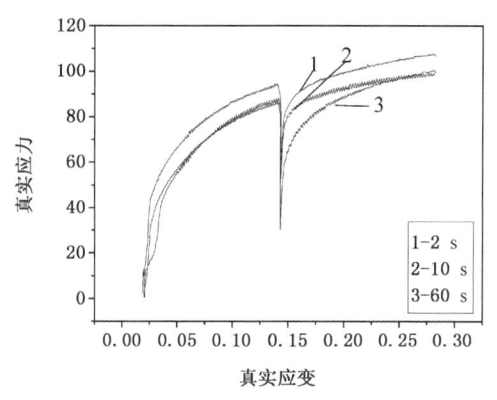

a) 1 000 ℃下双道次压缩应力应变曲线

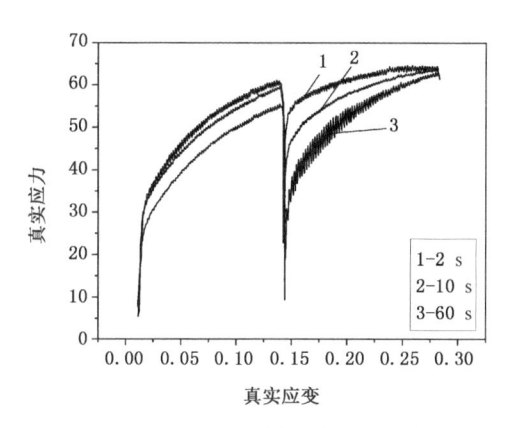

b) 1 150 ℃下双道次压缩应力应变曲线

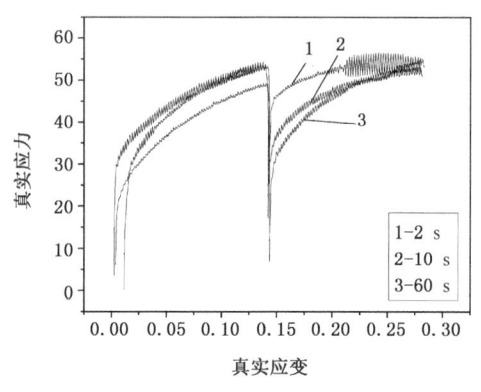

c) 1 200 ℃下双道次压缩应力应变曲线

图 2-11　两道次压缩应力应变曲线

2.1.3.3 试验数据处理

与亚动态再结晶相同,将各组试验所得数据进行回归拟合,得到静态再结晶动力学方程的各个参数,即

$$\begin{cases} t_{0.5}=1.592\,4\times10^{-8}d_0^{0.181\,2}\varepsilon^{-3.221\,6}\dot{\varepsilon}^{-0.338\,6}\exp[125\,173.5/(RT)] \\ \psi_{srec}=1-\exp\left[-0.693\left(\dfrac{t}{t_{0.5}}\right)^{0.51}\right] \end{cases} \quad (2\text{-}13)$$

图 2-12 为试验数据基础上作出的不同变形条件下 $\ln\ln[1/(1-\psi_{srec})]$ 与 $\ln t$、$\ln t_{0.5}$ 与 $1\,000/T$、$\ln t_{0.5}$ 与 $\ln\dot{\varepsilon}$、$\ln t_{0.5}$ 与 $\ln\varepsilon$、$\ln t_{0.5}$ 与 $\ln d_0$ 的关系图。

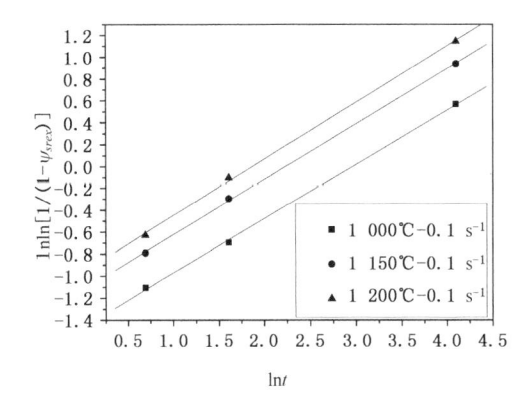

a) $\ln\ln[1/(1-\psi_{srex})]$ 与时间对数 $\ln t$ 的关系

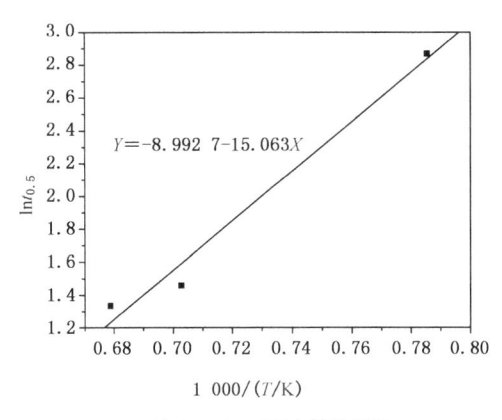

b) $\ln t_{0.5}$ 与 $1\,000/T$ 的关系图

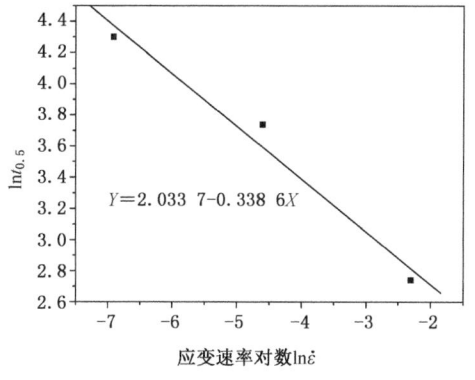

c) $\ln t_{0.5}$ 与应变速率对数 $\ln\dot\varepsilon$ 的关系

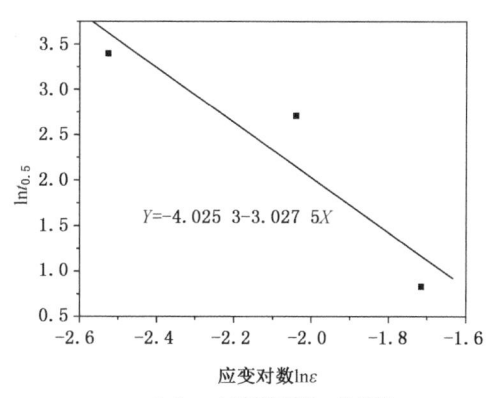

d) $\ln t_{0.5}$ 与应变对数 $\ln\varepsilon$ 的关系

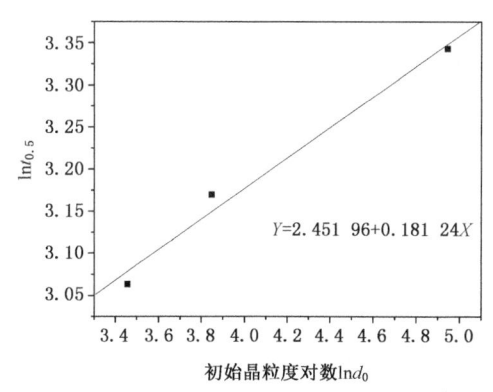

e) $\ln t_{0.5}$ 与初始晶粒度对数 $\ln d_0$ 的关系

图 2-12 静态再结晶模型所需参数拟合曲线图

2.1.3.4 静态再结晶体积分数模型验证

图 2-13 为应变速率 $0.1\ \text{s}^{-1}$ 的材料静态再结晶体积分数的计算值与试验值比较。从图中可以看出，两者数据比较吻合，这表明模型的准确性是可信的。

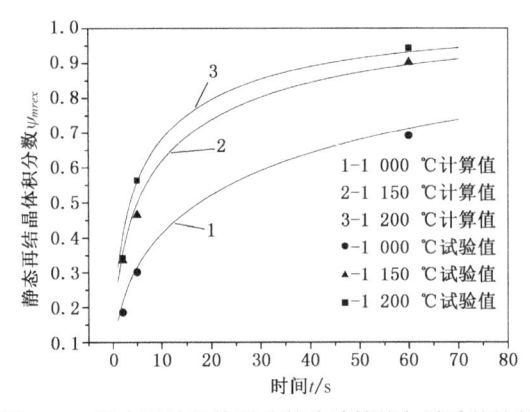

图 2-13 静态再结晶体积分数的计算值与试验值比较

2.1.4 晶粒长大

在工件锻造成形的过程中,工件应变为零的区域在高温作用下发生奥氏体晶粒的长大,导致工件综合机械性能下降,而加热阶段奥氏体晶粒长大造成的影响尤为不利。本节通过研究材料在不同温度和不同保温时间下的晶粒长大行为,建立了晶粒长大的动力学方程。

2.1.4.1 试验方案

试验原始材料为锻态,830 ℃下均匀化退火,原始组织如图 2-14 所示。试验用试样尺寸为 10 mm×10 mm×15 mm,在箱式电阻炉中加热保温,到温后将试样放入炉内加热保温指定时间,冷却方式为水冷,采用截线法测量奥氏体平均晶粒度。试验具体的加热温度及保温时间为:加热温度为 900 ℃、1 000 ℃和 1 100 ℃;保温时间为 1 min、5 min、10 min、20 min、30 min、40 min、50 min、60 min 和 180 min。

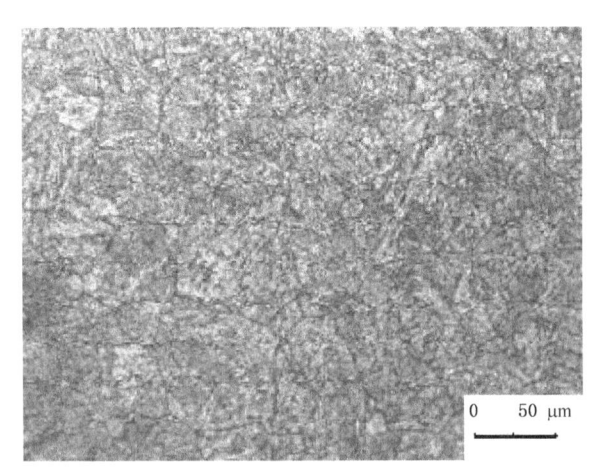

图 2-14 退火原始组织

2.1.4.2 试验数据处理

在不同温度与不同保温时间下试验测量得到的平均奥氏体晶粒尺寸如表 2-5 所示。

表 2-5 不同温度与不同保温时间下平均奥氏体晶粒尺寸

平均奥氏体晶粒尺寸/μm		保温时间/min								
		1	5	10	20	30	40	50	60	180
温度/℃	900	18.0	30.5	42.5	59.0	68.5	73.5	77.5	82.5	82.5
	1 000	20.0	43.5	65.0	85.0	100.0	110.0	115.0	125.0	132.5
	1 100	26.5	62.0	93.5	140.0	165.0	181.5	184.0	185.0	187.5

采用金泉林教授建立的晶粒长大模型

$$\begin{cases} D = D_0 + (D_s - D_0)\{1 - \exp[-R_A(t-t_0)]\} \\ D_s = R_1 \exp(R_2 T) \end{cases} \quad (2-14)$$

式中：

R_1、R_2、R_A——与材料相关的常数；

t、t_0——保温时间，取 $t_0 = 0(\min)$；

D_0——材料加热保温前的初始晶粒度，取 $15\mu m$；

D——材料在加热保温过程中的平均晶粒度(μm)；

D_s——材料在某一温度下的极限晶粒尺寸(μm)。这里将保温 3 h 的材料晶粒度视为材料在该温度下的极限尺寸。

由 $\ln D_s = \ln R_1 + R_2 T$，作 $\ln D_s - T$ 图，如图 2-15a)，求得 $R_2 = 0.004$，将得到的 R_2 值代入式(2-8)中并将不同 D_s 下求得的 R_1 取平均数，解得 $R_1 = 0.788$。将式 $D = D_0 + (D_s - D_0)\{1 - \exp[-R_A(t-t_0)]\}$ 整理得到：$\ln[(D_s - D_0)/(D_s - D)] = R_A t$，作 $\ln[(D_s - D_0)/(D_s - D)] - t$ 图，如图 2-15b)，回归得到 $R_A = 0.056\ 2$。

从而晶粒长大模型为

$$\begin{cases} D = 15 + (D_s - 15)[1 - \exp(-0.056\ 2t)] \\ D_s = 0.788\exp(0.004T) \end{cases} \quad (2-15)$$

a) $\ln D_s$-T关系图

b) $\ln[(D_s-D_0)/(D_s-D)]$-t关系图

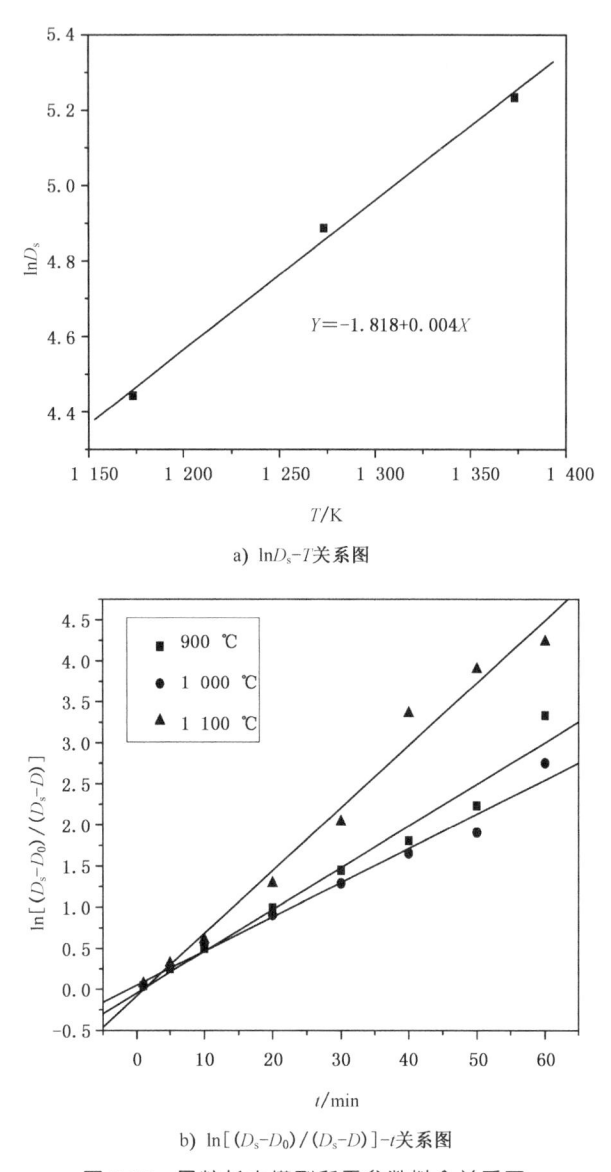

图 2-15 晶粒长大模型所需参数拟合关系图

2.1.4.3 晶粒长大模型验证

图 2-16 为奥氏体晶粒尺寸试验值与晶粒长大模型计算值的比较。从图中可以看出，三个温度下晶粒长大的试验值与计算值除个别点误差比较大外，是比较吻合的，而且误差比较大的点，其相差最大也只有 11%，这表明模型的准确性是可信的。

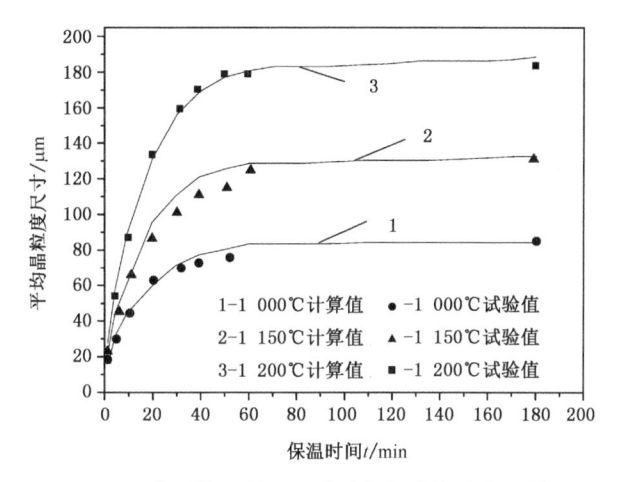

图 2-16 奥氏体晶粒尺寸试验值与计算值的比较图

在 Gleeble-1500 热模拟试验机上进行热模拟压缩试验,在分析大量基础试验数据的基础上,以数值拟合的方式,得到了热变形过程中动态再结晶、亚动态再结晶、静态再结晶等三种微观组织演化的材料参数,据此建立其微观组织演化的动力学模型,并通过试验测量值与模型计算值的比较,验证了所建立模型的准确性,为后续数值模拟工作提供了基础。

2.2 热锻模拟过程中热力学参数的测定

热锻工艺数值模拟的过程就是变形场和温度场相互耦合计算的过程,准确的温度场计算是保证变形场不出现较大偏差的重要条件,从而使热锻模拟结果同实际的锻造生产结果相吻合,否则,模拟结果将无任何参考的价值和指导意义。因此,为保证数值模拟中温度场计算的准确性,须在模拟软件中输入较为精准的、与锻件材料相应的热物理参数。

2.2.1 热力学参数对温度场的影响分析

工艺模拟过程中所需热物理参数如表 2-6 所示。

表 2-6 工艺模拟过程中所需热物理参数

序号	名称	符号	单位	参考值(钢)
1	热传导系数	λ	W/(m·K)	20~40
2	比热容系数	C	N/(mm^2·K)	3.0~5.0
3	热辐射黑度系数	ε	—	0.1~0.8
4	锻件与环境的热交换系数	h_a	kW/(m^2·K)	0.01~0.03
5	锻件与模具的热交换系数	h_d	kW/(m^2·K)	1.0~5.0

其中热传导系数 λ、比热容系数 C 是材料的固有属性，可以通过标准的试验方法获得，一般在材料手册中都可以查询到其较为精准的数值。对温度场计算影响较大的是热辐射黑度系数 ε、锻件与环境的热交换系数 h_a 和锻件与模具的热交换系数 h_d 等三个系数，为说明上述三个参数对温度场的影响，作如下分析。

在整个热加工过程中，温度场的变化主要是由于锻件与模具之间的辐射热交换、对流热交换以及锻件与环境之间的对流热交换的原因造成的，分别可以用以下热力学定律描述

$$\begin{cases} Q_\varepsilon = \varepsilon \sigma_b (T_w^4 - T_0^4) \\ Q_a = h_a (T_w - T_0) \\ Q_d = h_d (T_w - T_d) \end{cases} \quad (2\text{-}16)$$

式中：

T_w、T_0、T_d——锻件温度、环境温度和模具温度（℃），给定 $T_0 = T_d = 20$ ℃；

Q_a——锻件与环境对流热交换的热流密度（kW/m²）；

Q_d——锻件与模具对流热交换的热流密度（kW/m²）；

σ_b——斯蒂芬-玻尔茨曼常数，取 5.67×10^{-8} （kW·m⁻²·K⁻⁴）；

Q_ε——锻件向环境热辐射的热流密度（kW/m²）。

图 2-17、2-18 显示了锻件在不同温度下三个参数在各自允许的参考值范围内的热流密度对比。由图 2-17 可看出锻件与模具间换热系数 h_d 影响下的热流密度值是其他两个参数影响下热流密度值的 10 倍以上，即锻件与模具间换热系数 h_d 对温度场计算结果有绝对的影响优势；同时由于热加工过程中 h_d 所决定的热流密度的绝对值基数较大，那么一旦所取 h_d 值偏差过大，就会对温度场的计算准确性造成较大影响。图 2-18 为热参数 ε 与 h_a 对热流密度值影响的对比情况，从中可以看出在黑度系数 ε=0.2 以下时，ε 与 h_a 对温度场计算结果的影响权重基本相当，热流密度值基本在 50 kW/m² 以下；但当黑度系数 ε>0.2 且锻件温度大于 550 ℃ 时，黑度系数 ε 对热流密度的影响逐渐大于由 h_a 对热流密度的影响并趋于主导地位，并且由式（2-16）知，当黑度系数 ε 出现倍数误差时，由其所引起的热流密度偏差必然也是倍数关系，最终导致了温度场的计算不准。

2.2.2 等效热参数的定义

在实际锻造中出于保温或润滑目的，在锻件表面涂有涂料；在高温下锻件表面会产生氧化皮（膜）；且氧化皮或涂料与锻件表面还存在间隙，甚至部分脱落，如图 2-19 所示。而在模拟软件中热边界条件都是简化处理的，即只考虑锻件表面与环境或模具直接接触的情况，在手册或软件中提供的热参数参考值，也是基于这种标准条件。但是如果把这些参数直接输入到模拟软件中进行计算，会发现温度场计算结果往往与实际差别很大，一般计算的降温程度远远大于实际温降。这是因为

氧化皮或涂料阻隔了锻件与环境或模具的直接接触,起到了隔热保温作用。

当把这些热参数进行修正处理后(一般是缩小),通过模拟软件再次计算后的温度场和实际如果基本吻合,那么这些修正后的热参数即可称之为"等效热参数"。由于等效热参数是在假设其他热参数正确的情况下,通过模拟计算的方法推算出来的,因此其数学意义更大于物理意义。表 2-6 中的 5 个热参数都可作为等效热参数进行修正,但其中比热容系数 C 因与变形计算有耦合关系,不建议修正,原因是变形能部分可转换为热能

$$\Delta T = k/C \int_0^\varepsilon \sigma \mathrm{d}\varepsilon \tag{2-17}$$

式中:

ΔT——锻件温升(℃);

k——热转换系数($kW \cdot m^{-2} \cdot K^{-1}$);

ε——有限元单元的应变;

σ——有限元单元的应力(MPa)。

在变形计算时,如果比热容系数 C 修正过小,其引起的温升 ΔT 就会比实际大,造成计算偏差。

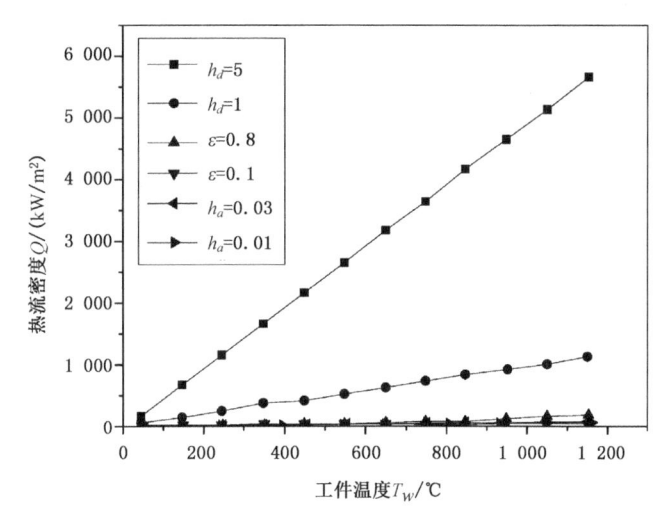

图 2-17 三参数对热流密度影响的对比图

等效热参数很难用数学公式描述,理论上其应为锻件、氧化皮、涂料、空气四者,共 20 个热参数(每种材料 5 个,见表 2-6)的函数式,此外还与各自的温度有关,可见其复杂性。孔令超推导了等效黑度系数和等效换热系数的数学公式,但是其前提是氧化皮须与锻件紧密接触。一般等效热参数只能通过试验方法获得。

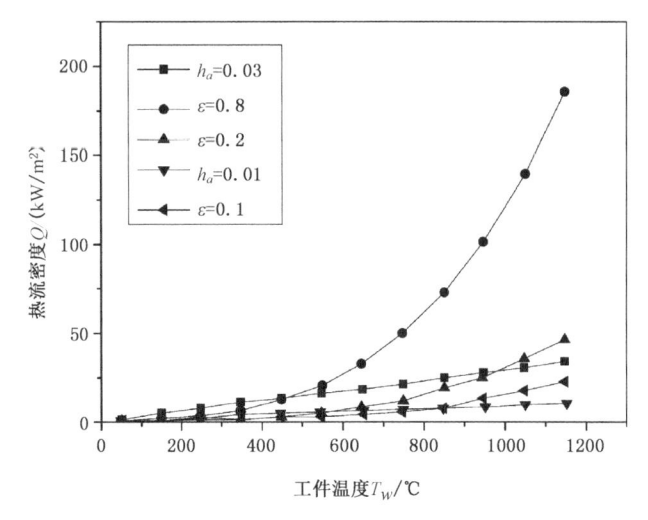

图 2-18 黑度系数和与环境换热系数对比图

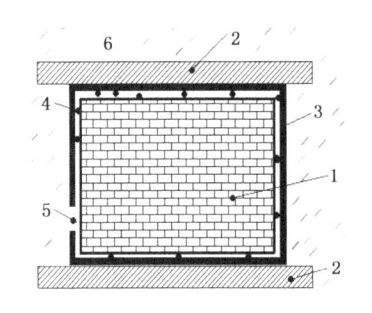

1—锻件；2—模具；3—涂料或氧化皮；
4—间隙；5—裸露部位；6—环境

图 2-19 锻件实际边界情况示意图

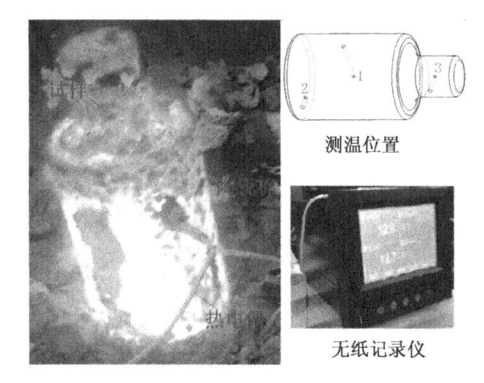

图 2-20 等效黑度系数测试试验图

2.2.3 测定等效热力学参数的试验方案

2.2.3.1 试验的设备与工具

本试验对模具、试样的几何尺寸没有严格要求，这里用到的试样尺寸为 $\phi100\ mm \times 100\ mm$ 的圆柱体和带有钳口的 $\phi109\ mm \times 153\ mm$ 圆柱体两种规格；用到的辅助设备包括 K 型热电偶、无纸记录仪、电阻加热炉、小型压力机以及保温陶瓷棉。在没有专业热参数测量设备或查不到相关热参数参考值的情况下，采用这种方法简便易行。

2.2.3.2 试验的具体流程设计

（1）在假设其他热参数是正确的前提下，确定需要修正的等效热参数；

（2）在试样和模具上加工出 2～3 个沿圆柱体径向的测温孔，保证至少有一个孔在中心部，用于插入热电偶；

(3) 将试样进行涂覆或包套等表面处理,放入升温到实际初始锻造温度的加热电阻炉进行加热,并开始记录试样各个测温点随炉加热过程中的温度变化数值;

(4) 将试样加热到设定温度并稳定后,出炉在空气环境中冷却,或放在模具上冷却,同样,记录试样或模具各个测温点在冷却过程中的温度变化数据;

(5) 参照实际的试验过程建立模型,利用模拟软件对温度场进行模拟计算,其中热参数分别取参考值的上、下限值进行两次计算,并将模拟结果与实际试验中各测温点相同位置的温度变化数据导出;

(6) 将模拟所得各测温点温度的曲线和试验测量曲线进行对比,根据试验曲线在模拟曲线区间中的相对位置,给定一个估算的等效热参数修正值;

(7) 将给定的等效热参数修正值代入模拟中,重新进行温度模拟计算,再进行试验数据对比,反复(6)、(7)步骤直至两者基本吻合,即将此值确定为最终的等效热参数修正值。

2.2.3.3 材料等效黑度系数的测定

图 2-20 为 30Cr2Ni4MoV 等效黑度系数测试试验图,试样按某大型钢锭的缩比加工,锭身尺寸 $\phi 109 \text{ mm} \times 153 \text{ mm}$,钳口尺寸 $\phi 52 \text{ mm} \times 67 \text{ mm}$;测温位置取 3 个点,分别位于锭身中部-1、锭身表面-2、钳口中心-3;测温设备选用无纸记录仪,可将全程温度变化数据保存在设备内存中。试验过程:首先将试样放入已经升温至 1 260 ℃ 的加热炉中加热,试样下底面需铺垫陶瓷棉;试样到温后取出迅速置于陶瓷棉上进行空冷,其间记录试样的温度变化数据。

其中陶瓷棉的作用是防止试样与其他介质发生热交换,即保证试样只与空气环境发生热交换,这样在模拟温度场时使边界条件简化,屏蔽了其他热参数的干扰,提高了计算结果的精度。图 2-21 为模拟计算中热边界条件的设置,计算中 30Cr2Ni4MoV 钢的热传导系数和比热容系数取自 Deform 软件中钢类材料的参考值,如图 2-22 所示;试样与环境的换热系数 $h_a = 0.02 \text{ kW}/(\text{m}^2 \cdot \text{K})$,取自 Deform 软件的缺省值。

图 2-23 为加热阶段中,锭身中部 1 点和锭身表面 2 点的试验测量温度—时间曲线与模拟计算结果的对比。模拟计算中取黑度系数上限 $\varepsilon = 0.3$,下限 $\varepsilon = 0.2$。从图 2-23 中可以看出试验数据正好落于模拟计算数据的区间内,通过试算修正等效黑度系数为 0.25,图 2-24 为二次模拟计算结果与试验测量值的对比,试验曲线与计算曲线十分接近,说明 30Cr2Ni4MoV 钢在高温加热阶段的等效黑度系数约为 0.25。

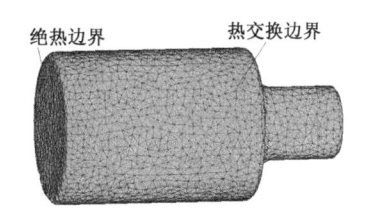

图 2-21 模拟计算中的热边界条件

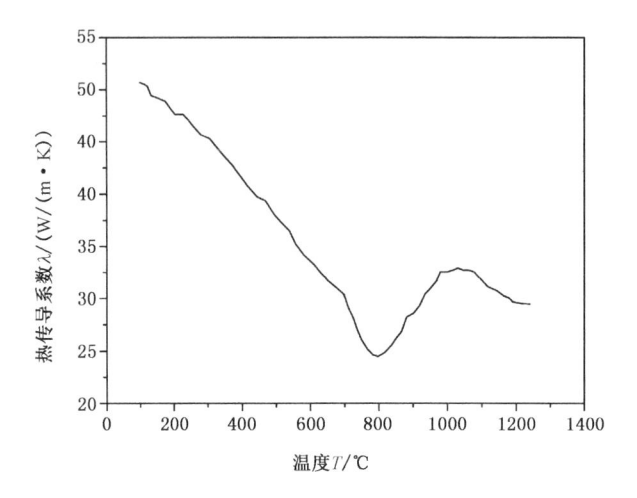

a) 热传导系数λ与温度T的关系

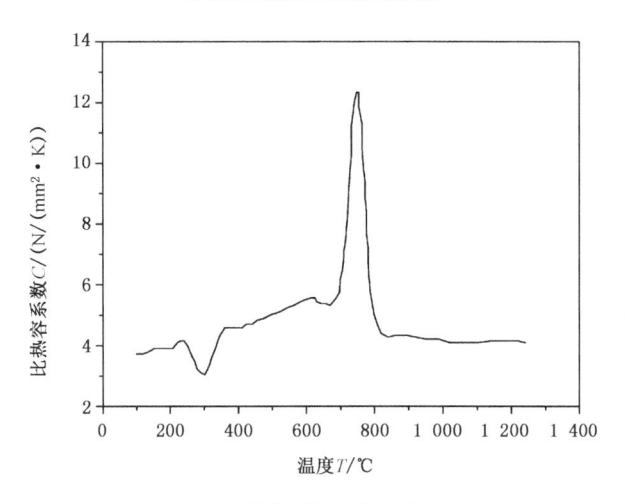

b) 比热容系数C与温度T的关系

图 2-22　30Cr2Ni4MoV 的热传导系数和热容系数参考值曲线

图 2-25 为在冷却阶段取不同黑度系数下,试样中心点的模拟计算温度-时间曲线与试验测量数据的对比。当取在加热阶段所测的等效黑度系数 $\varepsilon=0.25$ 时,发现冷却后期模拟温度数值略高于试验测量;当把黑度系数修正为 $\varepsilon=0.26$ 时,则在冷却前期模拟温度数值略低于试验测量,由此推知冷却阶段的等效黑度系数 ε 在 $0.25\sim0.26$ 之间,说明加热和冷却阶段两者的等效黑度系数基本是一致的,误差仅为 ±0.01。

理论上,物体的温度越高、表面越粗糙,其辐射黑度系数越大。30Cr2Ni4MoV 钢在高温区氧化后黑度系数反而较小,正是因为氧化皮的影响。钢类材料未氧化情况下的高温黑度系数至少在 0.5 以上,当把这个参数应用到有氧化皮的工艺中去模拟计算就会产生较大偏差,图 2-25 中试样的心部区域在冷却 3 min 后,黑度系数 ε＝0.5 的模拟温度与实测温度误差在 65 ℃ 以上。

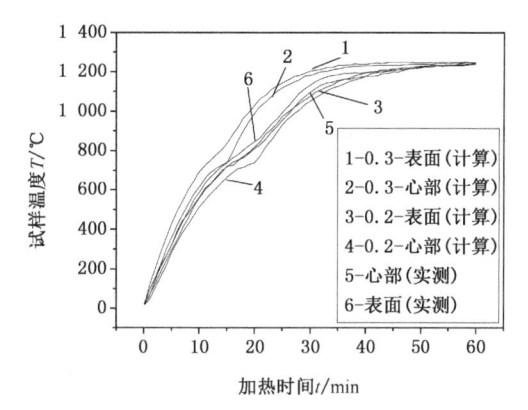

图 2-23 加热阶段试验曲线与模拟曲线对比图

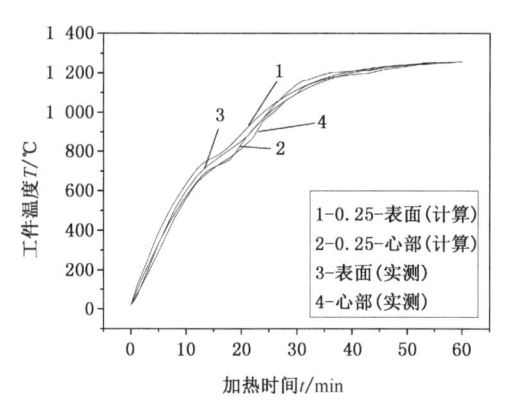

图 2-24 加热阶段取等效黑度系数为 0.25 时与试验曲线对比图

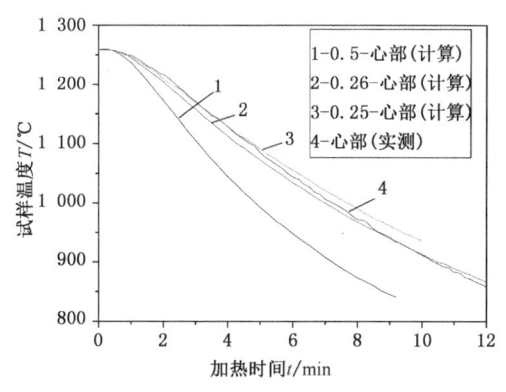

图 2-25 冷却阶段等效黑度系数的测试曲线

2.2.3.4 材料等效热交换系数的测定

锻件与模具之间的换热系数应分为两种工况进行测试:(1)锻件自由静置在模具上,定义 h_{d1};(2)在加载情况下,锻件与模具紧密接触,定义为 h_{d2}。一般数值上前者是后者的 1/10~1/4。

在试验测试之前,必须事先确定 30Cr2Ni4MoV 钢和 5CrMnMo 钢的其他热参数。其中 30Cr2Ni4MoV 钢、5CrMnMo 钢的热传导系数和比热容系数均取自 Deform 软件,如图 2-22 和图 2-26 所示;试样和模具与环境的换热系数取软件缺省值 $h_a = 0.02 \text{ kW/(m}^2 \cdot \text{K)}$。30Cr2Ni4MoV 钢、5CrMnMo 钢的黑度系数按本章 2.2.3.3 的试验方法获得,已测得冷却阶段 30Cr2Ni4MoV 钢的等效黑度系数为 0.26;测得 0~300 ℃ 范围内 5CrMnMo 钢的等效黑度系数约为 0.10。

图 2-27 为等效换热系数测试示意图及试验现场图。试样材料 30Cr2Ni4MoV 钢,模具材料 5CrMnMo 钢。为方便加载,试样-1 取 ϕ100 mm×95 mm 的圆柱,下模具-2 取 250 mm×170 mm×36 mm 的方板,上压板-3 尺寸不限。测温孔取下模具中部的两侧,深度为 30 mm,插入热电偶后连接测温设备无纸记录仪。加载设备选用 200 吨液压机。试验过程:首先将试样均匀加热至 1 250 ℃,取出后迅速置于模具上,并在试样上端加载或空载情况下空冷,其间记录模具的温度变化数据。

为避免试样和模具与其他物体接触引起热模拟计算的误差,在下模具底面以及试样的顶端都加盖陶瓷棉进行隔热处理。在模拟计算中这两个面设置为绝热边界,其他表面为热交换边界,如图 2-28 所示,接触边界条件则设置试样底面的节点与模具全部接触。

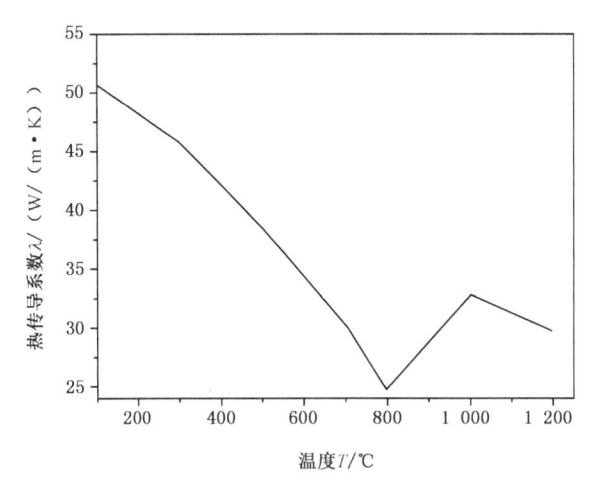

a) 热传导系数λ与温度T的关系

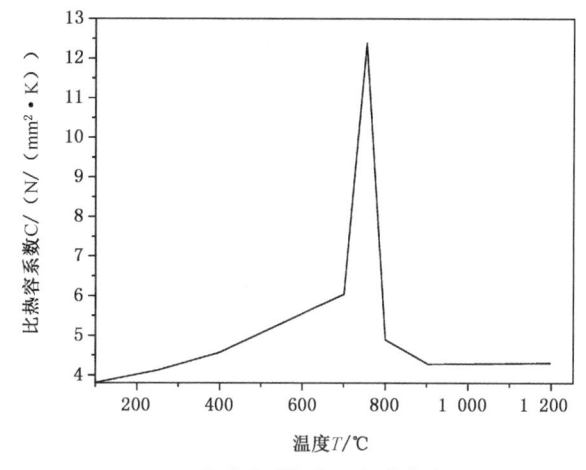

b) 热容系数C与温度T的关系

图 2-26　5CrMnMo 的热传导系数和热容系数参考值曲线

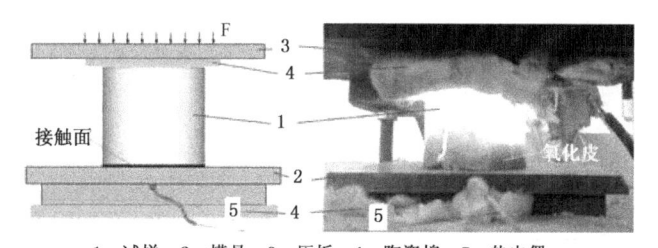

1—试样　2—模具　3—压板　4—陶瓷棉　5—热电偶

图 2-27　锻件-模具间等效换热系数测试示意图及试验现场图

图 2-29 为加载情况下,模具测温点的温度-时间变化测量曲线与模拟计算曲线的对比。其中加载载荷为 20～30 MPa,即约为 30Cr2Ni4MoV 钢在 850～1 200 ℃间的平均屈服强度,试验中载荷大小应以试样将发生塑性变形为宜。

图 2-29 中可以看出试验测量曲线趋近于换热系数为 1.0 kW/(m²·K)的计算曲线,说明 30Cr2Ni4MoV 钢与 5CrMnMo 钢的等效换热系数约为 $h_{d2}=1.0$ kW/(m²·K)。在 Deform 中这个参数的参考值是 5.0 W/(m²·K),如果用这个参考值进行模拟计算,则模具的温度计算误差将在 60 ℃以上。上海交通大学李伟才等采取类似试验方法测试了 700 ℃下转子钢 X12CrMoWVNbN.10.1.1 与模具钢 H13 的接触换热系数为 1.07～1.58 kW/(m²·K),与本书测试结果差别原因应该是温度不同和氧化程度不同。

在无加载情况下,即锻件静置在模具上时 Deform 的参考值是 1.0 kW/(m²·K),这与本书试验中加载工况的测试值相当,说明氧化皮的隔热效果十分明显。孔令超测试了试样静置在模具时的等效换热系数,其值约为 0.105 kW/(m²·K),仅为加载工况下换热系数的 1/10。

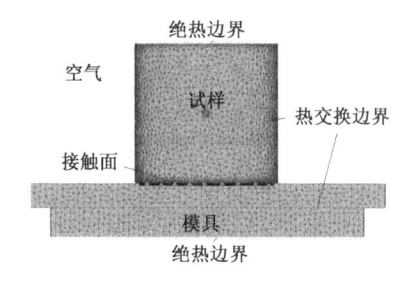

图 2-28 模拟计算中的热边界条件示意图

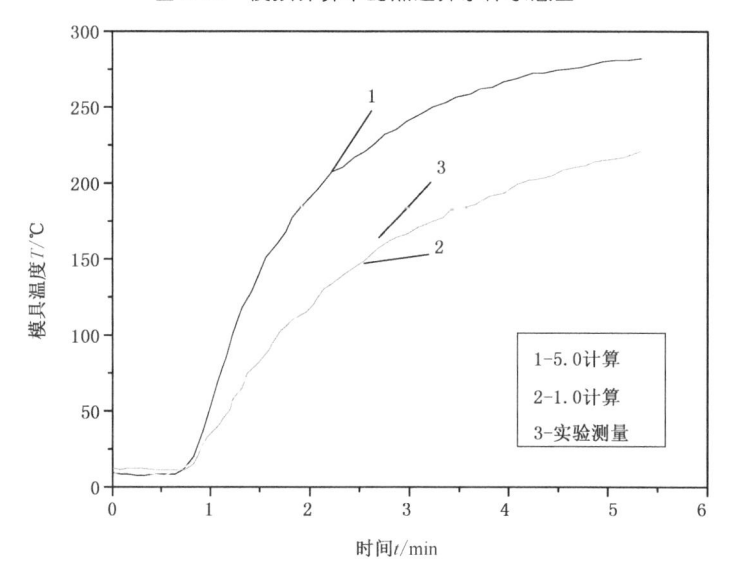

图 2-29 30Cr2Ni4MoV/5CrMnMo 等效换热系数测试曲线

以上分析了热物理参数对温度场分布的重要性,通过热传热试验与数值模拟软件相结合,采用模拟数据与实测数据的逼近法推导出所需参数。通过该试验方法测得 30Cr2Ni4MoV 钢在 850~1 260 ℃ 锻造区间的等效黑度系数为 0.25~0.30,与模具钢的加载等效换热系数为 1.0 kW/(m² · K),将测试所得参数应用于模拟温度场的计算,得到的模拟结果与实际试验结果吻合。

2.3　材料微观组织预测模型的试验验证

将第 2 节根据试验所建立的微观组织预测的本构模型,导入 Deform-3D 有限元软件中进行与实际锻造相同工艺的模拟,并与试验室下试验制得的小件试样内部微观组织结果相比较,对所建立模型进行验证,验证模型的实用性。

2.3.1 材料的成形试验

2.3.1.1 试验前期准备

工件尺寸如图 2-30 所示。

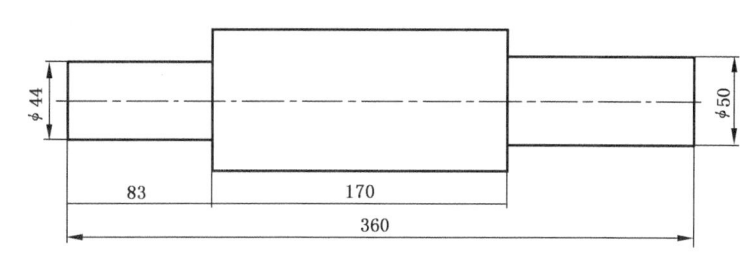

图 2-30　工件尺寸示意图

试验设备为 200 t 三梁四柱液压机；各加工工艺模具及镦粗模具装配情况如图 2-31 所示。

图 2-31　各加工工艺模具及镦粗模具装配

图 2-32 为成形试验用实际坯料,材料为铸态并经过均匀化退火处理,主要目的是使材料内部各成分均匀；材料表面白色涂料是高温防氧化剂,主要是为减少材料在加热过程中因氧化作用所造成的损耗,以保证材料的加工尺寸。

2.3.1.2 试验方案

成形方案及工艺如下：

（1）将材料加热到设定温度 1 250 ℃,水冷,用于观察压力加工前材料的初始组织,取样位置如图 2-33a）；

（2）将材料加热到设定温度 1 250 ℃,移入模具中镦粗,变形量为 50%,将变形完成后的坯

图 2-32　原始坯料

料水冷,观察相关位置组织变化情况,取样位置如图 2-33b)所示;

(3) 将材料加热到设定温度 1 250 ℃,移入模具中镦粗,下压量为 50%,变形完成后将坯料放回加热炉中保温,并更换模具进行拔长,拔长时每砧的压下量为 20%,拔长结束后坯料立即水冷,观察相关位置组织变化情况,取样位置如图 2-33c)所示;

(4) 将材料加热到设定温度 1 250 ℃,使用平板拔长的方法将原始坯料拔长到加工台阶轴所要求的形状尺寸,如图 2-33d)所示,为后续工艺作准备;

(5) 将(4)获得的空冷至室温的材料加热到设定温度 1 250 ℃,利用上平下 V 砧加工台阶轴,变形结束后迅速水冷,取如图 2-33e)所示位置试样并观察金相。

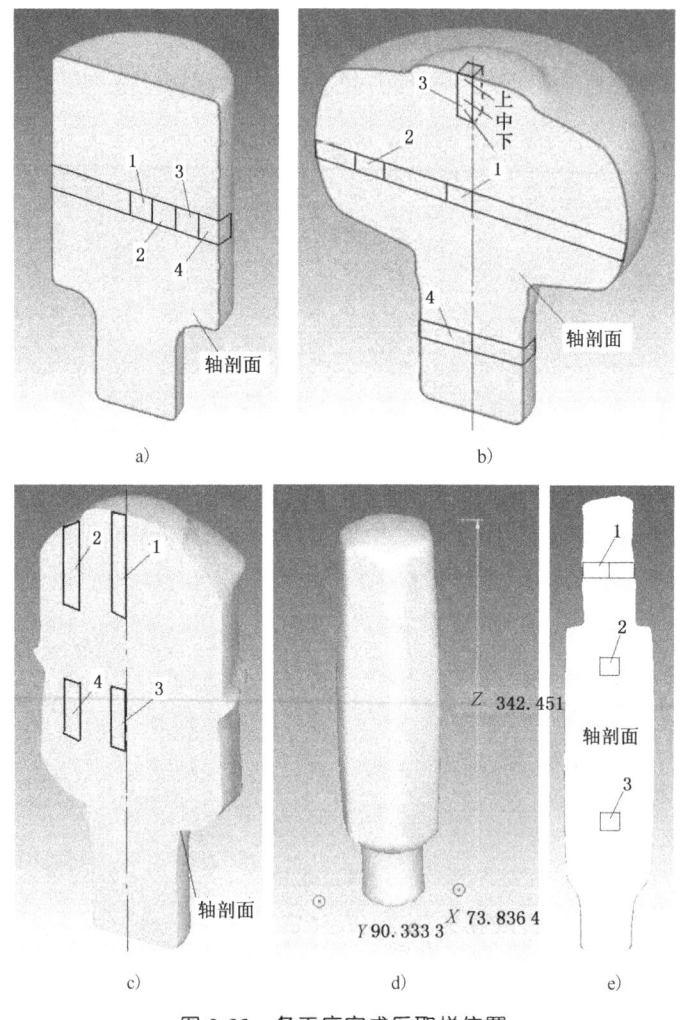

图 2-33 各工序完成后取样位置

2.3.2 成形试验结果

2.3.2.1 镦粗

镦粗工序完成后工件的外观形状如图 2-34 所示。

图 2-34 镦粗工序完成后工件

在整个金属热成形工艺过程中，金属的最终组织是由诸如动态再结晶、亚动态再结晶、静态再结晶以及晶粒长大等多种微观组织机制综合作用决定的。而且，即便是在单一工序中，由于各个变形区的变形能不同，材料在变形中以及在变形道次间隔时间内，同样也会发生多种微观组织演化。

在试验中，金属在镦粗变形过程中会发生动态回复、动态再结晶；在变形完成后到将其从工作台上取下放入水槽水冷的过程中，有一定的时间间隔，在 10~20 s 之间，则金属在这过程中还会发生亚动态再结晶、静态再结晶和晶粒长大等行为。

图 2-35 为镦粗工艺中工件靠近上漏盘位置所取试样的金相图。图 2-35a)、b)、c) 所取试样依次对应图 2-33b) 中 3 位置的上、中、下三处。可以看到都发生了晶粒细化行为。结合三处位置处于相当于平板镦粗变形刚性区的特点，认为漏盘镦粗在一定程度上减小了刚性区的作用范围，其形状使得坯料底部与上漏盘接触前有一定的变形量，虽然这个变形量未达到发生动态再结晶应变的临界值，但使得这一变形区域有一定的储存能，从而在变形完至水冷的时间间隔内发生了静态再结晶行为；但三处位置的静态再结晶体积分数是明显不同的，a)、b)、c) 依次增大，越远离漏盘其静态再结晶的体积分数越大、晶粒的尺寸差也越小。而这是由三处位置的变形储存能和温度不同所造成的，即越远离漏盘，变形量越大，因位错累积的储存能越高，静态再结晶驱动力越大，导致晶界附近静态再结晶形核点越多，温

度越高,静态再结晶的晶粒长大也越快。图中 b)与 c)相比,c)处温度较高,静态再结晶细小晶粒在高温下以相互吞噬、合并的方式迅速长大,所以晶粒尺寸较为均匀。

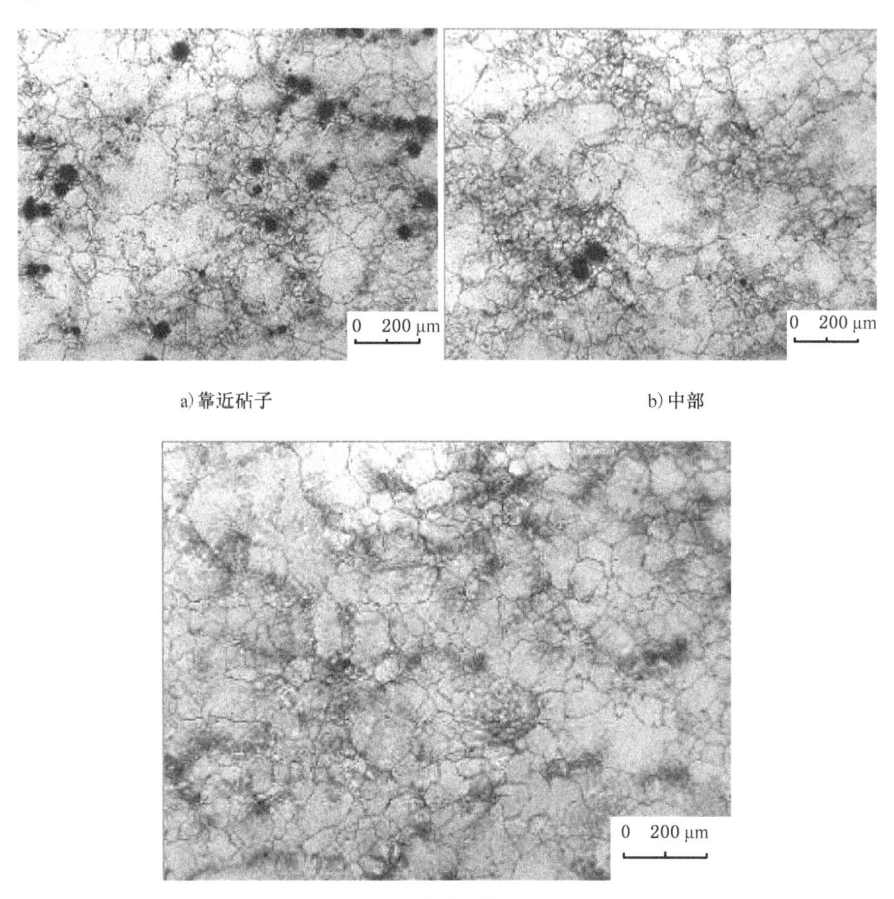

a) 靠近砧子　　　　　　　　　　b) 中部

c) 靠近心部

图 2-35　靠近上漏盘的金相图

当然,由于所取试样大小的原因,图 2-35c)金相图所示位置可能深入中心变形区,则也可认为其发生的是动态再结晶。

图 2-36 为镦粗心部位置金相图,其中图 2-36a)、b)分别对应图 2-33b)中 1 位置和 2 位置所取试样。若判定图 2-35c)(靠近心部处)发生的是动态再结晶,则从图 2-35c)可以推断出图 2-36a)、b)所示镦粗心部金相图,在变形过程中发生了完全动态再结晶,变形结束至冷却前,在高温作用下发生晶粒长大行为。与图 2-35c)所示位置的晶粒度相比,虽然中心处应变大,但同时中心温度高且停留时间长,原子在高温下的剧烈活动,使得杂乱分布的位错规则排布,回复的程度增大,继而降低了变形畸变能,造成了心部晶粒的粗化,所以呈现应变较大的心部晶粒比图 2-35c)

所示位置的晶粒粗大。从图2-36a)、b)所示心部位置比较看,a)比b)的晶粒度尺寸要均匀,这是因为工件加工完到完全水冷有一定的时间,b)处在高温的时间比a)要长,即两者的区别是由温度的差异造成的。

图2-37为镦粗钳口处金相图,取样位置为图2-33b)中的4位置。图2-37显示钳口部发生了再结晶,这是因为在镦粗过程中锭身部分料被挤压进模具型腔,导致钳口部分也有一定的变形量(钳口有变形从镦粗前后钳口长度的变化可以得到验证),所以认为钳口处发生了静态再结晶。由于静态再结晶的驱动力——形变储存能较少,因此静态再结晶体积分数较小。

a) 1/2半径处　　　　b) 心部

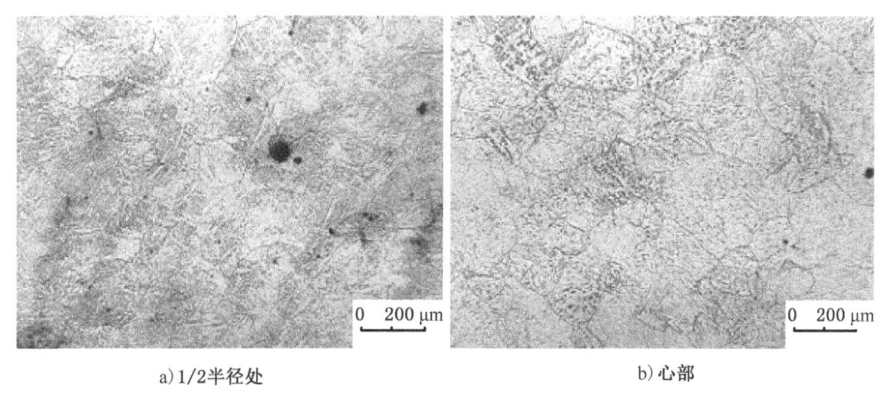

图2-36　镦粗心部位置金相图

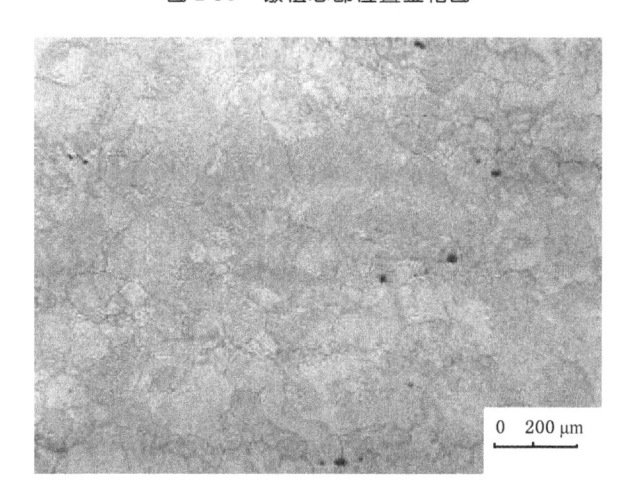

图2-37　镦粗钳口处金相图

2.3.2.2　一镦一拔

一镦一拔工序完成后工件的外观形状如图2-38所示。在试验中,金属在镦粗完成后因为更换模具,要在加热炉中保温,炉温1 200 ℃左右,时间为30 min,材料在1 150 ℃下,晶粒迅速长大粗化。这里只对拔长过程进行分析,采用KD法进行拔长。

拔长每砧压下量为坯料高度的20%,压完一道次后翻转90°,再错砧压下一道次,每砧之间时间间隔为5~10 s。工件变形后的微观组织是多道次下应变累积导致的结果;砧下变形区,各个变形区由其储存能确定是发生动态回复,还是动态再结晶;压下下一砧时,前一砧则视其储存能情况,或发生静态再结晶,或发生亚动态再结晶以及晶粒长大,如此循环。所以整个变形过程中,工件内部发生着动态回复、动态再结晶、静态再结晶和晶粒长大等微观组织演变行为。

图 2-38 一镦一拔工序完成后工件的外观形状

图 2-39 为靠近钳口位置变形材料的微观组织,图 a)、b) 分别对应图 2-33 c)中的 3 位置和 4 位置所取试样。图 a)1/2 半径处的晶粒尺寸比图 b)心部要稍小些,这主要是由锻打过程中心部温度较高导致的。

图 2-40 为远离钳口位置材料变形后的微观组织,图 a)、b) 分别对应图 2-33 c)中 2 位置和 1 位置所取试样。从图 2-40 可以看出:由于动态再结晶、亚动态再结晶、静态再结晶等晶粒细化机制的影响,图 a)1/2 半径处和图 b)心部两位置晶粒度相差不大,晶粒均比较细小。晶粒度相差不大,主要是因为温度场在工件径向分布差不是很大。由于加工顺序有先后,靠近钳口的部分先加工完后,在温度的作用下处于晶粒长大的过程,图 2-40 远离钳口的砧下位置因为加工完成后至冷却,是静态再结晶细化与晶粒长大粗化的综合作用结果,所以晶粒相对图 2-39 细小些。

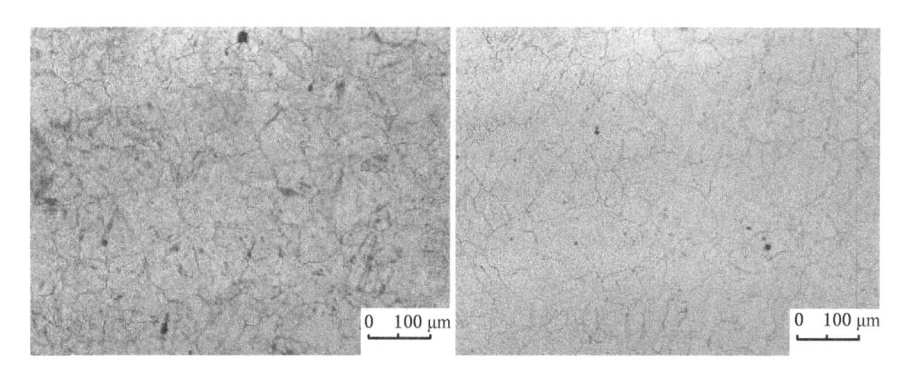

a) 1/2半径处　　　　　　　　　　　　b) 心部

图 2-39　靠近钳口位置变形材料的微观组织

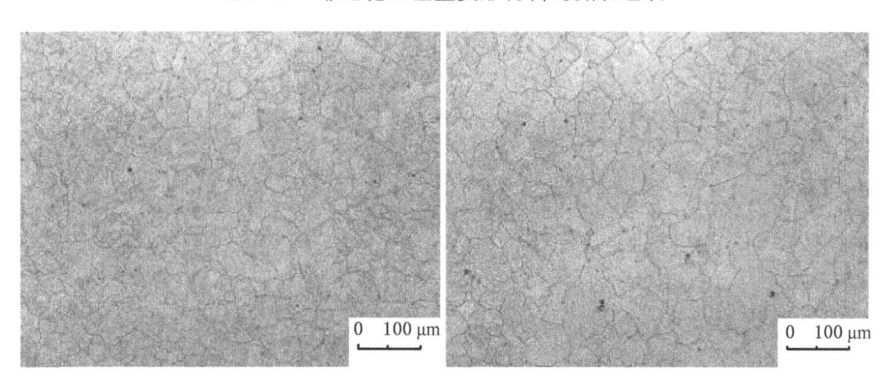

a) 1/2半径处　　　　　　　　　　　　b) 心部

图 2-40　远离钳口位置变形材料的微观组织

2.3.2.3　锻打台阶轴

锻打台阶轴完成后工件的外观形状如图 2-41 所示。

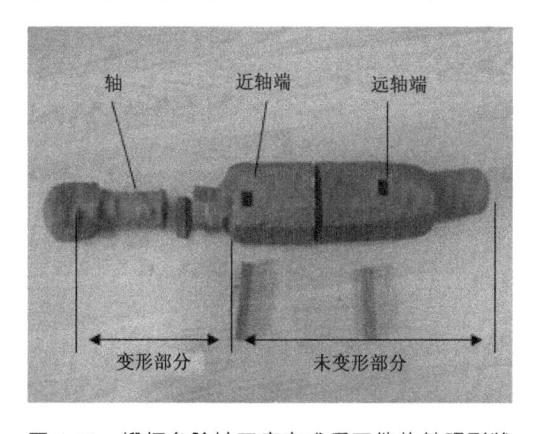

图 2-41　锻打台阶轴工序完成后工件的外观形状

采用上平下 V 砧加工台阶轴,每砧压下量 15%,两砧之间时间间隔为 2~6 s。同上述拔长过程类似,锻打轴的过程是多道次应变逐渐累积的过程,加工过程会有动态回复、动态再结晶、亚动态再结晶以及静态再结晶等组织演化机制发生。

图 2-42 和图 2-43 为锻打台阶轴工件各部分的微观组织。其中图 2-42 为锻打台阶轴时未变形部分的微观组织,图 a)、b) 分别对应图 2-33e)中 2 位置和 3 位置所取试样,图 2-43 为锻打台阶轴变形部分的微观组织,对应图 2-33e)中 1 位置所取试样。

从图 2-42 看出,锻打台阶轴时未变形部分的微观组织在近轴端和远轴端位置的晶粒度相差很小,说明锻打过程对未加工位置产生的影响很微小,因此近轴端和远轴端位置试样的晶粒度可以视为坯料的初始晶粒度。

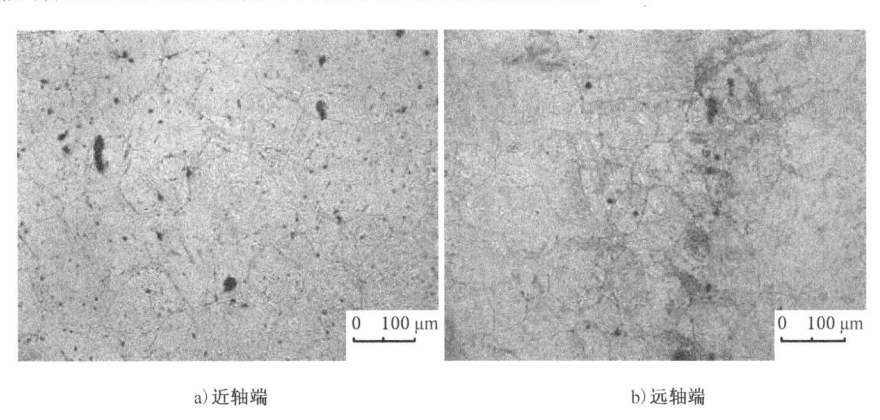

a)近轴端　　　　　　　　　　　b)远轴端

图 2-42　锻打台阶轴时未变形部分的微观组织

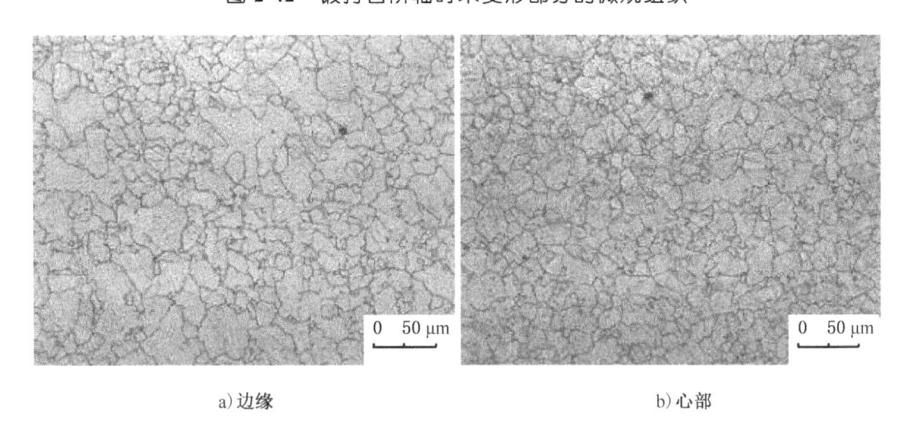

a)边缘　　　　　　　　　　　b)心部

图 2-43　锻打台阶轴变形部分的微观组织

从图 2-43 可以看出:从锻打台阶轴变形部分的晶粒度来看,图 a)所示轴的边缘位置处晶粒明显比图 b)所示轴的心部晶粒粗大,且晶粒度差较大。这是由于边缘处于砧下变形刚性区,应变小,虽然锻打的过程是多道次应变逐渐累加的过程,促使边缘处的晶粒产生了细化,但边缘处在整个变形过程中应变累积的能量比中心处低,导致边缘处不能同心部一样,晶粒进一步发生细化。

2.3.3 成形工艺的数值模拟

2.3.3.1 数值模拟参数设置

几何模型:模拟所用到的模型都是按照试验的实际尺寸通过三维软件Solidworks生成立体图保存成stl.格式并导入模拟软件中,进行网格划分。

工艺参数:模拟考虑了模具与坯料之间的热交换,换热系数取 $1.0\ \text{kW}/(\text{m}^2 \cdot \text{K})$;工件初始温度为 1 250 ℃,环境温度为 20 ℃,工件与环境间的换热系数采用软件的默认值 $0.02\ \text{kW}/(\text{m}^2 \cdot \text{K})$;工件自身热辐射系数,同样采用第2节所得值0.3;模具与工件之间摩擦系数取 0.3;模具压下速度以试验测量平均值为准。模拟过程中尽量完全符合实际的试验过程,使其有更高的可对比性,表2-7为各个工序的加工细节。

表2-7 各个工序的加工细节

时间 t	工艺			
	镦粗	换模	KD法拔长	
运料至工作台时间	30 s	总共耗时30 min,期间坯料回炉保温,炉温1 260 ℃	89 s	
压力加工时间	10 s		总共耗时219 s	
			上一砧结束抬起到下一砧落下时间间隔	
			第1砧与第2砧 8 s	第2砧与第3砧 44 s
			第3砧与第4砧 11 s	第4砧与第5砧 27 s
			第5砧与第6砧 9 s	第6砧与第7砧 37 s
			第7砧与第8砧 46 s	

材料参数:工件材料为 30Cr2Ni4MoV 钢,模拟所使用的微观组织预测本构模型为第1节所建立的包括动态再结晶的热粘塑性材料本构关系在内的方程;坯料原始晶粒尺寸为 150 μm。

2.3.3.2 数值模拟的结果

本节主要讨论加热过程中晶粒的长大、变形过程中动态再结晶的晶粒细化以及变形间歇时间亚动态再结晶以及静态再结晶对工件的综合影响,但是由于不能区分所取试样部分的微观组织具体是由哪些演变机制导致的,所以为了使模拟结果便于与试验对照,则以晶粒度分布 D_2 和再结晶体积分数 X 作为输出结果,图 2-44、图 2-45 和图 2-46 给出了材料热成形后的再结晶晶粒尺寸、再结晶体积分数的分布云图。

各工序晶粒度分布和再结晶体积分数模拟与试验结果列于表 2-8。下面仅以镦粗工序的模拟结果为例进行说明。

由图 2-44 镦粗模拟结果分布云图可知,中心区域 1、2 处的再结晶晶粒尺寸分别在 90~120 μm、75~105 μm 范围内,其再结晶体积分数都在 90% 以上,可认为中心区域晶粒完全细化;区域 3 的再结晶晶粒度为 15~90 μm,再结晶体积分数分布比较宽泛,在 0~1.0 之间;区域 4 的再结晶晶粒尺寸比较小,在 30 μm 以下,其再结晶体积分数在 10% 以下;此外,还可以看到,由于温度场分布的不同,镦粗的再结晶晶粒尺寸分布不再如等温恒应变速率镦粗明显的分为三个区域的再结晶晶粒尺寸分布的情况,图 2-44a) 中,再结晶晶粒尺寸在温度场的作用下,是按由内到外逐渐减小的趋势分布的。

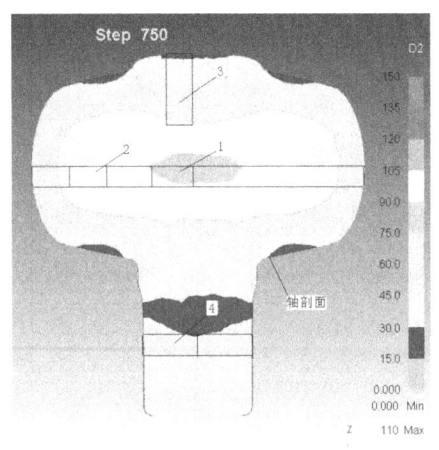

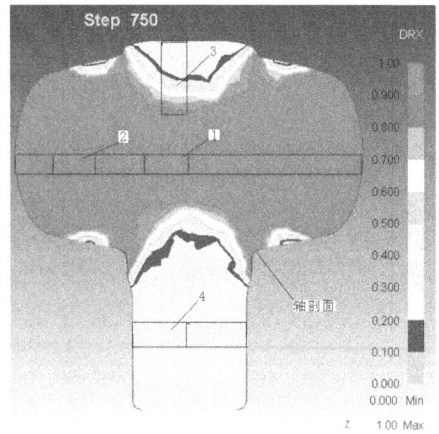

a) 镦粗再结晶晶粒尺寸分布　　b) 镦粗再结晶体积分数分布

图 2-44 镦粗模拟结果分布云图

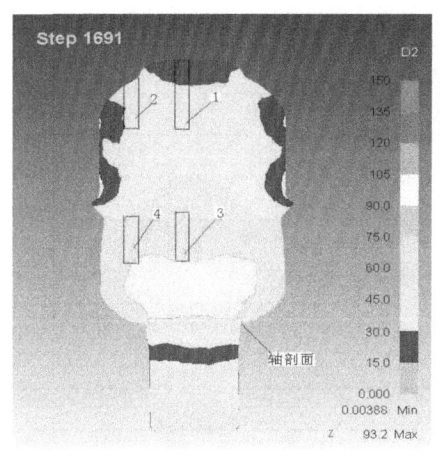

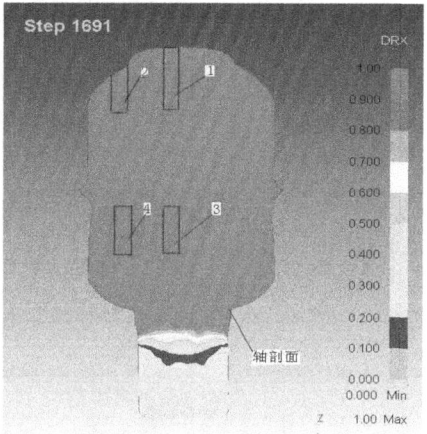

a) 拔长再结晶晶粒尺寸分布　　　　　b) 拔长再结晶体积分数分布

图 2-45　拔长模拟结果分布云图

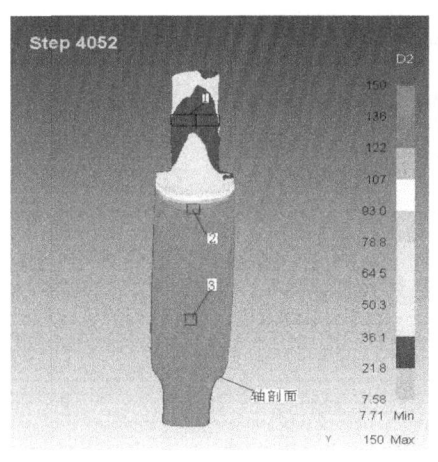

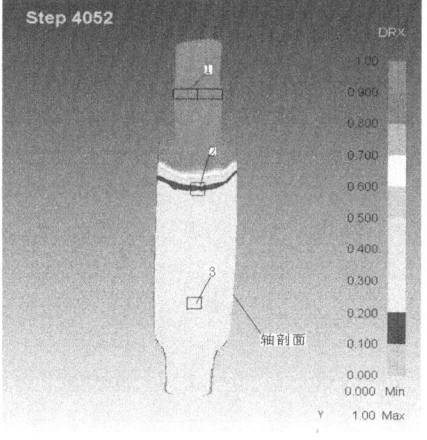

a) 台阶轴再结晶晶粒尺寸分布　　　　b) 台阶轴再结晶体积分数分布

图 2-46　台阶轴模拟结果云图

2.3.4　试验值与模拟结果的对比

将试验所取的试样区域的金相观察结果与数值模拟的相对应的区域结果进行比较，表 2-8 所示为各工序所取区域试验值与模拟值的比较情况。

表 2-8 各工序晶粒尺寸分布和再结晶体积分数模拟与试验结果

			$D_2/\mu m$	$X/\%$
镦粗	1	试验值	130.0	100
		模拟值	90.0~120.0	100
	2	试验值	103.0	100
		模拟值	75.0~105.0	100
	3	试验值	10.0~105.0	40
		模拟值	15.0~90.0	分布较广
	4	试验值	40.0	8
		模拟值	30.0 以下	10 以下
拔长	1	试验值	42.0	100
		模拟值	30.0~45.0	100
	2	试验值	42.0	100
		模拟值	30.0~45.0	100
	3	试验值	75.0	100
		模拟值	60.0~90.0	100
	4	试验值	75.0	100
		模拟值	45.0~90.0	100
锻打台阶轴	1	试验值	30.0	100
		模拟值	7.7~36.1	100
	2	试验值	140.0	0
		模拟值	136.0~150.0	10 以下
	3	试验值	140.0	0
		模拟值	150.0	10 以下

由于金相观察都是取自试样上的几个点，照片视场很小，表 2-8 的统计数据肯定存在一定的误差。但从试验和数值模拟分别得到的再结晶晶粒尺寸与再结晶体积分数的结果比较来看，两者相差较小，这就验证了本章所建立的材料本构模型的可靠性，该模型仿真计算结果可以为热成形工艺提供一定指导。

第3章
GH4169高温合金锻造成形组织预报

3.1 引言

GH4169高温合金是镍-铁-铬基高温合金,在 $-253 \sim 700$ ℃温度范围内都具有很好的综合性能,其屈服强度在650 ℃以下居变形高温合金之首,不但具有良好的抗疲劳、抗氧化、抗辐射和耐腐蚀性能,还具有良好的焊接性能、加工性能以及长期组织稳定性,是航空航天高温大型零部件和工业汽轮机领域大型零件的主要关键制造材料,如航空发动机用涡轮盘、大型甩油盘、整体转子和大型轴类零件等。

GH4169高温合金在热成形过程中的微观组织变化非常复杂。GH4169高温合金对热变形温度和应变速率等热力参数非常敏感,所以其热成形比较难以控制,难以获得精确的锻造工艺和理想的组织。如果锻造工艺设计不当,达不到应有的良好性能,不仅是对资源的浪费,对实际应用更是一种潜在危险。近年来,随着计算机技术的发展,GH4169高温合金的研究也取得了较大进步,可以通过模型导入计算机模拟锻件的热变形过程并预测锻件的晶粒度大小和组织分布情况,通过改进优化锻造工艺来控制晶粒大小和组织分布。通过计算机的仿真模拟不仅可以为实际生产工艺参数的制定提供参考依据,还可以提高产品质量和降低生产成本,因此,其发展前景非常广阔。

本章就是以GH4169高温合金为研究对象,通过热压缩试验,研究其在热变形过程中的宏观流动应力行为规律以及动态再结晶、亚动态再结晶、静态再结晶和静态晶粒长大等微观组织的演化规律,通过这些规律,建立流动应力模型和微观组织预测模型,利用仿真手段对GH4169高温合金的整个锻造过程进行预测模拟,从而控制锻件的晶粒大小和组织分布。

3.2 GH4169高温合金的高温变形行为研究现状

GH4169高温合金锻件的主要成形方式是热锻,GH4169高温合金锻件的性能和组织对锻造过程的工艺参数非常敏感。热锻过程中的工艺参数主要有变形温度、应变速率和应变量等,要使GH4169高温合金锻件具良好的机械性能和显微组织,首先需要掌握GH4169高温合金的高温变形行为和规律。高温变形行为包括变形温度、应变速率、变形量等与晶粒尺寸分布的关系以及它们在变形过程中的相互耦合规律。通过这些关系和规律建立相应的数学本构模型,通过本构模型进行仿真计算。

目前 GH4169 高温合金高温变形行为仿真计算的数学本构模型主要有反应机械性能的流变应力模型和反应微观组织演化的数学模型,流变应力模型可以了解和量化相关热变形参数的变化情况;微观组织演化模型可以预测锻件在热加工过程中的再结晶晶粒度大小、平均晶粒度大小和再结晶体积分数等。

3.2.1 GH4169 高温合金的流变应力模型研究现状

目前国内外学者对 GH4169 高温合金高温变形行为研究所采用的流变应力模型主要是 Sellars 和 Tegart 提出的包含变形激活能 Q 和变形温度 T 的 Arrhenius 双曲函数模型。后来的研究者为了增加该模型的普遍适用性,又考虑了流变应力的速度敏感性,如式(3-1)所示。

$$\sigma = c_1 \exp(c_2 \log \dot{\varepsilon}) \quad \exp(c_2 \log \dot{\varepsilon}) = \dot{\varepsilon}^{\frac{c_2}{\ln 10}} \quad \sigma = K \dot{\varepsilon}^m \tag{3-1}$$

Zhou 等人在 IN718 合金恒应变速率试验中就热变形温度和应变速率对合金的热变形行为的影响进行了研究,得出了峰值应力与变形温度和应变速率的关系以及流变应力与变形温度和应变速率的关系,如式(3-2)和式(3-3)所示。

$$\sigma_p = AZ^n \text{ 和 } \sigma_p = A\dot{\varepsilon} \exp\left(\frac{nQ}{RT}\right) \tag{3-2}$$

$$\delta = C\dot{\varepsilon}^n \text{ 和 } A(\sigma) = \dot{\varepsilon} \exp\left(\frac{Q}{RT}\right) \tag{3-3}$$

Srinivasan,Garcia 等人在一定温度和应变速率条件下研究 IN718 合金的高温变形行为,得出了流变应力和应变速率间的多次函数关系方程,如式(3-4)所示。

$$\log_{10}\sigma = A + B\log_{10}\dot{\varepsilon} + C(\log_{10}\dot{\varepsilon})^2 + D(\log_{10}\dot{\varepsilon})^3 \tag{3-4}$$

李淼泉等人在试验温度为 930 ℃、950 ℃、980 ℃、1 000 ℃、1 020 ℃、1 030 ℃、1 050 ℃;应变速率为 50 s^{-1}、10 s^{-1}、1 s^{-1}、0.1 s^{-1};最大工程应变为 60% 的条件下,利用 Thermecmastor-Z 型热加工模拟试验机对 GH4169 高温合金进行热压缩试验,也得到了类似的流变应力方程,如式(3-5)所示。

$$\ln\sigma = A_1 + A_2\ln\dot{\varepsilon} + A_3(\ln\dot{\varepsilon})^2 + A_4(\ln\dot{\varepsilon})^3 \tag{3-5}$$

刘东和罗子健在试验温度为 960 ℃、980 ℃、1 000 ℃、1 020 ℃;应变速率 50 s^{-1}、10 s^{-1}、1 s^{-1}、0.1 s^{-1}、0.01 s^{-1};真应变为 0.357、0.693、0.916 的条件下,利用 Thermecmastor-Z 型热加工模拟试验机对 GH4169 合金热态变形过程中及其随后的高温滞留阶段内的显微组织演化过程进行了研究,建立了相应的流变应力模型,如式(3-6)和式(3-7)所示。

$$\sinh(0.004\ 2\sigma_p) = 6.555\ 7 \times 10^{-4} Z^{0.215} \tag{3-6}$$

$$\ln\varepsilon_p = A_1(\ln Z)^3 + A_2(\ln Z)^2 + A_3\ln Z + A_4 \tag{3-7}$$

胡建平,庄景云等人在试验温度为 960 ℃、980 ℃、1 000 ℃、1 020 ℃、1 040 ℃;应变速率为 10 s^{-1};工程应变为 0.1、0.4、0.7 的条件下,利用高速变形试验机对 IN718 合金进行多道次高速锤击锻造试验,得出其在锻造过程中的流变应力方程,如式(3-8)所示。

$$\sigma = A\varepsilon^n \exp(F(\varepsilon))(B_0 + B_1\exp(-(Z-B_2)/B_3)) \tag{3-8}$$

李森泉,姚晓燕等人在试验温度为 930 ℃、950 ℃、980 ℃、1 000 ℃、1 010 ℃、1 030 ℃;应变速率为 50 s^{-1}、10 s^{-1}、1 s^{-1}、0.1 s^{-1};最大真应变为 0.916 的条件下,利用 Thermecmastor-Z 型热加工模拟试验机对 GH4169 高温合金进行高温热压缩试验,建立了模糊神经网络流动应力模型,如式(3-9)所示。此模型的计算精度明显高于基于 Arrhenius 方程和 Z-H 参数的流变应力模型。

$$\sigma = \sum_{i=1}^{27} w^i y^i / \sum_{i=1}^{27} w^i \quad w^i \text{ 和 } y^i \text{ 为权值} \tag{3-9}$$

以上学者所建立的合金流变应力模型虽然表达形式不一,但都能很好地描述合金在热变形过程中的变形行为。

3.2.2 GH4169 高温合金的微观组织演化模型研究

目前国内外学者对 GH4169 高温合金高温变形行为研究所用的微观组织演化数学模型基本上都是采用 Avrami 方程。Avrami 方程主要描述动态再结晶体积分数和应变量之间的关系。目前的微观组织演化数学模型一般都是单一的动态再结晶模型或者动态再结晶和亚动态再结晶以及晶粒长大这三种机制相结合的模型,而对静态再结晶机制研究很少。GH4169 高温合金热变形过程中的微观组织演化过程很复杂,单一的动态再结晶模型或者动态再结晶和亚动态再结晶相结合的模型来描述微观组织演化过程不够准确。要想准确地描述 GH4169 高温合金热变形过程中的微观组织演化过程必须将此过程中所要发生的动态再结晶、亚动态再结晶、静态再结晶和晶粒长大四种机制相结合。但到目前为止将四种微观机制相结合起来描述和模拟高温合金热变形过程的文献很少。而本章所要研究的正是将此四种微观机制相结合起来描述的整个热变形过程。

Zhang 在热变形温度 960~1 040 ℃,应变速率 0.001~1.0 s^{-1} 的试验条件下得到了动态再结晶体积分数模型,如式(3-10)所示。

$$D_{dyn} = K(\varepsilon,\dot{\varepsilon},T)/(\sigma - \sigma(\varepsilon,\dot{\varepsilon},T))^2 \tag{3-10}$$

A. J. Brand 在热变形温度 950~1 150 ℃,应变速率 0.005~10 s^{-1} 的试验条件下得到了动态再结晶体积分数模型,如式(3-11)所示。

$$d_{dyn} = 2.299 \times 10^{-8}\exp(0.018\ 4T) \tag{3-11}$$

林琳对分别在 950 ℃ 和 1 100 ℃ 保温 30 min 固溶处理后的 GH4169 高温合金

试样进行高温压缩试验,建立了基于 Y-SNa 的动态再结晶晶粒尺寸和再结晶体积分数微观组织模型,认为 GH4169 高温合金经过固溶会有相析出,相的存在会对动态再结晶体积分数有影响,而相的形貌和数量会随合金热变形温度的变化而变化。据有关报道,相的完全溶解温度是 1 038 ℃,所以作者将经过固溶处理后的合金的再结晶体积分数以 1 038 ℃ 为分界点分别描述,这样得出的微观组织模型更准确。其再结晶晶粒度和再结晶体积分数如式(3-12)到(3-14)所示

动态再结晶晶粒度

$$d_{dyn} = 1.301 \times 10^3 Z^{-0.124} \qquad (3-12)$$

动态再结晶体积分数

当 $T \leqslant 1\,038\ ℃$ 时,

$$X_{dyn} = 1 - \exp\left[-\ln 2 \cdot \left(\frac{\varepsilon}{\varepsilon_{0.5}}\right)^{1.68}\right] \qquad \varepsilon_{0.5} = 0.037 d_0^{0.2} Z^{0.058} \qquad (3-13)$$

当 $T > 1\,038\ ℃$ 时,

$$X_{dyn} = 1 - \exp\left[-\ln 2 \cdot \left(\frac{\varepsilon}{\varepsilon_{0.5}}\right)^{1.90}\right] \qquad \varepsilon_{0.5} = 0.029 d_0^{0.2} Z^{0.058} \qquad (3-14)$$

杨小红等人在晶粒度为 32.56~120.13 μm、变形温度为 900~1 060 ℃、应变速率为 0.001~10 s^{-1} 和工程应变量为 0.3~0.7 的条件下研究了 GH4169 的高温变形行为,建立了相应的动态再结晶临界应变模型和显微组织模型,此模型中作者考虑了初始晶粒度大小对再结晶体积分数的影响,如式(3-15)到(3-20)所示。

动态再结晶临界应变模型

$$\varepsilon_p = 2.04 \times 10^{-1} d_0^{0.18} Z^{0.112} \qquad (3-15)$$

$$\varepsilon_c = 1.7 \times 10^{-3} d_0^{0.18} Z^{0.112} \qquad (3-16)$$

显微组织模型

$$X = 1 - \exp\left[-0.693\left(\frac{\varepsilon - \varepsilon_c}{\varepsilon_{0.5}}\right)^{0.62}\right] \qquad (3-17)$$

$$\varepsilon_{0.5} = 0.018 d_0^{0.026} Z^{0.06} \qquad (3-18)$$

$$\ln(d) = -0.486\log(Z) - 11\,150/T + 18.68 \qquad (3-19)$$

$$\ln(d) = -0.395\ln(Z) + 0.4\log(\varepsilon) + 17.45 \qquad (3-20)$$

刘东和罗子健在试验温度为 960 ℃、980 ℃、1 000 ℃、1 020 ℃;应变速率为 50 s^{-1}、10 s^{-1}、1 s^{-1}、0.1 s^{-1}、0.01 s^{-1};真应变为 0.357、0.693 和 0.916 的条件下,利用 Thermecmastor-Z 型热加工模拟试验机对 GH4169 合金热态变形过程中及其随后的高温滞留阶段内的显微组织演化过程进行了研究,建立了基于动态和亚动态再结晶过程的显微组织演化的数学模型,如式(3-21)到(3-24)所示。

动态再结晶的演化模型

$$\varphi_d = 1 - \exp\left[-0.693 \cdot \left(\frac{\bar{\varepsilon} - \varepsilon_c}{\varepsilon_{0.5}}\right)^{1.15}\right] \quad \varepsilon_{0.5} = 0.0019 \cdot Z^{0.126} \tag{3-21}$$

动态再结晶晶粒尺寸的变化规律模型

$$\ln D_d = F_1 + F_2 \cdot \frac{T - T_P}{1\,000} \tag{3-22}$$

亚动态再结晶体积分数 φ_{md} 的模型

$$\varphi_{md} = 1 - \exp\left[-0.693 \cdot \left(\frac{t}{t_{0.5}}\right)\right] \quad t_{0.5} = 1.346 \times 10^{-3} \cdot \bar{\varepsilon}^{-1.36} \exp\left[\frac{8\,875}{T}\right] \tag{3-23}$$

亚动态再结晶的晶粒尺寸模型为

$$D_{md} = 5.38 \times 10^{-3} \cdot \bar{\varepsilon}^{(9.56 - 8.03 \times 10^{-3})} \cdot \bar{\varepsilon}^{(2.9 \times 10^{-2} T - 1.17 \times 10^{-5} - 18.13)} \cdot \exp(5.49 \times 10^{-3} T) \tag{3-24}$$

齐广霞、万晶晶、陈晓峰等对 GH4169 合金叶片制坯过程中微观组织的变化进行了数值模拟,得到了包含动态再结晶、亚动态再结晶、静态再结晶和晶粒长大四种微观机制的微观组织演化模型,如式(3-25)到(3-35)所示。

微观组织模型

$$\varepsilon_p = 4.659 \times 10^{-3} Z \quad \varepsilon_c = 0.83 \varepsilon_P \quad z = \varepsilon^{0.1238} \exp\left(\frac{Q}{RT}\right) \tag{3-25}$$

动态再结晶模型

$$X_{drex} = 1 - \exp\left[-\ln 2\left(\frac{\varepsilon - \varepsilon_c}{\varepsilon_{0.5}}\right)^{1.9}\right] \tag{3-26}$$

$$\varepsilon_{0.5} = 0.037 d_0^{0.2} \varepsilon^{0.058} \exp\left(\frac{Q}{RT}\right) \tag{3-27}$$

$$d_{drex} = 1\,301 \varepsilon^{-0.124} \exp\left(\frac{-41\,300}{RT}\right) \tag{3-28}$$

亚动态再结晶模型

$$X_{mrex} = 1 - \exp\left[-\ln 2\left(\frac{t}{t_{0.5}}\right)\right] \tag{3-29}$$

$$d_{mrex} = 4.85 \times 10^{10} \dot{\varepsilon}^{-0.028} \exp\left(\frac{-24\,000}{RT}\right) \tag{3-30}$$

$$t_{0.5} = 5.043 \times 10^{-9} \varepsilon^{-1.42} \dot{\varepsilon} \exp\left(\frac{196\,000}{RT}\right) \tag{3-31}$$

静态再结晶模型

$$X_{srec} = 1 - \exp\left[-\ln 2\left(\frac{t}{t_{0.5}}\right)^{0.3}\right] \tag{3-32}$$

$$d_{srex} = 678 \exp\left(\frac{-31\,694}{RT}\right) \tag{3-33}$$

$$t_{0.5}=3.16\varepsilon^{-0.75}\exp\left(\frac{74\,790}{RT}\right) \tag{3-34}$$

晶粒长大模型

$$d_g=\left[d_0^{\,2}+1.58\times10^{16}t\exp\left(-\frac{390\,753}{RT}\right)\right]^{\frac{1}{2}} \tag{3-35}$$

以上学者所建立的合金的微观组织模型虽然表达形式和作用机制不尽相同，但都能很好地描述合金试样在热锻过程中的微观组织变化情况，都对后续合金的微观组织模拟提供了基础，为后续研究合金微观组织的学者提供了参考。

3.3 GH4169高温合金热变形过程中的成形模拟

GH4169高温合金是一种比较贵重的材料，在生产实际中成本比较高，特别是在航空航天、石油以及核电方面的零部件，其工作环境特殊、重要且恶劣，更重要的是此类零部件的尺寸比较大，因此对合金的各项性能要求非常严格。合金的外在性能是由合金的内部晶相组织决定的，然而在实际生产中，我们不可能知道所生产的零部件的内部组织情况，只能对小试样进行试验，通过小试样的试验数据来得出热力学参数与表征合金组织的参数之间的函数关系方程，并通过这些函数关系方程对生产实际的零部件进行宏观和微观模拟预测来了解和掌握其实际内部组织情况。

随着计算机技术的发展，计算机在各个行业和领域的应用越来越多，越来越广泛，这种技术也越来越成熟。目前用于模拟和预测的软件有很多，其中Abaqus、Ansys和Deform应用最为广泛，它们可以分析材料的传热、变形、相变、热处理等等。学者对GH4169合金的研究是通过试验得出本构方程，从而根据本构方程建模来对实际生产中的零部件进行宏观和微观预测模拟。

3.3.1 GH4169高温合金热变形过程中的宏观模拟

高温合金热变形过程中的宏观模拟即是对热变形过程中的锻件进行等效应力、等效应变、应变速率、温度变化以及载荷-行程等的模拟预测。通过对锻件的宏观模拟可以知道锻件在热成形过程中锻件的成形情况、温度变化情况、应力应变分布情况以及金属流动特点和变化趋势等。通过锻件的温度变化情况和应力应变分布情况可以进一步分析锻件的成形情况以及造成不能成形、变形不均匀或者变形体内部组织晶格畸变等等的原因，进而调整成形工艺。特别是航空航天上所用的精度要求很高的零部件如叶片、涡轮盘等，这些零部件很重要、质量要求高且截面形状复杂、截面间有转角，因而机械加工难度大，只能进行精密模锻。通过对零部件进行宏观模拟可以精确地确定各种工艺参数对材料流动情况的影响，可以显示锻件在模具型腔内的流动情况和成形规律，预测成形缺陷产生的部位，再结合相关理论进行分析，检验优化工艺，从而获得确保锻件成形的最佳工艺参数。

齐广霞、曹娜等人通过 Deform 软件对 GH4169 高温合金叶片整个终锻成形过程进行了宏观模拟，分析了不同始锻温度对等效应变及等效应力场分布规律的影响；上模速度对等效应力场、等效应变场、温度场、变形体内部组织晶格形变以及模腔充满情况等的影响，从而获得了理想的热锻艺参数。宁永权、姚泽坤等人通过 SuperForm 软件对 IN718 合金涡轮盘的锻造过程进行了宏观模拟，预测了涡轮盘锻造过程中的载荷情况、变形量、成形情况和材料损伤情况，模拟结果和试验结果相吻合。R. Srinivasan 等人也对 IN718 合金双锥试样进行了非等温锻造试验，研究了流变应力、模具和工件之间的摩擦和传热等方面对合金非等温锻造过程的影响。其他学者对 GH4169 高温合金的宏观模拟研究基本都是通过等温恒应变速率压缩试验对合金的温度场、应力应变场等的研究，从而对合金锻件的成形工艺进行指导优化。

以上文献中各学者对合金的宏观模拟所用的机理、方法、侧重点都不尽相同，但是都能很好地描述合金在热锻过程中的变形特点和规律，都能对合金锻件的成形工艺起参考指导作用。

3.3.2　GH4169 高温合金热变形过程中的微观模拟

GH4169 高温合金热变形过程中的宏观模拟只能对合金的热成形工艺提供很好的参考，但是不能提供其具体的内部组织情况，因此要想获得理想合金的组织和性能还需对合金进行微观模拟。微观模拟主要是对合金在热成形过程中其内部晶粒度和再结晶体积分数的变化情况进行定量分析。

CH4169 高温合金在整个热成形过程中，经历了一系列复杂的变化，不仅有动态静态回复，还有动态、亚动态和静态再结晶以及晶粒的静态长大，所有的这些过程都会影响其成形工艺参数（应变速率、应变量、温度和成形力等等）。所以，GH4169 高温合金热加工过程中的组织演化模拟非常重要，已成为国内外学者研究的热点。

微观组织演化的数值模拟始于 20 世纪 70 年代，经过几十年的发展，国内外学者对 CH4169 高温合金热加工过程中组织演化模拟的研究取得了很多成果。Dandre 等人基于有限元法对 IN718 合金开坯锻造过程的组织变化情况进行了模拟分析，但此次模拟只考虑了静态再结晶的作用，不够精确和实际。S. Tin 等人和 A. Kermanpur 等人分别对镍基高温合金涡轮盘整个生产工艺中的组织演变过程进行了模拟预测分析，但也只考虑了静态再结晶的作用，仍然不够精确和实际。J. T. Yeom 等人运用 Deform 软件预测了 IN718 合金在墩粗过程中的组织演变，对开坯锻造过程中组织演化过程的模拟也略有介绍。赵长虹人等对 GH4169 高温合金大铸锭的开坯锻造工艺和组织演化进行了试验研究。杨亮等人基于动态和亚动态模型,考虑了锻件的不同部位的组织演化模型不同和由于零部件尺寸导致的冷速和温度变化的影响等,建立了综合考虑变形参数、冷速和温升等交互作用的 GH4169 高温合金热变形后的组织演化模型,并对试样和涡轮盘热变形后的组织进行了模拟预测。张海燕,张士宏等人通过 GH4169 高温合金的组织演变模型开发了微观组织预测系统,并将其导入 MSC.SuperForm 的用户子程序中,对 GH4169 高温合金开坯锻造过程中的组织演变规律进行了数值模拟分析。张海燕、张伟红等人通过将 GH4169 高温合金动态再结晶模型和静态晶粒长大模型导入 MSC.SuperForm 的用户子程序中进行二次开发,对 GH4169 高温合金涡轮盘锻造过程中的组织演化情况进行了模拟预测。张海燕、张士宏等人将 GH4169 高温合金的热加工图、动态再结晶模型以及静态晶粒长大模型和有限元软件相结合,模拟预测了 GH4169 高温合金涡轮盘热模锻造过程中的组织分布、功率耗散因子以及塑性失稳区域的位置等。

以上文献中各学者对合金的微观组织模拟虽然所用的模型表达形式不一,所采用的微观组织机制也不尽相同,但都能很好地描述合金在热锻过程中微观组织的变化规律和特点,都对本章所要进行的对合金整个热锻过程的模拟起了参考作用。

3.4 GH4169 高温合金的热压缩变形试验

本节通过 GH4169 高温合金单道次和双道次的高温压缩试验,以及静态晶粒长大试验,对其动态再结晶、亚动态再结晶、静态再结晶和静态晶粒长大过程进行了研究,得出了相关规律。

3.4.1 动态再结晶

材料在高温条件下发生塑性变形,当应变达到临界应变时材料的晶粒就会被拉长、破碎重形核、结晶,最终形成整齐的等轴晶粒。此过程被称为再结晶过程,而动态再结晶是指在热变形过程中发生的再结晶过程。

3.4.1.1 试验材料

试验用材料是国产锻造态 GH4169 合金,其原始锻态金相组织如图 3-1 所示。由图 3-1 可知,合金的原始锻态组织是近乎均匀的等轴组织,平均晶粒尺寸约为 32 μm,所以在进行动态再结晶压缩试验时无需对材料进行处理。试验用试样为先加工成 $\phi 8\ mm \times 12\ mm$ 的圆柱体。

图 3-1　GH4169 原始锻态组织

3.4.1.2　试验方案

将 GH4169 合金压缩试样以 20 ℃/s 的速度升温到 1 100 ℃，保温 5 min，然后以 10 ℃/s 的速度降到变形温度，保温 2 min 后进行压缩试验，试验的工程应变为 60%，每个变形温度对应四个应变速率（0.001 s^{-1}、0.01 s^{-1}、0.1 s^{-1} 和 1 s^{-1}），变形结束后迅速水冷，然后对试样进行剖开镶嵌机械研磨抛光，用 HCl∶HNO_3∶H_2O＝3∶1∶2 的腐蚀剂腐蚀，用金相显微镜观察并拍下整个试样 1/4 变形区域的组织，金相观察所取图像为压缩变形试样中心变形最大处的组织图像。压缩试验的具体变形参数如表 3-1 所示。

表 3-1　GH4169 合金压缩试验变形参数

变形温度/℃	900	950	1 000	1 050	1 100	1 120
应变速率/s^{-1}	0.001^{-1}	0.001^{-1}	0.001^{-1}	0.001^{-1}	0.001^{-1}	0.001^{-1}
工程应变量	\multicolumn{6}{c}{0.6}
冷却方式	\multicolumn{6}{c}{水冷}

3.4.1.3　试验设备

本热模拟压缩试验是在 Gleeble-1500 热模拟试验机上进行的，该试验机采用计算机编程控制，因此可以精确地控制应变量、加热速度和加热温度等。试验数据通过预定程序自动控制的试验机卡头运动来采集。

3.4.1.4　试验结果

1. GH4169 合金各应变速率下的应力应变曲线

GH4169 合金在各应变速率条件下高温热压缩真应力应变曲线图如图 3-2 所示。

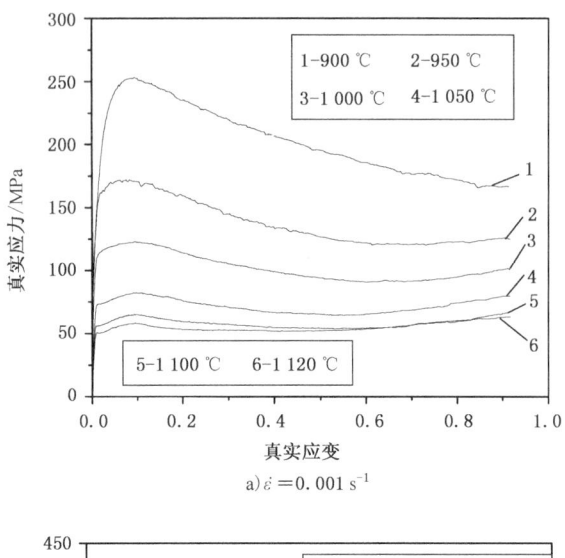

a) $\dot\varepsilon = 0.001\ \mathrm{s}^{-1}$

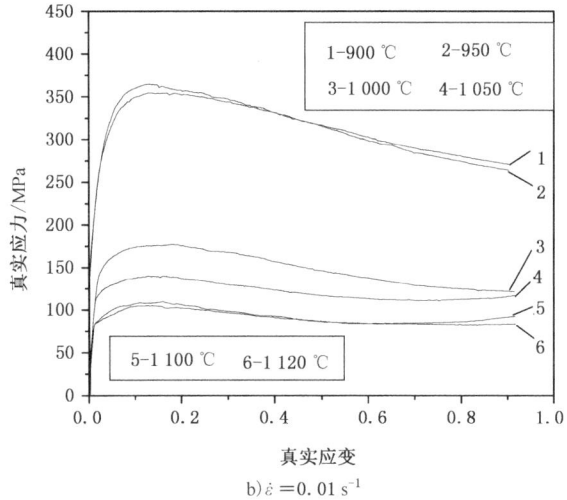

b) $\dot\varepsilon = 0.01\ \mathrm{s}^{-1}$

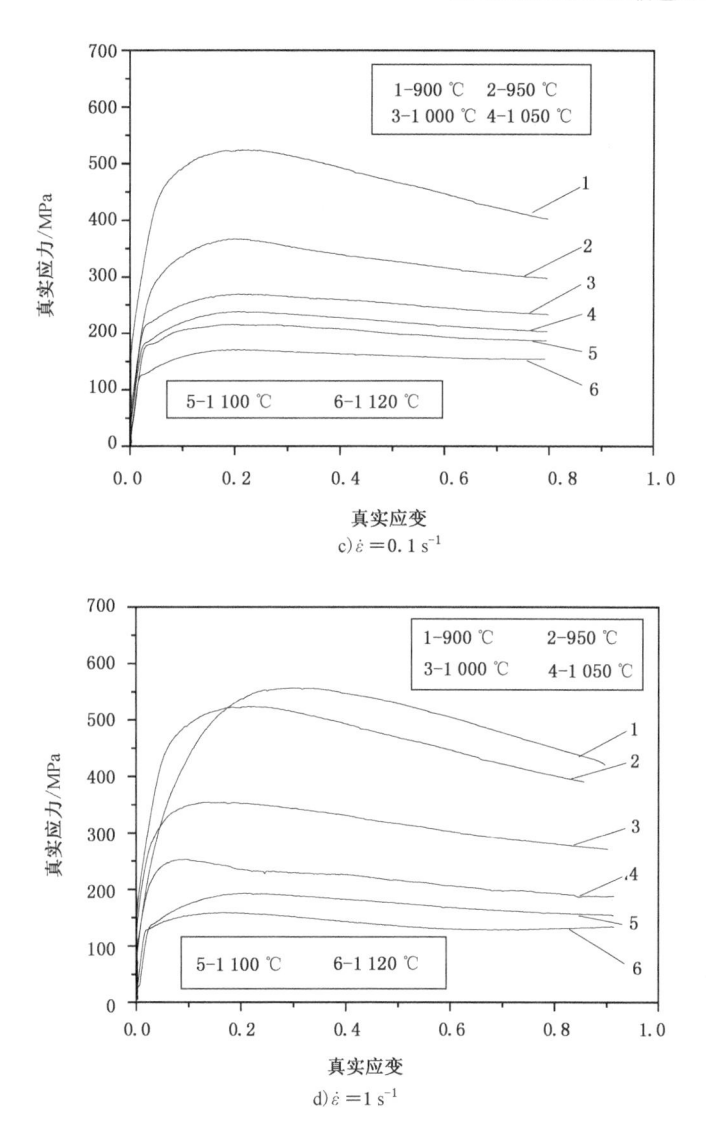

图 3-2　GH4169 合金在各应变速率条件下高温热压缩真应力应变曲线

由图 3-2 可以看出,在同一应变速率和应变量条件下,应力随变形温度的升高而逐渐降低,峰值应力也随变形温度的升高而逐渐减小,出现峰值应力时的峰值应变也随变形温度的升高而减小。热变形过程开始时应力随应变急剧增大至峰值是由于加工硬化。变形过程中起始阶段产生的加工硬化主要是由于随着变形量的不断增加,晶粒内的位错滑动和位错密度迅速增加并发生位错交互作用而引起的。随后的阶段应力随应变增加而下降是由于加工软化。软化是由于发生了动态回复(金属在热塑性变形过程中通过热激活,空位扩散、位错运动(滑移、攀移)相消和位错重排的过程)和再结晶从而减小了位错密度,使得流变应力降低。随着变形量的增加，晶内参与滑移的可动位错数量增加，使软化作用增强。当超过某一形变量后，变形存储能就成为再结晶的驱动力，从而开始发生动态再结晶。动态再结晶的发生和发展使得更多的位错消失，可以改变或消除原来的形变织构从而使材料的变形抗力快速下降，随着变形过程的进行会不断形成再结晶核心，直到完成再结晶。当发生完全动态再结晶后，晶粒组织和流变应力不随变形量变化，进入稳态变形阶段。

2. GH4169 合金各变形温度下的应力应变曲线

GH4169 合金在各变形温度条件下高温热压缩真应力应变曲线图如图 3-3 所示。

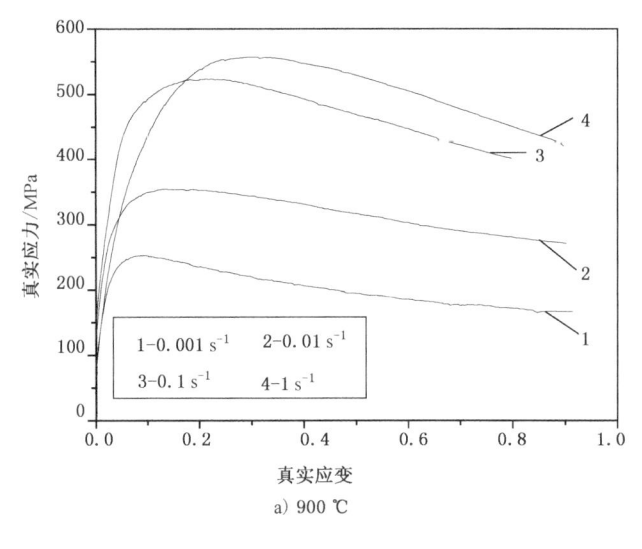

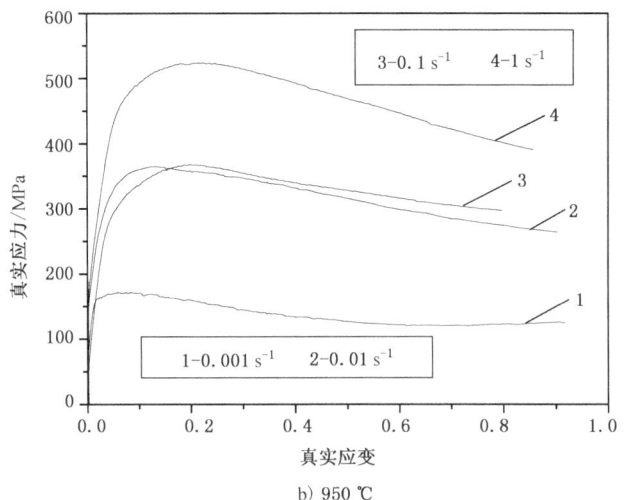

a) 900 ℃

b) 950 ℃

c) 1 000 ℃

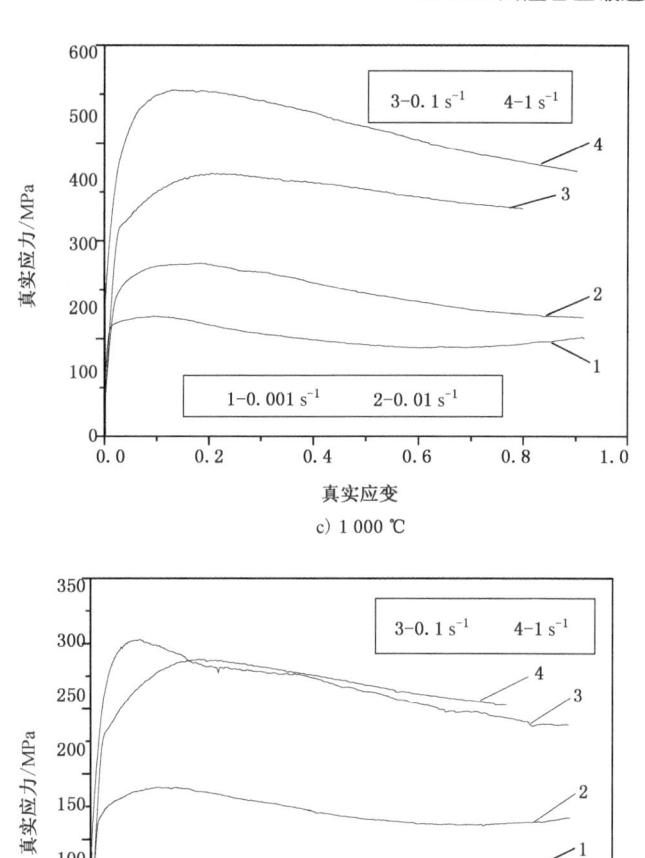

d) 1 050 ℃

e) 1 100 ℃

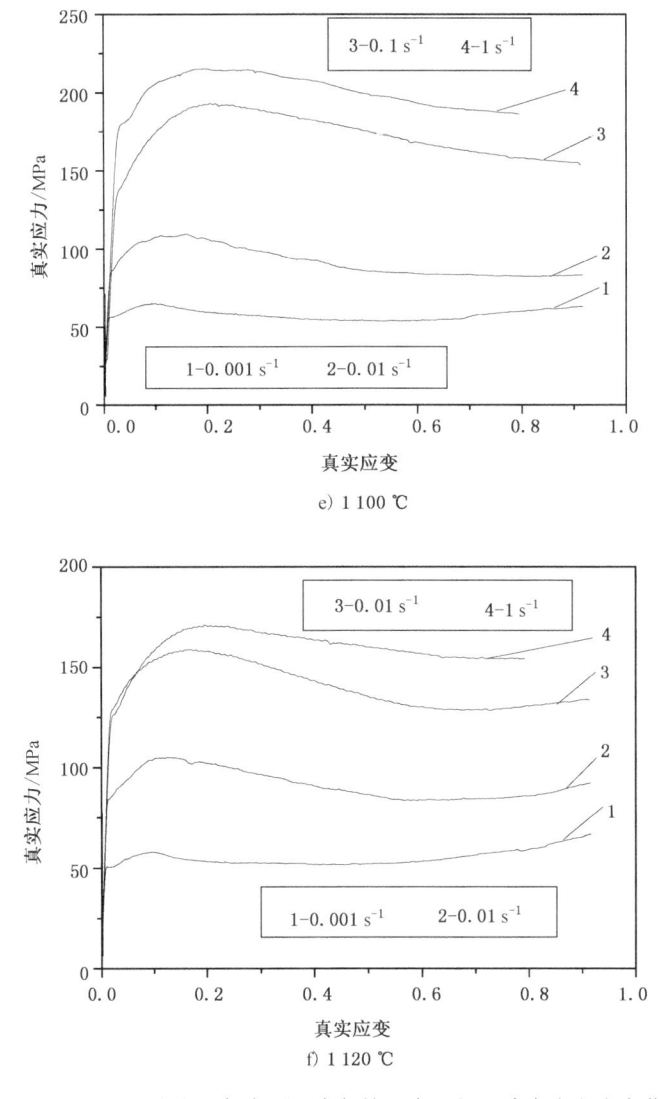

f) 1 120 ℃

图 3-3 GH4169 合金在各变形温度条件下高温热压缩真应力应变曲线

由图 3-3 可知,在同一变形温度和应变量条件下,应力随应变速率的增大而增大;峰值应力随应变速率的增大而增大;峰值应力对应的峰值应变随应变速率的增大而增大。在各个温度条件下各应变速率下的应力随应变的增加都是先快速增加到峰值应力然后缓慢减小趋于平稳,说明合金在热变形过程中的软化机制为动态再结晶。

3. GH4169 合金热压缩试验典型参数值统计

由 GH4169 高温合金动态再结晶试验真应力应变曲线可得出峰值应力、峰值应变、稳态应力和稳态应变四个典型参数,其统计值如表 3-2 所示。根据 GH4169

高温合金动态再结晶试验的金相照片可得出合金在各试验条件下的再结晶晶粒度和再结晶体积分数 X_{drex}，根据 X_{drex}、应变 ε 和临界应变 ε_c 可以求出建立 GH4169 高温合金动态再结晶微观组织模型所需的各参数的值，如表 3-3 所示。根据动态再结晶试验所得的数据，可得出 X_{drex} 和 $D_{2\text{-}drex}$ 与的 $\ln Z$ 关系图，如图 3-4 所示。

表 3-2 GH4169 高温合金的峰值应力、峰值应变、稳态应力和稳态应变值

温度/℃	项目	应变速率/s^{-1}			
		0.001	0.01	0.1	1
900	σ_p/MPa	253.10	354.25	523.21	556.76
900	ε_p	0.093 8	0.135 4	0.212 2	0.312 9
900	σ_s/MPa	165.42	262.83	376.68	400.38
900	ε_s	0.846 7	0.906 7	0.910 5	0.909 8
950	σ_p/MPa	171.81	364.61	367.16	500.30
950	ε_p	0.082 1	0.131 8	0.198 4	0.210 6
950	σ_s/MPa	120.65	258.66	283.77	375.08
950	ε_s	0.617 3	0.914 6	0.915 0	0.909 1
1 000	σ_p/MPa	123.10	177.21	267.92	364.34
1 000	ε_p	0.095 0	0.186 1	0.194 2	0.228 6
1 000	σ_s/MPa	90.542	117.52	226.20	292.92
1 000	ε_s	0.602 3	0.916 8	0.914 9	0.906 7
1 050	σ_p/MPa	82.303	139.68	217.93	303.52
1 050	ε_p	0.097 3	0.131 4	0.217 9	0.249 5
1 050	σ_s/MPa	64.550	111.95	178.62	252.05
1 050	ε_s	0.518 5	0.625 2	0.912 3	0.898 2
1 100	σ_p/MPa	65.088	109.60	170.99	248.92
1 100	ε_p	0.097 3	0.160 0	0.195 8	0.197 8
1 100	σ_s/MPa	54.780	82.483	154.69	213.62
1 100	ε_s	0.383 7	0.755 6	0.637 4	0.900 5
1 120	σ_p/MPa	58.092	105.18	158.97	215.31
1 120	ε_p	0.094 9	0.128 2	0.169 5	0.192 9
1 120	σ_s/MPa	51.687	83.965	128.81	185.35
1 120	ε_s	0.410 1	0.562 42	0.645 3	0.825 6

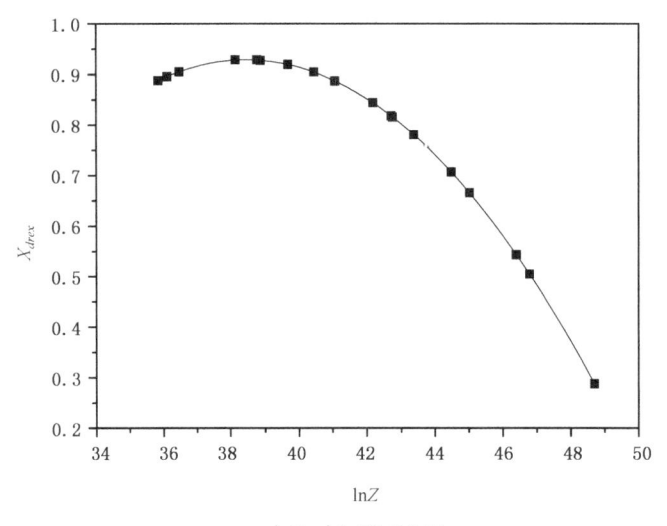

a) X_{drex} 与 lnZ 的关系图

b) $D_{2\text{-}drex}$ 与 lnZ 的关系图

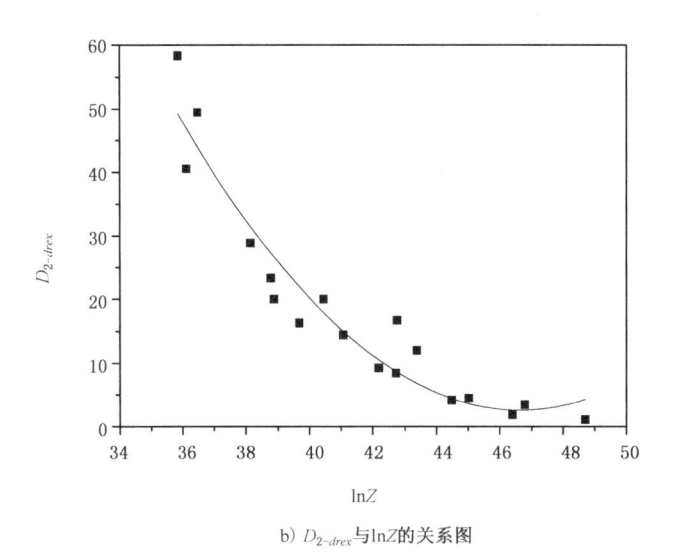

图 3-4 X_{drex} 和 $D_{2\text{-}drex}$ 与的 ln Z 关系图

表 3-3　GH4169 高温合金动态再结晶晶粒度 $D_{2\text{-}drex}$、再结晶体积分数 X_{drex} 和 $\beta(Z)$ 值

变形温度/℃	应变速率/s^{-1}	应变量	临界应变	ln$Z$	$D_{2\text{-}drex}/\mu m$	X_{drex}	$\beta(Z)$
950	0.1	0.916 29	0.232	46.399	1.818	0.543	1.146
950	1	0.916 29	0.237	48.702	1.111	0.287	0.499
1 000	0.001	0.916 29	0.156	38.881	20.00	0.927	3.458
1 000	0.01	0.916 29	0.200	42.184	9.259	0.843	2.596
1 000	0.1	0.916 29	0.221	44.487	4.167	0.706	1.765
1 000	1	0.916 29	0.233	46.789	3.442	0.504	1.029
1 050	0.001	0.916 29	0.105	36.113	40.55	0.895	2.788
1 050	0.01	0.916 29	0.168	39.678	16.29	0.919	3.374
1 050	0.1	0.916 29	0.206	42.719	8.425	0.817	2.398
1 050	1	0.916 29	0.225	45.021	4.487	0.665	1.584
1 100	0.001	0.916 29	0.113	36.474	49.44	0.905	2.932
1 100	0.01	0.916 29	0.154	38.777	23.33	0.928	3.460
1 100	0.1	0.916 29	0.188	41.079	14.44	0.886	2.991
1 100	1	0.916 29	0.212	43.382	12.00	0.780	2.155
1 120	0.001	0.916 29	0.100	35.851	58.33	0.887	2.680
1 120	0.01	0.916 29	0.144	38.154	28.89	0.928	3.415
1 120	0.1	0.916 29	0.180	40.456	20.00	0.904	3.187
1 120	1	0.916 29	0.206	42.759	16.66	0.815	2.383

4. 流变应力方程

在高温热变形过程中,材料在任何应变或稳态下的高温流变应力 σ 强烈地取决于变形温度 T 和应变速率 $\dot{\varepsilon}$,Zener 和 Hollomno 在 1944 年提出了 Z 参数的概念(如式(2-1)),其物理意义是温度补偿的应变速率因子,依赖于 T 而与 Q 无关,Q 是热变形激活能,它反映材料高温变形的难易程度,也是材料在高温变形过程中重要的力学性能参数。

CH4169 合金的峰值应力与锻造热力学参数之间的关系通常可采用 Sellars 等提出的方程加以描述,如式(3-37)所示:

$$Z = \dot{\varepsilon}\exp\left(\frac{Q}{RT}\right) \tag{3-36}$$

$$\dot{\varepsilon} = AF(\sigma)\exp[-Q/(RT)] \tag{3-37}$$

式中:

$F(\sigma)$ ——应力的函数。

在不同的条件下可以分别用式(3-38)到式(3-40)三种形式表示:

$$F(\sigma) = \sigma^n \quad (\alpha\sigma < 0.8) \tag{3-38}$$

$$F(\sigma) = \exp(\beta\sigma) \quad (\alpha\sigma > 1.2) \tag{3-39}$$

$$F(\sigma) = [\sinh(\alpha\sigma)]^n \quad (\text{所有应力}) \tag{3-40}$$

式中:

$\alpha = \beta/n$。

对所有应力状态式(3-37)可以表示为式(3-41)。

$$\dot{\varepsilon} = A[\sinh(\alpha\sigma)]^n \exp[-Q/(RT)] \tag{3-41}$$

式中:

α、n、A ——常数;

α ——应力水平参数($\text{mm}^2 \cdot \text{N}^{-1}$);

n ——应力指数;

A ——结构因子(s^{-1})

Q ——热激活能,是材料在热变形过程中重要的力学性能参数,反映材料热变形的难易程度;

T ——绝对温度;

R ——气体常数;

$\dot{\varepsilon}$ ——应变速率。

求出 α、n、A、Q,即可描述材料的高温流变特性。大量的研究结果表明,式(2-6)能较好地描述压缩、扭转、挤压等常规的热加工变形。因此式(3-36)可用式(3-42)表示。

$$Z = \dot{\varepsilon}\exp[-Q/(RT)] = A[\sinh(\alpha\sigma)]^n \tag{3-42}$$

研究表明,在低应力水平下,流变应力 σ 和 Z 可用指数关系描述,而在高应力水平下可用幂指数关系描述,在整个应力水平下可用双曲函数关系描述。实际上,式(3-42)在形式上与式(3-41)是一致的。

对式(3-38)和式(3-40)两边取对数得

$$\ln\dot{\varepsilon} = \ln A - Q/(RT) + n\ln\sigma \tag{3-43}$$

$$\ln\dot{\varepsilon} = \ln A - Q/(Q/RT) + \beta\sigma \tag{3-44}$$

由式(3-41)得

$$Q/(RT) = \ln A - \ln\dot{\varepsilon} + n\ln[\sinh(\alpha\sigma)] \tag{3-45}$$

由真应力应变曲线可知峰值应力均出现在应变较小的时候,温升修正前后峰值变化并不明显,所以为了方便计算,取相应的 $\dot{\varepsilon}$、T 条件下的真实峰值应力,分别以 $\ln\sigma_p$ 和 $\ln\dot{\varepsilon}$、σ_p 和 $\ln\dot{\varepsilon}$ 为坐标作图,如图 3-5 所示。由式(3-43)可知直线 $\ln\dot{\varepsilon}$-$\ln\sigma_p$ 的斜率,设为 n;由式(3-44)可知直线 $\ln\dot{\varepsilon}$-σ_p 的斜率,设为 β。根据图的拟合方程求其平均斜率可得:$n=6.059\ 352$;$\beta=0.029\ 006\ 67$。由式(3-41)计算可得 $\alpha=0.004\ 789$。

在一定的应变和应变速率下,由式(3-45)对 $1/T$ 求偏导,得

$$Q = R\left[\frac{\partial\ln\dot{\varepsilon}}{\partial\ln[\sinh(\alpha\sigma)]}\right]_T \left[\frac{\partial\ln[\sinh(\alpha\sigma)]}{\partial(1/T)}\right]_{\dot{\varepsilon}} \tag{3-46}$$

由式(3-46)可知,当 Q 与温度无关时,$\ln[\sinh(\alpha\sigma)]$ 与 $1/T$ 的关系为线性关系,设 $k = \dfrac{\mathrm{d}\{\ln[\sinh(\alpha\sigma)]\}}{\mathrm{d}(1/T)}$,$k$ 为直线 $\ln[\sinh(\alpha\sigma)]$ 与 $1/T$ 的斜率,设 $m = \dfrac{\mathrm{d}\{\ln[\sinh(\alpha\sigma)]\}}{\mathrm{d}(\ln\dot{\varepsilon})}$,$m$ 为直线 $\ln[\sinh(\alpha\sigma)]$ 与 $\ln\dot{\varepsilon}$ 的斜率。取相应的峰值应力和对应的温度值,绘制相应的 $\ln[\sinh(\alpha\sigma)]$ 与 $1/T$ 的图和 $\ln[\sinh(\alpha\sigma)]$ 与 $\ln\dot{\varepsilon}$ 的图,如图 3-6 和图 3-7 所示。

由图 3-6 和图 3-7 中的斜率求平均值得 $m=0.226\ 283\ 33$,$k=1.347\ 975$。把 m 和 k 代入式(3-46)可得:$Q=Rk/m=495.35$ kJ/mol。

对式(3-42)取对数可得

$$\ln Z = \ln\dot{\varepsilon} + Q/(RT) \tag{3-47}$$

$$\ln Z = \ln A + n\ln[\sinh(\alpha\sigma)] \tag{3-48}$$

由式(3-48)可知 $\ln A$ 为直线 $\ln[\sinh(\alpha\sigma)]$-$\ln Z$ 的截距,取一定的 $\dot{\varepsilon}$、Q 与 T,可求得对应的 $\ln Z$ 值。取 $\ln Z$ 和对应的 $\ln[\sinh(\alpha\sigma)]$,采用最小二乘法线性回归绘制相应的 $\ln[\sinh(\alpha\sigma)]$-$\ln Z$ 曲线,如图 3-8,可得 $\ln A = 41.669$,$A-1.249\ 16\times 10^{18}$,所以 $Z=1.249\ 16\times 10^{18}\times[0.004\ 789\sigma]^{6.059\ 352}$。将所得的参数代入式(3-41)可得合金的应力应变关系方程如式(3-49)所示。

$$\dot{\varepsilon} = 1.249\ 16\times 10^{18}[\sinh(0.004\ 789\sigma)]^{6.059\ 3\ 52}\times\exp\left[-\frac{495\ 350.355\ 7}{8.314T}\right] \tag{3-49}$$

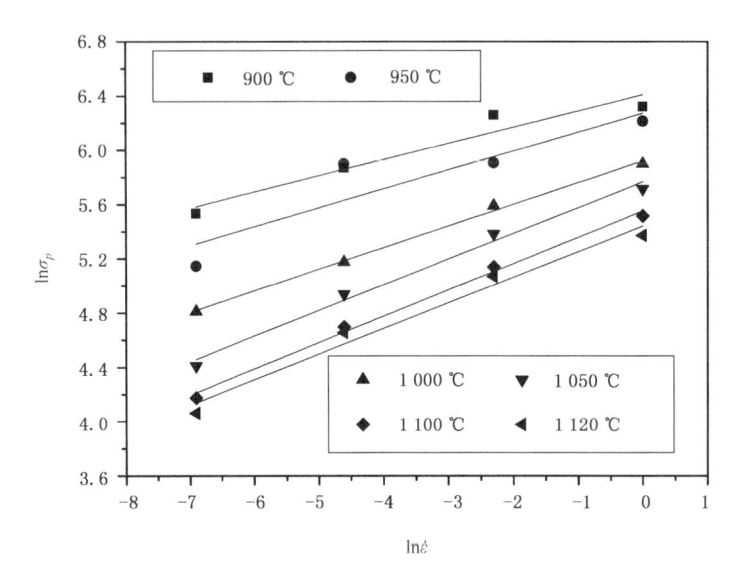

a) 各温度条件下 $\ln\sigma_p$ 与 $\ln\dot\varepsilon$ 的曲线图

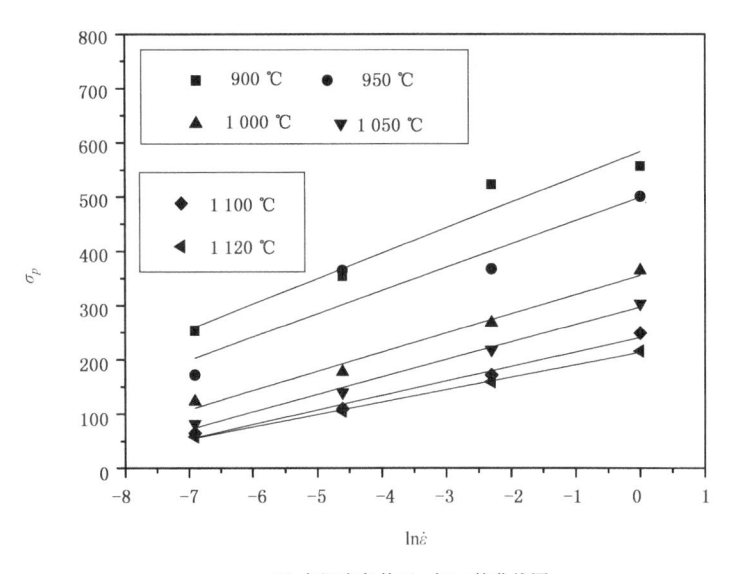

b) 各温度条件下 σ_p 与 $\ln\dot\varepsilon$ 的曲线图

图 3-5 不同变形温度下 $\ln\sigma_p$ 和 σ_p 与 $\ln\dot\varepsilon$ 之间的关系

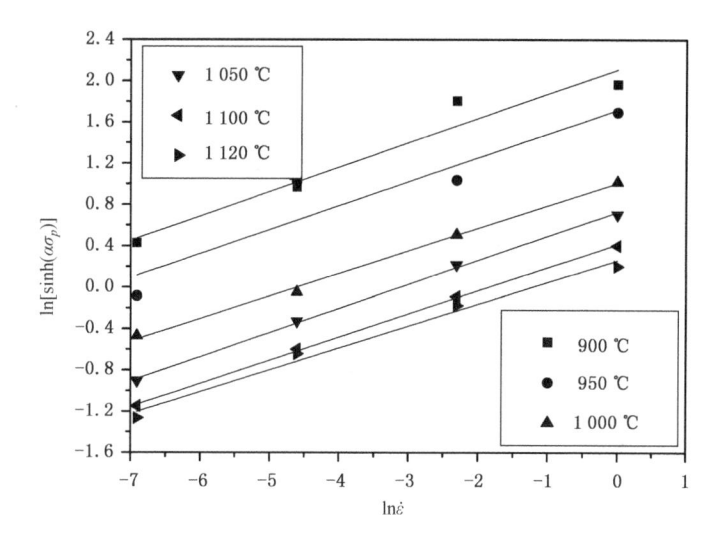

图 3-6　不同变形温度条件下 $\ln[\sinh(\alpha\sigma_p)]$ 与 $\ln\dot{\varepsilon}$ 的关系图

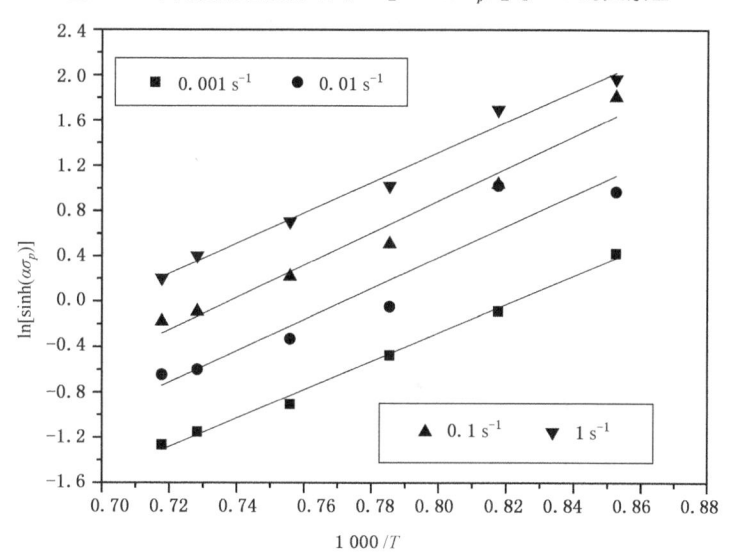

图 3-7　不同应变速率条件下 $\ln[\sinh(\alpha\sigma_p)]$ 与 $1\,000/T$ 的关系

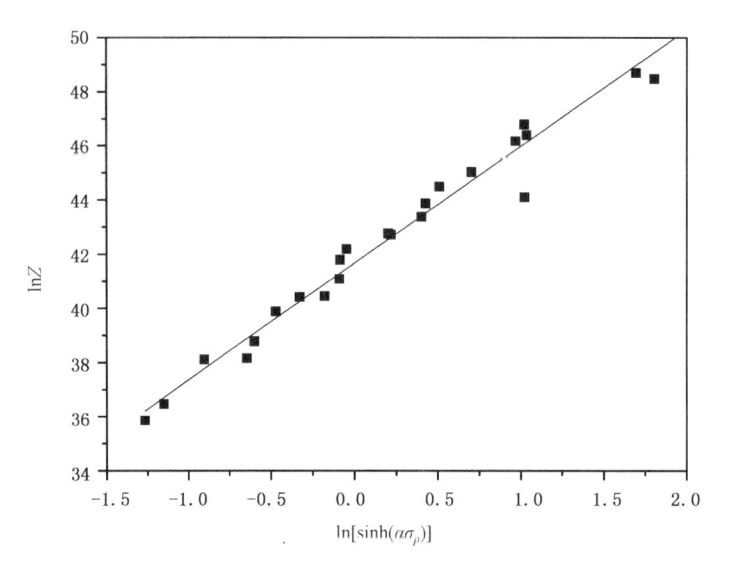

图 3-8 峰值应力双曲对数 $\ln[\sinh(\alpha\sigma_p)]$ 与 $\ln Z$ 的关系

3.4.2 亚动态再结晶

亚动态再结晶是指当应变速率 $\dot{\varepsilon} \leqslant 10^{-6} \mathrm{s}^{-1}$,即认为应变速率几乎为零时,热变形材料并没有完全再结晶,且此时的应变已达到临界应变值后,不经过形核而直接发生晶粒长大的过程。亚动态再结晶一般发生在热变形的道次间隔时间内。亚动态再结晶过程进行得非常迅速,一般随着温度和应变速率的增大而增快。亚动态再结晶过程的完成时间一般为 0.1 秒到几秒。

3.4.2.1 试验方案

GH4169 高温合金的亚动态再结晶主要与应变速率和变形温度有关,其具体试验方案如表 3-4 所示。

表 3-4 GH4169 高温合金亚动态再结晶双道次试验方案

变形温度/℃	应变速率/s^{-1}	变形量	道次间隔时间/s	冷却方式
1 050	0.01	30%+30%	5、30、60	立即水冷
1 050	0.1	30%+30%	5、30、60	立即水冷
1 050	1	30%+30%	1、5、30	立即水冷
1 000	0.01	30%+30%	5、30、60	立即水冷
1 000	0.1	30%+30%	5、30、60	立即水冷
1 000	1	30%+30%	1、5、30	立即水冷
950	0.01	30%+30%	5、30、60	立即水冷
950	0.1	30%+30%	5、30、60	立即水冷
950	1	30%+30%	1、5、30	立即水冷

表 3-4 中的试样均以 10 ℃/s 的速度加热到 1 100 ℃,保温 5 min,然后以

10 ℃/s 的速度冷却到变形温度(950 ℃、1 000 ℃、1 050 ℃),保温 2 min 后,进行第一次压缩变形量为 30%,应变速率分别为 0.01 s^{-1}、0.1 s^{-1} 和 1 s^{-1},间隔一定时间(1～60 s)后进行第二次压缩,第二次压缩的变形条件与第一次相同,变形结束后立即水冷。

为了验证 GH4169 高温合金亚动态再结晶模型(亚动态再结晶体积分数 X_{mrex} 和 $t_{0.5}$)的正确性和得出 GH4169 高温合金亚动态再结晶的再结晶晶粒度模型 d_{mrex},须做 GH4169 高温合金亚动态再结晶单道次试验。其具体的试验方案如表 3-5 所示。

表 3-5 GH4169 高温合金亚动态再结晶单道次试验方案

变形温度/℃	应变速率/s^{-1}	变形量	道次间隔时间/s	冷却方式
1 050	0.01	30%	1、5、30、60	立即水冷
1 050	0.0	30%	1、5、30、60	立即水冷
1 050	1	30%	1、5、30	立即水冷
1 000	1	30%	5、30、60	立即水冷

表 3-5 中试样均以 10 ℃/s 的速度加热到 1 100 ℃,保温 5 min,然后以 10 ℃/s 的速度冷却到变形温度(1 000 ℃、1 050 ℃),保温 2 min 后进行压缩,变形量为 30%,应变速率分别为 0.01 s^{-1}、0.1 s^{-1} 和 1 s^{-1},间隔一定时间(1～60 s)后立即水冷。

3.4.2.2　真应力应变曲线

图 3-9a)～c)为 $\dot{\varepsilon}=0.1$ s^{-1},温度为 950～1 050 ℃ 的不同间隔时间应力应变曲线,d)～f)为间隔时间为 5 s 温度为 950～1 050 ℃ 的不同应变速率的应力应变曲线。

a) 950 ℃-0.1 s^{-1}

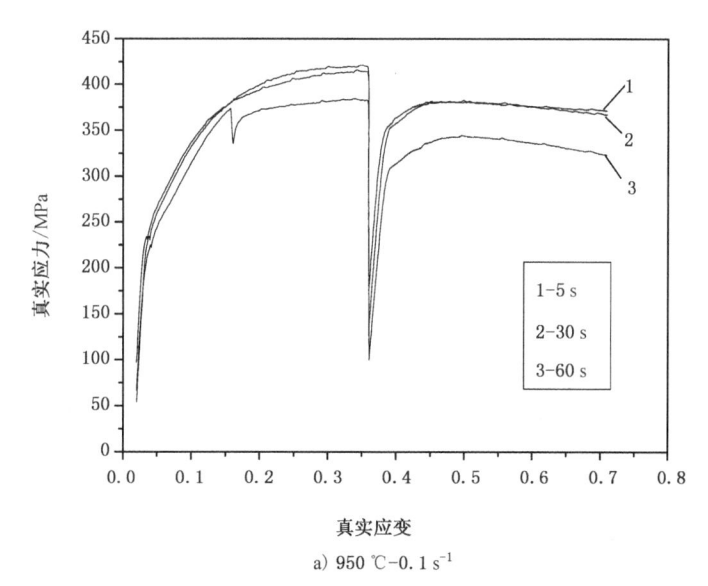

b) 1 000 ℃-0.1 s^{-1}

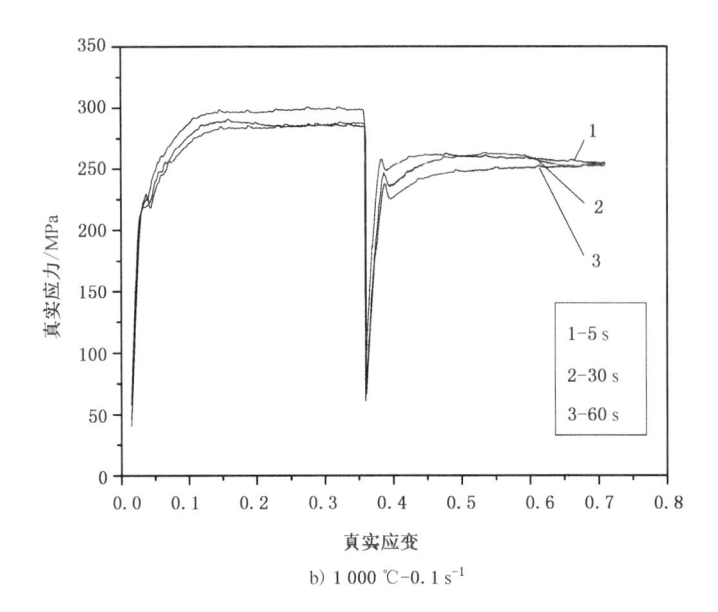

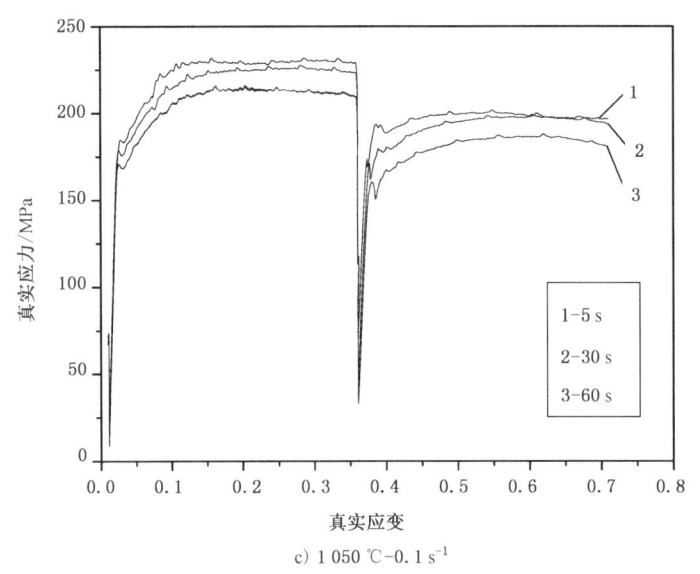

c) 1 050 ℃-0.1 s^{-1}

d) 950 ℃-5 s

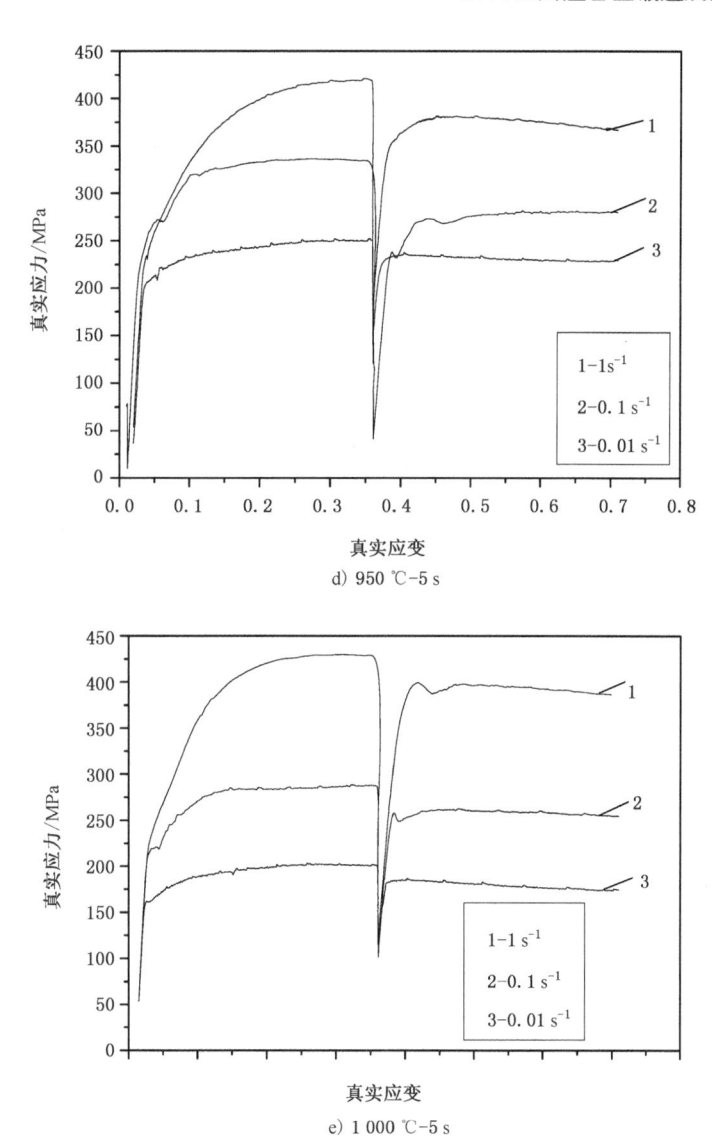

e) 1 000 ℃-5 s

f) 1 050 ℃-5 s

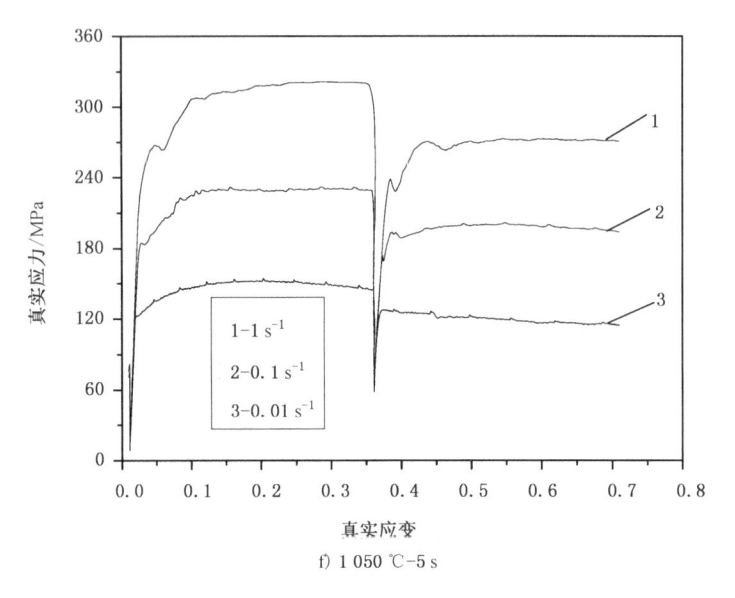

图 3-9　GH4169 亚动态再结晶试验应力应变曲线

由图 3-9 的应力应变曲线可知：在同一变形温度和同一应变速率条件下，流变应力随道次间隔时间的增加而减小且第二次压缩时的曲服应力会随着道次间隔时间的延长而减小，也即软化效果逐渐明显；但是在不同保温时间条件下，第二次压缩时的屈服应力会随着温度的升高而趋近于一致；在相同的保温时间、相同的变形温度和不同的应变速率下，流变应力随应变速率的增大而增大且第二次压缩时的曲服应力会随着应变速率的增大而增大，合金的亚动态再结晶的软化效果会随应变速率的增加而增加。

3.4.2.3　再结晶体积分数的测定

亚动态再结晶体积分数一般采用补偿法（0.2%）计算，即通过双道次热模拟试验流变应力曲线来测量道次间的软化率，如图 3-10 所示，计算公式如式（3-50）所示。

$$X_{mrex} = (\sigma_m - \sigma_2)/(\sigma_m - \sigma_1) \tag{3-50}$$

式中：

X_{mrex}——亚动态再结晶体积分数（%）；

σ_m——道次中断时的流变应力（MPa）；

σ_2——第二次压缩时的区服应力（MPa）；

σ_1——第一次压缩时的区服应力（MPa）。

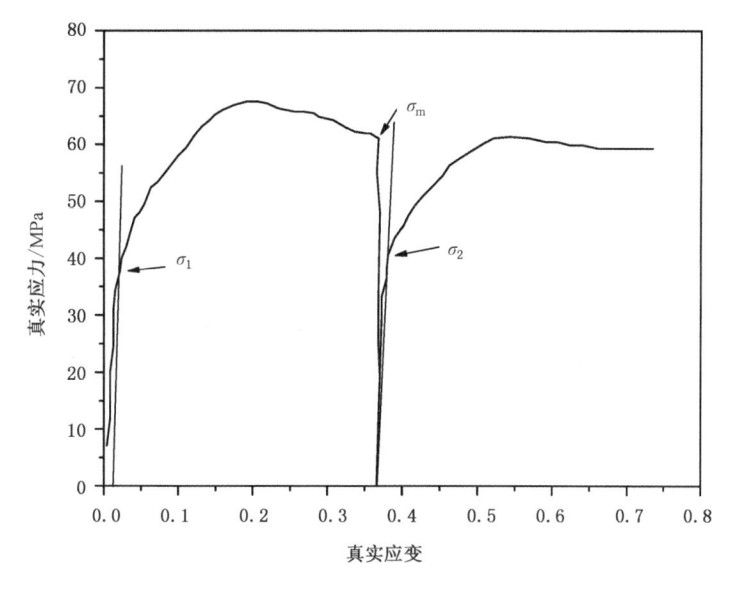

图 3-10 补偿法示意图

3.4.2.4 试验结果

根据亚动态再结晶的双道次和单道次压缩试验以及亚动态再结晶体积分数的测定方法可分别得出压缩试验的试验结果,如表 3-6、表 3-7、表 3-8 和图 3-11 所示。

表 3-6 GH4169 高温合金亚动态再结晶双道次试验结果

变形温度/℃	应变速率/s^{-1}	应变量	间隔时间/s	X
950	0.01	0.916 29	5	0.350
950	0.01	0.916 29	30	0.480
950	0.01	0.916 29	60	0.670
950	0.1	0.916 29	5	0.390
950	0.1	0.916 29	30	0.520
950	0.1	0.916 29	60	0.700
950	1	0.916 29	5	0.307
950	1	0.916 29	30	0.521
950	1	0.916 29	60	0.684
1 000	0.01	0.916 29	5	0.420
1 000	0.01	0.916 29	30	0.560
1 000	0.01	0.916 29	60	0.745
1 000	0.1	0.916 29	5	0.470

续表 3-6

变形温度/℃	应变速率/s^{-1}	应变量	间隔时间/s	X
1 000	0.1	0.916 29	30	0.680
1 000	0.1	0.916 29	60	0.850
1 000	1	0.916 29	1	0.373
1 000	1	0.916 29	5	0.564
1 000	1	0.916 29	30	0.824
1 050	0.01	0.916 29	5	0.490
1 050	0.01	0.916 29	30	0.760
1 050	0.01	0.916 29	60	1.000
1 050	0.1	0.916 29	5	0.760
1 050	0.1	0.916 29	30	0.860
1 050	0.1	0.916 29	60	1.000
1 050	1	0.916 29	1	0.697
1 050	1	0.916 29	5	0.950
1 050	1	0.916 29	30	1

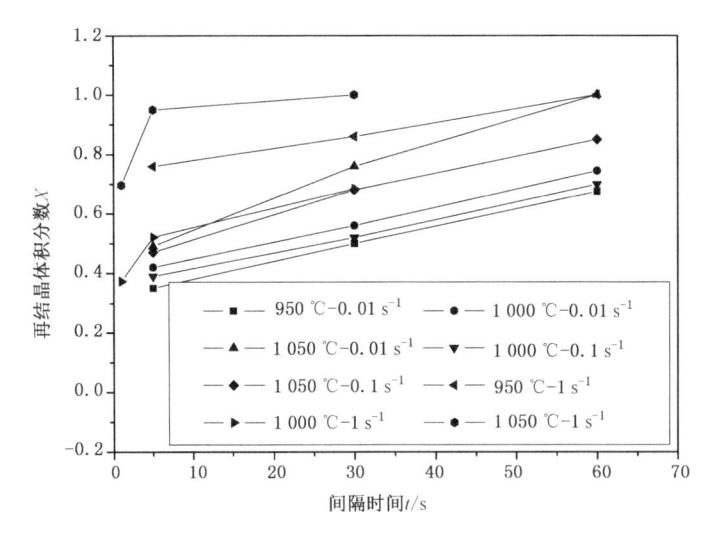

图 3-11 GH4169 高温合金亚动态再结晶体积分数 X 与间隔时间 t 的关系图

表 3-7　GH4169 高温合金亚动态再结晶双道次试验 $t_{0.5}$

变形温度/℃	应变速率/s^{-1}	应变量	$t_{0.5}$/s
950	0.01	0.916 29	32.3
950	0.1	0.916 29	20.0
950	1	0.916 29	3.70
1 000	0.01	0.916 29	20.6
1 000	0.1	0.916 29	6.40
1 000	1.00	0.916 29	2.70
1 050	0.01	0.916 29	5.00
1 050	0.1	0.916 29	3.00
1 050	1	0.916 29	0.60

表 3-8　GH4169 高温合金亚动态再结晶单道次试验结果

变形温度/℃	应变速率/s^{-1}	应变量	间隔时间/s	再结晶晶粒度/μm
1 000	1	0.356 67	5	15.76
1 000	1.00	0.356 67	30	32.40
1 000	1	0.356 67	60	40.50
1 050	0.01	0.356 67	1	7.800
1 050	0.01	0.356 67	5	29.50
1 050	0.01	0.356 67	30	55.00
1 050	0.01	0.356 67	60	61.80
1 050	0.1	0.356 67	1	6.880
1 050	0.10	0.356 67	5	25.50
1 050	0.10	0.356 67	30	45.00
1 050	0.10	0.356 67	60	52.88
1 050	1.00	0.356 67	1	5.500
1 050	1.00	0.356 67	5	18.00
1 050	1.00	0.356 67	30	40.00

3.4.2.5　变形参数对再结晶体积分数的影响

图 3-12 为在应变速率为 0.01 s^{-1} 下,相同道次间隔时间里亚动态再结晶体积分数和变形温度的关系图;图 3-13 为变形温度为 1 050 ℃下,相同道次间隔时间里亚动态再结晶体积分数和应变速率对数的关系图。由图 3-12 和图 3-13 可知:在相同的道次间隔时间里,亚动态再结晶体积分数随变形温度的升高而增加,在高温阶段更为明显,且道次间隔时间越长亚动态再结晶体积分数越大,因为再结晶形核过程是一个热激活过程,核心形成的概率随温度的升高而增加,再结晶晶界的迁移率

随变形温度的升高而提高,从而有利于再结晶晶粒的长大;在相同的道次间隔时间里,亚动态再结晶体积分数随应变速率的升高而增加,因为在同一变形温度下,加工硬化会随着应变速率的增大而增大,动态再结晶和动态回复的作用减小,从而导致热变形的位错密度增加,进而使得亚动态再结晶的驱动力增加,亚动态再结晶更容易发生。

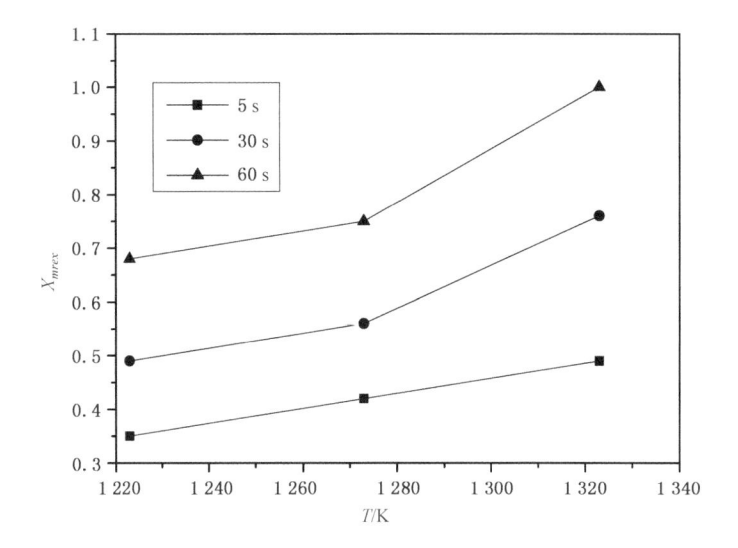

图 3-12 变形温度对亚动态再结晶体积分数的影响

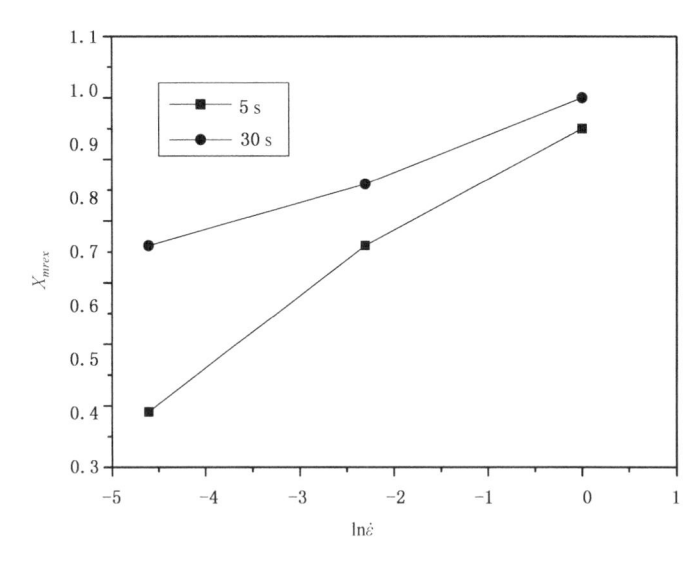

图 3-13 应变速率对亚动态再结晶体积分数的影响

3.4.3 静态再结晶

静态再结晶是指当应变速率 $\dot{\varepsilon} \leqslant 10^{-6} \mathrm{s}^{-1}$,即认为应变速率几乎为零时,热变形

材料并没有完全再结晶且此时的应变未达到临界应变值,热变形材料所发生的微观组织演化过程。

3.4.3.1 试验方案

GH4169 高温合金的静态再结晶试验同亚动态再结晶试验一样,分双道次试验和单道次试验,其中双道次试验分别考虑的是应变速率、变形量、初始晶粒度和变形温度对静态再结晶的影响。其具体方案如表 3-9 所示。

表 3-9 GH4169 高温合金静态再结晶双道次试验方案

影响因素	初始温度/℃	变形温度/℃	应变速率/s^{-1}	应变量	间隔时间/s	冷却方式
变形温度	1 150	1 000	1	10%+10%	1、5、30	立即水冷
变形温度	1 150	1 050	1	10%+10%	1、5、30	立即水冷
变形温度	1 150	1 100	1	10%+10%	1、5、30	立即水冷
应变速率	1 150	1 050	0.1	10%+10%	5、30、60	立即水冷
应变速率	1 150	1 050	1	10%+10%	5、30、60	立即水冷
应变速率	1 150	1 050	10	10%+10%	5、30、60	立即水冷
应变量	1 150	1 050	1	15%+10%	1、5、30、60	立即水冷
应变量	1 150	1 050	1	10%+10%	1、5、30、60	立即水冷
应变量	1 150	1 050	1	5%+10%	5、30、60	立即水冷
初始晶粒度	1 050	1 050	1	10%+10%	1、5、30、60	立即水冷
初始晶粒度	1 100	1 050	1	10%+10%	5、30、60	立即水冷
初始晶粒度	1 150	1 050	1	10%+10%	5、30、60	立即水冷

表 3-9 中试样以 10 ℃/s 的速度加热到初始温度,保温 2 min 以获得初始晶粒度,然后以 10 ℃/s 的速度冷却到变形温度,保温 2 min 后,进行压缩,变形结束后间隔一定时间(5 s、30 s、60 s)后立即水冷。

为了验证 GH4169 高温合金静态再结晶双道次压缩试验所得出的模型(静态再结晶体积分数 X_{srex} 和 $t_{0.5}$)的正确性和得出 GH4169 高温合金静态再结晶的再结晶晶粒度模型 d_{srex},须做 GH4169 高温合金静态再结晶单道次试验。其具体的试验方案如表 3-10 所示。

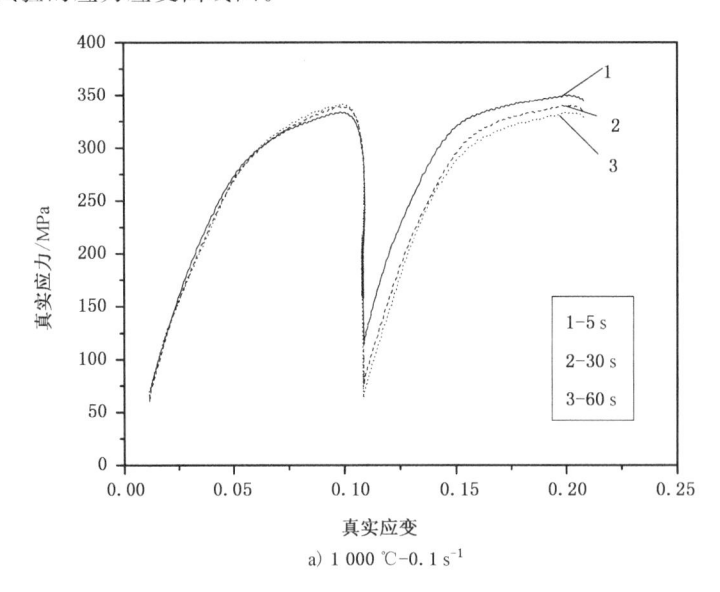

表3-10 GH4169高温合金静态再结晶单道次试验方案

影响因素	初始温度/℃	变形温度/℃	应变速率/s^{-1}	应变量	停留时间/s	冷却方式
初始晶粒度	1 050	1 050	1	10%	290	立即水冷
初始晶粒度	1 100	1 050	1	10%	320	立即水冷
初始晶粒度	1 150	1 050	1	10%	350	立即水冷
应变量	1 150	1 050	1	15%	120	立即水冷
应变量	1 150	1 050	1	10%	170	立即水冷
应变量	1 150	1 050	1	5%	290	立即水冷

表3-10中试样以10 ℃/s的速度加热到初始温度保温5 min以获得初始晶粒度,然后以10 ℃/s的速度冷却到变形温度保温2 min,变形结束后间隔一定时间后立即水冷。

3.4.3.2 真应力应变曲线

图3-14中a)~c)所示为应变速率为0.1 s^{-1},温度为1 000 ℃、1 050 ℃、1 100 ℃,不同道次间隔时间条件下双道次压缩试验的应力应变曲线图,图3-14中d)~f)所示为道次间隔时间分别为5 s、30 s和60 s,温度为1 050 ℃,不同应变速率条件下双道次压缩试验的应力应变曲线图。

a) 1 000 ℃-0.1 s^{-1}

b) 1 050 ℃-0.1 s^{-1}

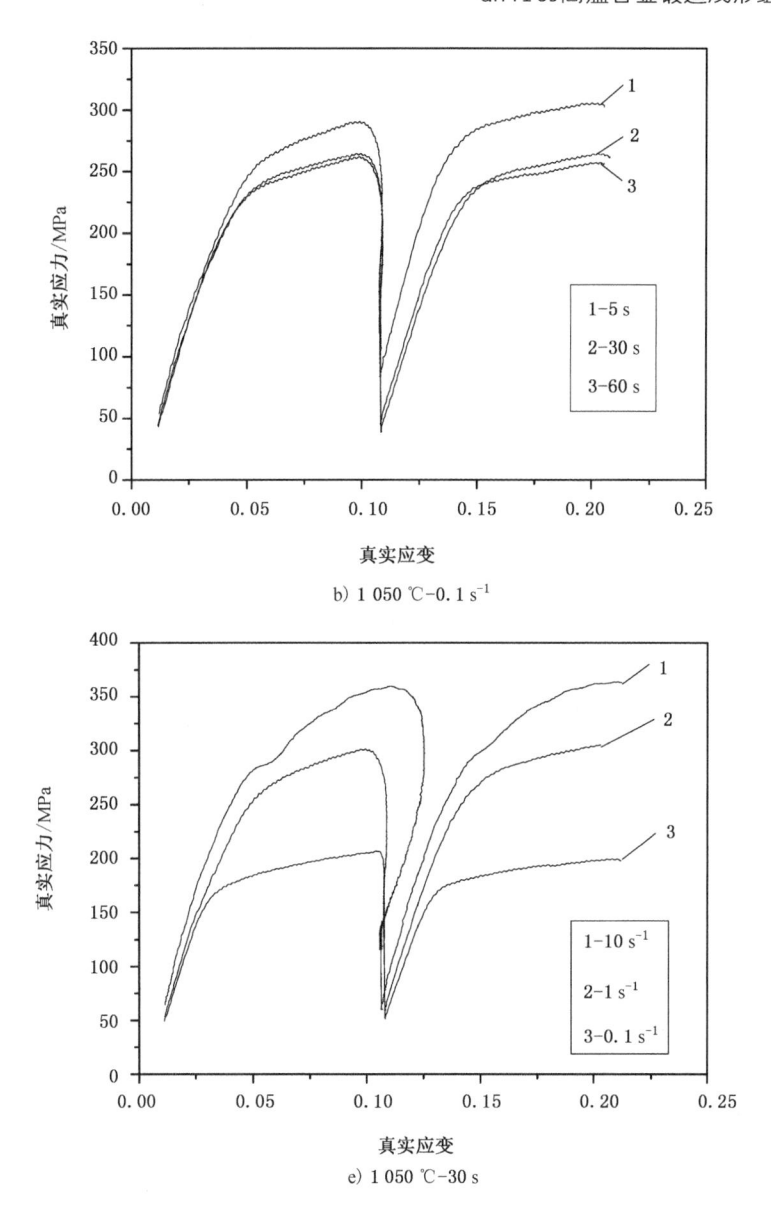

e) 1 050 ℃-30 s

f) 1 050 ℃-60 s

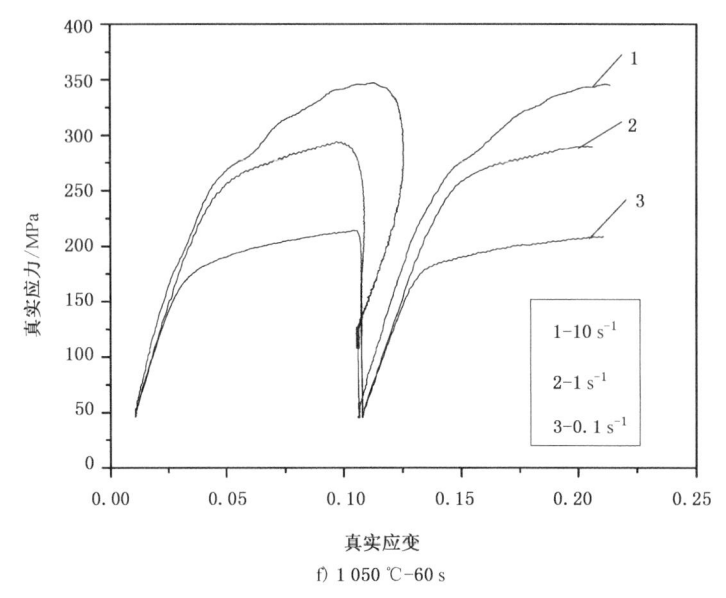

图 3-14　GH4169 高温合金静态再结晶双道次试验应力应变曲线

由图 3-14 中应力应变曲线可知：在相同变形温度和应变速率下流变应力随道次间隔时间的增加而减小且第二次压缩时的屈服应力随道次间隔时间的延长而减小，即静态再结晶的软化效果越来越明显；在相同温度相同道次间隔时间不同应变速率下，流变应力随应变速率的增加而增加且第二次压缩时的屈服应力会随应变速率的增加而增加，即加工硬化现象越来越明显。

3.4.3.3　再结晶体积分数的测定

静态再结晶体积分数一般采用补偿法（0.2%）计算，即通过流变应力曲线来测量道次间的软化率。用 0.2% 的补偿法测得的软化率包括静态回复和静态再结晶两部分造成的软化，一般认为，静态再结晶大约在软化率为 0.2 的时候开始，因此静态再结晶的体积分数表达式与亚动态的表达式有所不同。补偿法示意图如图 3-10，软化率 F_s 的计算公式和静态再结晶体积分数 X_{srex} 的计算公式分别如式（3-51）和（3-52）所示。

$$F_s = (\sigma_m - \sigma_2)/(\sigma_m - \sigma_1) \tag{3-51}$$

$$X_{srex} = (F_s - 0.2)/(1 - 0.2) = (F_s - 0.2)/0.8 \tag{3-52}$$

式中：

X_{srex}——静态再结晶体积分数（%）；

F_s——软化率；

σ_m——道次中断时的流变应力（MPa）；

σ_2——第二次压缩时的屈服应力（MPa）；

σ_1——第一次压缩时的屈服应力（MPa）。

3.4.3.4 试验结果

根据静态再结晶双道次和单道次压缩试验以及静态再结晶体积分数的测定方法可以得出双道次和单道次压缩试验的试验结果如表 3-11、表 3-12、表 3-13 和图 3-15(图中编号 1～9 与表 3-12 表中的编号相对应)所示。

表 3-11　GH4169 高温合金静态再结晶双道次试验结果

初始温度/℃	变形温度/℃	应变速率/s^{-1}	工程应变	间隔时间/s	X
1 050	1 050	1	10%+10%	1	0.315
1 050	1 050	1	10%+10%	5	0.520
1 050	1 050	1	10%+10%	30	0.800
1 050	1 050	1	10%+10%	60	1.000
1 100	1 050	1	10%+10%	5	0.500
1 100	1 050	1	10%+10%	30	0.625
1 100	1 050	1	10%+10%	60	0.833
1 150	1 050	1	10%+10%	5	0.416
1 150	1 050	1	10%+10%	30	0.565
1 150	1 050	1	10%+10%	60	0.700
1 150	1 100	1	10%+10%	1	0.250
1 150	1 100	1	10%+10%	5	0.420
1 150	1 100	1	10%+10%	30	0.580
1 150	1 100	1	10%+10%	1	0.460
1 150	1 100	1	10%+10%	5	0.625
1 150	1 100	1	10%+10%	30	0.850
1 150	1 050	0	10%+10%	5	0.470
1 150	1 050	0	10%+10%	30	0.625
1 150	1 050	0	10%+10%	60	0.714
1 150	1 050	10	10%+10%	1	0.500
1 150	1 050	10	10%+10%	5	0.583
1 150	1 050	10	10%+10%	30	0.920
1 150	1 050	10	10%+10%	60	1.000
1 150	1 050	1	15%+10%	1	0.500
1 150	1 050	1	15%+10%	5	0.581

续表 3-11

初始温度/℃	变形温度/℃	应变速率/s^{-1}	工程应变	间隔时间/s	X
1 150	1 050	1	15%+10%	30	0.883
1 050	1 050	1	15%+10%	60	1.000
1 150	1 050	1	5%+10%	5	0.420
1 150	1 050	1.0	5%+10%	30	0.556
1 150	1 050	1	5%+10%	60	0.781

3.4.3.5 变形参数对再结晶体积分数的影响

静态再结晶过程包括形核和长大,形核数目随道次间隔时间增加而增加,再结晶晶粒也随之长大,因此静态再结晶体积分数也增大。但是,在不同的变形条件下,静态再结晶的速度不尽相同。因此需对各工艺参数对静态再结晶的影响进行分析。图 3-16 所示为各工艺参数对 GH4169 高温合金静态再结晶体积分数的影响图。图 3-16 中 a)是在变形温度为 1 050 ℃,应变速率为 1 s^{-1},不同晶粒度的条件下的静态再结晶体积分数随道次间隔时间的变化;图 3-16 中 b)是在变形温度为 1 050 ℃,应变速率为 1 s^{-1},不同第一次压缩形变量条件下静态再结晶体积分数随道次间隔时间的变化;图 3-16 中 c)是在变形温度为 1 050℃,应变量为 10%+10%,不同应变速率条件下的静态再结晶体积分数随道次间隔时间的变化;图 3-16 中 d)是在应变速率为 1 s^{-1},应变量为 10%+10%,不同变形温度条件下静态再结晶体积分数随道次间隔时间的变化。

表 3-12 GH4169 高温合金静态再结晶双道次试验 $t_{0.5}$

编号	初始温度/℃	变形温度/℃	应变速率/s^{-1}	工程应变	$t_{0.5}$/s
1	1 050	1 050	1	10%+10%	4.8
2	1 100	1 050	1	10%+10%	5.0
3	1 150	1 050	1	10%+10%	6.0
4	1 150	1 100	1	10%+10%	13
5	1 150	1 100	1	10%+10%	1.5
6	1 150	1 050	0.1	10%+10%	9.0
7	1 150	1 050	10	10%+10%	1.4
8	1 150	1 050	1	15%+10%	1.0
9	1 150	1 050	1	5%+10%	11

表 3-13　GH4169 高温合金静态再结晶单道次试验结果

影响因素	初始温度/℃	变形温度/℃	应变速率/s^{-1}	应变量	停留时间/s	$d_{srex}/\mu m$
初始晶粒度	1 050	1 050	1	10%	290	77.380
初始晶粒度	1 100	1 050	1	10%	320	105.14
初始晶粒度	1 150	1 050	1	10%	350	125.17
应变量	1 150	1 050	1	15%	120	114.28
应变量	1 150	1 050	1	10%	170	86.860
应变量	1 150	1 050	1	5%	290	73.300

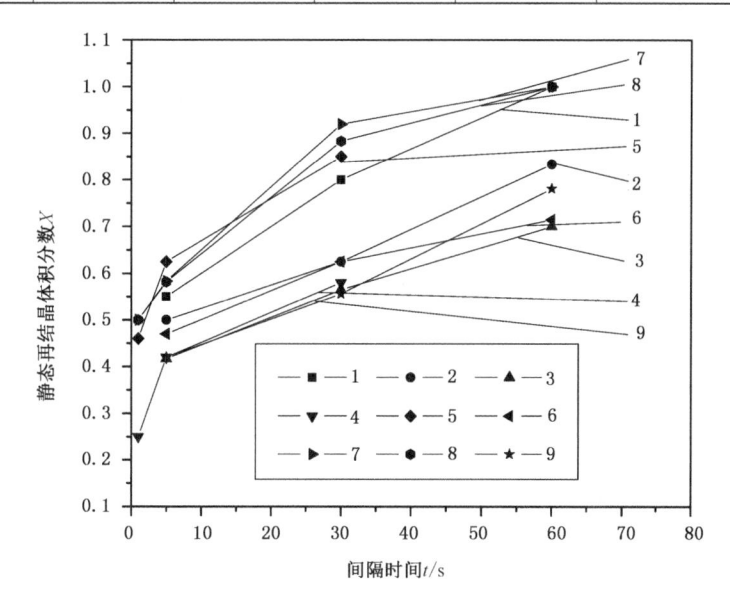

图 3-15　GH4169 合金静态再结晶双道次试验各条件下 X 与 t 的关系图

由图 3-16 所示可知：GH4169 高温合金的静态再结晶分数随初始晶粒度的减小而增加，但增加的程度不大，因为初始晶粒度大小不是影响静态再结晶体积分数的主要因素；静态再结晶体积分数随变形量的增加而增加，且增加的程度较大，这是因为在未到达动态再结晶之前，在变形过程中起主要作用的是加工硬化，随着应变量的增加，材料的位错密度增加，从而使得静态再结晶的驱动力增加；静态再结晶体积分数随应变速率的增大而增加，这是因为应变速率越大位错密度增加的速率也越大，同时动态回复程度越低，位错消失的速率也越低，从而使得材料的位错密度增大，静态再结晶的驱动力增大，静态再结晶速率增大；静态再结晶体积分数随变形温度的增加而增加，这是因为变形温度越高，储存能越大，静态再结晶的速率就越快。

a) 初始晶粒度影响

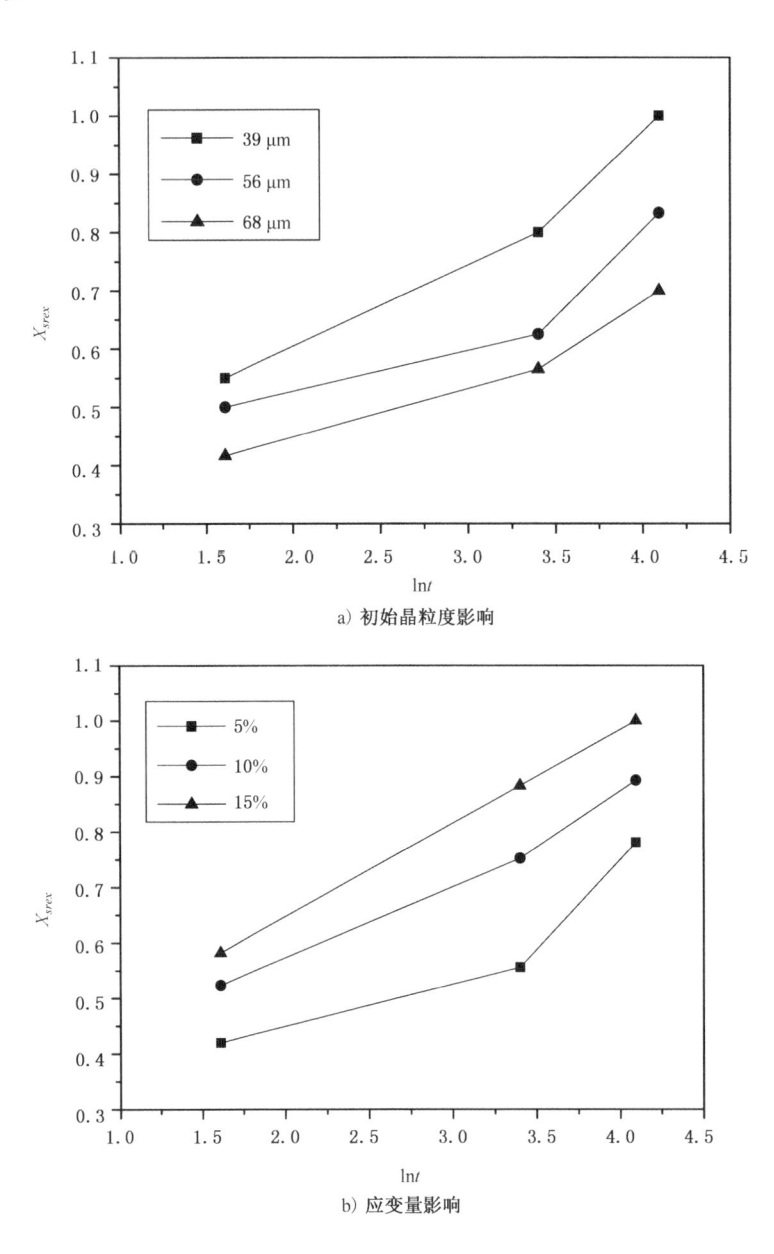

b) 应变量影响

c) 应变速率影响

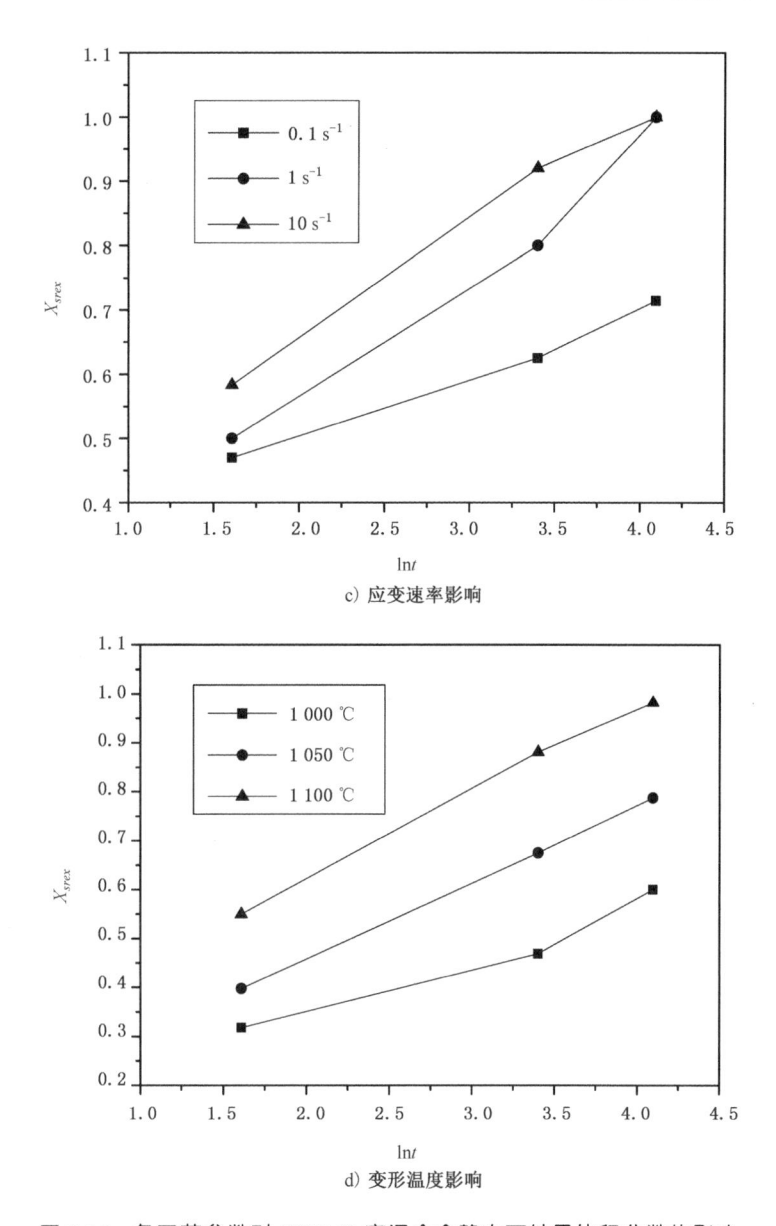

d) 变形温度影响

图 3-16 各工艺参数对 GH4169 高温合金静态再结晶体积分数的影响

3.4.4 晶粒长大

  静态晶粒长大是指当应变速率 $\dot{\varepsilon} \leqslant 10^{-6} \mathrm{s}^{-1}$，即认为应变速率几乎为零且热变形材料已经完全再结晶，此后热变形材料所发生的微观组织演化过程。晶粒的静态长大，会使锻件的组织不均匀和综合性能下降，在加热阶段晶粒的静态长大对锻件造成的影响尤为不利。因此研究 GH4169 高温合金在不同温度和保温时间下的晶粒长大行为,建立相应的规律方程非常有必要。

3.4.4.1 试验方案

试验材料为锻态 GH4169 合金,其原始组织如图 3-17 所示,原始锻态组织为均匀的等轴晶粒,晶粒尺寸约为 31 μm。试验用试样为 φ8 mm×12 mm,将箱式电阻炉加热到试验温度后保温 10 min 以均匀炉温,然后将试样放入炉中保温不同时间后取出立即水冷以保留高温组织。试验的具体加热温度和保温时间为:加热温度为 950 ℃、1 000 ℃、1 050 ℃、1 100 ℃、1 120 ℃ 和 1 150 ℃;保温时间为 5 min、15 min、30 min、45 min、60 min、120 min、180 min、210 min。该试验认为保温 210 min 后晶粒的大小趋于稳定不再长大,即认为此时的晶粒度大小为极限值。

3.4.4.2 试验结果及其分析

根据长大试验方案可得出合金试样在不同加热温度和不同保温时间下的平均晶粒度大小,如表 3-14 所示。

表 3-14 合金在不同加热温度和保温时间下的平均晶粒度/μm

温度/℃		950	1 000	1 050	1 100	1 120	1 150
保温时间/min	0	31.664	31.664	31.664	31.664	31.664	31.664
	5	35.344	35.612	50.943	61.306	70.170	107.76
	15	36.221	37.538	55.593	91.362	104.09	146.55
	30	39.181	42.629	59.857	108.54	125.44	172.41
	45	46.336	49.896	67.327	124.83	139.99	193.97
	60	49.741	54.617	73.234	140.52	157.32	211.21
	100	60.603	68.965	89.224	172.42	193.97	241.38
	150	63.275	70.905	107.76	193.97	213.79	254.31
	210	63.448	71.120	112.07	194.83	215.52	255.18

图 3-17 所示为不同加热温度和保温时间条件下的平均晶粒尺寸 d 随保温时间 t 的变化关系。图 3-18 为温度 1 120 ℃ 下保温不同时间后的金相组织图。图 3-19 所示为在不同加热温度条件下保温 45 min 后的金相组织图。

由图 3-17 可以看出,在低温阶段,合金的晶粒长大近似呈线性关系,斜率随温度的升高逐渐增大,长大比较明显,在高温阶段,合金的晶粒长大近似呈抛物线关系,但随时间的延长,晶粒尺寸涨幅逐渐减小,最后各温度条件下的晶粒度都趋于稳定。由图 3-18 可以看出,在相同加热温度条件下,合金的晶粒度随保温时间的延长明显的增大,但当晶粒度长大到一定程度后趋于稳定,即合金的晶粒长大不是无止境的,而是最后到达到一个稳态值。

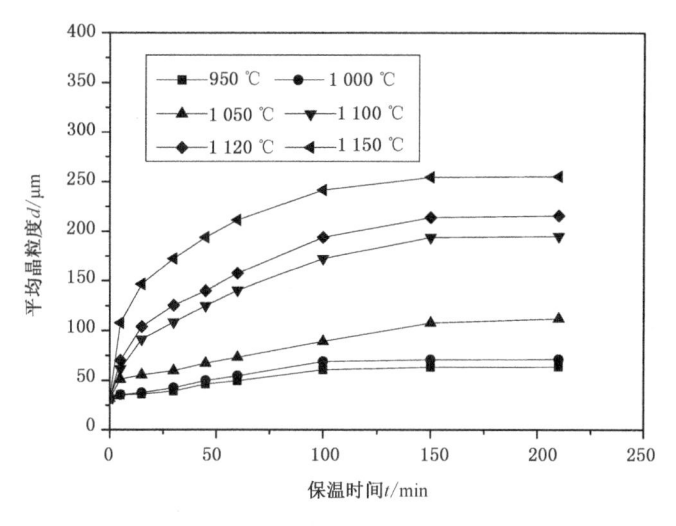

图 3-17 GH4169 合金在各温度条件下平均晶粒度 d 与保温时间 t 的关系

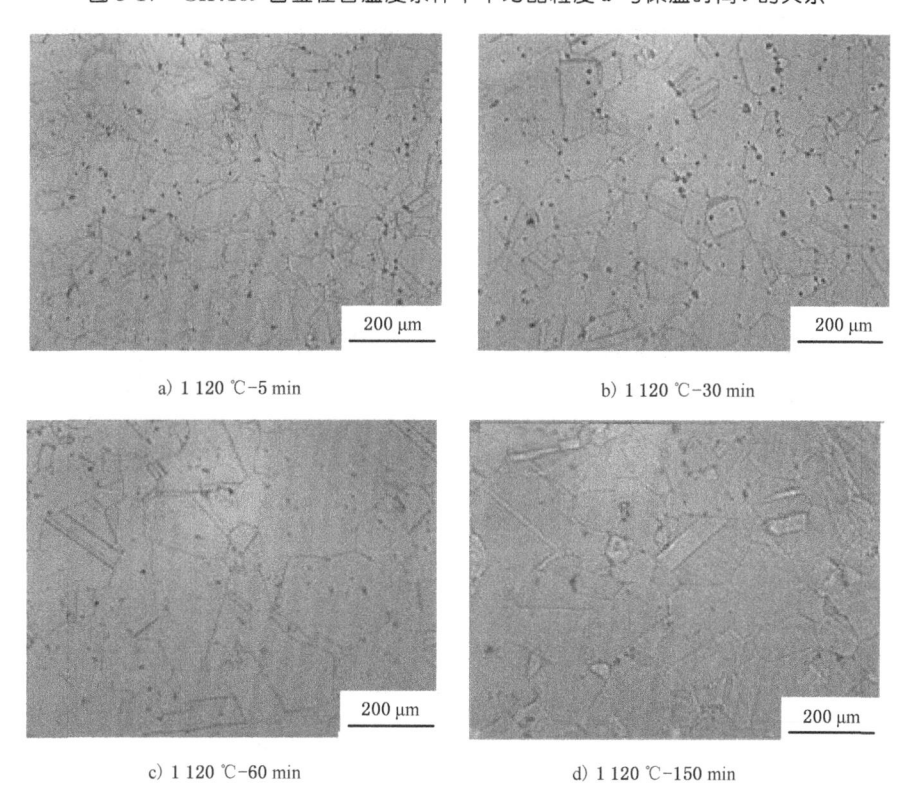

a) 1 120 ℃-5 min

b) 1 120 ℃-30 min

c) 1 120 ℃-60 min

d) 1 120 ℃-150 min

图 3-18 GH4169 合金在 1 120 ℃条件下保温不同时间后所得的金相组织图

a) 950 ℃-45 min

b) 1 050 ℃-45 min

c) 1 100 ℃-45 min

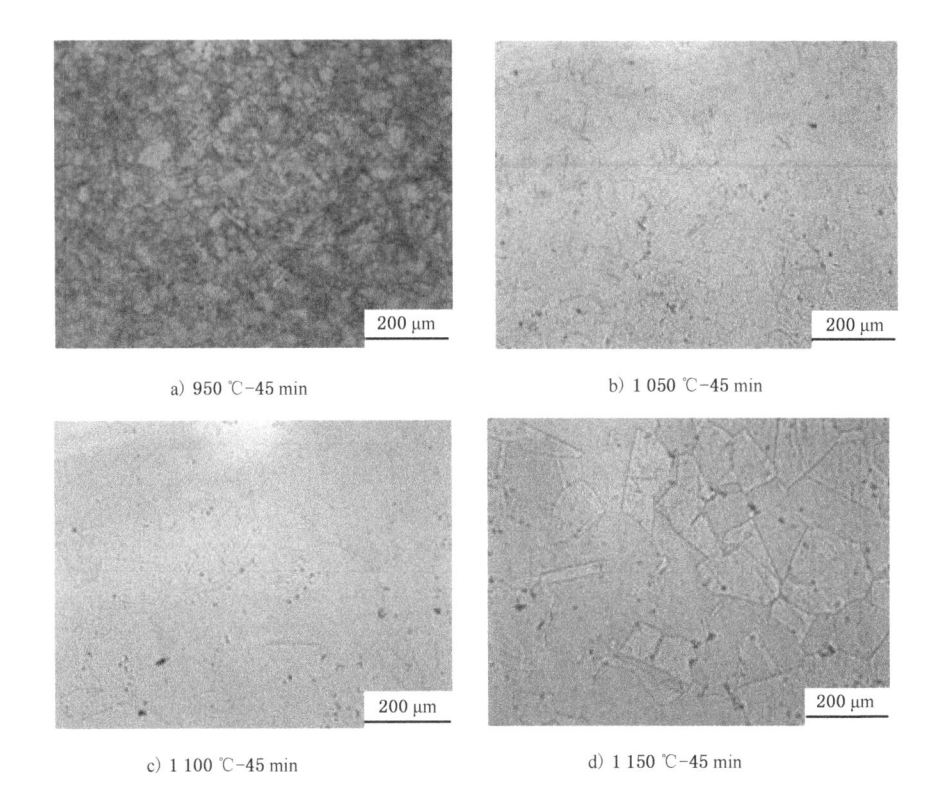

d) 1 150 ℃-45 min

图 3-19 GH4169 合金在不同温度条件下保温 45 min 后所得的金相组织图

由图 3-19 可以看出，在同一保温时间条件下，合金的晶粒度随温度的升高而增大，但是在低温区增大不是很明显（900～1 050 ℃），但是超过了 1 050 ℃ 晶粒迅速长大，这与合金中的 δ 相相关，δ 相对合金晶粒的长大有阻碍作用，而 δ 相的完全溶解温度约为 1 038 ℃，所以当合金的加热温度超过 1050 ℃ 时，合金晶粒迅速长大。

3.4.5 GH4169 高温合金的热加工图

3.4.5.1 热加工图简介

热加工图就是功率耗散图和流变失稳图。通过热加工图可以分析不同变形条件下材料的微观组织特征，可以知道材料发生流变失稳的区域和条件，进而可以确定材料的热加工最佳工艺参数。特别是对于 GH4169 这种主要通过锻造工艺成形的材料，热加工工艺对其性能的影响特别大，因此通过热加工图来分析其热加工性和确定热加工工艺参数非常重要和必要。

常用的热加工图主要有两类，即基于原子模型的 Raj 图和基于动态材料模型的 DMM 图。Raj 图只适用于简单的合金及纯金属，而不适用于复杂的合金且对实际应用有局限性。而 DMM 图是 Gegel 和 Prasad 等根据物理系统模拟、不可逆热力学理论和大塑性变形连续介质力学理论建立的,能很好地反映材料在各种变形条件下变形时的内部组织变形机制,对分析材料的可加工性及确定材料的热加工工艺参数很有用。

3.4.5.2 DMM 热加工图原理

1. 能量耗散功率原理

根据 DMM 动态材料模型,认为热变形工件是一个非线性的能量耗散体。其能量的耗散 P 由耗散量 G 和耗散协量 J 组成。其中 G 是发生塑性变形消耗的能量,大部分转化为热能;J 是微观组织演变消耗的能量,P 的数学表达式如式(3-53)所示。

$$P = \sigma\dot{\varepsilon} = G + J = \int_0^{\dot{\varepsilon}} \sigma \mathrm{d}\dot{\varepsilon} + \int_0^{\sigma} \dot{\varepsilon} \mathrm{d}\sigma \tag{3-53}$$

式中:

σ——流变应力;

$\dot{\varepsilon}$——应变速率。

G 和 J 两种能量在材料中所占的比例由材料在一定的应力条件下的应变速率指数 m 来决定,即如式(3-54)所示。

$$m = \frac{\partial J}{\partial G} = \frac{\dot{\varepsilon}\partial\sigma}{\sigma\partial\dot{\varepsilon}} = \frac{\partial(\ln\sigma)}{\partial(\ln\dot{\varepsilon})} \tag{3-54}$$

在一般情况下,m 只随应变速率和温度的变化而变化,在一定的应变和温度条件下,热变形中的流变应力 σ 与应变速率的关系可用式(3-55)所示的关系表示。

$$\sigma = C\dot{\varepsilon}^m \tag{3-55}$$

则在一定的应变和温度条件下,J 和 m 可用如式(3-56)表示。

$$J = \int_0^{\sigma} \dot{\varepsilon}\mathrm{d}\sigma = \int_0^{\dot{\varepsilon}} C\dot{\varepsilon}^m m\,\mathrm{d}\dot{\varepsilon} = \dot{\varepsilon}\sigma m/(m+1) \tag{3-56}$$

对粘塑性固体的稳态流变,m 的值在 $0\sim1$ 之间,若 m 越大,材料相对应的微观组织的耗散越大。当 $m=1$ 时,则材料处于理想的线性能量耗散状态,此时,J 达到最大值 $J_{\max}$,此时可表示为如式(3-57)所示。

$$J_{\max} = \sigma\dot{\varepsilon}/2 \tag{3-57}$$

由式(3-56)和式(3-57)可得到一个量纲一参数 η,用来表示热加工过程中材料的微观组织的演变引起的能量耗散效率,称为能量耗散效率因子。η 的表达式如式(3-58)所示。

$$\eta = \frac{J}{J_{\max}} = \frac{2m}{m+1} \tag{3-58}$$

η 的物理意义为材料成形过程中的微观组织演变耗散的能量同线性耗散的能量比值。在一定的应变条件下,η 随 T 和 $\dot{\varepsilon}$ 的变化构成了二维平面上的功率耗散图。

2. 流变失稳原理

通过 η 可以得出功率耗散图，但并非 η 的值越大，材料的热加工性就越好，在加工失稳区域，材料也可能有高的 η。所以，必须要对材料可能发生破坏失稳的加工区做出判断。

Murthy 在 Ziegler 的连续介质原理基础之上，考虑了 m（应变速率敏感因子）不是常数的情况，提出了任意类型的 σ-$\dot{\varepsilon}$ 曲线的流变失稳准则，如式(3-59)所示。

$$2m < \eta \leqslant 0 \tag{3-59}$$

$$\eta = \frac{J}{J_{\max}} = \frac{P-G}{J_{\max}} = 2 - \frac{G}{J_{\max}} \tag{3-60}$$

Prasad 根据材料动态模型原理，提出材料流变失稳判据如式(3-61)所示。

$$\xi(\dot{\varepsilon}) = \frac{\partial \ln\left(\frac{m}{m+1}\right)}{\partial \ln \dot{\varepsilon}} + m < 0 \tag{3-61}$$

以流变失稳判据为函数，在应变速率和变形温度平面上绘制的二维平面图称为失稳图。$\xi(\dot{\varepsilon})$ 为负值的区域即为流变失稳区域。流变失稳判据的微观意义是：若系统不能以高于加在系统的应变速率产生熵，则系统就会产生局部流变或形成流变失稳。通常流变失稳的微观现象有断裂、局部流变、动态应变时效、流变转动和形成绝热剪切带等。把功率耗散图和流变失稳图叠加即可得热加工图。通过热加工图可以准确直观地看出材料在不同的变形条件下的组织演变的机理和规律，从而可为控制加工过程中材料的组织和优化材料热加工工艺提供可靠依据。

3.4.5.3 DMM 热加工图的建立

根据上述原理，通过等温热压缩模拟试验得出的真实应力应变数据建立热加工图。本 DMM 图的工程应变是 0.6，所采用的 σ 是各条件下的 σ_p。用三次函数关系拟合 $\ln\sigma_p$ 与 $\ln\dot{\varepsilon}$ 的关系式，如式(3-62)所示。

$$\ln\sigma_p = a + b\ln\dot{\varepsilon} + c(\ln\dot{\varepsilon})^2 + d(\ln\dot{\varepsilon})^3 \tag{3-62}$$

通过回归求得上式中 a、b、c、d 的值。从而可以计算出应变速率敏感因子 m 的值，如式(3-63)所示。

$$m = \frac{\mathrm{d}(\ln\sigma_P)}{\mathrm{d}(\ln\dot{\varepsilon})} = b + 2c(\ln\dot{\varepsilon}) + 3d(\ln\dot{\varepsilon})^2 \tag{3-63}$$

将式(3-63)所求得的 m 值代入式(3-58)中即可求得各变形条件下的功率耗散因子，从而在应变速率 $\dot{\varepsilon}$ 和变形温度 T 所在平面绘制 η 等值线图即功率耗散图，如图 3-20 所示。

将式(3-63)计算所得的 m 值代入式(3-61)，再通过数据拟合和计算，即可计算出各条件下的 $\xi(\dot{\varepsilon})$ 的值，从而在应变速率 $\dot{\varepsilon}$ 和变形温度 T 所在平面绘制出 $\xi(\dot{\varepsilon})$ 的等值线图即流变失稳图，$\xi(\dot{\varepsilon})$ 值为负的区域即为合金发生流变失稳的区域，如图

3-21 所示。

由图 3-20 和图 3-21 即组成了 GH4169 合金在温度为 900~1 120 ℃，应变速率为 0.001~1 s^{-1}，工程应变为 60% 的条件下的热加工图。

通过热加工图可以很明显地看出各热变形温度 T 和应变速率 $\dot{\varepsilon}$ 条件下的功率耗散大小和失稳情况。

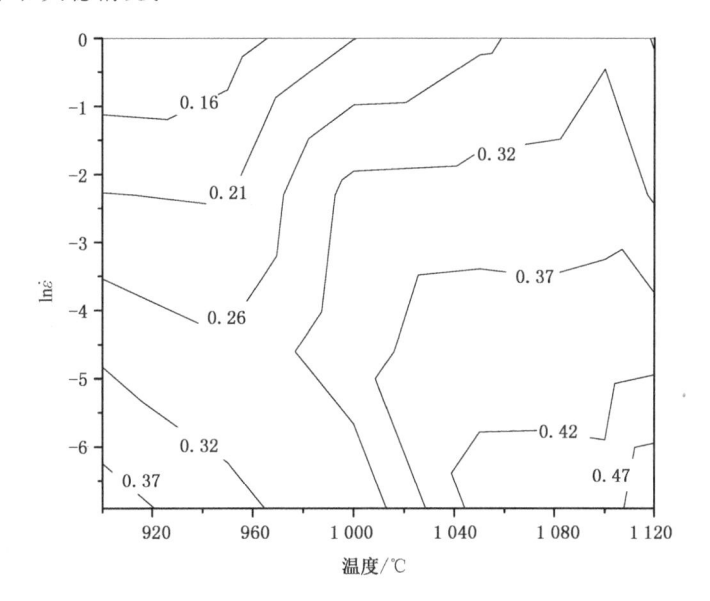

图 3-20 功率耗散图

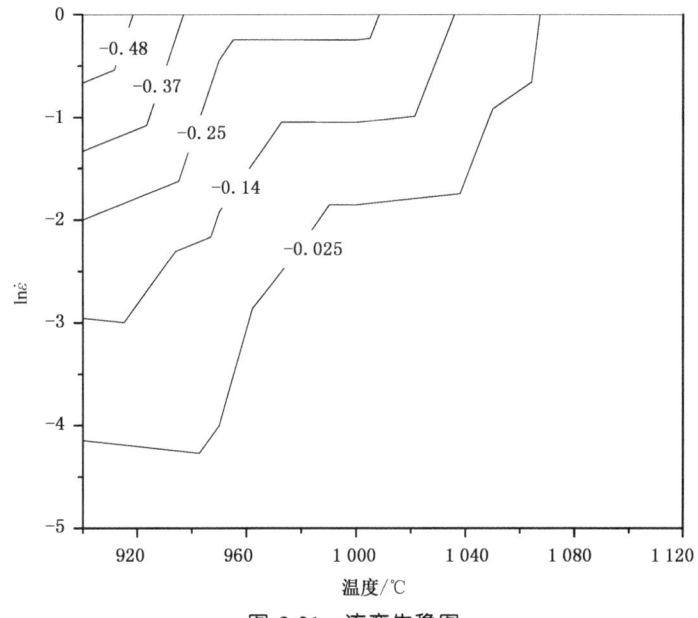

图 3-21 流变失稳图

3.4.5.4 GH4169 高温合金热加工图分析

通过对图 3-20 分析可知:(1)在各温度下,合金的功率耗散随应变速率的减小而增加;(2)在各应变速率下,合金的功率耗散随温度的升高而增加;(3)最大功率耗散出现在高温低应变速率区,即图 3-20 中的右下角区域,当温度范围在 1 035~1 120 ℃,应变速率范围在 0.001~0.01 s^{-1} 时,功率耗散可达到 40%~50%;(4)小功率耗散区域出现在低温高应变速率区,即图 3-20 的左上角区域,当温度范围在 900~980 ℃,应变速率范围在 0.015~1 s^{-1} 时,功率耗散基本小于 30%;(5)当温度范围在 900~920 ℃,应变速率在 0.3~1 s^{-1} 时,功率耗散达到极小值,小于 16%。

通过对图 3-21 的分析可知:(1)在 900~1 120 ℃、0.001~1 s^{-1} 的试验范围内大部分区域都是可加工区域,只是在低温低应变速率区出现失稳,即图 3-21 中的左上角区域,失稳区域的温度范围大致在 900~1 055 ℃,应变速率范围大致在 0.007~1 s^{-1};(2)在失稳区域内,$\xi(\dot{\varepsilon})$ 的绝对值随变形温度和应变速率的升高而增大,这说明变形温度和应变速率越高,合金发生流变失稳的几率也就越大。

由以上热加工图的分析可知合金最佳的热加工范围是:1 035~1 120 ℃,0.001~0.01 s^{-1}。

3.4.5.5 GH4169 高温合金动态再结晶金相组织图

GH4169 合金在变形量为 60%、不同变形温度和应变速率条件下的金相组织图如图 3-22 所示。由金相图可知:(1)在低应变速率下,由于热变形经历的时间比较长,所以各温度条件下的再结晶进行得都比较充分,且随温度的升高再结晶晶粒不断长大,当温度到 1 100 ℃ 时再结晶晶粒已成均匀的等轴晶粒,当温度到 1 120 ℃ 时再结晶晶粒的大小变化已不太明显,组织趋于稳定。(2)在同一应变速率条件下,不同温度下均发生了动态再结晶,但是再结晶的程度不同,温度越高动态再结晶体积分数越高,动态再结晶进行得越充分,同时再结晶的晶粒尺寸也随温度的增加而增大,当在高温时,动态再结晶完成后晶粒就开始长大且长大明显,最终形成等轴晶粒组织。(3)在同一温度条件下,随着应变速率的不同,其显微组织呈现不同的形貌。在各应变速率下均发生了动态再结晶,但再结晶的程度不同,随着应变速率的增加动态再结晶进行得越来越不充分,动态再结晶体积分数降低,再结晶的晶粒尺寸减小,未再结晶的晶粒尺寸增大、数量增大且变形程度越大越明显。

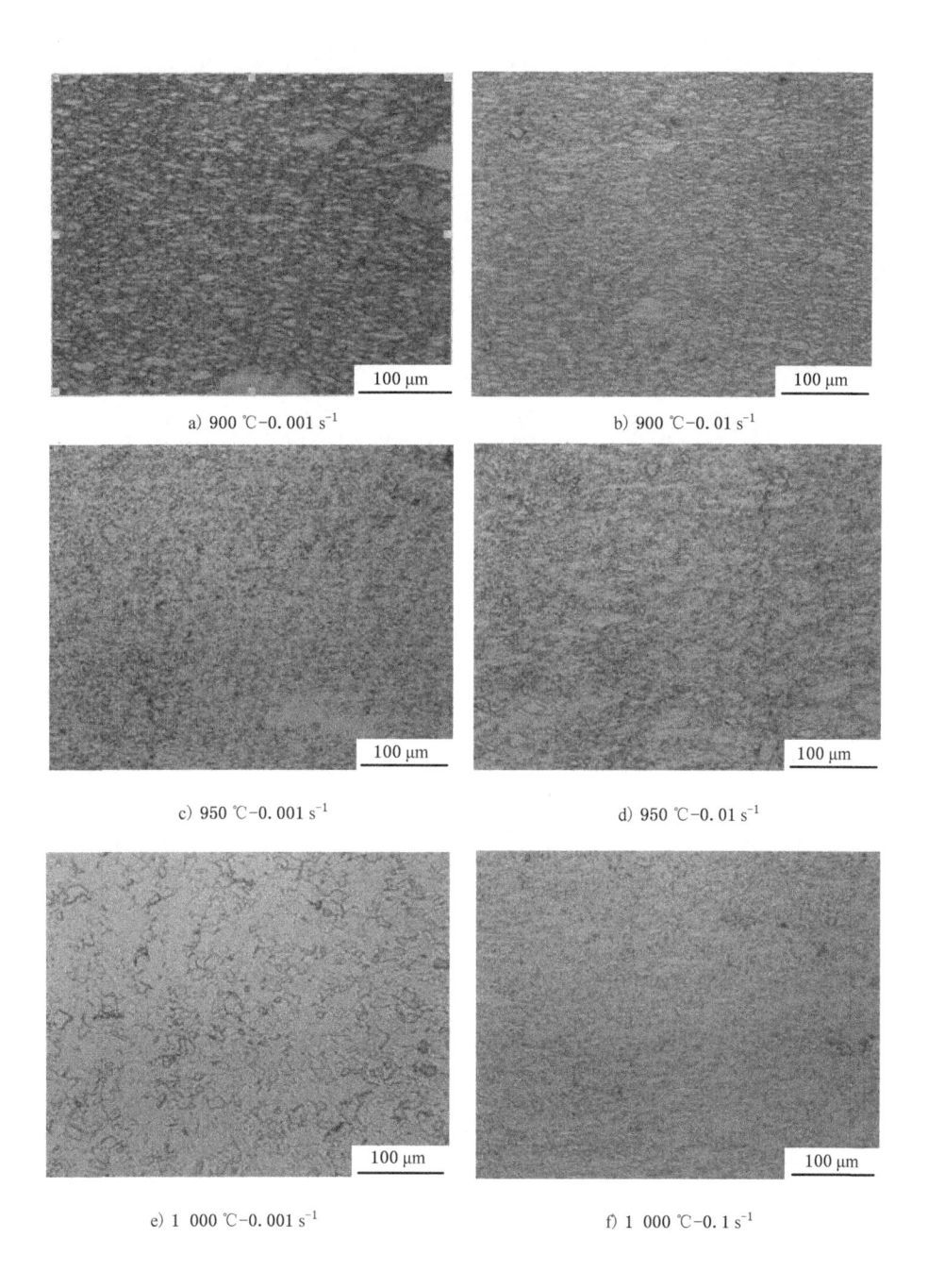

a) 900 ℃-0.001 s^{-1}

b) 900 ℃-0.01 s^{-1}

c) 950 ℃-0.001 s^{-1}

d) 950 ℃-0.01 s^{-1}

e) 1 000 ℃-0.001 s^{-1}

f) 1 000 ℃-0.1 s^{-1}

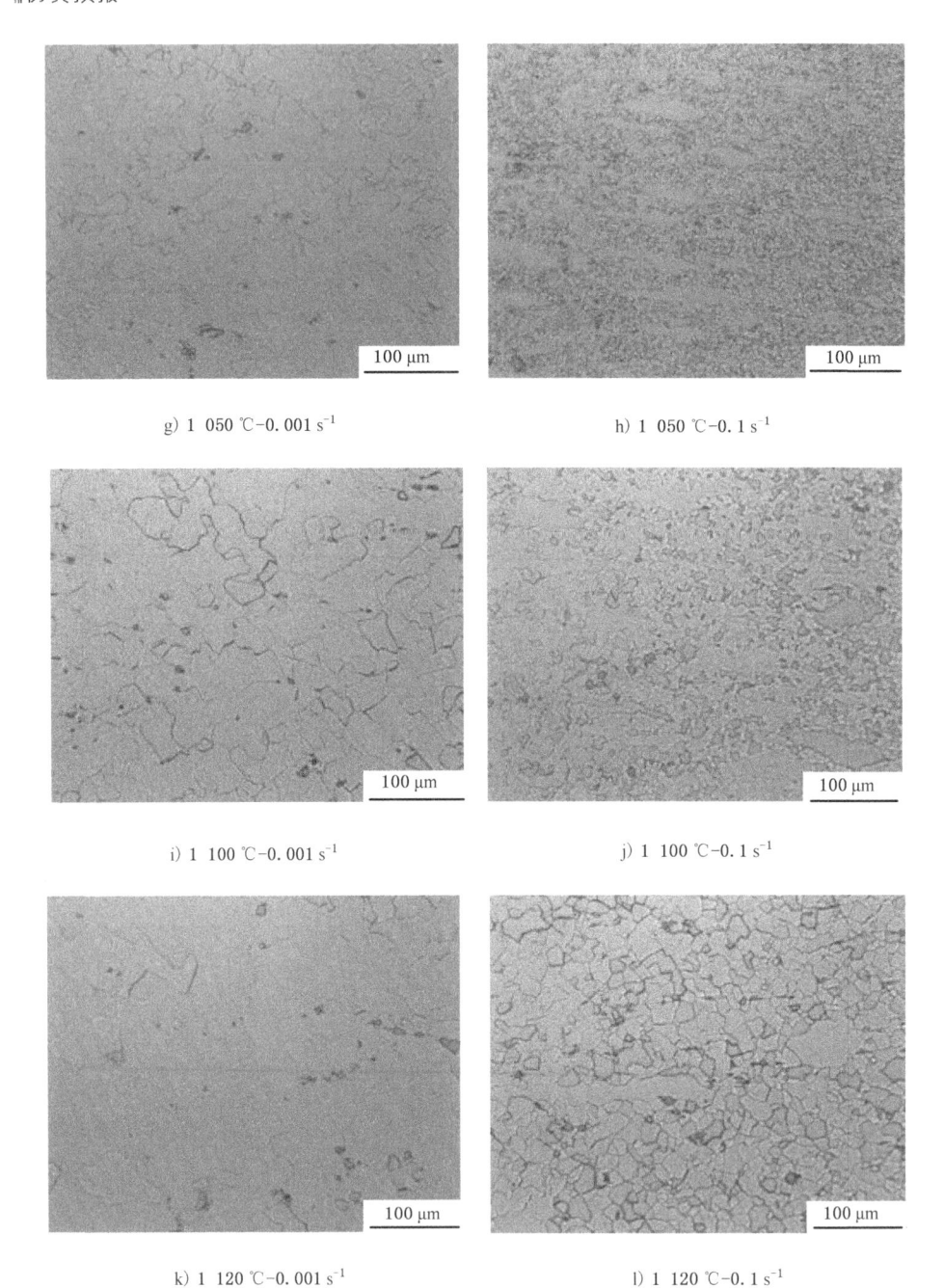

g) 1 050 ℃-0.001 s^{-1}　　　　　　　　h) 1 050 ℃-0.1 s^{-1}

i) 1 100 ℃-0.001 s^{-1}　　　　　　　　j) 1 100 ℃-0.1 s^{-1}

k) 1 120 ℃-0.001 s^{-1}　　　　　　　　l) 1 120 ℃-0.1 s^{-1}

图 3-22　GH4169 合金各条件下的高温热压缩金相组织图

由以上对动态再结晶压缩试验的金相组织图分析可知：当变形温度在 1 000 ℃和 1 050 ℃，应变速率在 0.001 s^{-1} 和 0.01 s^{-1} 时的晶粒度很均匀细小，组织很好，其次是变形温度在 1 100 ℃，应变速率在 0.001 s^{-1} 到 0.1 s^{-1} 时条件下。因此在实际生产中要想获得理想的组织和晶粒度应尽量选择此范围内的变形温度和应变速率进行加工。

通过对各条件下 GH4169 合金的金相组织图的分析可知,对合金的热加工图的分析与实际比较吻合。

3.5 GH4169 高温合金的微观组织演化模型

3.5.1 GH4169 高温合金动态再结晶模型的建立

3.5.1.1 GH4169 高温合金动态再结晶模型参数的确定

本试验中的动态再结晶过程用 Avrami 方程和自身试验研究的方程相结合进行描述,如式(3-64)所示:

$$\begin{cases} Z = \dot{\varepsilon} e^{\frac{Q}{RT}} \\ \varepsilon_p = A_1 (\ln Z)^{A_2} \\ D_{2\text{-}drex} = A_3 Z^{A_4} \\ \varepsilon_c = 0.80 \varepsilon_p \\ X_{drex} = 1 - e^{-\beta(Z) \cdot (\varepsilon - \varepsilon_c)} \end{cases} \quad (3\text{-}64)$$

式中:

A_1、A_2、A_3、A_4——材料相关的常数;

$D_{2\text{-}drex}$——动态再结晶晶粒度;

X_{drex}——动态再结晶体积分数;

ε_c——临界应变;

ε_p——峰值应变;

Q——动态再结晶的激活能(kJ/mol);

R——理想气体常数,取 8.314(kJ·mol^{-1}·K^{-1});

T——绝对温度(K)。

根据所得出的动态再结晶数据,对式(3-64)两边同时取对数,通过不同条件下所得的试验数据,作出 ε_p 与 $\ln Z$,$D_{2\text{-}drex}$ 与 Z,β 与 $\ln Z$ 的关系图,然后通过回归拟合得出相应的拟合参数,如图 3-1 所示。

将图 3-23 中曲线拟合所得的参数代入模型公式(3-64)中,所得 GH4169 高温合金动态再结晶模型方程如式(3-65)所示。

$$\begin{cases} Z = \dot{\varepsilon}\exp[495\,350.355\,7/(RT)] \\ \varepsilon_p = 5\times10^{-6}(\ln Z)^{2.769\,4} \\ D_{2-drex} = 3\times10^6 Z^{-0.301\,6} \\ \varepsilon_c = 0.80\varepsilon_p \\ X_{drex} = 1 - e^{-\beta(Z)\cdot(\varepsilon-\varepsilon_c)} \end{cases} \quad (3\text{-}65)$$

a) ε_p 与 ln$Z$ 的关系

b) D_{2-drex} 与 Z 的关系

c) β 与 ln$Z$ 的关系

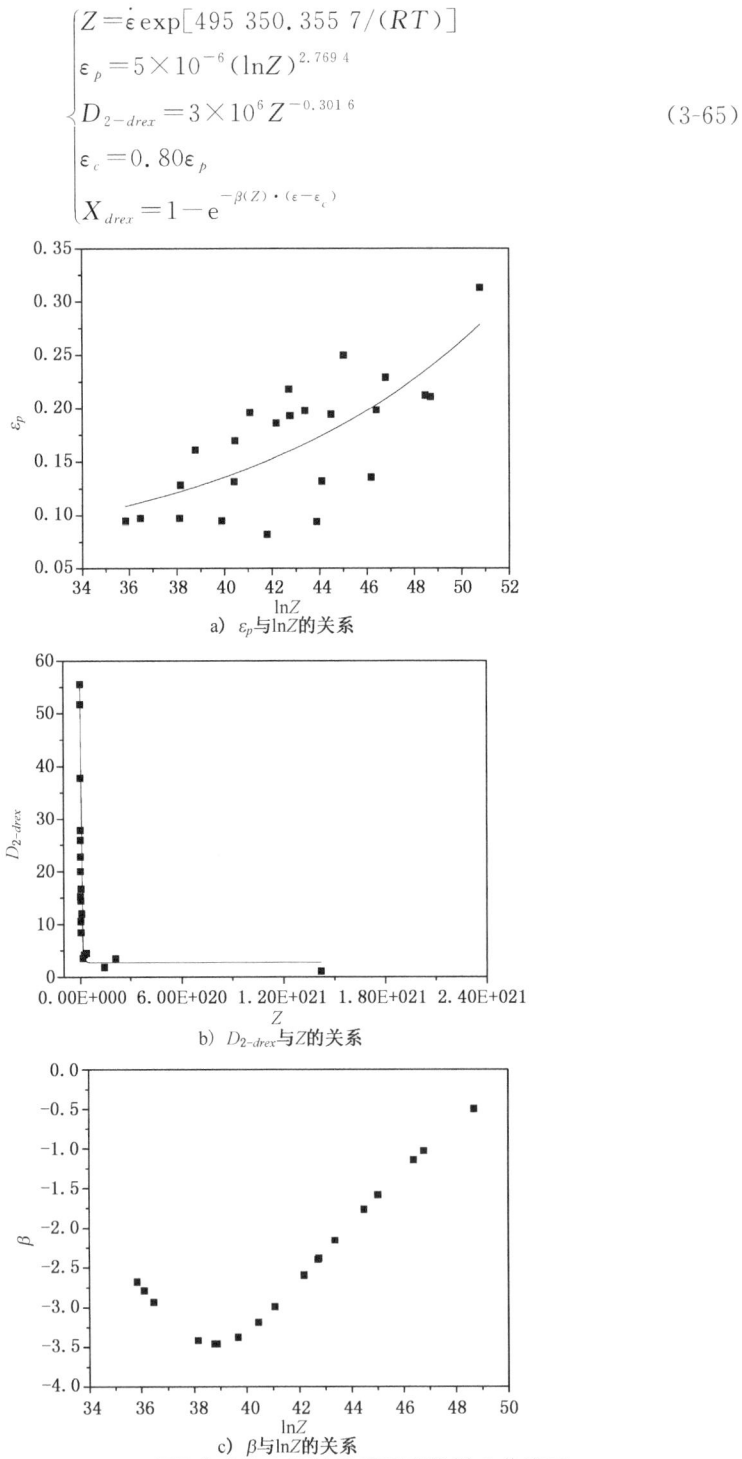

图 3-23　GH4169 高温合金动态再结晶模型参数拟合曲线图

3.5.1.2 GH4169 高温合金动态再结晶体积分数模型的验证

图 3-24 所示为 GH4169 高温合金在不同变形温度条件下的动态再结晶体积分数的模型预测值和试验值的比较，由图可知 GH4169 高温合金动态再结晶的模型预测结果和试验结果吻合得比较好。

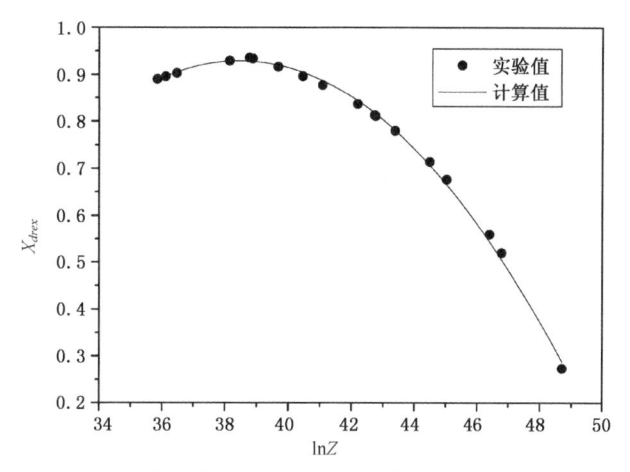

图 3-24 GH4169 高温合金动态再结晶体积分数的试验值和计算值的比较

3.5.2 GH4169 高温合金亚动态再结晶模型的建立

3.5.2.1 GH4169 高温合金亚动态再结晶模型参数的确定

亚动态再结晶过程一般用 Avrami 方程进行描述，如式（3-66）所示。

$$\begin{cases} t_{0.5} = a\dot{\varepsilon}^m \exp[Q/(RT)] \\ X_{mrex} = 1 - \exp\left[-0.693\left(\dfrac{t}{t_{0.5}}\right)^n\right] \\ d_{mrex} = b\left[\dot{\varepsilon}\exp\left(\dfrac{Q}{RT}\right)\right]^k \end{cases} \quad (3-66)$$

式中：

a、b、m、n、k——材料相关的常数；

Q——亚动态再结晶的激活能（kJ/mol）；

$t_{0.5}$——亚动态再结晶体积分数达到 50% 时的时间（s）；

d_{mrex}——亚动态再结晶晶粒度；

X_{mrex}——亚动态再结晶体积分数；

R——理想气体常数，取 8.314（kJ·mol^{-1}·K^{-1}）；

T——绝对温度（K）。

对式（3-66）两边同时取对数，作出 $\ln t_{0.5}$ 与 $\ln \dot{\varepsilon}$，$\ln t_{0.5}$ 与 $1\,000/T$，$\ln\ln[1/(1-X_{mrex})]$ 与 $\ln t$，$\ln d_{mrex}$ 与 $\ln \dot{\varepsilon}$ 的关系图，然后通过回归拟合得出相应的拟合参数，如

图 3-25 所示。

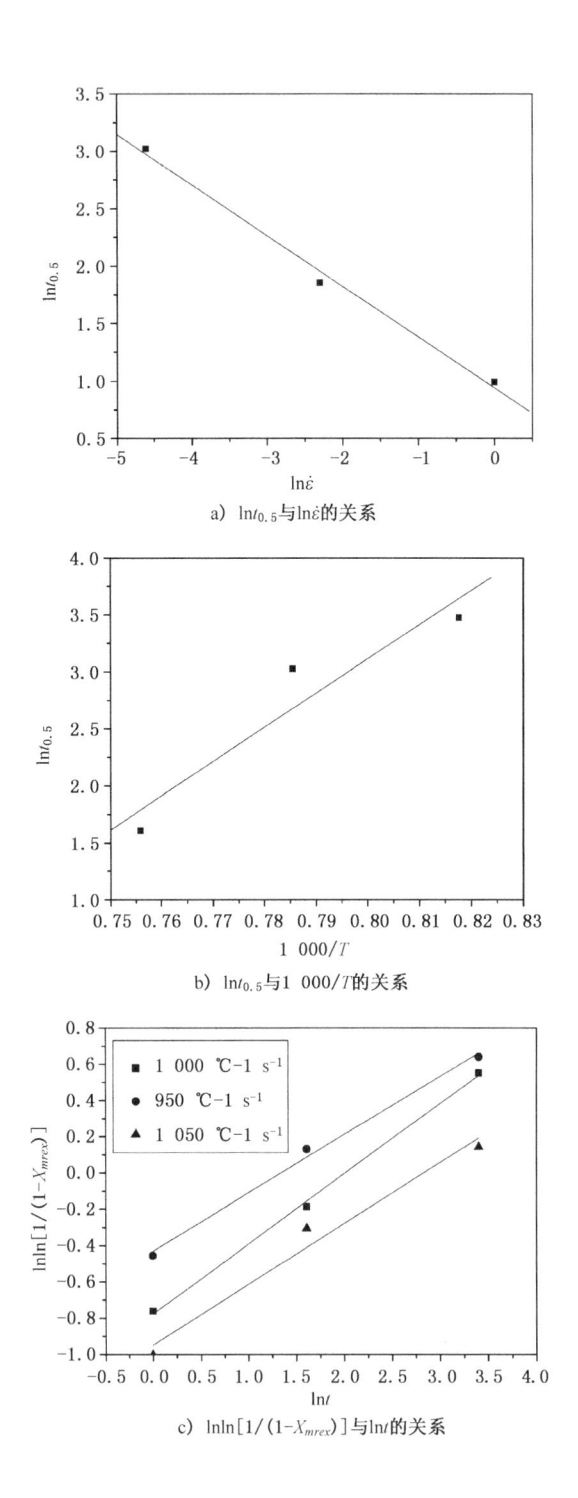

a) $\ln t_{0.5}$ 与 $\ln \dot{\varepsilon}$ 的关系

b) $\ln t_{0.5}$ 与 $1\,000/T$ 的关系

c) $\ln\ln[1/(1-X_{mrex})]$ 与 $\ln t$ 的关系

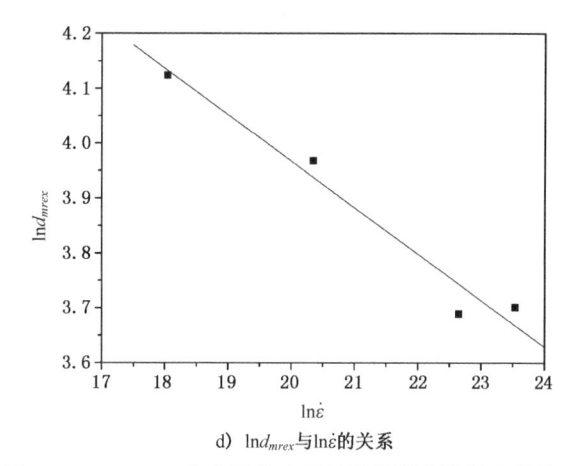

d) $\ln d_{mrex}$ 与 $\ln \dot{\varepsilon}$ 的关系

图 3-25　GH4169 合金亚动态再结晶模型参数拟合曲线图

将图 3-25 中曲线拟合所得的参数代入模型公式(3-66)中,所得 GH4169 高温合金亚动态再结晶模型方程如式(3-67)所示。

$$\begin{cases} t_{0.5}=1.307\ 09\times 10^{-10}\dot{\varepsilon}^{-0.455\ 9}\exp[249\ 100/(RT)] \\ X_{mrex}=1-\exp\left[-0.693\left(\dfrac{t}{t_{0.5}}\right)^{0.367\ 72}\right] \\ d_{mrex}=285.17\left[\dot{\varepsilon}\exp\left(\dfrac{249\ 100}{RT}\right)\right]^{-0.084\ 5} \end{cases} \quad (3\text{-}67)$$

3.5.2.2　GH4169 高温合金亚动态再结晶体积分数模型的验证

图 3-26 为 GH4169 高温合金在应变速率为 $0.1\ \text{s}^{-1}$ 不同变形温度下的亚动态再结晶体积分数的模型预测值和试验值的比较,由图可见预测结果和试验结果吻合较好。

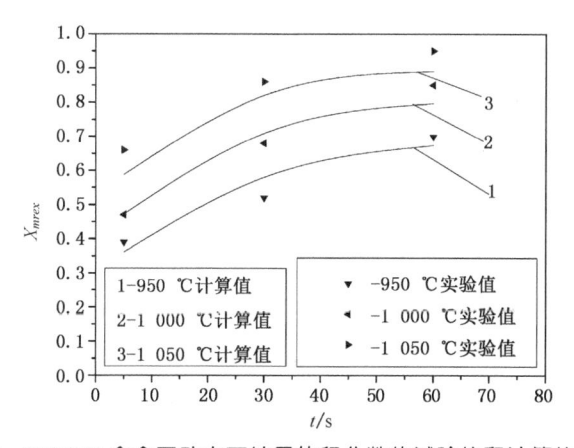

图 3-26　GH4169 合金亚动态再结晶体积分数的试验值和计算值的比较

3.5.3 GH4169 高温合金静态再结晶模型的建立

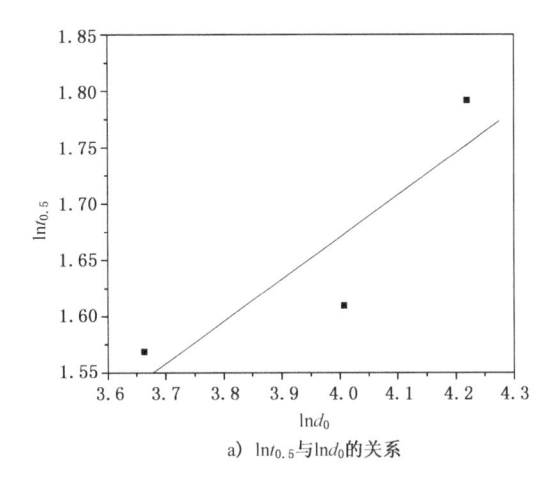

3.5.3.1 GH4169 高温合金静态再结晶模型参数的确定

静态再结晶的动力学方程一般用 Avrami 方程表示,如式(3-68)所示。

$$\begin{cases} t_{0.5} = a d_0^m \varepsilon^n \dot{\varepsilon}^h \exp\left[\dfrac{Q}{RT}\right] \\ X_{srex} = 1 - \exp\left[-0.693\left(\dfrac{t}{t_{0.5}}\right)^s\right] \\ d_{srex} = b d_0^k \varepsilon^p \end{cases} \tag{3-68}$$

式中:

a、b、m、n、h、s、k、p——材料相关的常数;

X_{srex}——静态再结晶体积分数;

d_{srex}——静态再结晶晶粒度;

$t_{0.5}$——静态再结晶体积分数达到 50% 时的时间(s);

Q——静态再结晶的激活能(kJ/mol);

d_0——初始晶粒度大小;

T——绝对温度(K);

R——理想气体常数,取 8.314(kJ·mol^{-1}·K^{-1})。

对式(3-68)两边同时取对数,通过不同条件下所得的试验数据,作出 $\ln t_{0.5}$ 与 $\ln d_0$,$\ln t_{0.5}$ 与 $\ln \dot{\varepsilon}$,$\ln t_{0.5}$ 与 $\ln \varepsilon$,$\ln t_{0.5}$ 与 $1\,000/T$,$\ln\ln[1/(1-X_{srex})]$ 与 $\ln t$,$\ln d_{srex}$ 与 $\ln d_0$,$\ln d_{srex}$ 与 $\ln \varepsilon$ 的关系图,然后通过回归拟合得出相应的拟合参数,各变量之间的关系图如图 3-27 所示。

a) $\ln t_{0.5}$ 与 $\ln d_0$ 的关系

b) $\ln t_{0.5}$ 与 $\ln\varepsilon$ 的关系

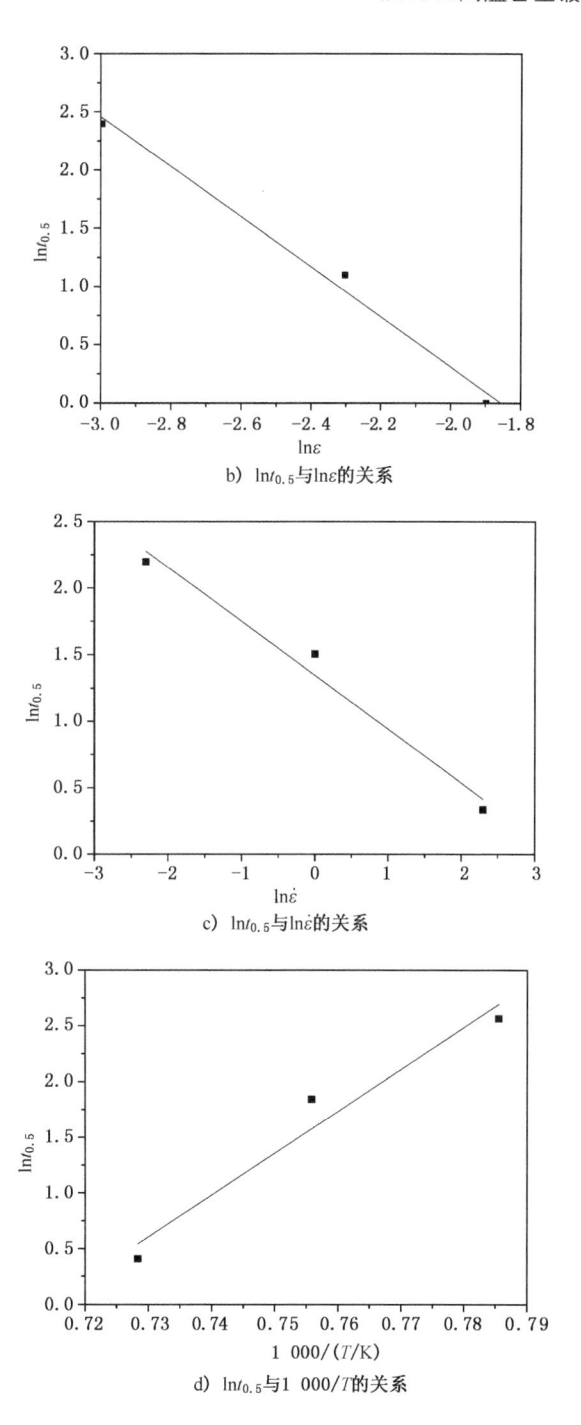

c) $\ln t_{0.5}$ 与 $\ln\dot{\varepsilon}$ 的关系

d) $\ln t_{0.5}$ 与 $1\,000/T$ 的关系

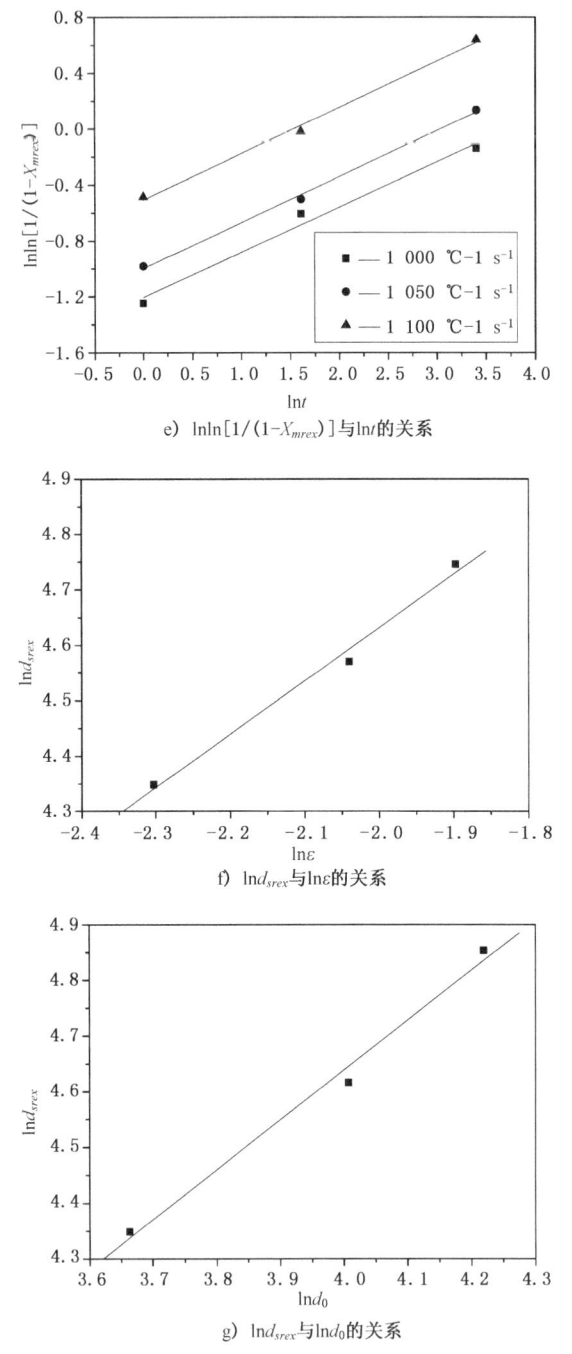

e) $\ln\ln[1/(1-X_{mrex})]$ 与 $\ln t$ 的关系

f) $\ln d_{srex}$ 与 $\ln \varepsilon$ 的关系

g) $\ln d_{srex}$ 与 $\ln d_0$ 的关系

图 3-27　GH4169 高温合金静态再结晶模型参数拟合曲线图

将图 3-27 中曲线拟合所得的参数代入模型公式 (3-68) 中,所得 GH4169 高温合金静态再结晶模型方程如式 (3-69) 所示。

$$\begin{cases} t_{0.5}=2.855\,8\times10^{-15}d_0^{0.364\,7}\varepsilon^{-2.149\,5}\dot{\varepsilon}^{-0.404\,1}\exp\left(\dfrac{312\,357}{RT}\right) \\ X_{srex}=1-\exp\left[-0.693\left(\dfrac{t}{t_{0.5}}\right)^{0.327\,9}\right] \\ d_{srex}=26.343\,612\,21d_0^{0.895\,3}\varepsilon^{0.961\,4} \end{cases} \quad (3\text{-}69)$$

3.5.3.2 GH4169 高温合金静态再结晶体积分数模型的验证

图 3-28 所示为 GH4169 高温合金在应变速率为 $0.1\,\text{s}^{-1}$ 不同变形温度条件下的静态再结晶体积分数的模型预测值和试验值的比较,由图可知 GH4169 高温合金静态再结晶的模型预测结果和试验结果吻合得比较好。

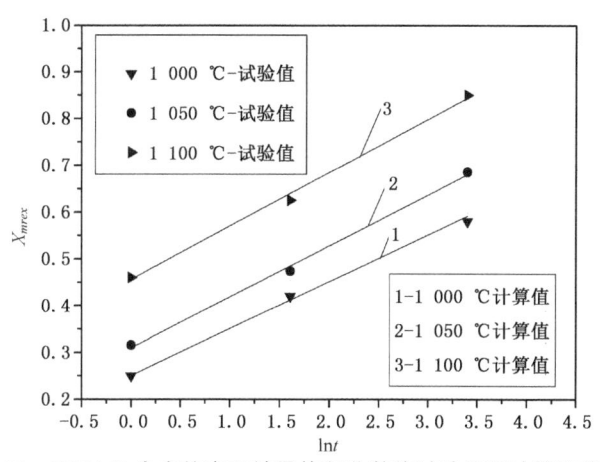

图 3-28 GH4169 合金静态再结晶体积分数的试验值和计算值的比较

3.5.4 GH4169 高温合金晶粒长大模型的建立

3.5.4.1 GH4169 高温合金晶粒长大模型参数的确定

目前,最常用的晶粒长大规律模型是 Sellars-Whiteman、Anelli 和他们的综合模型,分别如式(3-70)到(3-72)所示。

$$d^n = d_0^n + At\exp(-Q/RT) \quad (3\text{-}70)$$

$$d = Bt^m \exp(-Q/RT) \quad (3\text{-}71)$$

$$d^n = d_0^n + At^m(-Q/RT) \quad (3\text{-}72)$$

以上三种模型只能在一定的时间温度范围内有效,但晶粒的长大并不是无限长大,所以如果要描述整个温度时间范围,那么考虑晶粒长大趋于稳定更合乎实际情况,因此本试验选用如式(3-73)所示的晶粒长大模型。

$$\begin{cases} D=D_0+(D_s-D_0)\{1-\exp[-R_A(t-t_0)]\} \\ D_s=R_1\exp(R_2T) \end{cases} \quad (3\text{-}73)$$

式中:

R_1、R_2、R_A——与材料相关的常数;

t 和 t_0——保温时间(取 $t_0=0$);

D_0——初始晶粒度(取 31.6 μm);

D——材料在加热保温过程中的平均晶粒度;

D_s——材料在某温度下的极限晶粒度,本试验将保温 210 min 的晶粒度视为材料在该温度下的极限尺寸。

根据所得出的晶粒长大试验数据,由 $\ln D_s = \ln R_1 + R_2 T$,作 $\ln D_s - T$ 图,如图 3-29 所示。由此可求得 $R_2 = 0.0077$,将得到的 R_2 值代入式(3-73)中求得不同 D_s 条件下的 R_1,然后将所有的 R_1 取平均值可得到 $R_1 = 0.004581$。由式 $D = D_0 + (D_s - D_0)\{1 - \exp[-R_A(t-t_0)]\}$ 可得 $\ln[(D_s - D_0)/(D_s - D)] = R_A t$,作 $\ln[(D_s - D_0)/(D_s - D)]$-$t$ 图,如图 3-30 所示,回归可得 $R_A = 0.0297$。

从而可得 GH4169 高温合金晶粒长大模型如式(3-74)所示。

$$\begin{cases} D = 31.6 + (D_s - 31.6)\{1 - \exp[-0.0297t]\} \\ D_s = 0.004581\exp(0.0077T) \end{cases} \quad (3-74)$$

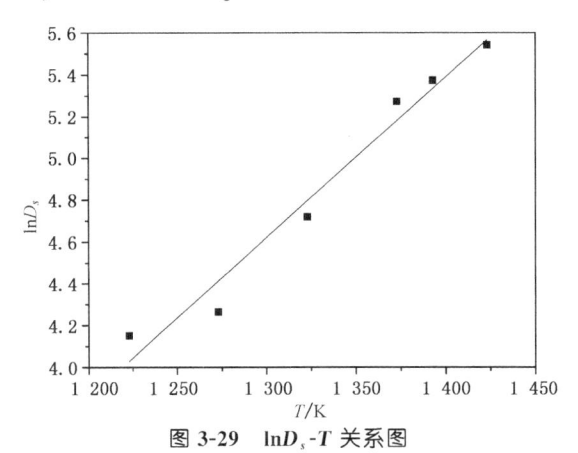

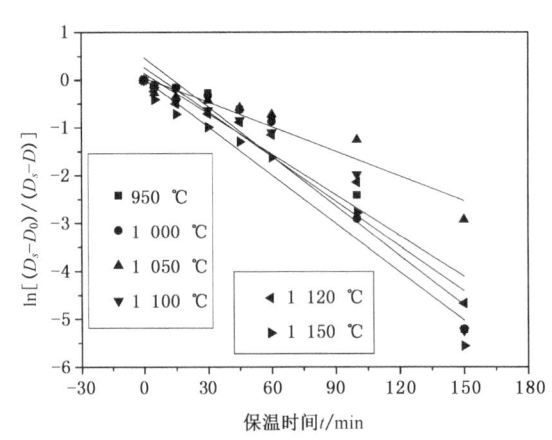

图 3-29 $\ln D_s$-T 关系图

图 3-30 $\ln[(D_s - D_0)/(D_s - D)]$-$t$ 关系图

3.5.4.2　GH4169 高温合金晶粒长大模型的验证

图 3-31 为 GH4169 高温合金在不同温度和不同保温时间条件下的晶粒尺寸的试验值和晶粒长大模型的计算值的比较图,图中实线表示模型计算值,相对应的点表示试验值。由图可知,该模型在高温阶段和所有温度的较长保温时间时,符合程度比较好,但是在低温阶段的较短保温时间有一定的误差,总体情况比较良好。

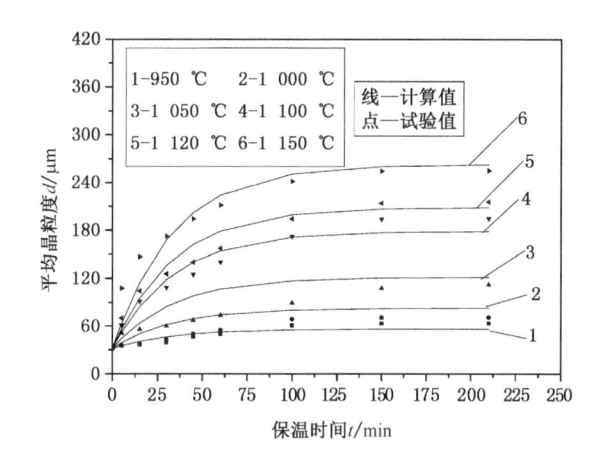

图 3-31　GH4169 合金晶粒尺寸试验值和晶粒长大模型的计算值的比较

3.6　GH4169 高温合金涡轮盘锻造工艺模拟

3.6.1　等效热参数的测定

模拟过程中所需的热物理参数如表 3-15 所示。

表 3-15　模拟过程中所需的热物理参数

序号	名称	符号	单位	参考值(钢)
1	比热容系数	C	N/(mm^2·K)	3.0～5.0
2	热传导系数	λ	W/(m·K)	20～40
3	热辐射黑度系数	ε	—	0.1～0.8
4	锻件与模具的换热系数	h_d	kW/(m^2·K)	1.0～5.0
5	锻件与环境的换热系数	h_a	kW/(m^2·K)	0.01～0.03

比热容系数 C 和热传导系数 λ 都是材料的固有属性,可通过试验的方法获得,也可在材料手册中查到,热辐射黑度系数 ε、模具的换热系数 h_d 和锻件与环境的换热系数 h_a 对锻件的温度场计算影响比较大,需要通过试验才能获得较精确的值。

本模拟试验所用坯料GH1469高温合金和模具5CrMnMo的比热容系数C和热传导系数λ采用3D-Deform软件中相应材料的参考值,各参数与温度T的关系如图3-32和图3-33所示。

a) 热传导系数λ与温度T的关系

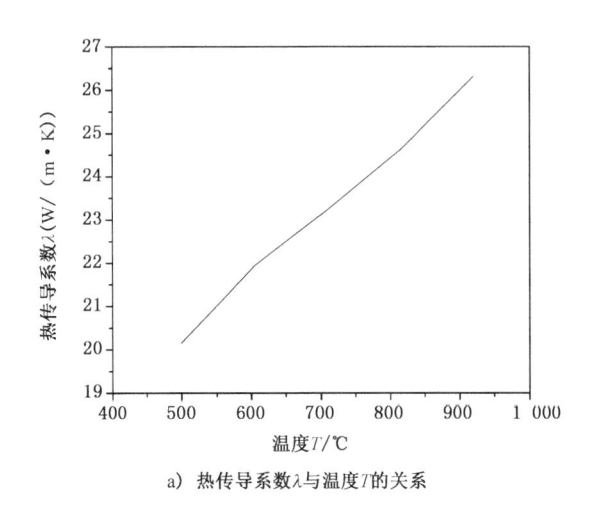

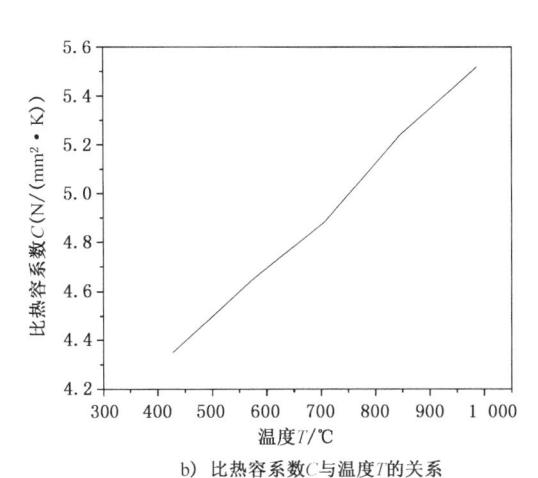

b) 比热容系数C与温度T的关系

图3-32　GH4169合金的热传导系数和比热容系数参考值曲线

本模拟试验锻件与环境的换热系数取3D-Deform软件的缺省值$h_a = 0.018 \text{ kW}/(\text{m}^2 \cdot \text{K})$,锻件GH4169高温合金的等效热辐射黑度系数取$\varepsilon = 0.6$,锻件和模具间的等效换热系数通过试验得出,即$h_d = 4 \text{ kW}/(\text{m}^2 \cdot \text{K})$,其测试示意图和试验现场图以及等效换热系数测试曲线图如图3-34和图3-35所示。

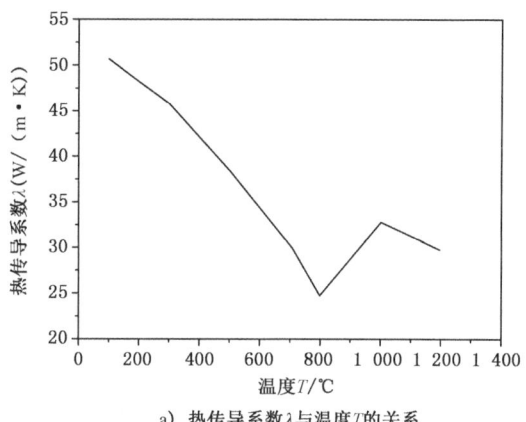

a) 热传导系数λ与温度T的关系

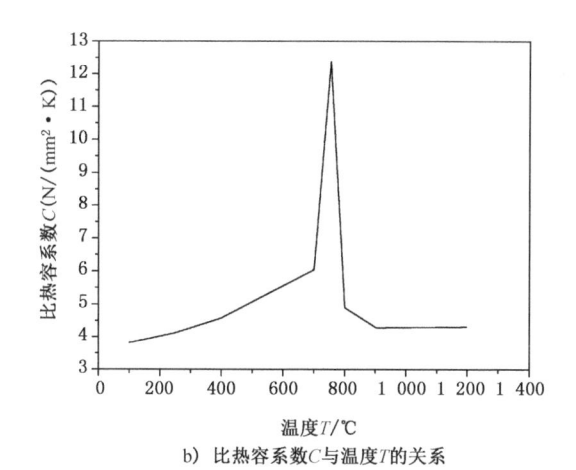

b) 比热容系数C与温度T的关系

图 3-33　5CrMnMo 的热传导系数和比热容系数参考值曲线

由图 3-35 可知：试验的测量曲线趋向于等效换热系数为 5 kW/(m²·K) 的计算曲线，所以取 $h_d=4$ kW/(m²·K) 进行模拟比较合适。

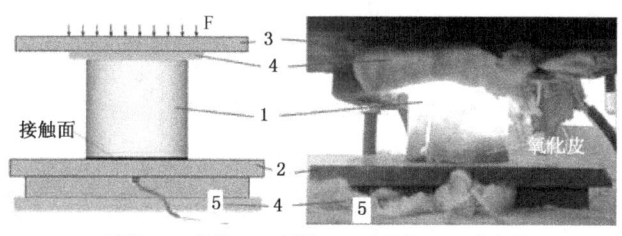

1—试样　2—模具　3—压板　4—陶瓷棉　5—热电偶

图 3-34　锻件-模具间等效换热系数测试示意图及试验现场图

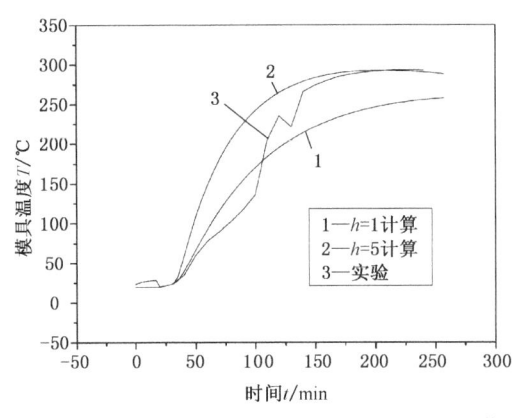

图 3-35　GH4169/5CrMnMo 等效换热系数测试曲线

3.6.2　高温合金涡轮盘锤锻模拟

3.6.2.1　模拟试验几何模型

根据厂家提供的数据,模拟用 GH4169 高温合金锻件毛坯尺寸为 $\phi200$ mm× 190 mm,模具材料为 5CrNiMo,(上、下模具)尺寸为 710 mm × 710 mm × 450 mm。锻件和模具的三维示意图如图 3-36 所示。

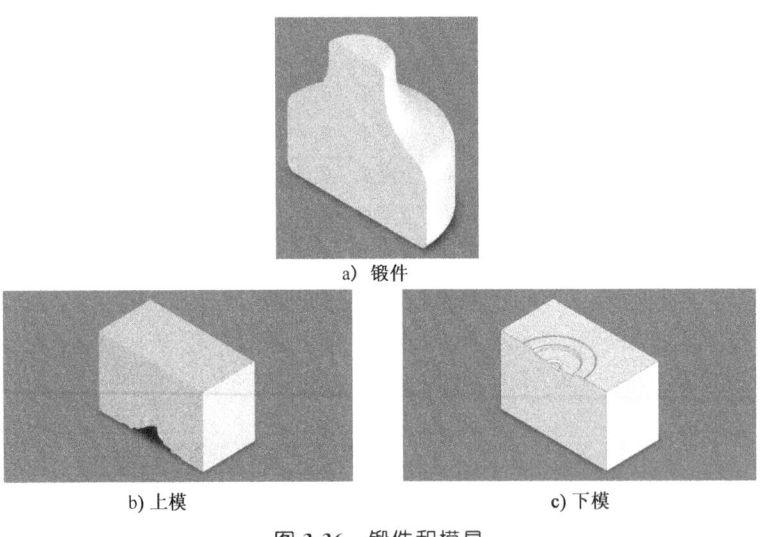

图 3-36　锻件和模具

3.6.2.2　模拟过程设计

厂家提供的工艺参数:锻件始锻温度 1 030 ℃,模具始温 200 ℃,锻件从加热炉到模具的过程中与空气传热 30 s。每锤间隔时间 5 s,3 s 与空气传热,2 s 与下模具传热,锤锻完成后锻件与空气传热 20 min。

3.6.2.3　模拟过程成形方案及工艺设计

本试验锻造设备公称质量 M 为 10 t，打击能量 E 为 250 kJ，摩擦系数 f 为 0.3，锤锻效率 η 为 0.6，在实际锤锻过程中上模具的重量为 1.75 t。

锻件是完全对称的，为了使模拟过程快速有效只模拟一半。经初步模拟本锤锻过程只需要 5~6 锤就能使锻件充满型腔。第 1 锤和第 2 锤：$E_1=E_2=E/4$，$M=5.87$ t；第 3 锤到第 6 锤：$E_3 \sim E_6 = E/2$，$M=5.87$ t。

3.6.3　模拟结果分析

模拟试验锻件的初始晶粒度为 45 μm，为了将模拟和试验进行对比，在锻件的不同部位进行了相应的标注。图 3-37 所示为锻件在整个热锻过程中从第 1 锤到空冷后的形变情况云图，图 3-38 所示为锻件在热变形完成后各个参量的云图分布图，图 3-39 为空冷前后锻件的温度对比云图和空冷后锻件的各输出参量的云图分布图。表 3-16 为锻件各部位在热变形后和空冷后各参量的值。

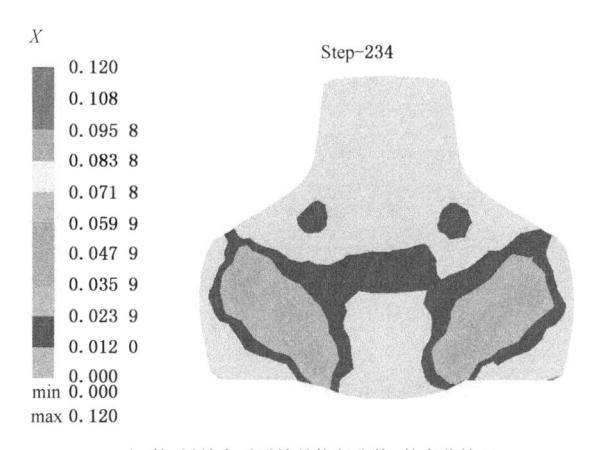

a) 第1锤结束后再结晶体积分数 X 的变化情况

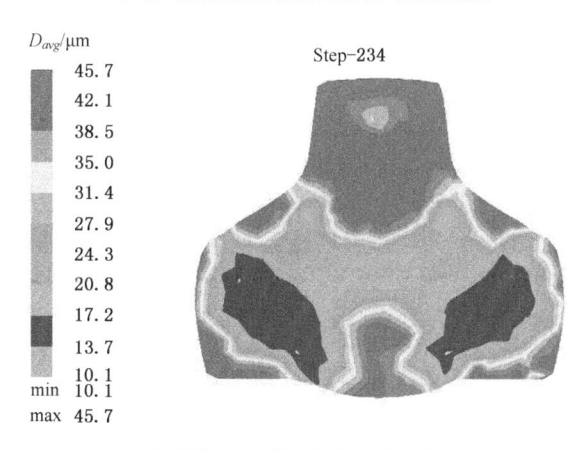

b) 第1锤结束后平均晶粒度 D_{avg} 的变化情况

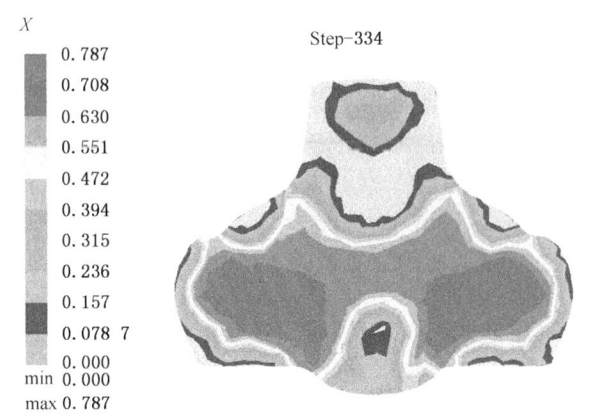

c) 第2锤结束后再结晶体积分数X的变化情况

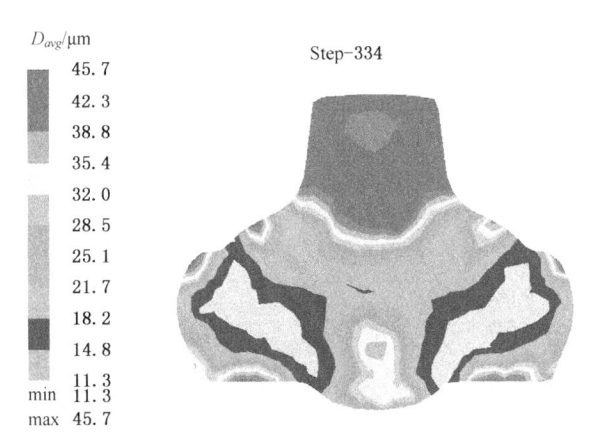

d) 第2锤结束后平均晶粒度D_{avg}的变化情况

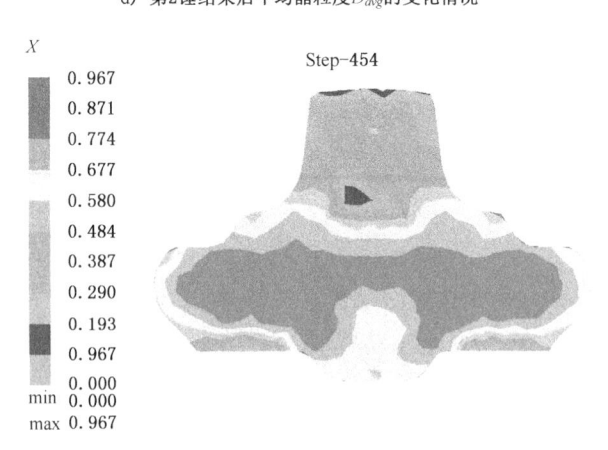

e) 第3锤结束后再结晶体积分数X的变化情况

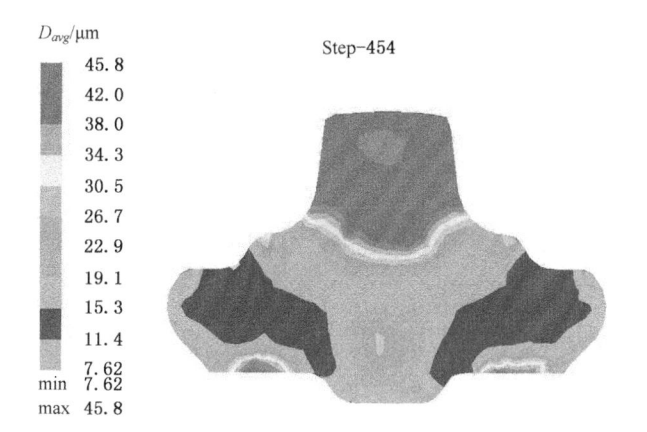

f) 第3锤结束后平均晶粒度D_{avg}的变化情况

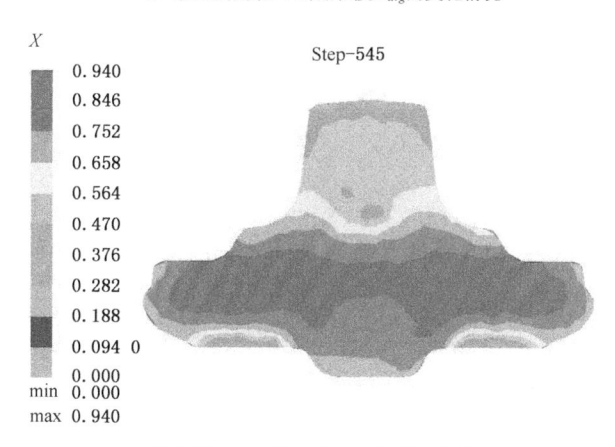

g) 第4锤结束后再结晶体积分数X的变化情况

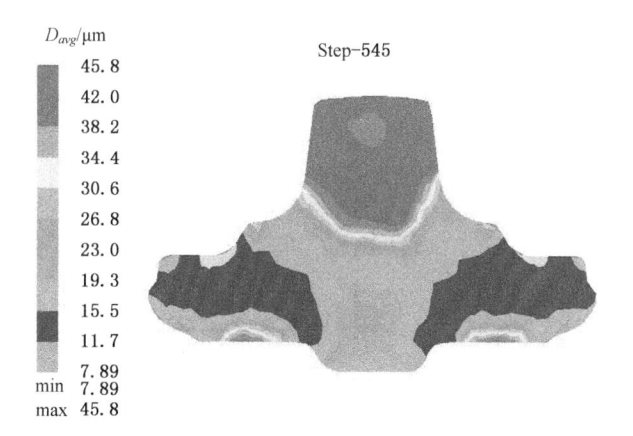

h) 第4锤结束后平均晶粒度D_{avg}的变化情况

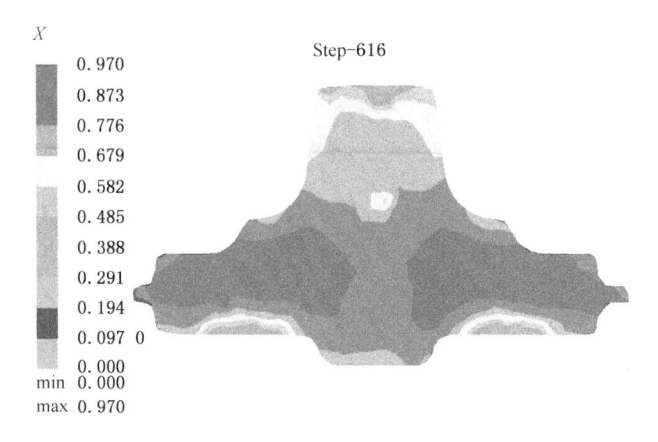

i) 第5锤结束后再结晶体积分数X的变化情况

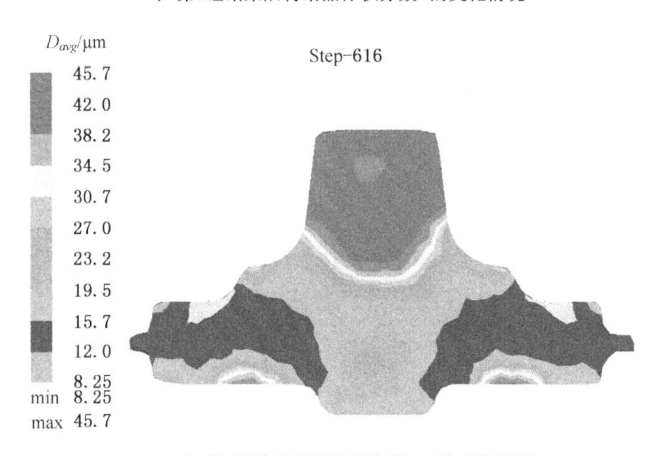

j) 第5锤结束后平均晶粒度D_{avg}的变化情况

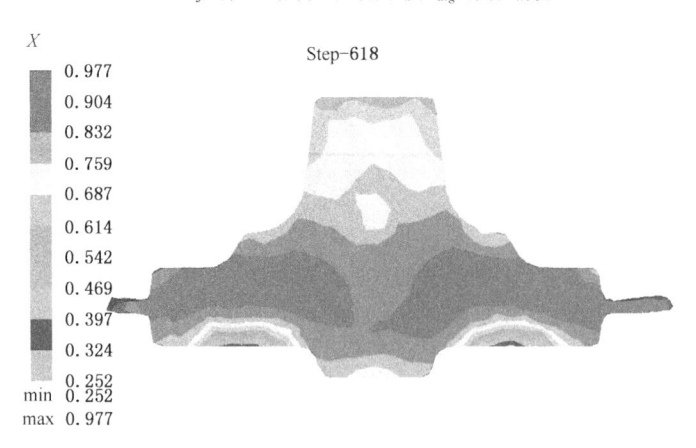

k) 第6锤结束后再结晶体积分数X的变化情况

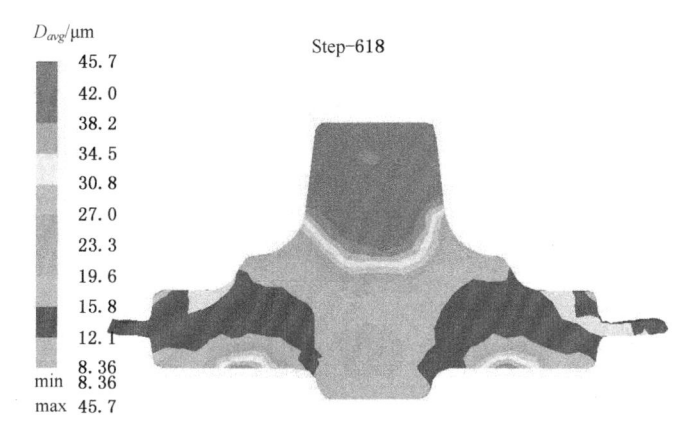

l) 第6锤结束后平均晶粒度D_{avg}的变化情况

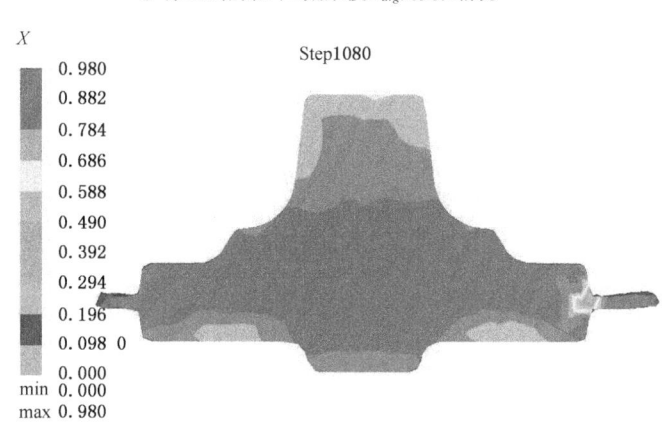

m) 空冷结束后再结晶体积分数X的变化情况

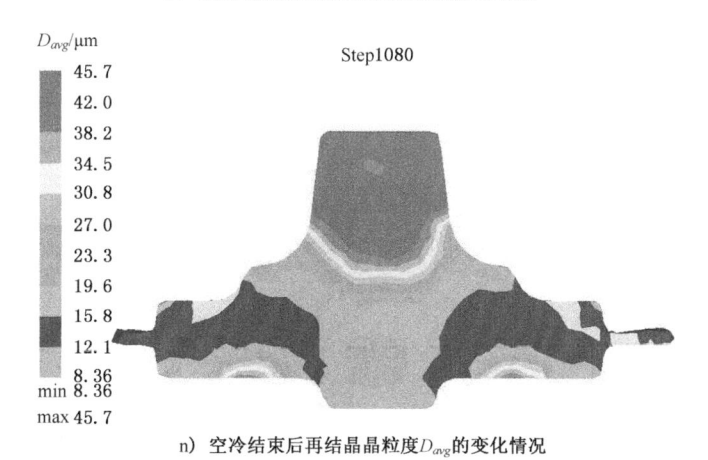

n) 空冷结束后再结晶晶粒度D_{avg}的变化情况

图 3-37 锻件在整个热锻过程中的变形情况

127

a) 等效应变量

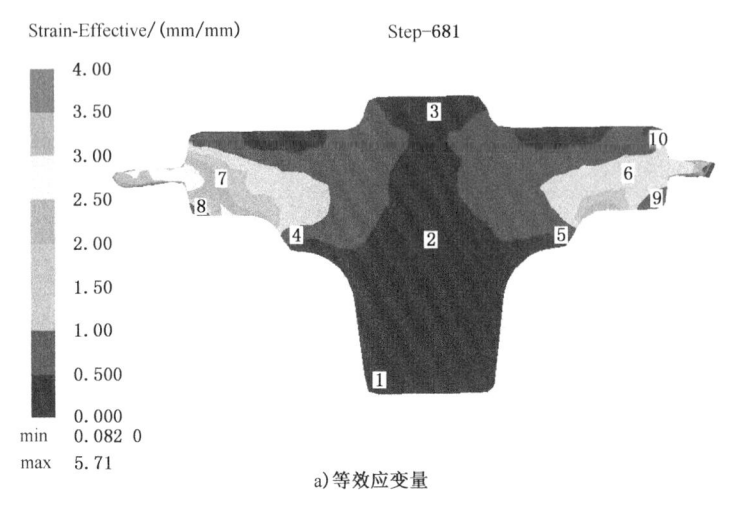

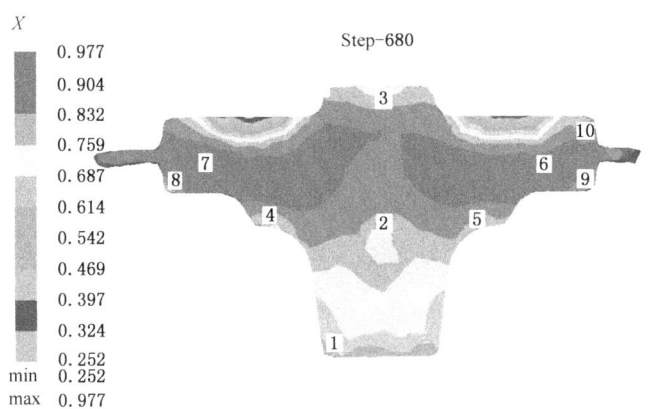

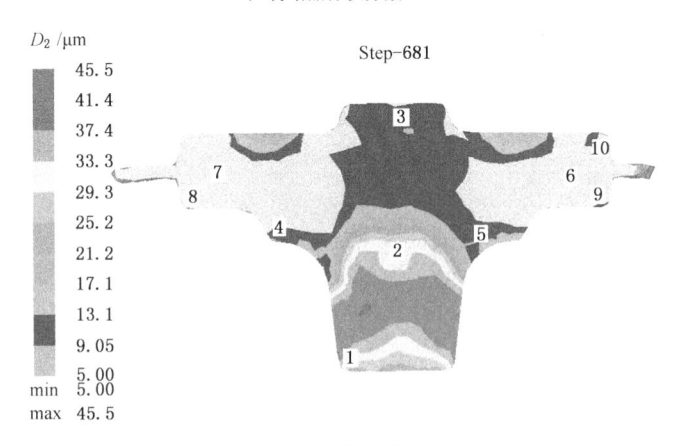

b) 再结晶体积分数

c) 热锻后再结晶晶粒度

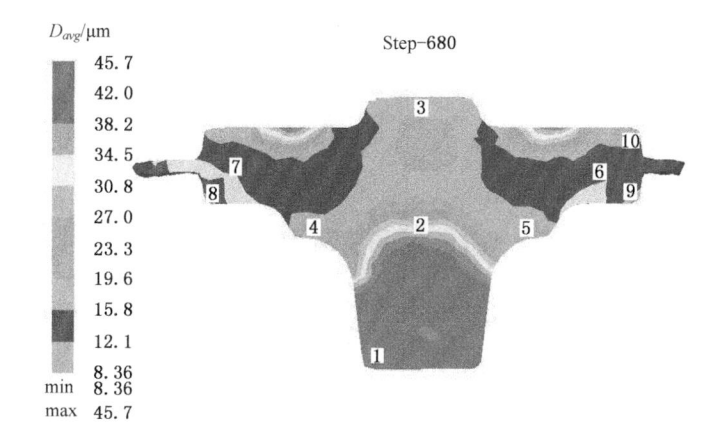

d) 热锻结束后平均晶粒度

图 3-38 锻件在热变形完成后各参量的分布云图

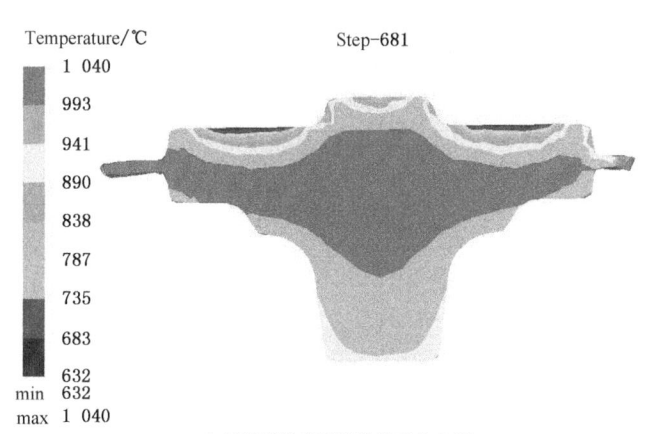

a) 热变形结束后锻件温度分布图

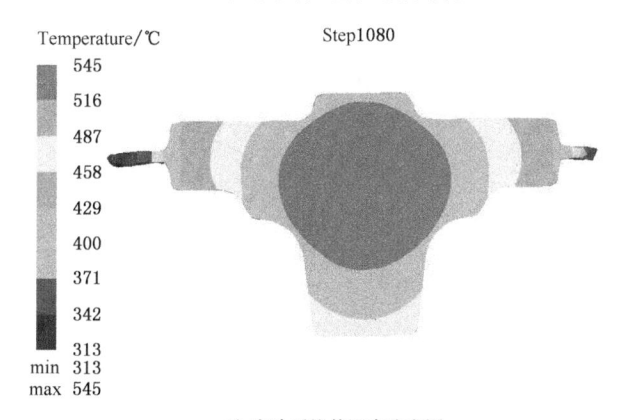

b) 空冷后锻件温度分布图

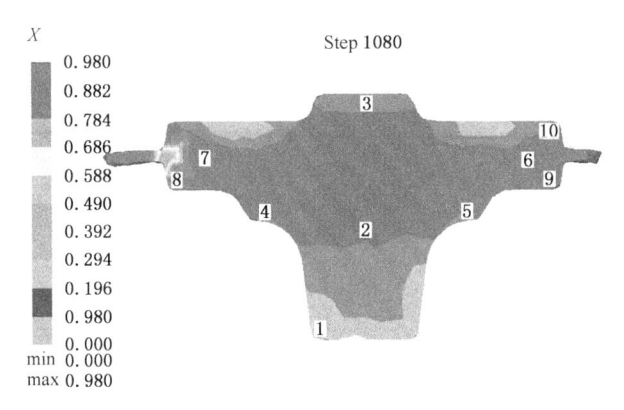

c) 空冷后再结晶体积分数

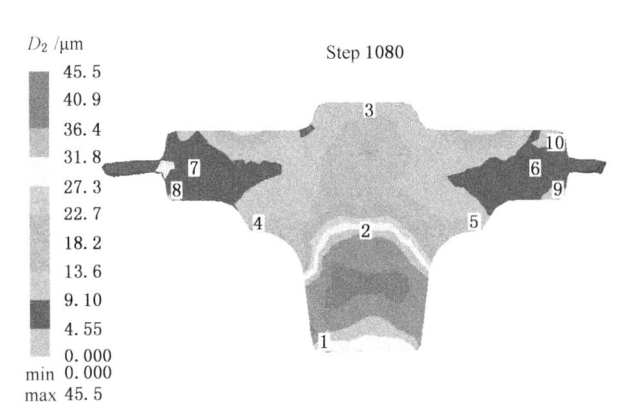

d) 空冷后再结晶晶粒度

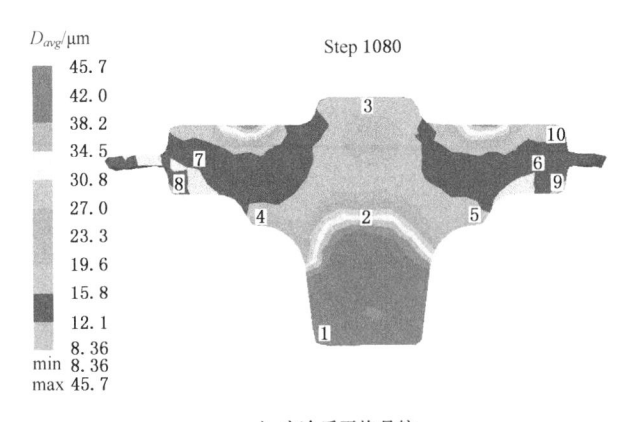

e) 空冷后平均晶粒

图 3-39 空冷后各参量分布云图

由图 3-37 可知,随着变形量的增加,合金的再结晶体积分数逐渐增大,平均晶粒度逐渐减小,由于锻件各个部位的变形程度不一,再结晶体积分数和平均晶粒度大小变化也不一,变形程度大的区域,再结晶体积分数较大,平均晶粒度较小,变形程度小的难变形区域,再结晶体积分数较小,平均晶粒度较大。

由图 3-38 中 a)可知在整个热锻过程中,锻件的上半部分变形量很大,特别是 6、7、8、9,其次是 4、5、10,最小是 1、2、3。1、2、3 主要和模具型腔相接触所以变形量较小,其他部位是通过模具挤压变形填充型腔,所以其变形量较大。如图 3-38 中 b)所示,在 6、7、8、9 部位的再结晶体积分数很大,几乎都是 0.9 以上,其次是 4、5、10 部位,基本在 0.78 以上,再其次是 2、3 部位,基本在 0.68 以上,最小是 1,只在 0.54 以上。由此可知,与模具相接触的部位的再结晶体积分数较小,而其他需要通过模具挤压变形填充模具型腔的部位的再结晶体积分数较大。再结晶体积分数的分布与图 3-38 中 a)中的等效应变量的分布图相对应,即变形量大的部位再结晶体积分数较大,而与模具相接触的变形量小的部位再结晶体积分数较小。如图 3-38 中 c)所示,6、7、8、9、10 部位的再结晶晶粒度最小,说明此些部位基本发生了完全再结晶,其次是 3、4、5 部位,这些部位发生了部分再结晶,但再结晶比例很大只有很小部分没发生再结晶,所以再结晶晶粒度也偏小,最大是 1、2 部位的晶粒度,这些部位发生再结晶的体积分数很小,大部分都没有发生再结晶。此再结晶晶粒度的分布和图 3-38 中 a)和 b)相对应,即应变量越大的部位,再结晶体积分数越高,相应的再结晶程度越高,再结晶晶粒度越小。如图 3-38 中 d)所示,6、7、8、9 部位的平均晶粒度最小,均在 12 μm 左右,其次是 3、4、5、10 部位的平均晶粒度,基本在 15～27 μm 之间,最大是 1、2 部位,基本在 34～45 μm 之间。

由图 3-39 中 a)可知热变形结束后锻件的温度还比较高(特别是心部温度),由图 3-39 中 b)可知空冷结束后锻件的温度低了很多,所以在此空冷过程中锻件的组织会发生亚动态再结晶、静态再结晶和静态晶粒长大。由图 3-39 中 c)可知,空冷后再结晶体积分数 X 大了很多,特别是大变形区基本都是 90% 以上,和变形结束后的再结晶体积分数云图对比可知,空冷后体积分数增大主要是亚动态再结晶和静态再结晶导致。由图 3-39 中 d)可知,空冷后锻件的再结晶晶粒度较变形结束后的再结晶晶粒度稍微有所增大。由图 3-39 中 e)可知,空冷后锻件的平均晶粒度与变形结束后的平均晶粒度相比基本不变,只是有的部位稍微有所减小。

由此可知,再结晶体积分数越大,再结晶晶粒越多,平均晶粒度越小,因此平均晶粒度的分布云图和以上应变量、再结晶晶粒度、再结晶体积分数的云图分布相对应。当热变形刚刚完成以后,锻件的温度还比较高(特别是心部),因此在随后的 20 min 空冷过程中,在高温状态下,锻件会发生亚动态再结晶、静态再结晶和静态晶粒长大。

表 3-16 锻件各部位在热变形后和空冷后各参量的值

序号	应变量	再结晶体积分数 X 热变形后	再结晶体积分数 X 空冷后	再结晶晶粒度 $D_2/\mu m$ 热变形后	再结晶晶粒度 $D_2/\mu m$ 空冷后	平均晶粒度 $D_{avg}/\mu m$ 热变形后	平均晶粒度 $D_{avg}/\mu m$ 空冷后
1	0.147	0.622	0.745	29~35.3	36~41	44.7	44.7
2	0.262	0.804	0.915	20.6~31.3	27~32	28.3~34.5	27~34
3	0.344	0.783	0.843	11.3	13~14	18.8	18.4
4	0.558	0.832	0.919	9	15	20.4	19.4
5	0.591	0.856	0.931	10.6	14	20.9	20.9
6	1.370	0.942	0.965	5	8	12.4	12.4
7	1.890	0.954	0.969	6	8	12.3	12.3
8	1.290	0.887	0.903	5.44	8.3	13.9~17.8	12.1~13.9
9	1.200	0.891	0.927	7.22	9.8	15~17	15~17
10	0.717	0.849	0.881	6.3	8.8~11.8	17.9~21.2	17.9

由表 3-16 的数据分析可知:热变形结束空冷的 20 min 内,锻件的内部组织发生了明显的变化,即发生了亚动态再结晶、静态再结晶和静态晶粒长大,各个部分的再结晶体积分数 X 明显增大了,再结晶晶粒度 D_2 略有增大,平均晶粒度 D_{avg} 基本不变或略有减小。

3.6.4 模拟验证试验

本验证试验由贵州安大航空锻造有限公司提供,其试验结果分布示意图如图 3-40 和表 3-17 所示,模拟试验结果和安大的验证试验结果对比如表 3-18 所示。

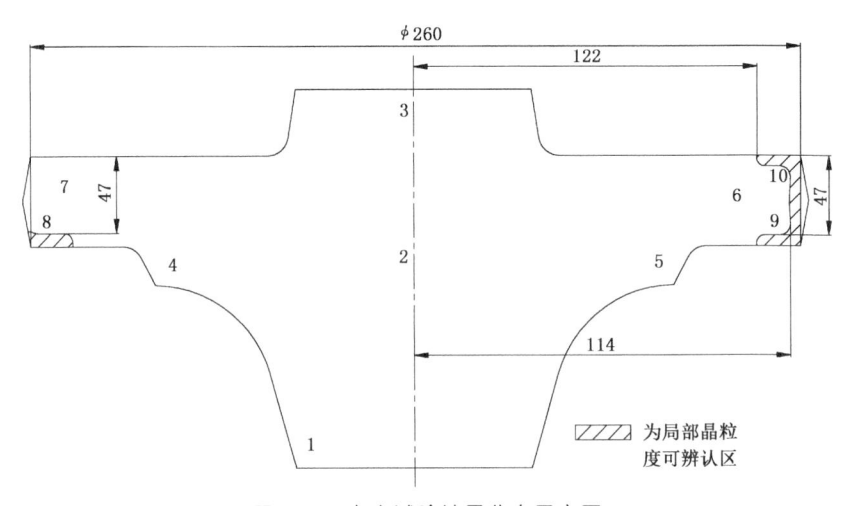

图 3-40 安大试验结果分布示意图

表 3-17 安大试验结果

位置	平均晶粒度级别	平均晶粒度/μm
1	6	40
2	6	40
3	6	40
4	7	25
5	7	25
6	10	12
7	10	12
8	10	12
9	10	12
10	10	12

表 3-18 模拟试验结果和安大的验证试验结果对比

序号	安大平均晶粒度/μm	模拟试验平均晶粒度/μm	误差/%
1	40	44.7	0.117
2	40	27.0~34.0	0.150~0.325
3	40	18.4	0.550
4	25	19.4	0.224
5	25	20.9	0.160
6	12	12.4	0.030
7	12	12.3	0.025
8	12	12.1~13.9	0.008~0.158
9	12	15~17.0	0.250~0.416
10	12	17.9	0.490

由表 3-16 分析可得:模拟试验过程中温度的变化、再结晶体积分数的变化、再结晶晶粒度的变化、平均晶粒度的变化都是相对应的;模拟试验结果和验证试验结果基本上相符合,特别是在大变形区的 6、7、8 部位,这些部位基本上是完全再结晶,其次是 3、4、9、10 部位,差别也不大,稍微有点差别的是 1、2、3 部位,从模拟试验来看,1 部位变形量很小,基本没变形,但锻件温度有升高,所以 1 部位的晶粒度较初始晶粒度稍有增大,此部位应该是发生了静态晶粒长大,2 和 3 部位虽然变形也不大,但是较 1 部位大得多,所以 2 和 3 部位也发生了再结晶过程,从而使得该

部位的晶粒度有所减小。由安大的信息可知,在实际的试验中,安大认为1、2、3部位基本没发生变形,所以该部位的晶粒度基本没减小。

模拟验证试验是比较理想的试验,实际验证试验可能会因为试验环境、试验设备、试验人员操作等等客观因素而导致不可避免的误差,再者验证试验和模拟试验所用材料和初始晶粒度不同也会导致不可避免的误差,所有这些客观因素都会对对比试验结果造成影响,总体来说,试验结果还是大体相符合。

第4章
GH4169高温合金多向锻造工艺组织预报

4.1 引言

金属材料的塑性成形能够改变金属材料的形状与性能,实现塑性变形的手段是利用模具使金属在外力作用下发生变形从而获得相应的尺寸形状和力学性能。常用的体积成形工艺主要包括锻造、挤压和轧制等。这些技术被广泛应用于汽车,船舶,航空等工业中,因此对成形制品的质量控制尤为重要,若想改善制品的质量,就应该明确影响制品质量的参数。

对金属材料进行塑性加工的目的是成形与改性,成形的目的是满足产品的设计外形与设计尺寸,改性的目的是改善材料的服役性能。相比之下,绝大多数的成形工艺的侧重点在改性方面。对材料性能产生直接影响的是材料微观组织和化学成分,而对材料的塑性加工过程能够改变材料的微观组织,因此采用不同的加工工艺可以有效地提升材料性能。材料微观组织的宏观表征是结晶后的晶粒尺寸,在通常情况下晶粒尺寸越小,材料的性能越优,主要是因为在晶粒细化的过程中能量被储存于晶界之间,细小的晶粒之间的晶界数量多,抵抗变形所产生的变形抗力大,因而力学性能好。实现晶粒细化有多种手段,其中促使材料在加工过程中发生再结晶现象可以有效地实现晶粒细化,而金属材料在热加工过程中会因为不同的加工工艺而发生静态再结晶、动态再结晶和亚动态再结晶,通常动态再结晶所产生的晶粒细化效果最明显。因此利用动态再结晶的发生原理,设定相应的变形条件和采用合适的变形工艺,能够得到性能优异的产品。

多向锻造工艺是一种能够有效实现材料微观组织细化的强变形工艺,在对材料进行锻造加工时,分别从两个或以上的方向上依次施加压力,在每个方向施加压力的目的在于累积材料的变形量,对材料不同方向进行反复锻造,并施加相应的变形温度促使材料发生再结晶,最终实现晶粒细化。目前多向锻造工艺已经成功地应用于多种钢材和难变形合金等材料的微观组织性能改善。

当材料在高温条件下进行塑性变形时,动态再结晶的发生受到多种因素共同作用,传统的方式通常是通过经验来预估再结晶程度。近年来,计算机技术和数值计算技术得到了迅速的发展,有限元法现已在金属成形领域得到了广泛的应用,借助有限元仿真的手段可以直观地看到金属材料在变形过程中的流动行为,不仅能实现温度、应力和应变等力学指标的宏观描述,还可以对再结晶、回复和晶粒长大等材料物理行为进行宏观描述。使用有限元模拟手段来预测金属在成形过程中的宏观变形行为和微观组织的演变行为能够节约大量的资源。

利用材料的宏观本构模型和微观再结晶模型可以对热变形行为进行相应的数学描述,这两种模型反映了材料在变形过程中应力与温度、应变速率和显微组织之间的关系。多向锻造工艺属于剧烈塑性变形工艺的一种,与其他剧烈塑性变形工艺相比,使用多向锻造工艺制备出的块料或棒材变形均匀,各方向力学性能相近,因而可以认为属于各向同性材料。因此研究不同种材料的在多向锻造工艺条件下的宏微观变形行为具有重要意义。

通常建立模型的方式是采用回归拟合法进行建模,但是该种方法无法在过于离散的数据之间进行精确的拟合,甚至会由于拟合过程中拟合的基础数据范围不足而出现趋势相反的现象,有时过于复杂的函数方程无法实现有限元软件的程序化。而人工神经网络可以实现无须求解实际的数学模型而表述相应的非线性映射关系,同时能够有效地处理离散的数据并具备一定的泛化能力。此外,人工神经网络可以利用不同的计算机语言来实现,更方便有限元软件的编程与二次开发。因此采用人工神经网络建立材料模型以及利用神经网络进行加工工艺的预测具有重要意义。

4.2 多向锻造工艺

多向锻造工艺首先被 Sallshchev 等人提出,其目的是用于实现对块体的细晶化处理,其工艺原理如图 4-1 所示。由于材料晶粒尺寸细化带来的好处是改善了材料的综合力学性能,因此利用多向锻造工艺制备细晶材料在近几年已成为研究者的主要目的。现如今,学者已根据原始的多向锻造工艺衍生出多向锻造的改进工艺如多向自由锻、多向模锻等。

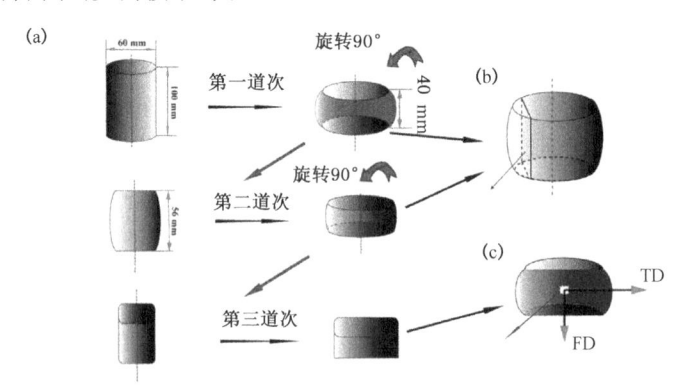

图 4-1 多向锻造原理示意图

4.2.1 二维多向锻造工艺

二维多向自由锻与镦粗拔长工艺相近,只是变形坯料长度方向尺寸远大于高度和宽度方向,因此在变形过程中中间变形区域可以简化成为平面应变状态,工艺原理如图4-2所示。第一道次是在Y轴方向的作用力下发生变形;变形结束后,以截面法向为轴,原点为圆心顺时针或者逆时针旋转90°;第二道次是对旋转后的材料同样在Y轴方向施加作用力使之变形。反复重复上述步骤,在变形过程中每道次的变形量不变,以保证在变形时材料的应变增量一致,经过多道次变形后材料各处均发生了充分的变形,更容易获得细小且均匀的微观组织,此种变形工艺操作简单,容易实现。

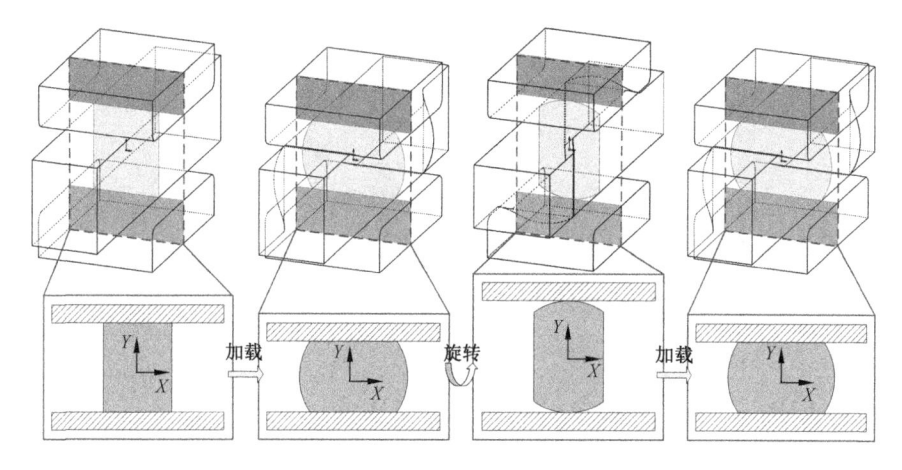

图 4-2 二维多向自由锻工艺原理

二维模具多向锻造是在二维多向自由锻工艺的基础上衍生出的利用模具实现多向锻造的剧烈塑性变形工艺,在变形过程中变形截面依然被简化为平面应变状态。在第一道次变形后将变形体以截面原点为轴旋转90°,然后进行第二道次的加工。与多向自由锻造不同的是多向模锻包含两种模具形式闭式和开式,在每一道次锻造结束后进行变形体翻转的过程中存在顺逆交替和单向两种翻转方式,图4-3所示为多向模锻的两种模具形式及坯料摆放方式。使用闭式模具变形的特点是材料在变形前后尺寸一致,由于模具的限制发生变形的表面不会随意改变,而使用开式模具在变形过程中发生变形的表面并无模具限制,因此变形体所处的应力状态是不一致的。变形材料的翻转方式主要针对偏置摆放时才会出现,其中使用开式模具时中心摆放与自由锻属于同一应力状态,当坯料偏置放置时采用顺逆时针交替翻转加工只利用了两个坯料表面,而当使用单向翻转后坯料的每个面都会发生变形,相比之下采用第二种翻转方式更容易产生细小均匀的微观组织。

图 4-3 二维多向模锻

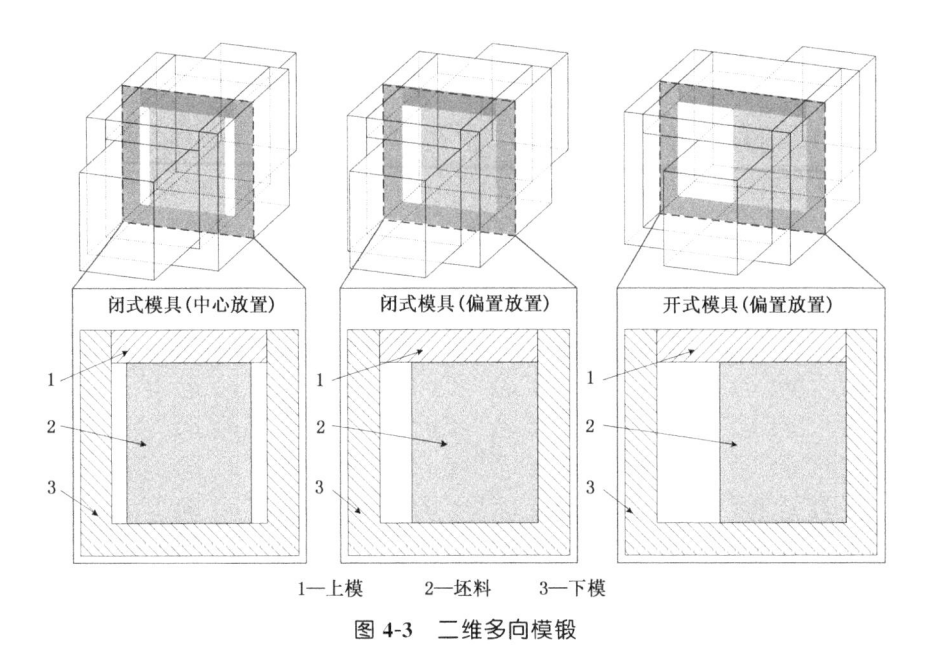

1—上模　2—坯料　3—下模

4.2.2　三维多向锻造工艺

采用二维多向锻造制备出的细晶材料通常为方形棒材,对于长方体块状材料我们通常采用三维多向锻造工艺制备。在锻造过程中,载荷首先沿 Z 轴方向施加,而后分别沿 X 轴和 Y 轴旋转 $90°$,多次重复可得到组织细小且均匀的材料。

三维多向锻造工艺同样会被划分为自由锻和模锻,在使用模具进行三维多向锻造时会因坯料所处的位置不同,使坯料产生不同的变形,从而令坯料在整个变形过程中处于不同的应力状态。三维模具多向锻造共存在三种坯料的放置形式,分别是闭式、双开式和单开式,原理图如图 4-4 所示。在每道次加载结束后闭式与双开式坯料翻转方式分别沿 X、Y 两方向进行翻转,单开式的翻转方式是在一次循环结束后将坯料分别沿 X、Y、Z 三个方向进行翻转,目的是使整个变形体在变形过后均匀,消除应变不均匀性。

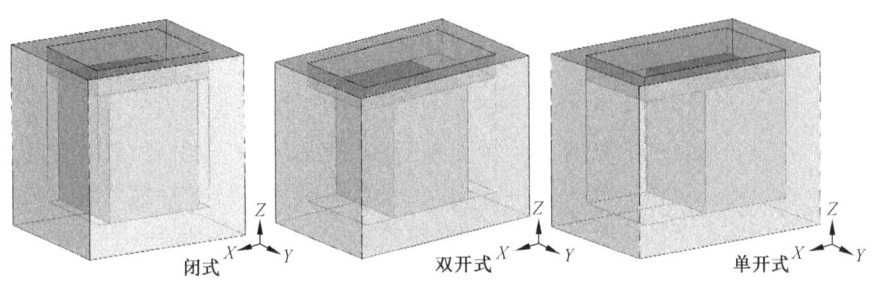

图 4-4　三维多向模锻

4.3 材料模型研究进展

随着计算机技术的发展,研究人员对材料在变形过程中的变形行为进行描述,大都通过计算机仿真软件来进行材料的宏观成形和微观组织的模拟,而实现上述模拟的根本是与材料相关的各类数学模型。通常情况下建立材料数学模型的方式有以下三种:宏观唯象方法、微细观力学方法和宏微观结合方法。宏观唯象方法建立的材料数学模型以连续介质力学和不可逆热力学理论为基础,该理论认为材料在发生塑性变形时应力与应变量、应变速率和温度有关。微细观力学方法建立的模型以材料的变形机理为基础,以位错密度和晶粒尺寸作为切入点来对材料进行描述。宏微观结合方法是将二者相结合进行描述。

4.3.1 材料本构模型研究进展

从宏观尺度描述材料在变形过程中的变形行为称为本构模型,各国研究人员依照不同材料在变形过程中的表现形式建立了不同的本构模型。多晶金属材料在发生塑性变形时应力会随着变形程度的增加而发生增大的现象,起初人们认为此种现象属于加工硬化现象,并根据相应的应力应变曲线建立了硬化本构模型,如式(4-1)所示:

$$\sigma = k\varepsilon^n \tag{4-1}$$

式中:

σ——应力(MPa);

k——强度因子;

ε——应变;

n——加工硬化指数。

该本构模型考虑了应变对应力的影响,在进一步研究结果表明不同应变速率条件下,材料发生硬化的速率也会改变,因此将式(4-1)改进成包含应变量和应变速率的本构模型,如式(4-2)所示:

$$\bar{\sigma} = k\bar{\varepsilon}^n \dot{\bar{\varepsilon}}^m + y \tag{4-2}$$

式中:

$\bar{\sigma}$——流变应力(MPa);

$\bar{\varepsilon}$——等效塑性应变;

$\dot{\bar{\varepsilon}}$——等效应变速率;

k——材料常数;

n——应变指数;

m——应变速率指数;

y——初始屈服应力(MPa)。

而绝大多数金属材料在变形时其应力会随着应变量、应变速率和温度等发生明显的变化,因此研究人员在上述两种模型的基础上引入温度影响并提出多个理论模型,如 Johnson-Cook 本构模型、Zerilli-Armstrong 本构模型和 Arrhenius 本构模型等。

Johnson 和 Cook 在 20 世纪后期提出一种用于对金属材料在高温高应变速率条件下发生较大塑性变形时的应力应变准确拟合的数学模型,如式(4-3)所示。该模型考虑了材料在变形过程中的加工硬化、应变速率敏感性和温度敏感性,被广泛应用于对金属材料进行切削仿真的材料属性定义领域。

$$\sigma = [A + B\bar{\varepsilon}^n]\left(1 + C\ln\frac{\dot{\bar{\varepsilon}}}{\dot{\bar{\varepsilon}}_0}\right)\left[1 - \left(\frac{T - T_r}{T_m - T_r}\right)^m\right] \quad (4\text{-}3)$$

式中:

σ——流变应力(MPa);

$\bar{\varepsilon}$——等效塑性应变;

$\dot{\bar{\varepsilon}}$——等效塑性应变速率(s^{-1});

$\dot{\bar{\varepsilon}}_0$——参考应变速率($s^{-1}$);

T——试验温度(℃);

T_r——室温(℃);

T_m——材料熔点(℃);

A——屈服极限(MPa);

B——加工硬化模量(MPa);

C——应变速率常数;

n——硬化系数;

m——热软化常数。

20 世纪 80 年代,Zerilli 和 Amstrong 从微观角度对材料在发生塑性变形时的变形行为进行数学描述,并提出相应的本构模型,根据不同晶体结构并基于位错动力学将本构模型分为如式(4-4)和式(4-5)两种形式,该数学模型被广泛应用于描述工程实际应用。

对于面心立方晶格材料:

$$\sigma = \Delta\sigma'_G + c_2\varepsilon^{1/2}\exp(-c_3 T + c_4 T\ln\dot{\varepsilon}) + kl^{1/2} \quad (4\text{-}4)$$

对于体心立方晶格材料:

$$\sigma = \Delta\sigma'_G + c_1\exp(-c_3 T + c_4 T\ln\dot{\varepsilon}) + c_5\varepsilon^n + kl^{1/2} \quad (4\text{-}5)$$

式中:

σ——流变应力(MPa);

ε——应变;

$\dot{\varepsilon}$——应变速率(s^{-1});

T——试验温度(℃);

$\Delta\sigma'_G$——附加应力增量(MPa);

k——显微应力强度(MPa);

l——平均晶粒尺寸(μm);

$c_1 \sim c_5$——材料常数。

20世纪中期,Sellars和Tegart依照Arrhenius方程建立了材料在高温条件下的本构模型,该模型基于在恒温恒应变速率条件下的理想刚塑性简化模型而建立,如式(4-6)所示。

$$\dot{\varepsilon} = f(\sigma)\exp\left(-\frac{Q}{RT}\right) \tag{4-6}$$

式中:

σ——应力(MPa);

$\dot{\varepsilon}$——应变速率(s^{-1});

Q——热变形激活能(kJ/mol);

R——气体常数[8.314 kJ/(mol·K)];

T——材料温度(K)。

该本构模型根据材料所处的应力等级分为幂指数、指数和双曲正弦三种方式
当材料满足$\alpha\sigma<0.8$时,属于低应力等级,采用指数形式:

$$f(\sigma) = A_1 \sigma^{n_1} \tag{4-7}$$

当材料满足$\alpha\sigma>1.2$时,属于高应力等级,采用幂指数形式:

$$f(\sigma) = A_2 \exp(\beta\sigma) \tag{4-8}$$

当属于通用应力等级时,采用双曲正弦形式:

$$f(\sigma) = A_3 [\sinh(\alpha\sigma)]^n \tag{4-9}$$

式中:

σ——应力(MPa);

β——材料参数;

α——应力水平参数(mm/N);

n_1——材料参数;

n——应力指数;

$A_1 \sim A_3$——结构因子(s^{-1})。

Zener和Hollomon在1944年提出一个参数用于表示温度对应变速率的补偿因子,如式(4-10)所示,其与Arrhenius方程相结合被广泛应用于描述材料的流变应力与应变速率和温度间的关系。

$$Z=\dot{\varepsilon}\exp\left(\frac{Q}{RT}\right) \tag{4-10}$$

式中：

$\dot{\varepsilon}$——应变速率(s^{-1})；

Q——热变形激活能(kJ/mol)；

R——气体常数[8.314 kJ/(mol·K)]；

T——材料温度(K)。

陈世佳基于Laasraoui模型建立了30Cr2Ni4MoV在热加工条件下的流变应力模型,该模型涵盖了材料在加工过程中呈现的加工硬化—动态回复状态和动态再结晶状态,并以临界应变作为区分点将两种状态分段拟合,模型如式(4-11)所示：

$$\begin{cases} \sigma_{WH}=[\sigma_S^2+(\sigma_0^2-\sigma_S^2)e^{-\Omega\varepsilon}]^{0.5} & \varepsilon<\varepsilon_c \\ \sigma=\sigma_{WH}-(\sigma_S-\sigma_{SS})\left\{1-\exp\left[-k_d\left(\frac{\varepsilon-\varepsilon_c}{\varepsilon_p}\right)^{n_d}\right]\right\} & \varepsilon\geqslant\varepsilon_c \end{cases} \tag{4-11}$$

式中：

σ——流变应力(MPa)；

σ_{WH}——加工硬化-动态回复阶流变应力(MPa)；

ε——应变；

ε_c——临界应变；

σ_S——饱和应力(MPa)；

σ_0——初始应力(MPa)；

Ω——动态回复软化量；

σ_{SS}——稳态应力(MPa)；

ε_p——峰值应变；

k_d——材料参数；

n_d——材料参数。

肖宁斌基于广义胡克定律和Misiolek方程建立了BTi-6431S钛合金在高温变形条件下的本构方程,该本构方程涵盖了材料的弹性和塑性两阶段的真实应力应变,其表达式如下：

$$\begin{cases} \sigma_e=E\varepsilon \\ \sigma_p=C\varepsilon^n\exp(n_1\varepsilon) \end{cases} \tag{4-12}$$

式中：

σ_e——弹性阶段流变应力(MPa)；

σ_p——塑性阶段流变应力(MPa)；

ε——应变；

E——杨氏模量(GPa);
C——稳态流变应力(MPa);
n——应变硬化指数;
n_1——材料参数。

4.3.2　材料微观组织演变模型研究进展

从微观尺度描述材料在变形过程中的再结晶行为称为动态再结晶模型,各国研究人员依照不同材料在变形过程中的表现形式建立出不同的动态再结晶模型。

黄世鹏研究了6061铝合金在塑性加工过程中的微观组织演变趋势,并根据JAMK理论建立了相应的再结晶数学模型,所用的模型如式(4-13)、(4-14)和(4-15)所示。

$$X_{drex} = 1 - \exp\left[-\beta_d \left(\frac{\varepsilon - a_1 \varepsilon_p}{\varepsilon_{0.5}}\right)^{k_d}\right] \tag{4-13}$$

$$\varepsilon_{0.5} = a_2 d_0^{h_1} \varepsilon^{n_1} \dot{\varepsilon}^{m_1} \exp\left(\frac{Q_1}{RT}\right) + c_1 \tag{4-14}$$

$$d_{drex} = a_3 d_0^{h_2} \varepsilon^{n_2} \dot{\varepsilon}^{m_2} \exp\left(\frac{Q_2}{RT}\right) + c_2 \tag{4-15}$$

式中:
X_{drex}——动态再结晶体积分数;
$\varepsilon_{0.5}$——动态再结晶体积分数为50%时的应变;
d_{drex}——动态再结晶晶粒大小(μm);
Q_1——晶粒长大激活能(kJ/mol);
Q_2——再结晶激活能(kJ/mol);
R——气体常数[8.314 kJ/(mol·K)];
T——热力学温度(K);
其余为材料待拟合参数。

陈世佳基于30Cr2Ni4MoV微观组织演变,并引入 Z-H 参数,建立的模型如式(4-16)和(4-17)所示。

$$X_D = 1 - \exp\left[-k\left(\frac{\varepsilon - \varepsilon_c}{\varepsilon_p}\right)^d\right] \tag{4-16}$$

$$D_{drex} = AZ^m \tag{4-17}$$

式中:
X_D——动态再结晶体积分数;
D_{drex}——再结晶晶粒尺寸(μm);
Z——Z-H 参数;
ε——真应变;

ε_c——临界应变;

ε_p——峰值应变;

其余为材料待拟合参数。

宫润燕基于 Avrami 方程描述 GH4169 动态再结晶行为,并引入变形温度的影响对基础模型进行修正,同时建立了晶粒尺寸随温度和应变速率变化的数学模型,模型形式如下:

$$X = 1 - \exp\left[-k\left(\varepsilon - \varepsilon_c + C_T \frac{T - T_\delta}{1\ 000}\right)^n\right] \tag{4-18}$$

$$\ln D_{drex} = A(T) + B(T)\ln\varepsilon_p \tag{4-19}$$

式中:

X——动态再结晶体积分数;

D_{drex}——再结晶晶粒尺寸(μm);

ε——真应变;

ε_c——临界应变;

ε_p——峰值应变;

T——材料热力学温度(K);

T_δ——δ 相溶解温度(K);

C_T——温度系数;

$A(T)$——温度函数;

$B(T)$——温度函数;

其余为材料待拟合参数。

R. Kopp 依照试验数据及金相试验结果建立了材料的动态再结晶体积分数模型,如式(4-20)所示,在模型中同样使用了 Z-H 参数进行拟合。

$$X_{drex} = 1 - \exp\left(-k\frac{\varepsilon - \varepsilon_c}{\varepsilon_s - \varepsilon_c}\right) \tag{4-20}$$

$$\varepsilon_s = k_m Z^n$$

式中:

X_{drex}——动态再结晶体积分数;

ε——真应变;

ε_c——临界应变;

ε_s——稳态应变;

Z——Z-H 参数;

其余为材料待拟合参数。

张海燕、张士宏等人根据 GH4169 在热加工过程中的微观组织变化趋势建立了微观组织再结晶模型,在模型中同样引入了 Z-H 参数进行计算,模型如式(4-

21)、(4-22)和(4-23)所示。

$$d_{drex} = AZ^m \tag{4-21}$$

$$X_{drex} = 1 - \left[-\ln2\left(\frac{\varepsilon}{\varepsilon_{0.5}}\right)^{1.68}\right] \tag{4-22}$$

$$\varepsilon_{0.5} = Bd_0^n Z^k \tag{4-23}$$

式中：

X_{drex}——动态再结晶体积分数；

ε——真应变；

$\varepsilon_{0.5}$——动态再结晶体积分数为 50% 时的应变；

d_0——初始晶粒尺寸(μm)；

Z——Z-H 参数；

其余为材料待拟合参数。

4.4 神经网络及其在锻造组织中的预测应用

4.4.1 神经网络

20 世纪 80 年代人工智能兴起，人们利用计算机仿照人脑处理信息的方式而建立相对应的模型，该模型被称为人工神经网络。其本质是计算机用于处理数据信息的算法，随着研究人员的探索，人工神经网络现在已经能够实现函数拟合、模式识别、聚类等功能。人工神经网络依靠模拟神经元（也被称为节点）来进行数据的处理，模拟神经元间的数据传递依靠函数实现，此函数称为激励函数。每个神经元用来控制数据传递的变量称为权值和阈值，权值代表两个神经元之间彼此连接的强弱，而阈值决定两个神经元间链接状态。

实际工程应用中，往往会碰到使用传统数学建模难以直观表达的情况。为此，1986 年科学家提出使用反向前馈神经网络实现复杂非线性函数拟合的概念，即 BP 神经网络，其网络拓扑结构如图 4-5 所示。其计算过程是从输入层经由隐含层处理后转出到输出层，对比实际输出与期望输出的误差，将误差反向传播给隐含层，调整隐含层各节点间的权值，直到误差达到可接受的范围。

此外 1985 年有学者提出一种多维空间差值的神经网络，即径向基神经网络，也称为 RBF 神经网络，并在 1989 年验证了该类神经网络对非线性函数拟合的可行性。径向基神经网络是利用矩阵变换的方

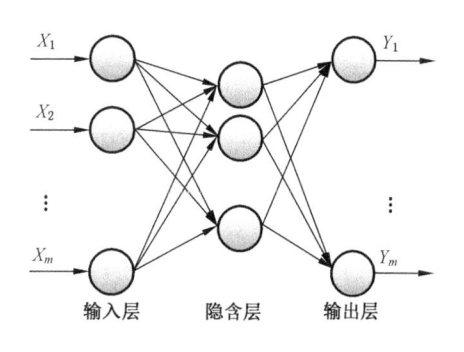

图 4-5 BP 神经网络拓扑结构

式将输入层由低维变到高维,从而解决了在低维线性不可分的问题。径向基神经网络所采用的激励函数为径向基函数,常被定义成单调函数,因此使用径向基神经元和线性神经元能够实现非线性函数的拟合,图4-6为径向基神经网络的拓扑结构。

4.4.2 神经网络在锻造组织预测中的研究进展

王佳骏等人基于TC18的热压缩试验结果建立了显微组织α相含量、α相轴比与热变形参数间的神经网络,该网络模型经过训练后检测误差低于10%。使用训练好的神经网络可预测出TC18合金的适宜加工区域。

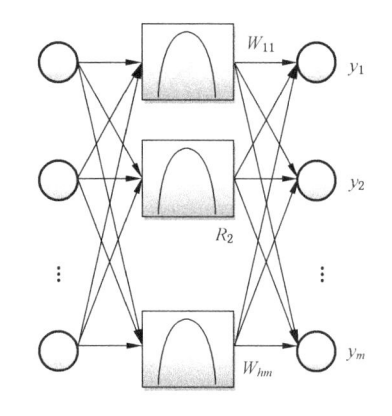

图4-6 RBF神经网络拓扑结构

姚小飞等人利用BP神经网络建立了304不锈钢的锻造再结晶相关模型,该模型以变形温度和应变速率为输入层节点,再结晶晶粒尺寸作为输出层节点,利用经验公式计算出隐含层节点个数,最后使用试探法确定最终的网络模型。使用训练后的神经网络进行结果预测,并与回归预测法进行对比,得出神经网络方法所产生的相对误差均值约为0.295%,而回归预测法产生的相对误差均值约为0.94%,说明该神经网络模型可以用于实际预测。

郭鹏以高温合金为研究对象建立了在合金制备过程中的神经网络模型,经过训练后预测结果与实测结果间的误差低于5%,而且使用此网络模型预测出合金的力学性能,为新合金研究节省了大量的试验成本。

刘金提出了预测灰铸铁的铸造参数对产品性能的神经网络模型、预测铝基复合材料的焊接参数与焊接后连接头性能的神经网络模型和预测钢材挤压成型力的神经网络模型,经验证后上述三种网络模型的线性回归参数均在0.99左右,因此可以用于材料加工工艺的预测。

4.5 GH4169合金本构方程和Deform软件二次开发

采用Gleeble热压缩机获得材料热变形时的应力应变曲线,并通过试验曲线,获得相关参数,从而建立材料热变形时的本构方程和动态再结晶模型,然后将模型移植到商业有限元模拟软件中,可以定量地通过仿真来描述材料的热加工过程。

4.5.1 试验材料和试验方法

4.5.1.1 试验材料

试验用材料为挤压态GH4169高温合金,压缩采用$\phi 6 \text{ mm} \times 9 \text{ mm}$的圆柱体试样,合金材料的化学成分如表4-1。原始材料的晶粒尺寸较为不均匀,金相组织如图4-7所示,平均晶粒尺寸约为$45 \mu m$。

表 4-1 GH4169 锻件化学组成成分

元素	C	Cr	Mo	Al	Ti	Nb	Si	Ni	Fe
质量分数/%	0.04	18.98	3.06	0.45	0.92	5.14	0.13	52.61	18.67

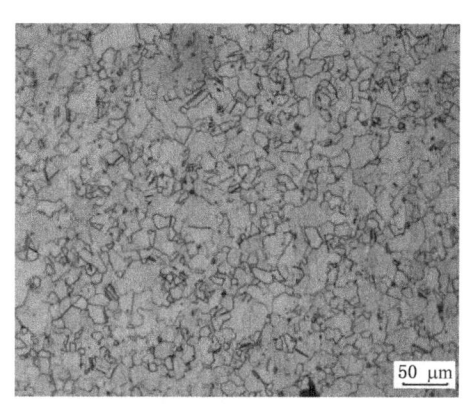

图 4-7 GH4169 锻件原始组织

4.5.1.2 试验设备与方案

试验在 Gleeble-3800 热模拟试验机上进行,将模拟试验机采用通电加热的方式进行将热,将热电偶通过焊接的方式连接到压缩试样上,通过加载不同大小的电压和电流来使试样升温,通过液压伺服控制系统进行力能参数的测量,电阻加热闭环控制系统测试热压缩过程中的温度参数值,Gleeble-3800 热模拟试验机如图 4-8 所示。

图 4-8 Gleeble-3800 热模拟试验设备

试样尺寸为 $\phi 6\ \text{mm} \times 9\ \text{mm}$ 的圆柱体,用砂纸将试样两端面磨平,并涂上石墨润滑剂,目的是减小摩擦。试验的具体流程如图 4-9 所示,试验工艺参数如表 4-2 所示。

表 4-2 GH4169 高温合金热压缩试验变形参数

变形温度/℃	900	950	1 000	1 050	1 120
应变速率/s^{-1}	0.001,0.01,0.1,1				
加热速度/(℃·s^{-1})	5				
变形量	0.6				
冷却方式	水冷				

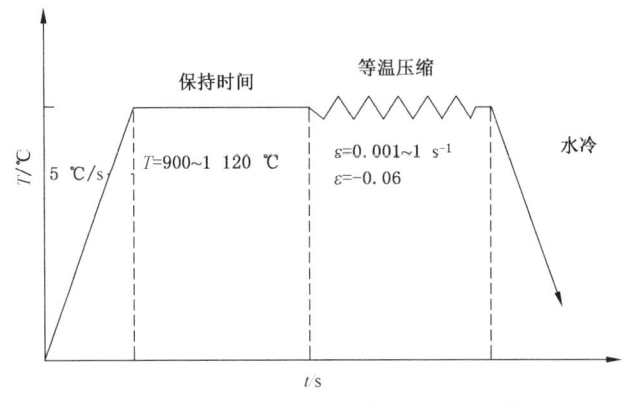

图 4-9 GH4169 高温合金热压缩工艺流程图

4.5.2 试验结果分析

4.5.2.1 不同应变速率下的真应力应变曲线

图 4-10 所示为 GH4169 高温合金在不同应变速率下的热压缩试验所获得的真应力应变曲线图。

由图 4-10 可知:在相同的应变和应变速率情况下,变形温度越高,流动应力越小,且峰值应力也越小,峰值应力所对应的应变值也是逐渐减小。在初始变形阶段,应力值逐渐增大,当达到峰值应力时,应力开始逐渐减小,当达到稳态应力时,应力值开始保持稳定。在达到峰值应力之前,热压缩变形过程中发生了加工硬化现象,此时回复和再结晶并不起主导作用。当流动应力开始逐渐减小时,发生了软化现象,是由回复和再结晶导致的,此时回复和再结晶起主导作用。随着变形量的进一步增加,应力达到稳态阶段,此时变形过程中的加工硬化和软化达到一个平衡状态,材料进入均匀变形的稳态阶段。

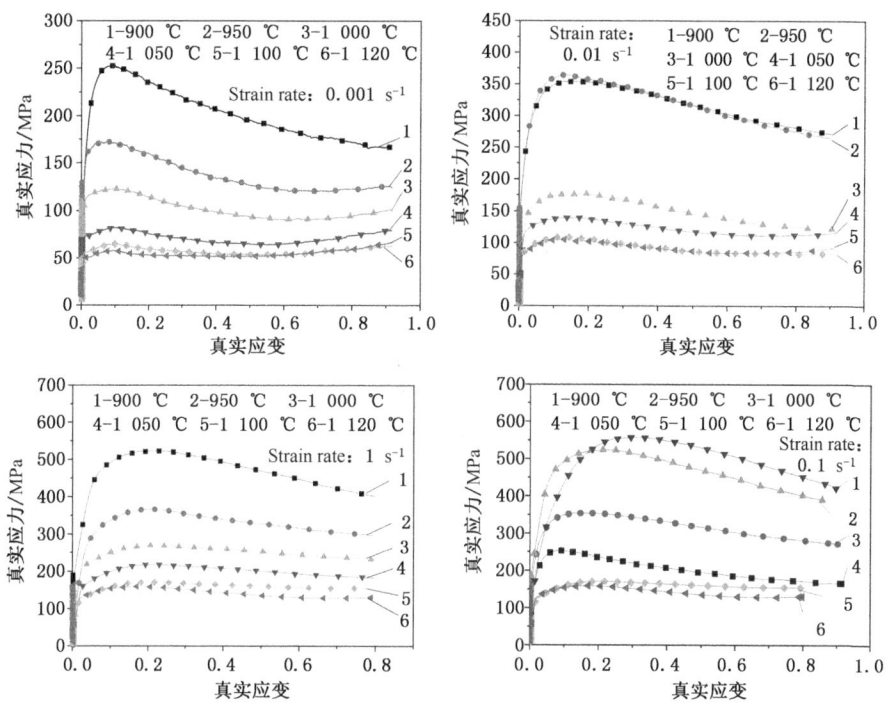

图 4-10　GH4169 合金在不同应变速率条件下热压缩真应力应变曲线

4.5.2.2　GH4169 高温合金在每个温度下的真应力应变曲线

图 4-11 所示为 GH4169 高温合金在不同温度下的热压缩试验所获得的真应力应变曲线图。

由图 4-11 可知：在一定的温度条件下，随着应变速率的增大，应力逐渐减小，峰值应力也是逐渐减小，并且随着变形的增大，峰值应力对应的应变点也随着温度的升高而增大；在不同的温度下变形有着相同的规律，即随着变形量的增大，由于加工硬化的作用，应力开始迅速增加，然后达到峰值，随后在加工软化作用的影响下应力逐渐减小，最终趋于稳定。

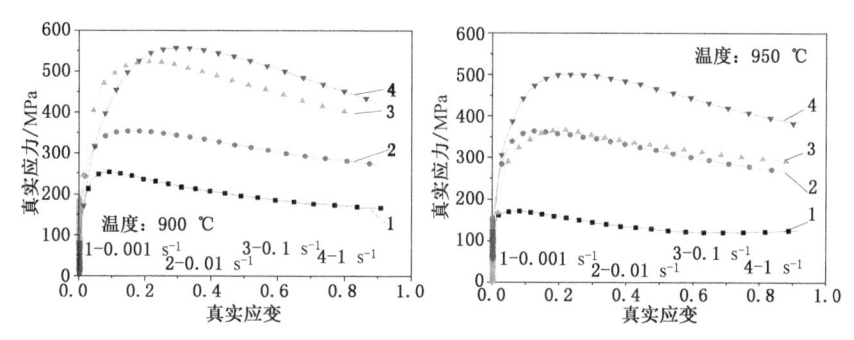

图 4-11 GH4169 合金在不同温度条件下热压缩真应力应变曲线

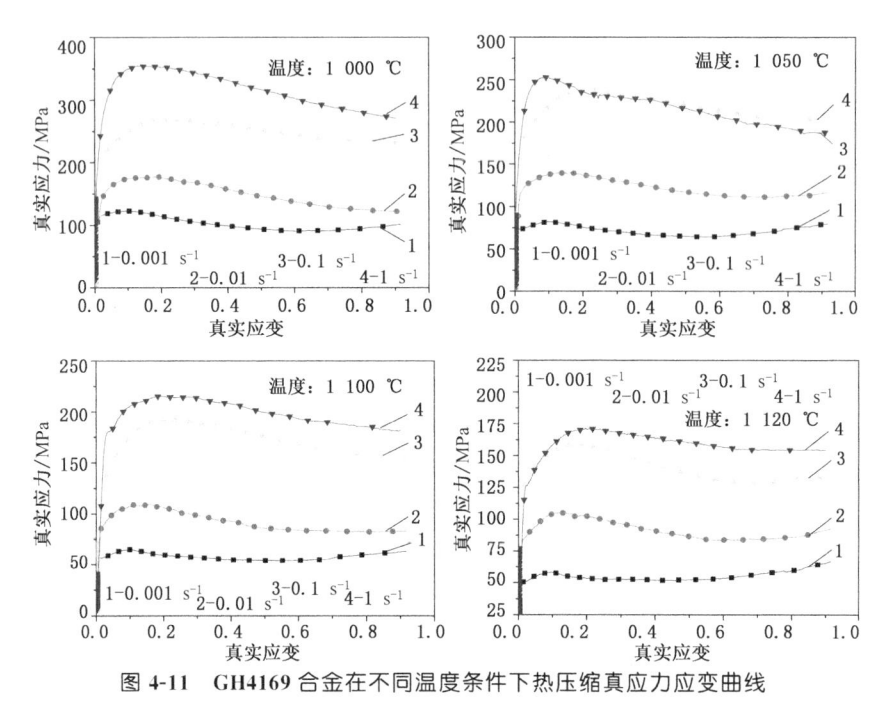

4.5.3 本构方程的构建

金属材料热加工变形过程中的流动应力与热力学参数 Z 以及应变速率 $\dot{\varepsilon}$ 的关系一般用式(4-24)来描述：

$$Z=\dot{\varepsilon}\exp\left(\frac{Q}{RT}\right) \tag{4-24}$$

式中：

Q——热变形激活能；

R——气体常数；

T——绝对温度。

材料在不同的条件下的应力函数形式：

$$F(\sigma)=A_1\sigma^n \quad (\alpha\sigma<0.8) \tag{4-25}$$

$$F(\sigma)=A_2\exp(\beta\sigma) \quad (\beta\sigma>1.2) \tag{4-26}$$

$$F(\sigma)=A[\sinh(\alpha\sigma)]^n \quad (\text{所有应力}) \tag{4-27}$$

式中：

$A_i(i=1,2,3)$、α、β、n——材料参数。

材料在塑性变形过程中各个参数之间的关系通常用 Sellars 等提出的正弦方程来描述：

$$\dot{\varepsilon}=F(\sigma)\exp[-Q/(RT)] \tag{4-28}$$

式中：

Q——材料的热变形激活能；

R——气体常数，是一个定值，取 $R=8.314 \text{ kJ/(mol·K)}$；

$\dot{\varepsilon}$——应变速率；

σ——流动应力；

T——热力学温度。

研究发现，该式可以比较准确地反映一些比较常规的热变形加工过程。

分别把式(4-25)、(4-26)分别代入到式(4-28)，并对式子两边取对数可得：

$$\ln\dot{\varepsilon}=\ln A_1+n\ln\sigma-\frac{Q}{RT} \tag{4-29}$$

$$\ln\dot{\varepsilon}=\ln A_2+\beta\sigma-\frac{Q}{RT} \tag{4-30}$$

把式(4-30)转化成对数形式，然后分别做出 $\ln\dot{\varepsilon}$ 和 $\ln\sigma$、$\ln\dot{\varepsilon}$ 和 σ 对应的关系图，如图 4-12，不同变形条件下所对应的峰值应力如表 4-3 所示。根据式(4-29)可拟合出图 4-12 中的 a)图，从而可以计算出各直线 $\ln\dot{\varepsilon}$-$\ln\sigma_p$ 平均斜率 $n=5.954\,252$；同样根据式(4-30)和图 4-12 中的 b)图可以计算出各直线 $\ln\dot{\varepsilon}$-σ_p 平均斜率 $\beta=0.031\,217$。由于 $\alpha=\beta/n$，所以可求得 $\alpha=0.005\,242\,8$。

表 4-3　GH4169 高温合金各温度下应变速率 $\dot{\varepsilon}$、峰值应力 σ_p 和相应的对数值

温度/℃	应变率 $\dot{\varepsilon}$/s^{-1}	峰值应力 σ_p/MPa	$\ln\dot{\varepsilon}$	$\ln\sigma_p$	$\ln[\sinh(\alpha\sigma_p)]$
900	0.001	253.1	−6.908	5.533 785	0.560 830 6
	0.01	364.3	−4.605	5.898 033	1.194 740 5
	0.1	523.4	−2.303	6.260 327	2.046 737 5
	1	556.9	0	6.322 296	2.223 389 7
950	0.001	212.5	−6.908	5.358 754	0.306 708 5
	0.01	354.3	−4.605	5.870 088	1.139 611 0
	0.1	450.1	−2.303	6.109 536	1.657 838 2
	1	528.5	0	6.269 986	2.073 586 3
1 000	0.001	171.8	−6.908	5.146 389	0.027 239 6
	0.01	347.9	−4.605	5.851 771	1.104 156 9
	0.1	367.2	−2.303	5.905 798	1.210 287 5
	1	500.3	0	6.215 208	1.924 542 9
1 050	0.001	82.3	−6.908	4.410 371	−0.809 689
	0.01	139.7	−4.605	4.939 354	−0.223 710
	0.1	218.0	−2.303	5.384 587	0.342 675 7
	1	303.5	0	5.715 448	0.855 784 6

续表 4-3

温度/℃	应变率 $\dot{\varepsilon}/\text{s}^{-1}$	峰值应力 σ_p/MPa	$\ln\dot{\varepsilon}$	$\ln\sigma_p$	$\ln[\sinh(\alpha\sigma_p)]$
1 100	0.001	74.5	−6.908	4.310 128	−0.915 507
	0.01	129.4	−4.605	4.863 14	−0.312 160
	0.1	178.4	−2.303	5.183 972	0.074 829 7
	1	233.9	0	5.454 851	0.443 079
1 120	0.001	66.8	−6.908	4.202 406	−1.028 105
	0.01	105.2	−4.605	4.655 673	−0.545 050
	0.1	158.9	−2.303	5.068 716	−0.068 980
	1	215.3	0	5.372 079	0.325 200 4

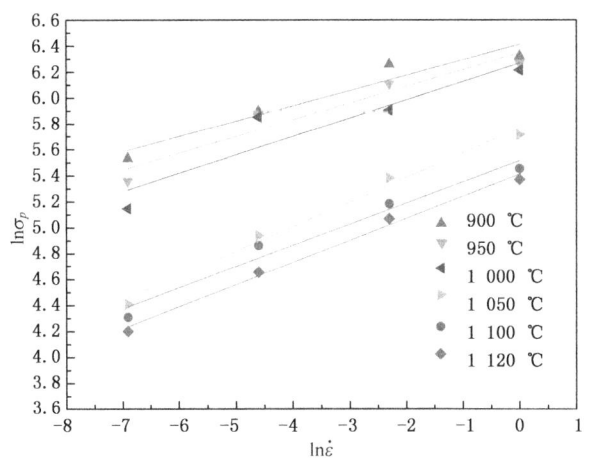

a) 不同温度下 $\ln\sigma_p$ 与 $\ln\dot{\varepsilon}$ 曲线图

b) 不同温度下 σ_p 与 $\ln\dot{\varepsilon}$ 曲线图

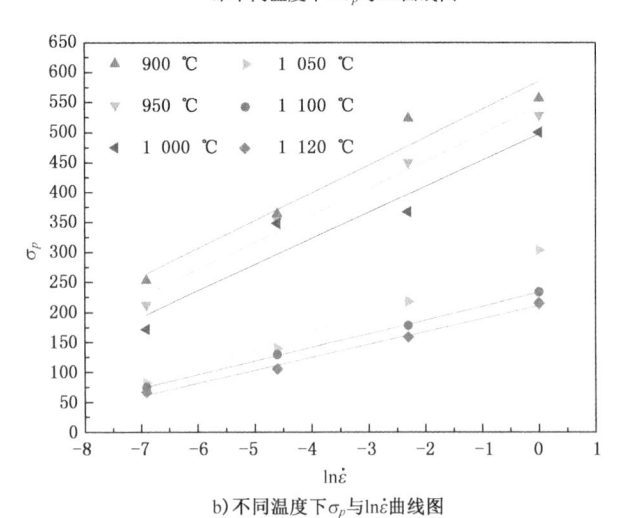

图 4-12　不同温度下 $\ln\sigma_p$、σ_p 与 $\ln\dot{\varepsilon}$ 关系曲线图

将式(4-27)代入式(4-28),并对式子两边取对数可得

$$\ln\dot{\varepsilon} = \ln A + n\ln[\sinh(\alpha\sigma)] - \frac{Q}{RT} \quad (4\text{-}31)$$

通过对式(4-31)在一定应变速率下进行 $1/T$ 求偏导可得

$$Q = R\left[\frac{\partial \ln\dot{\varepsilon}}{\partial \ln[\sinh(\alpha\sigma)]}\right]_T \left[\frac{\partial \ln[\sinh(\alpha\sigma)]}{\partial(1/T)}\right] \quad (4\text{-}32)$$

当应变速率不变时,材料的激活能基本恒定。将上面所求得的 n 值代入式(4-32)并作出不同变形温度下 $\ln\dot{\varepsilon}$ 和 $\ln[\sinh(\alpha\sigma)]$、不同应变速率下 $\ln[\sinh(\alpha\sigma)]$ 和 $1\,000/T$(为了方便计算,所以取 $1/T$ 的 $1\,000$ 倍)的关系图,如图 4-13、4-14 所示。

根据图 4-13 拟合的直线可以计算出各直线的平均斜率 $k = 0.231\,755$,同样根据图 4-14 拟合的直线可以计算出各直线平均斜率 $t = 13.903\,54$,再根据式(4-32)可以计算出材料的热变形能:$Q = \dfrac{Rt}{k} = 498.54 \text{ kJ/mol} = 498\,540 \text{ J/mol}$。

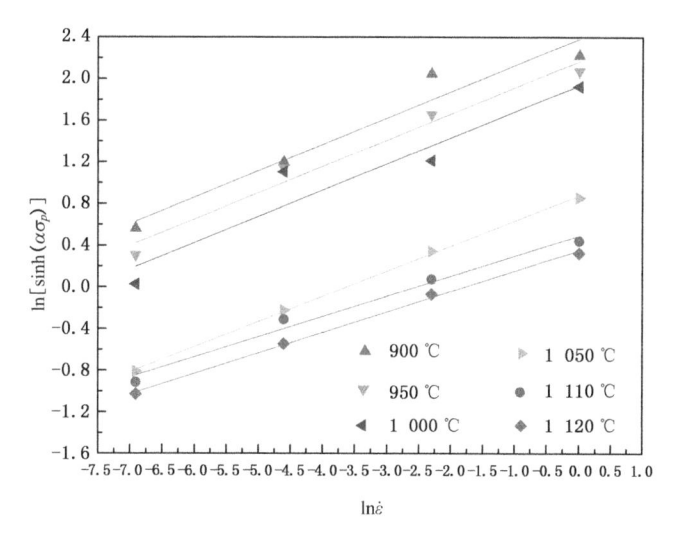

图 4-13 各变形温度下 $\ln[\sinh(\alpha\sigma_p)]$ 与下 $\ln\dot{\varepsilon}$ 之间的关系图

由式(4-24)、(4-27)和(4-28)联立可得式(4-33):

$$Z = \dot{\varepsilon}\exp\left(\frac{Q}{RT}\right) = A[\sinh(\alpha\sigma)]^n \quad (4\text{-}33)$$

对式(4-33)两边取对数可得

$$\ln Z = \ln\dot{\varepsilon} + \frac{Q}{RT} \quad (4\text{-}34)$$

$$\ln Z = \ln A + n\ln[\sinh(\alpha\sigma)] \quad (4\text{-}35)$$

通过对不同温度和不同应变速率条件下的峰值应力值可以计算出相对应的 $\ln Z$ 的值,再根据式(4-35)作出相对应的 $\ln Z$ 和 $\ln[\sinh(\alpha\sigma_p)]$ 关系图,并拟合出相

应的直线,如下图 4-15 所示。

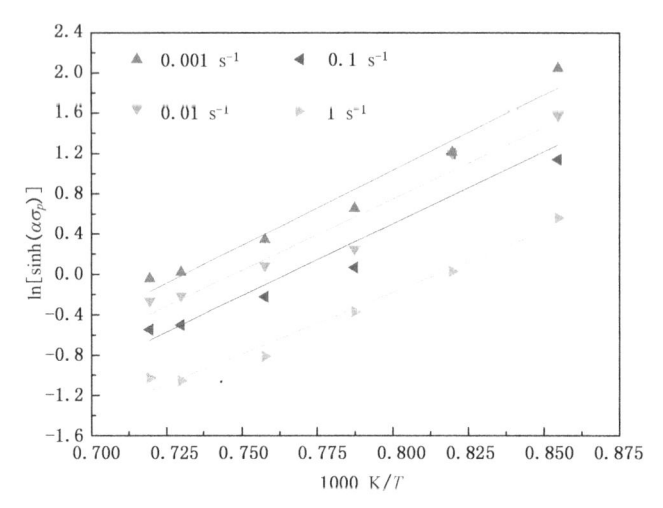

图 4-14 各应变速率下 $\ln[\sinh(\alpha\sigma_p)]$ 与 $1\,000/T$ 之间的关系图

由图 4-15 可知,直线的斜率 $n=4.565\,68$,截距 $\ln A=42.215\,96$,$A=2.158\,5\times10^{18}$,因此可以得到:$Z=2.158\,5\times10^{18}[\sinh(0.005\,242\,8\sigma)]^{4.565\,68}$。

将上面所求得的所有值代入式(4-28)可得到合金的本构方程如式(4-36)所示。

$$\dot{\varepsilon}=2.158\,5\times10^{18}[\sinh(0.005\,242\,8\sigma)]^{4.565\,69}\exp\left(-\frac{498\,540}{RT}\right) \quad (4-36)$$

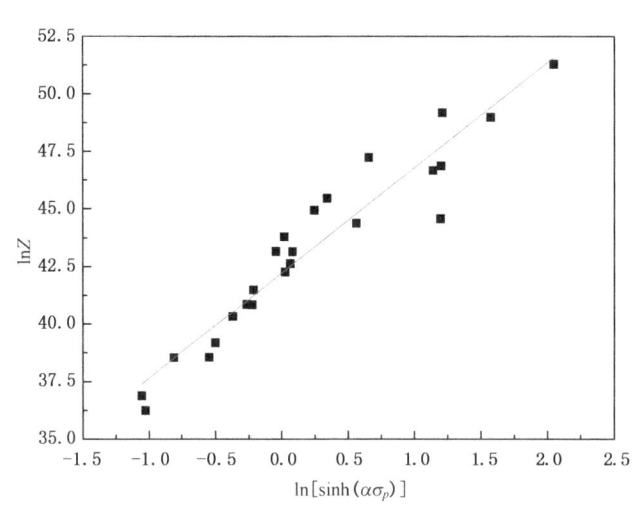

图 4-15 各应变速率和变形温度下 $\ln Z$ 与 $\ln[\sinh(\alpha\sigma_p)]$ 之间的关系图

4.5.4 动态再结晶模型

4.5.4.1 GH4169 高温合金动态再结晶金相组织图

不同变形工艺条件下的金相组织如图 4-16 所示,由图可知:(1)当变形的应变速

率较低时,由于变形过程时间较长,再结晶发生得均比较充分,且变形温度越高,再结晶晶粒尺寸越大,当变形温度为1 100 ℃时,已经形成均匀等轴的再结晶晶粒,当变形温度达到1 120 ℃时,再结晶晶粒尺寸已基本趋于稳定。(2)当变形应变速率相同而温度不同时,再结晶的程度明显不同,变形温度越高,动态再结晶体积分数所占比例越高,动态再结晶效果越好,但再结晶的晶粒发生明显的长大现象。(3)当变形温度相同时,在不同应变速率条件下变形,其金相组织也明显不同,应变速率越大,动态再结晶效果越差,再结晶晶粒体积分数越低,但再结晶的晶粒尺寸较小。

a) 900 ℃-0.001 s^{-1}

b) 900 ℃-0.01 s^{-1}

c) 950 ℃-0.001 s^{-1}

d) 950 ℃-0.01 s^{-1}

e) 1 000 ℃-0.001 s^{-1}

f) 1 000 ℃-0.01 s^{-1}

g) 1 050 ℃-0.001 s⁻¹

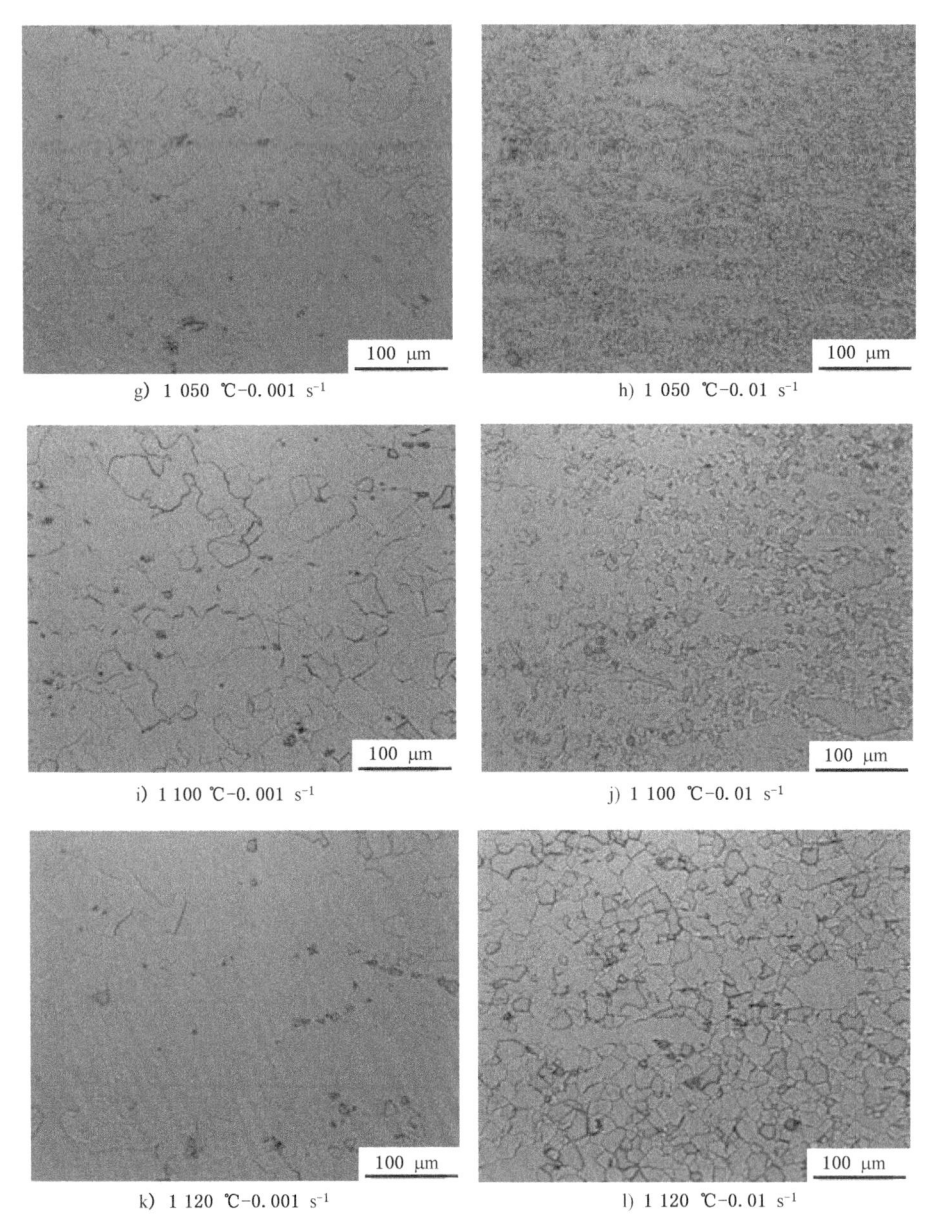

h) 1 050 ℃-0.01 s⁻¹

i) 1 100 ℃-0.001 s⁻¹

j) 1 100 ℃-0.01 s⁻¹

k) 1 120 ℃-0.001 s⁻¹

l) 1 120 ℃-0.01 s⁻¹

图 4-16　GH4169 合金各条件下的高温热压缩金相组织图

4.5.4.2　模型的提出

从现阶段的研究来看，各国研究人员对再结晶模型的研究一般都采用 Avrami 方程来对再结晶程度进行定量描述。

$$X = 1 - \exp\left[-k\left(\frac{\varepsilon - \varepsilon_c}{\varepsilon_{0.5}}\right)^n\right] \qquad (4\text{-}37)$$

式中：
X——材料的动态再结晶体积分数；
k、n——材料参数；
ε——应变量；
ε_c——临界应变量；
$\varepsilon_{0.5}$——材料再结晶量达到50%时的应变量。

峰值应变模型：
$$\varepsilon_p = AZ^m \quad (4\text{-}38)$$

式中：
A、m——材料参数；
Z——温度补偿因子。

临界应变模型：
$$\varepsilon_c = k\varepsilon_p \quad (4\text{-}39)$$

式中：
k——取值范围为0.6～0.85，本书中所采用的 k 值为0.8。

对于再结晶质量的定量描述通常采用下式：
$$D_{2-drex} = A_1 Z^{A_2} \quad (4\text{-}40)$$

式中：
A_1、A_2——材料相关的常数。

4.5.4.3 模型的建立

通过试验可以获得材料在热变形过程中的峰值应变值，并计算出相应的再结晶体积分数和 $\ln Z$ 的值，如表4-4所示。

对式(4-38)两边分别取对数可得
$$\ln\varepsilon_p = \ln A + m\ln Z \quad (4\text{-}41)$$

由式(4-41)可以作出相对应的 $\ln\varepsilon_p$ 和 $\ln Z$ 关系图，并拟合出相应的直线，如图4-17所示。从中可以看出直线的截距 $\ln A = -4.46775$，即 $A = 1.15 \times 10^{-2}$；直线的斜率 $m = 0.067$。

将求得的 A 和 m 代入到式(4-38)可得
$$\varepsilon_p = 1.15 \times 10^{-2} Z^{0.067} \quad (4\text{-}42)$$

再由式(4-39)可得
$$\varepsilon_c = 9.2 \times 10^{-3} Z^{0.067} \quad (4\text{-}43)$$

通过将试验所获得的参数值进行牛顿插值可以获得在材料再结晶达到50%时所对应的应变值如式(4-44)所示。
$$\varepsilon_{0.5} = 0.29 Z^{0.016} \quad (4\text{-}44)$$

对式(4-37)两边分别两次取对数可得

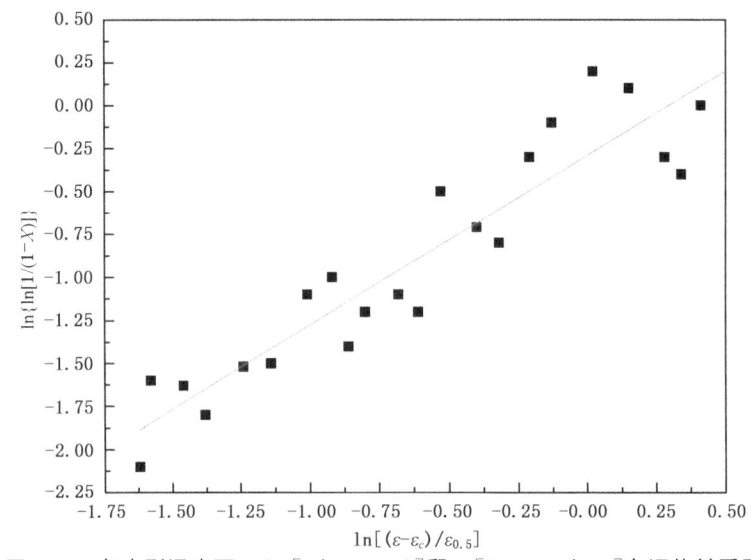

$$\ln\left[\ln\left(\frac{1}{1-X}\right)\right] = \ln k + n\ln\left(\frac{\varepsilon - \varepsilon_c}{\varepsilon_{0.5}}\right) \tag{4-45}$$

由式(4-45)可以作出相对应的 $\ln\{\ln[1/(1-X)]\}$ 和 $\ln[(\varepsilon-\varepsilon_c)/\varepsilon_{0.5}]$ 关系图,并拟合出相应的直线,如图 4-18 所示。由拟合出的直线的截距和斜率可以计算出:$k=0.812, n=0.92$。

将 k 和 n 的值代入式(4-37)可得:$X = 1 - \exp\left[-0.812\left(\frac{\varepsilon-\varepsilon_c}{\varepsilon_{0.5}}\right)^{0.92}\right]$。

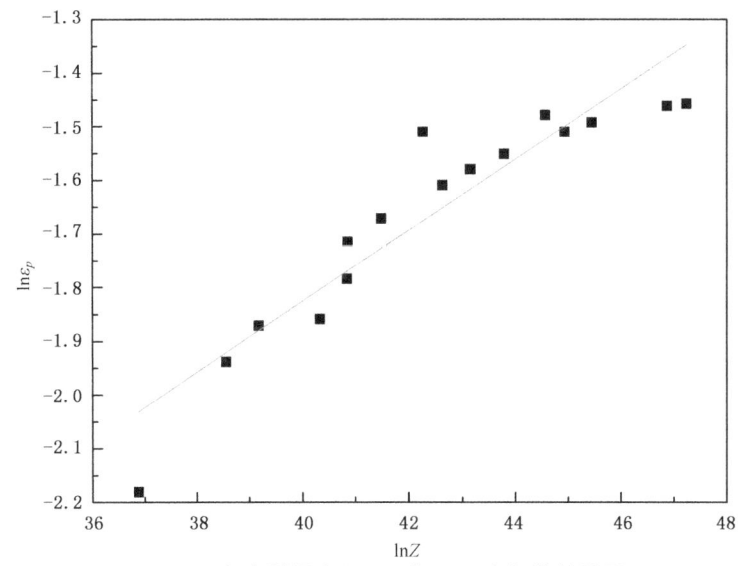

图 4-17 各变形温度下 $\ln Z$ 与 $\ln \varepsilon_p$ 之间的关系图

图 4-18 各变形温度下 $\ln\{\ln[1/(1-X)]\}$ 和 $\ln[(\varepsilon-\varepsilon_c)/\varepsilon_{0.5}]$ 之间的关系图

表 4-4　GH4169 高温合金各温度下应变速率 $\dot{\varepsilon}$、峰值应变 ε_p、
动态再结晶体积分数和 lnZ

温度/℃	应变速率/s^{-1}	峰值应变(ε_p)	lnZ	X
950	0.001	0.221	42.266 02	0.724
	0.01	0.156	40.330 04	0.658
	0.1	0.105	38.540 73	0.543
	1	0.113	36.882 03	0.287
1 000	0.001	0.100	36.251 96	0.927
	0.01	0.228	44.568 60	0.843
	0.1	0.200	42.632 63	0.706
	1	0.168	40.843 31	0.504
1 050	0.001	0.154	39.184 61	0.895
	0.01	0.144	38.554 54	0.919
	0.1	0.232	46.871 19	0.817
	1	0.221	44.935 21	0.665
1 100	0.001	0.206	43.145 90	0.905
	0.01	0.188	41.487 20	0.928
	0.1	0.180	40.857 13	0.886
	1	0.237	49.173 77	0.780
1 120	0.001	0.233	47.237 80	0.887
	0.01	0.225	45.448 48	0.928
	0.1	0.212	43.789 78	0.904
	1	0.206	43.159 71	0.815

根据 GH4169 高温动态再结晶金相组织图统计出的微观组织的晶粒尺寸如表 4-5 所示。依照表中数据对 $D_{2\text{-}drex}$ 和 Z 进行对数拟合即可以求出相应的模型参数，拟合图像如 4-19 所示。所得的动态再结晶结晶质量方程如式(4-46)所示。

$$D_{2\text{-}drex}=3\times10^6 Z^{-0.3016} \tag{4-46}$$

表 4-5　GH4169 高温合金各温度下应变速率 $\dot{\varepsilon}$、动态再结晶晶粒尺寸和 Z

温度/℃	应变速率/s^{-1}	Z	$D_{2\text{-}drex}/\mu m$
950	0.001	1.42E18	10.556
	0.01	1.42E19	3.578
	0.1	1.42E20	1.818
	1	1.42E21	1.111
1 000	0.001	2.09E17	22.78
	0.01	2.09E18	10.603
	0.1	2.09E19	4.167
	1	2.09E20	3.442

续表 4-5

温度/℃	应变速率/s^{-1}	Z	$D_{2\text{-}drex}/\mu m$
1 050	0.001	3.57E16	37.78
	0.01	3.57E17	15.2
	0.1	3.57E18	8.425
	1	3.57E19	4.487
1 100	0.001	6.93E15	51.67
	0.01	6.93E16	25.92
	0.1	6.93E17	14.444
	1	6.93E18	12
1 120	0.001	3.72E15	55.56
	0.01	3.72E16	27.78
	0.1	3.72E17	20
	1	3.72E18	16.667

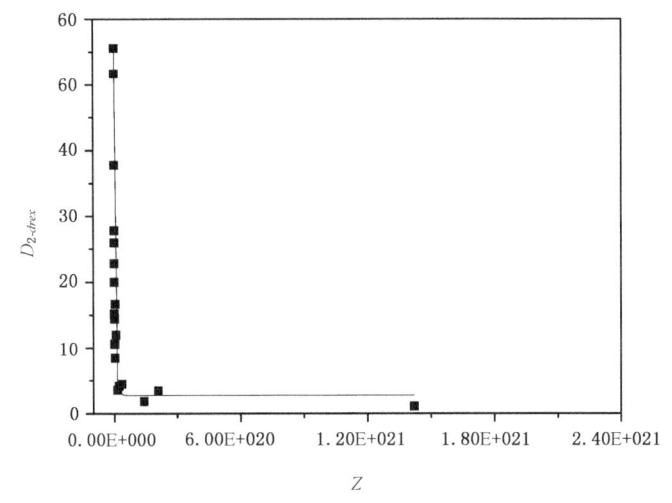

图 4-19 $D_{2\text{-}drex}$ 与 Z 拟合图像

4.5.5 Deform 软件二次开发

用户自定义的核心代码在不同的 Fortran 文件中储存,其中主要储存在文件 DEF_USR.FOR 中。Deform 软件通过调用储存在文件中的子程序代码来计算用户自定义的变量的值。

本书通过建立 CA.WIG、CB.WIG 和 CC.WIG 三个外部文件夹将材料动态再结晶的本构方程导入 Deform 模拟软件中,用户编写的各子程序关系如图 4-20 所示。

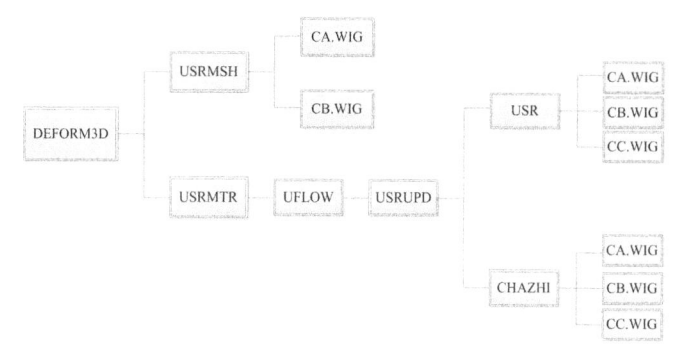

图 4-20　各子程序关系图

4.5.6　再结晶过程子程序的编制

Deform 有限元计算流程图如图 4-21 所示。本书用户自定义的动态再结晶子程序只是根据模拟的需要加入 Deform-3D 一部分程序。

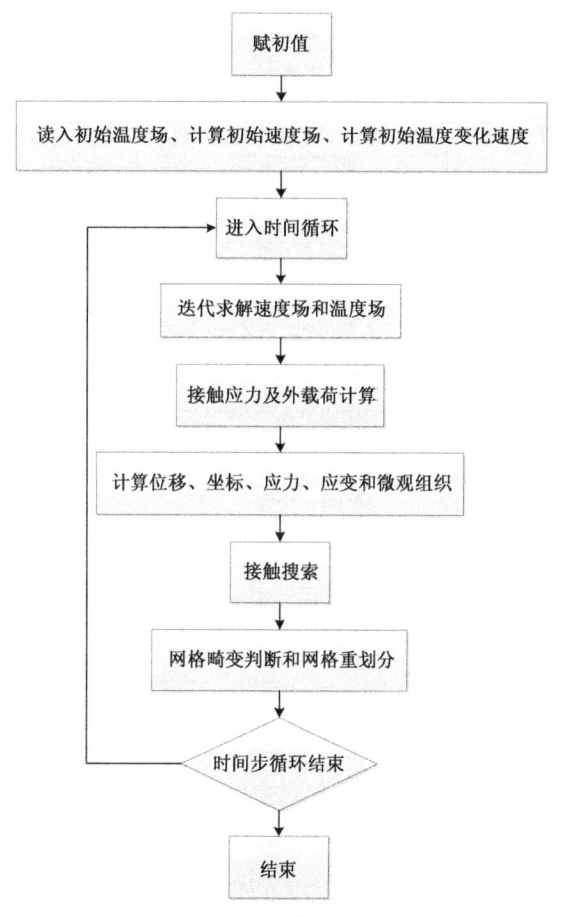

图 4-21　Deform 有限元计算流程图

该用户自定义子程序流程图如图 4-22 所示。

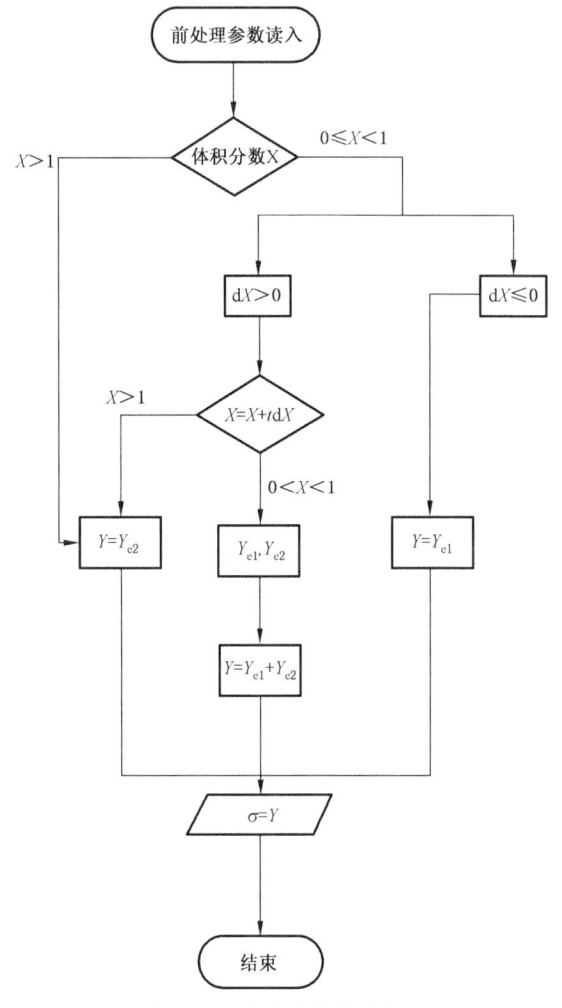

图 4-22 子程序运算流程图

其中：X 为材料的再结晶体积分数；dX 为 X 的增长率；Y 为流动应力；Y_{e1} 为材料再结晶区域流动应力；Y_{e2} 为材料未再结晶区域流动应力；t 为模拟时间步长。用户子程序在计算的过程中先求出材料的再结晶体积分数，然后根据材料的本构模型再计算出材料的平均晶粒度，从而使软件在最终实现对材料微观组织演变的模拟和预测。

本书针对 Deform 仿真模拟软件的具体二次开发过程如下：(1)在软件的安装目录中打开 DEFORM3D 文件夹，在文件子目录中依次打开文件 V6_1—文件 UserRoutine—文件 PostProcessor—文件 USR_DEF_PST3_Absoft70，Absoft Pro Fortran 70 语言编程器的界面如图 2-17 所示。(2)在 pstusr3.f 编制用户子程序并把文件保存。然后选择 tools 菜单里面的 build 命令,此命令可以生成 DEF_SIM.exe 文件,若子程序编译成功的话,则会在原来的界面下弹出一个界面显示 build completed,最后用生成的 DEF_SIM.exe 文件覆盖安装目录下的原文件,二次开发步骤至此结束。

图 4-23　Absoft Pro Fortran 70 语言编程器操作界面

本节通过 Gleeble-3800 热压缩机对 GH4169 高温合金进行热压缩试验,得到材料在不同温度和不同应变速率下的应力应变曲线,分析了温度和应变速率对材料性能和微观组织的影响;通过应力应变曲线建立了材料的本构方程和动态再结晶模型,从而为软件的二次开发奠定了基础。基于 Windows 平台的 Deform 二次开发编程接口以及在二次开发过程中所用到的一些用户自定义子程序,通过建立外部文件将材料动态再结晶的本构方程嵌入 Deform 模拟软件中,对 Deform 模拟软件进行二次开发,给出了材料在进行二次开发过程中的子程序流程图以及再结晶模型编程的一部分代码,为组织演变模拟打下基础。

4.6　多向锻造微观组织演化模拟

本节主要基于对 GH4169 高温合金的热压缩试验来建立 GH4169 高温合金的本构方程和动态再结晶模型,并将其导入 Deform 仿真软件中,对 GH4169 高温合金闭式多向锻造(Closed multidirectional forging,CMDF),单开式多向锻造(Single side open multidirectional forging，SSOMDF)和双开式多向锻造(Bilateral open multidirectional forging，BOMDF)过程中的微观组织演化规律进行仿真,在此基础上建立GH4169高温合金多向锻造的微观组织神经网络预测模型,并对其进行试验验证。

4.6.1 有限元模型的建立

有限元模拟所采用的模型如图4-24所示,模型包含一个毛坯、一个上模和一个下模。模拟过程中相关参数设置见表4-6。

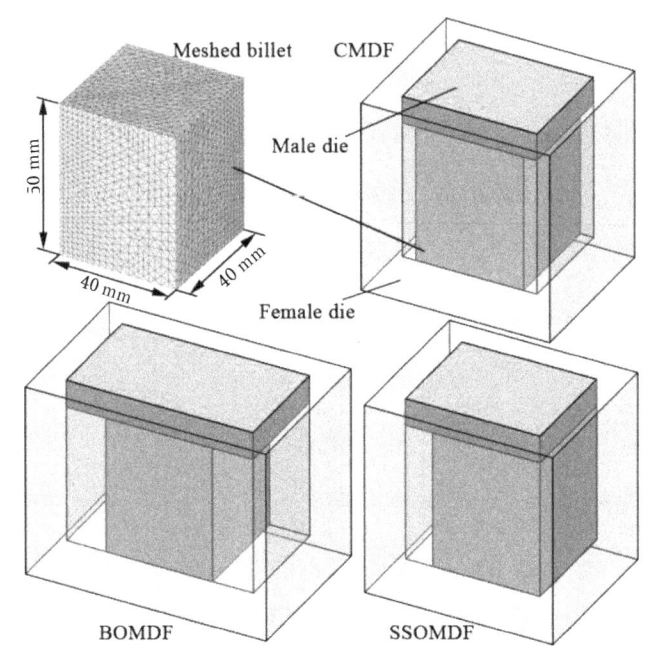

图 4-24 有限元模型

在锻造的过程中,由于模具的约束作用,起初坯料在高度方向属于压缩变形,在长度方向属于拉伸变形,宽度方向不发生变形,随着变形程度的增加,当变形量达到一定程度时,闭式多向锻造由于下模的约束作用,锻件左右方向长度不再增加,而是逐渐将下模的凹槽填充满,此时一道次结束。单开式多向锻造是一侧充满而另一侧保持自由表面,双开式多向锻造两侧保持自由表面。每锻完一道次就将锻件绕着轴线旋转90°,然后重复上一次的锻造过程。模拟所采用的是相对网划分法,网格类型为四面体网格,划分的数量为20 000个单元。表4-6所示为锻造过程中相关的参数设置。

表 4-6　有限元模拟参数设置

工艺参数	符号	单位	参考值
锻造温度	T	℃	800～1 000
锻件尺寸	—	mm	40×40×50
模具材料	—	—	H13
摩擦系数	f	—	0.3
热传导系数	λ	W/(m·K)	20～40
比热容系数	C	N/(mm^2·K)	3.0～5.0
初始晶粒尺寸	d	μm	45
上模尺寸	—	mm	50×40×10
下模尺寸	—	mm	70×60×60
压下量	—	%	20

坯料的形状和尺寸跟闭式多向锻造的坯料是相同的，该模拟是将坯料放置在下模的一侧，另一侧不受模具限制，使模具在锻造的过程中只沿着一个方向发生变形量，并且一直不受模具的约束，而受限制的一侧自始至终都不发生任何变形。为了使坯料最终的变形量比较均匀，在每个道次结束以后的旋转过程需要保证每个面都能够发生变形。

4.6.2　单开式多向锻造数值模拟结果与分析

4.6.2.1　800 ℃锻造模拟结果分析

1. 锻造 3 道次以后锻件的等效应变、再结晶体积分数和平均晶粒度分布情况

图 4-25 所示为锻造 3 道次（一个循环）锻件等效应变分布云图与曲线图。从云图和曲线图中可以看出：在锻件的外表面，由于锻件接触表面中间部分受到模具摩擦力的作用，所以锻件表面部分的等效应变相对较小，最小仅为 0.45 左右；而锻件棱边和中间部分为易变形区，由于易变形区受模具摩擦力影响小，金属流动阻力减小，而且由于锻件在锻造过程中始终是一个面自由变化，另一个面受模具约束作用，在锻件内部，其等效应变分布呈 45°倾斜方向分布，等效应变最大值达到 1.02 左右。

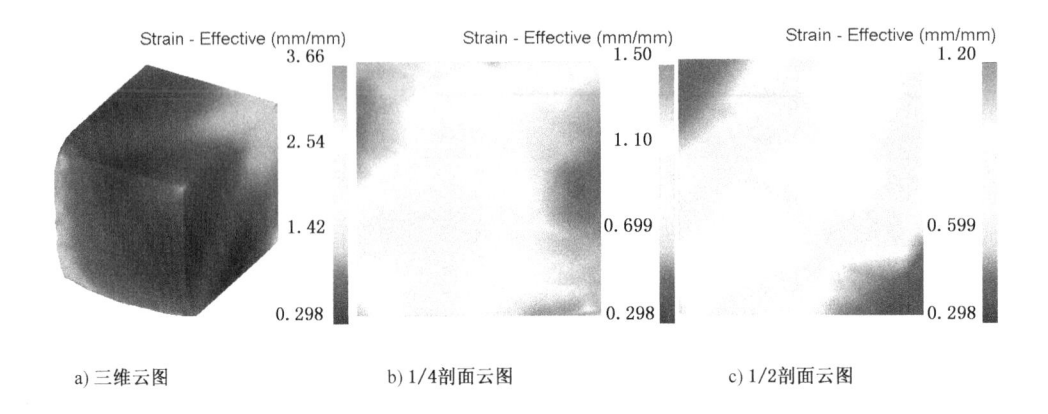

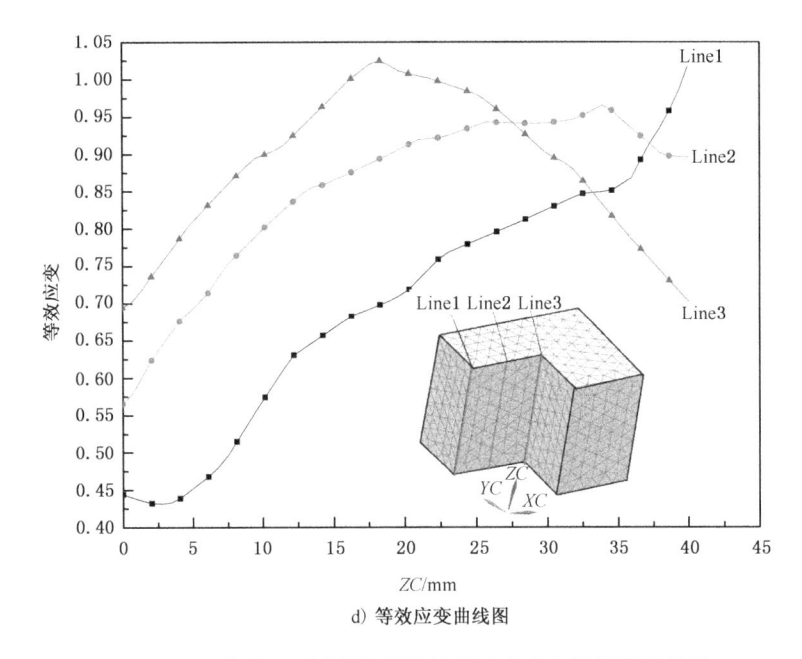

a) 三维云图   b) 1/4剖面云图   c) 1/2剖面云图

d) 等效应变曲线图

图 4-25　3 道次(一个循环)锻件等效应变分布云图和曲线图

图 4-26 所示为锻造 3 道次(一个循环)锻件动态再结晶体积分数分布云图与曲线图。从云图和曲线图中可以看出：由于锻件的再结晶程度与等效应变的分布是基本一致的，所以锻件的棱边区域再结晶体积分数明显比其他区域大，并且靠近中心区域的再结晶体积分数也比较大，相反锻件表面中间区域再结晶程度最低。

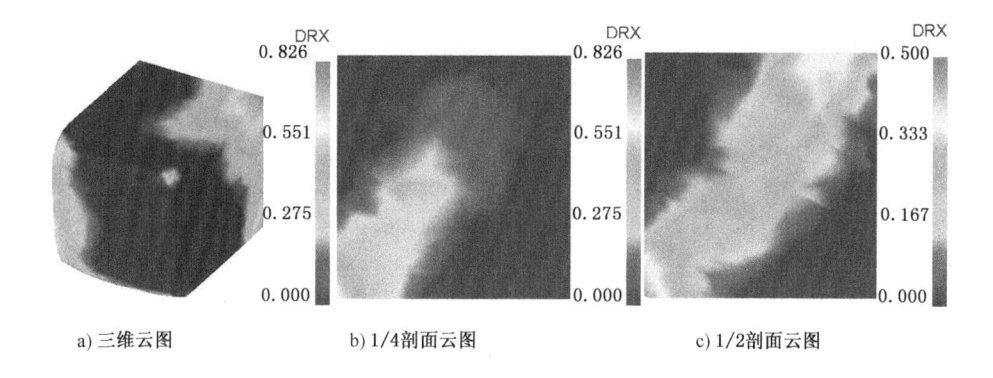

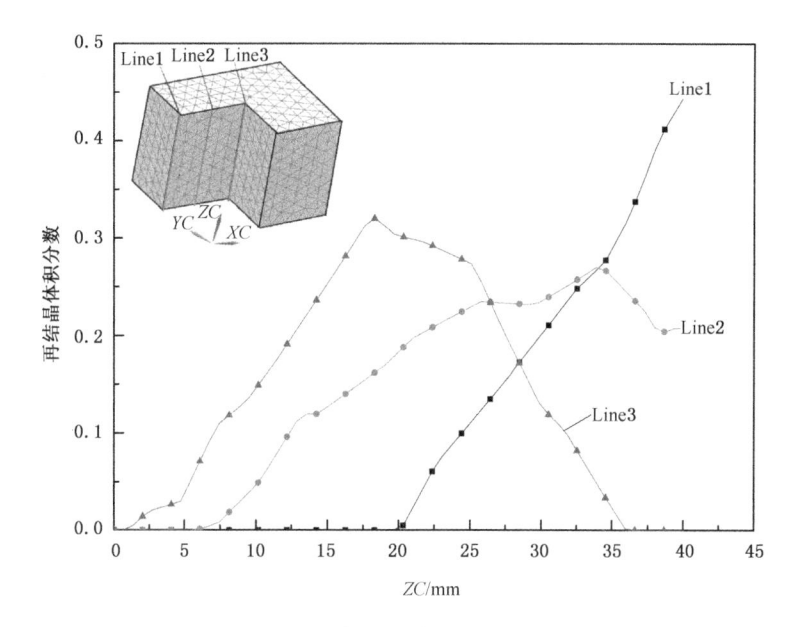

a) 三维云图　　　　b) 1/4剖面云图　　　　c) 1/2剖面云图

d) 动态再结晶体积分数曲线图

图 4-26　3 道次(一个循环)锻件动态再结晶体积分数分布云图和曲线图

如图 4-27 所示为锻造 3 道次(一个循环)锻件再结晶晶粒尺寸云图与曲线图分布情况。从云图和曲线图中可以看出：由于锻件再锻造过程中一边受模具限制作用，另一半自由变形，所以锻件最终在 45°的一个斜面上再结晶尺寸最小，最小值仅为 30 μm 左右，其他区域再结晶晶粒尺寸相对较大，锻件表面的中心部分甚至都未发生再结晶。结合等效应变云图和等效应变曲线图可知：等效应变越大的地方晶粒度尺寸越小，越容易发生动态再结晶，说明动态再结晶晶粒尺寸与等效应变程度有关。

a) 三维云图　　　　b) 1/4剖面云图　　　　c) 1/2剖面云图

d) 平均晶粒度曲线图

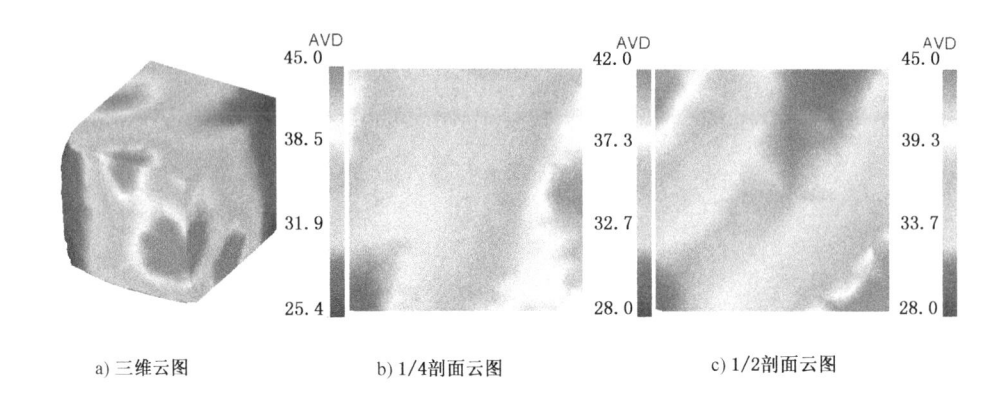

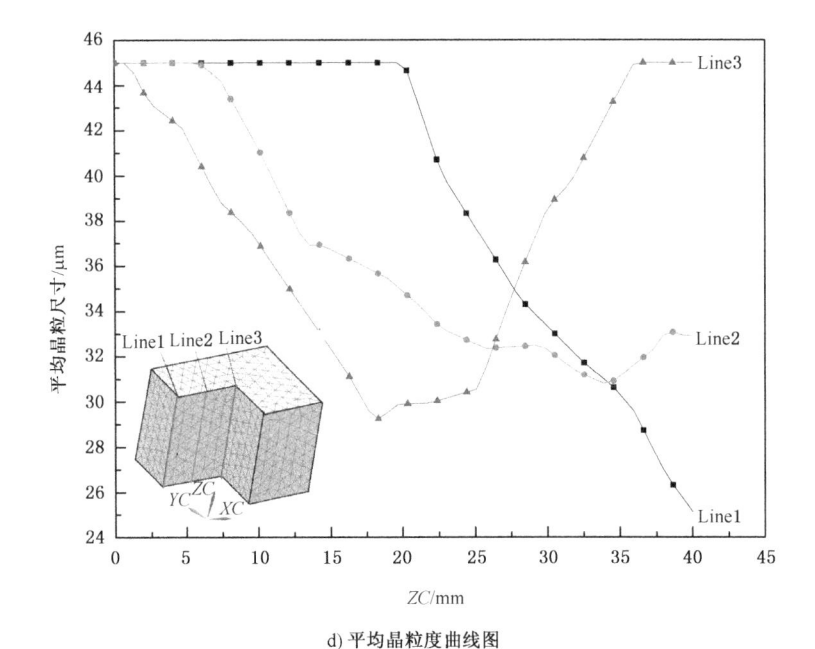

图 4-27　3 道次(一个循环)锻件平均晶粒度分布云图和曲线图

2. 锻造 6 道次以后锻件的等效应变、再结晶体积分数和平均晶粒度分布情况

图 4-28 所示为锻造 6 道次(二个循环)锻件等效应变分布云图与曲线图。从云图和曲线图中可以看出:随着锻造道次的增加,锻件的等效应变也逐渐变大,由于受到模具摩擦力的作用,所以锻件外表面部分的等效应变相对较小,最小仅为 1.1 左右;锻件中心由于是易变形区受模具摩擦力影响小,所以锻件心部等效应变值最大,等效应变最大值达到 2.0 左右,并且越靠近锻件表面等效应变越小。

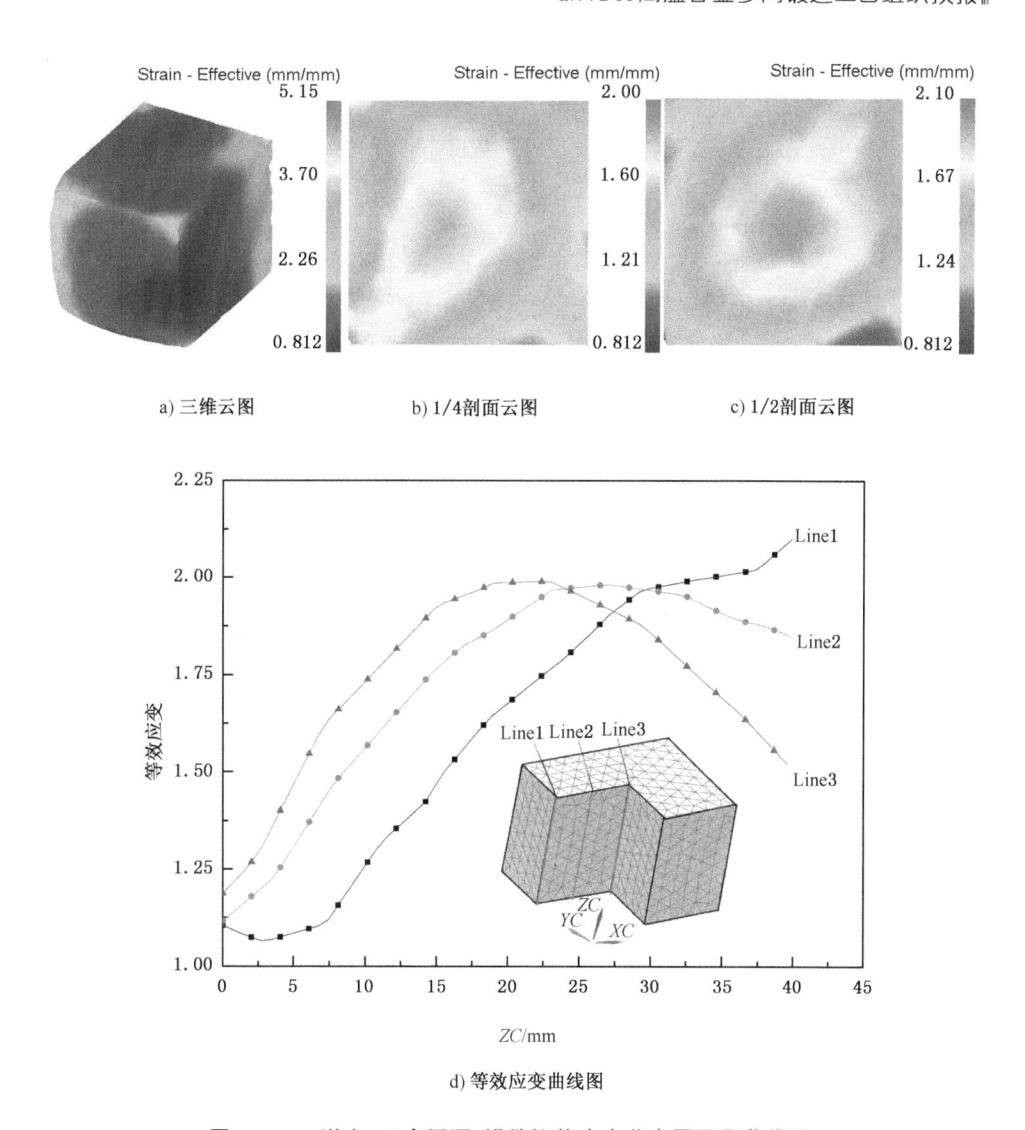

a) 三维云图　　　　　b) 1/4剖面云图　　　　　c) 1/2剖面云图

d) 等效应变曲线图

图 4-28　6 道次(二个循环)锻件等效应变分布云图和曲线图

图 4-29 所示为锻造 6 道次(二个循环)锻件动态再结晶体积分数分布云图与曲线图。从云图和曲线图中可以看出:由于应变对再结晶的影响,锻件的再结晶程度与等效应变的分布是基本一致的,因此锻件的棱边区域再结晶体积分数明显比其他区域大,最大值达到 45% 左右,靠近中心区域的再结晶体积分数也比较大,最大值为 33% 左右,相反锻件表面中间区域再结晶程度最低,甚至都未发生再结晶过程。

图 4-30 所示为锻造 6 道次(二个循环)锻件再结晶晶粒尺寸分布云图与曲线图。从云图和曲线图中可以看出:由于锻件动态再结晶晶粒尺寸与等效应变程度

有关,因此锻件中心部分再结晶程度最大,晶粒尺寸最小,最小值仅为 18.5 μm 左右,而其他区域再结晶晶粒尺寸相对较大。

a) 三维云图　　　　b) 1/4剖面云图　　　　c) 1/2剖面云图

d) 动态再结晶体积分数曲线图

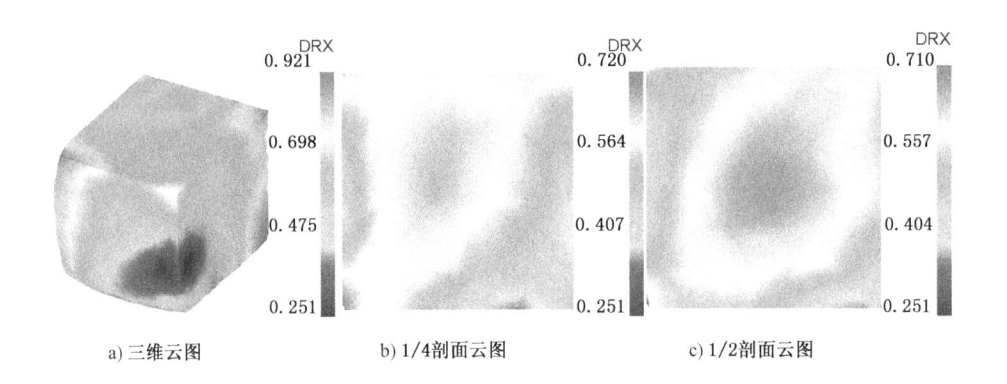

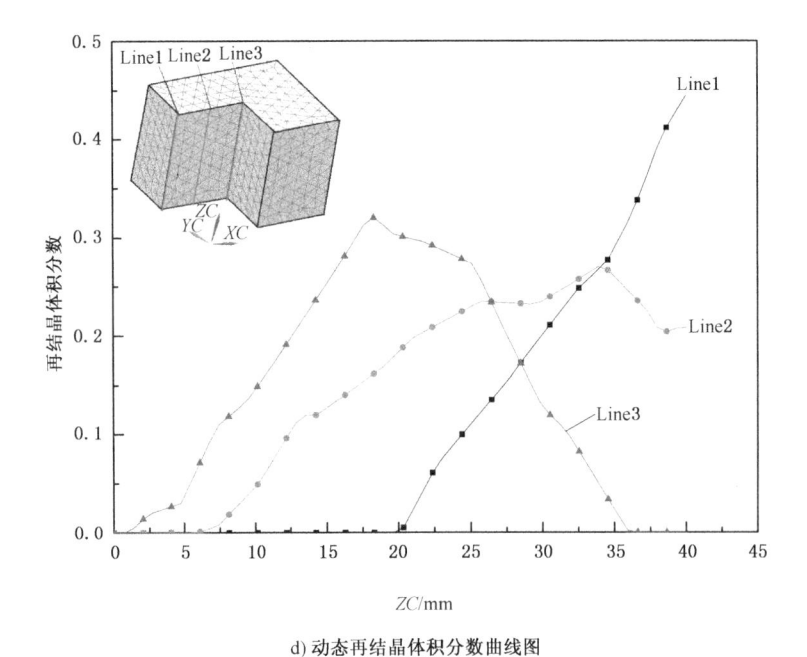

图 4-29　6 道次(一个循环)锻件动态再结晶体积分数分布云图和曲线图

a) 三维云图　　　　b) 1/4剖面云图　　　　c) 1/2剖面云图

d) 平均晶粒度曲线图

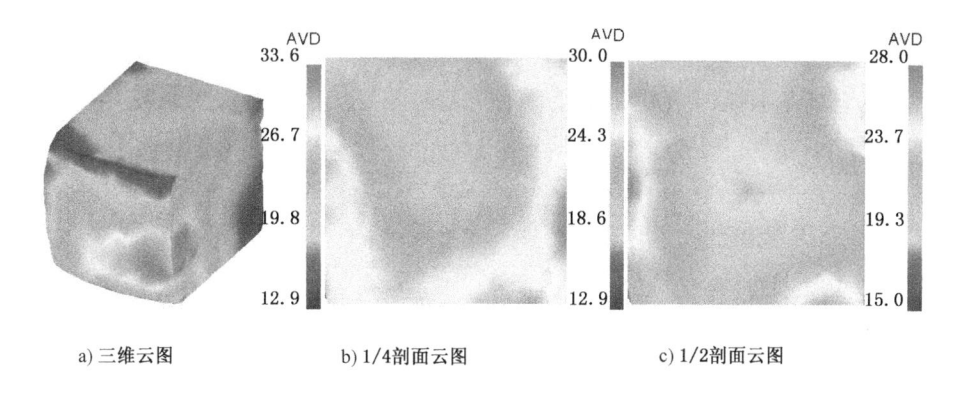

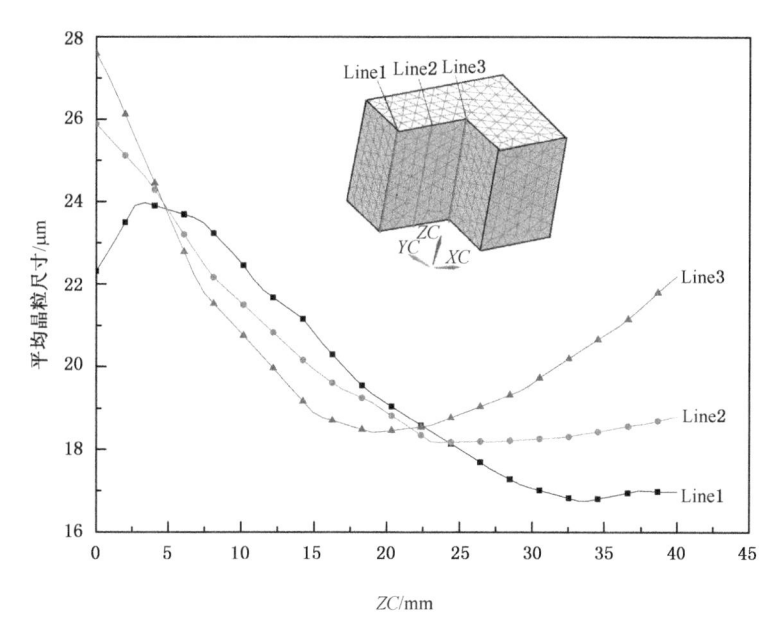

图 4-30　6 道次(二个循环)锻件平均晶粒度分布云图和曲线图

3. 锻造 9 道次以后锻件的等效应变、再结晶体积分数和平均晶粒度分布情况

图 4-31 所示为锻造 9 道次(三个循环)锻件等效应变分布云图与曲线图。从云图和曲线图中可以看出：由于锻件中间部分为易变形区，所以锻件心部等效应变值最大，而在锻件的外表面，由于模具摩擦力的作用使其应变较小，所以锻件表面部分的等效应变相对较小，最小仅为 1.84 左右。

图 4-32 所示为锻造 9 道次(三个循环)锻件动态再结晶体积分数分布云图与曲线图。从云图和曲线图中可以看出：越靠近中心区域锻件再结晶程度越高，最大值达到 81% 左右，而锻件表面中间区域再结晶程度最低，最小区域仅为 69% 左右，

并且整体的再结晶程度明显高于 3 道次下的锻件。

图 4-33 所示为锻造 9 道次(三个循环)锻件再结晶晶粒尺寸分布云图与曲线图。从云图和曲线图中可以看出:锻件在棱边和中心区域等效应变最大,因此该区域的再结晶晶粒尺寸相较于其他区域最小,该区域晶粒尺寸最小仅为 13 μm 左右,结合图 4-31 等效应变云图和曲线图、图 4-32 动态再结晶体积分数云图和曲线图可知:晶粒尺寸最小发生在等效应变最大、再结晶体积分数最高区域。

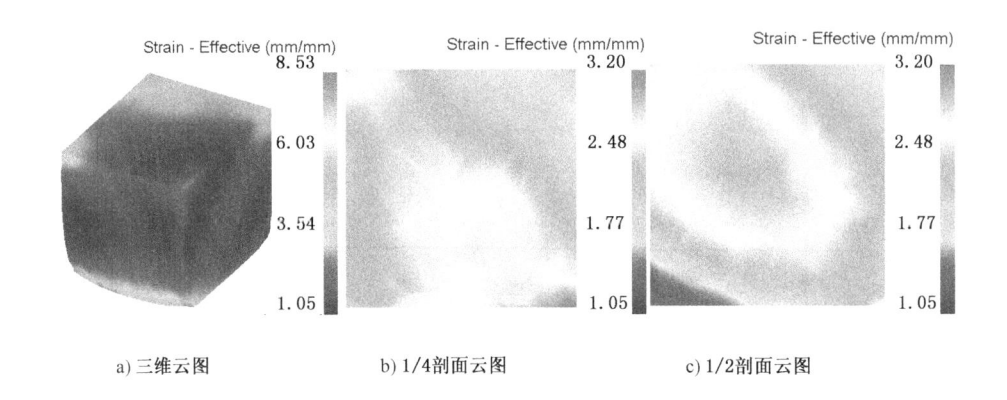

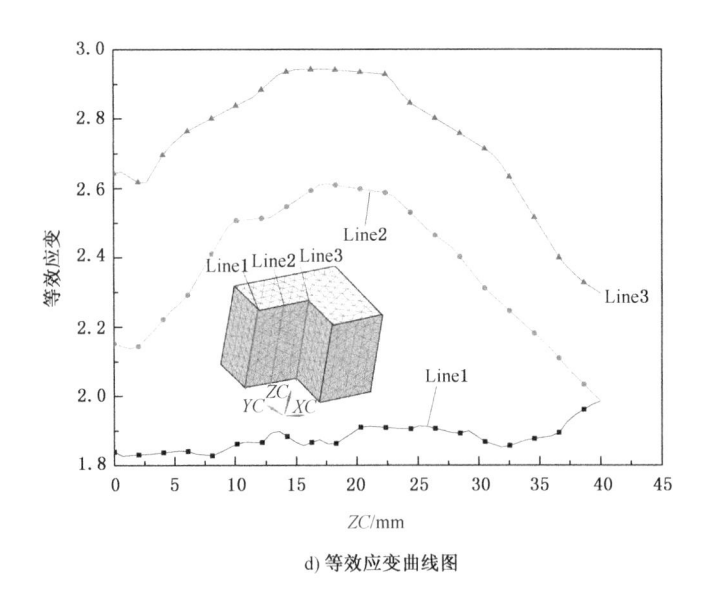

a) 三维云图　　b) 1/4 剖面云图　　c) 1/2 剖面云图

d) 等效应变曲线图

图 4-31　9 道次(三个循环)锻件等效应变分布云图和曲线图

a) 三维云图　　　　b) 1/4剖面云图　　　　c) 1/2剖面云图

d) 动态再结晶体积分数曲线图

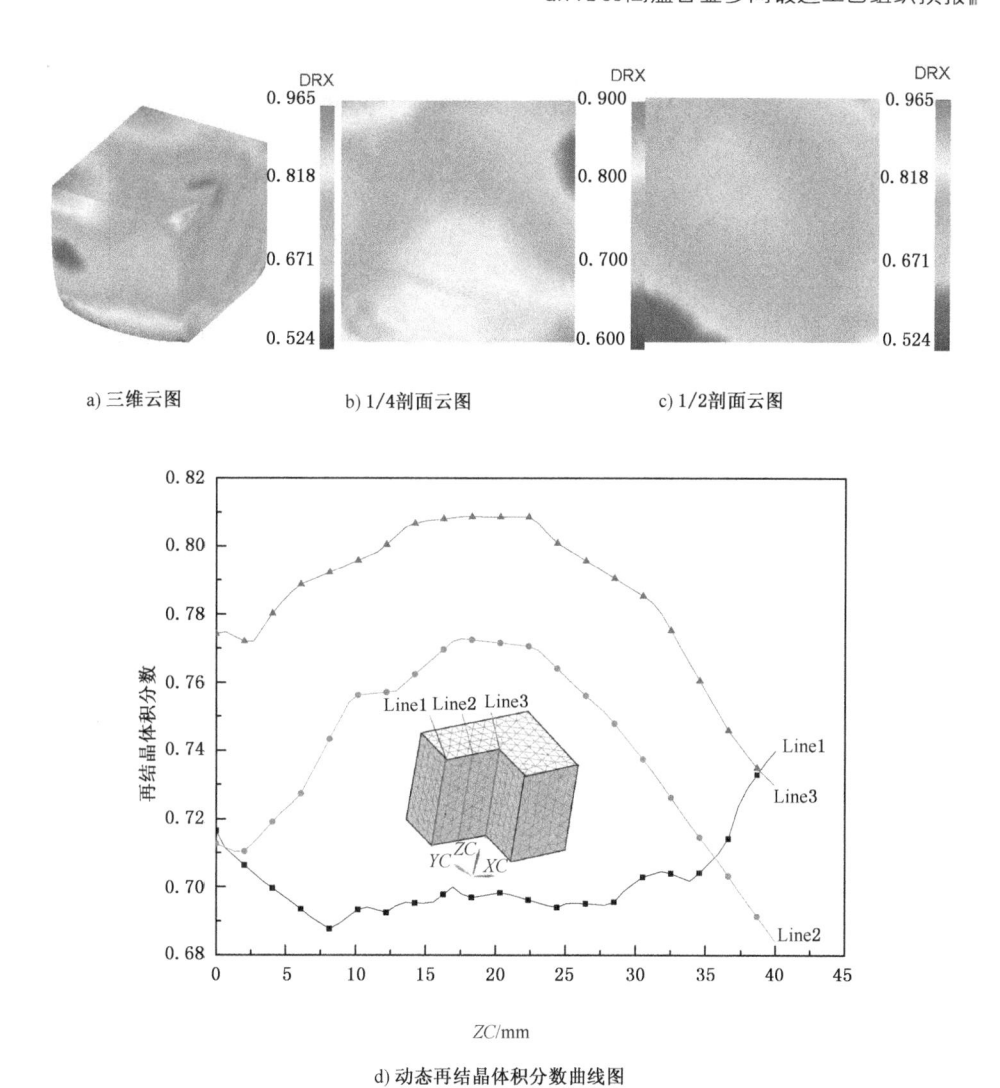

图 4-32　9 道次(三个循环)锻件动态再结晶体积分数分布云图和曲线图

4.6.2.2　900 ℃锻造模拟结果分析

1. 锻造 3 道次以后锻件的等效应变、再结晶体积分数和平均晶粒度分布情况

图 4-34 所示为锻造 3 道次(一个循环)锻件等效应变分布云图与曲线图。从云图和曲线图中可以看出：锻件的一边受到模具的约束作用，使得锻件表面部分的等效应变相对较小，最小仅为 0.45 左右；锻件棱边和中间部位受模具摩擦力影响小，而且由于锻件在锻造过程中始终是一个面自由变化，另一个面受模具约束作用，在锻件内部，其等效应变呈 45°倾斜方向分布，等效应变最大值达到 0.97 左右。

a) 三维云图 b) 1/4剖面云图 c) 1/2剖面云图

d) 平均晶粒度曲线图

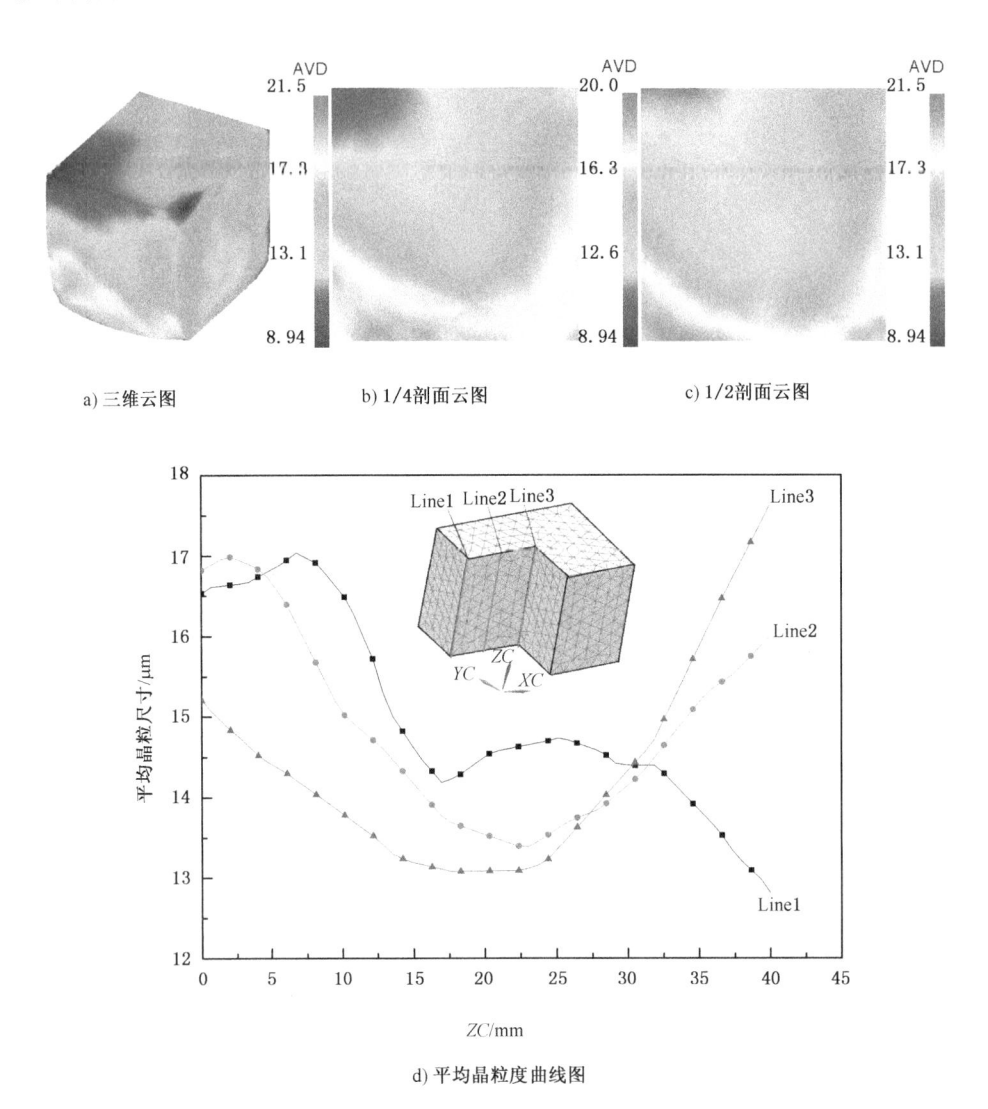

图 4-33　9 道次(三个循环)锻件平均晶粒度分布云图和曲线图

图 4-35 所示为锻造 3 道次(一个循环)锻件动态再结晶体积分数分布云图与曲线图。从云图和曲线图中可以看出：在锻造过程中，锻件的棱边区域和靠近中心区域的再结晶体积分数明显比其他区域大，最大达到 60% 左右，而表面靠近中心区域再结晶程度最低。图 4-36 所示为锻造 3 道次(一个循环)锻件再结晶晶粒尺寸分布云图与曲线图。从云图和曲线图中可以看出：锻件在棱边区域和靠近中心区域再结晶程度最高，因此该区域晶粒尺寸也最小，最小值仅为 32.5 μm 左右，其他区域再结晶晶粒尺寸相对较大，锻件表面的中心部分甚至都未发生再结晶。

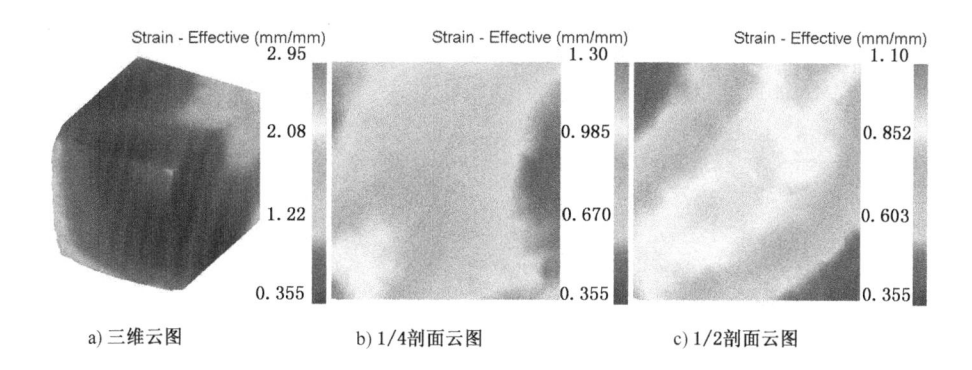

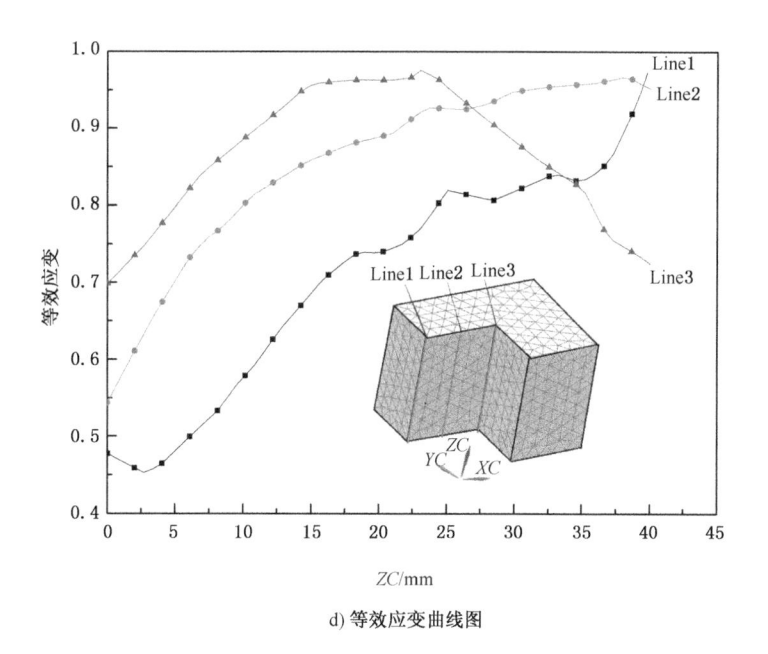

a) 三维云图　　　　b) 1/4剖面云图　　　　c) 1/2剖面云图

d) 等效应变曲线图

图 4-34　3 道次(一个循环)锻件等效应变分布云图和曲线图

a) 三维云图 b) 1/4剖面云图 c) 1/2剖面云图

d) 动态再结晶体积分数曲线图

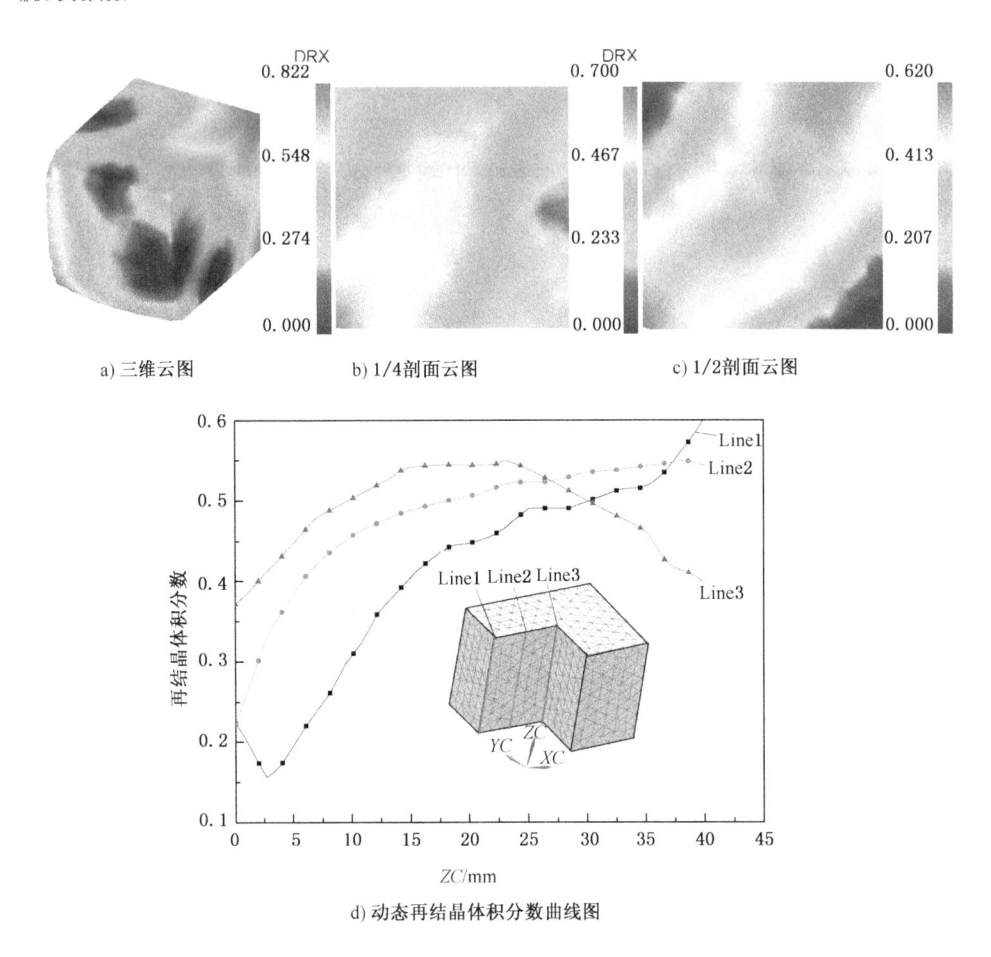

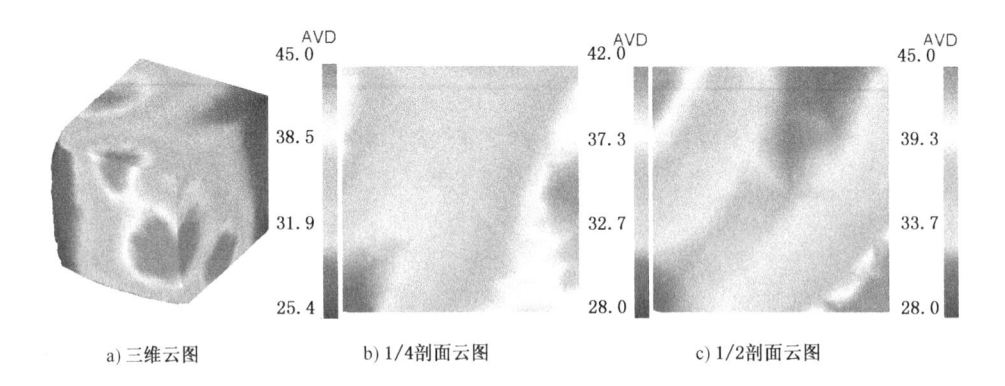

图 4-35　3 道次(一个循环)锻件动态再结晶体积分数分布云图和曲线图

a) 三维云图 b) 1/4剖面云图 c) 1/2剖面云图

d) 平均晶粒度曲线图

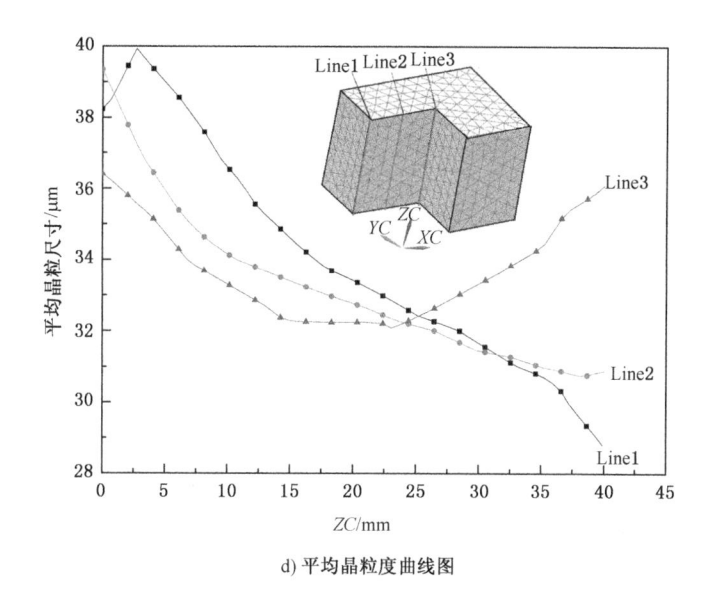

图 4-36　3 道次(一个循环)锻件平均晶粒尺寸分布云图和曲线图

2. 锻造 6 道次以后锻件的等效应变、再结晶体积分数和平均晶粒度分布情况

图 4-37 所示为锻造 6 道次(二个循环)锻件等效应变分布云图与曲线图。从云图和曲线图中可以看出:因为模具对锻件的一边始终有一定的约束作用,所以锻件表面部分的等效应力相对较小,最小仅为 0.75 左右;锻件中间部分受模具摩擦力影响小,所以锻件心部等效应变值最大,等效应变最大值达到 1.9 左右,并且越靠近锻件表面等效应变越小。

图 4-38 所示为锻造 6 道次(二个循环)锻件动态再结晶体积分数分布云图与曲线图。从云图和曲线图中可以看出:锻件的再结晶程度与等效应变的分布是基本一致的,锻件的棱边区域再结晶程度最高,最大值达到 45% 左右,中心区域的再结晶体积分数也比较大,而锻件表面中间区域再结晶程度最低,甚至有些区域都未发生再结晶过程。

图 4-39 所示为锻造 6 道次(二个循环)锻件再结晶晶粒尺寸分布云图与曲线图。从云图和曲线图中可以看出:因为模具在棱边和中心区域再结晶程度较高,而表面中心区域再结晶程度最低,所以锻件中心部分晶粒尺寸最小,最小值仅为 23 μm 左右,表面靠近中心区域晶粒尺寸最大。

a) 三维云图   b) 1/4剖面云图   c) 1/2剖面云图

d) 等效应变曲线图

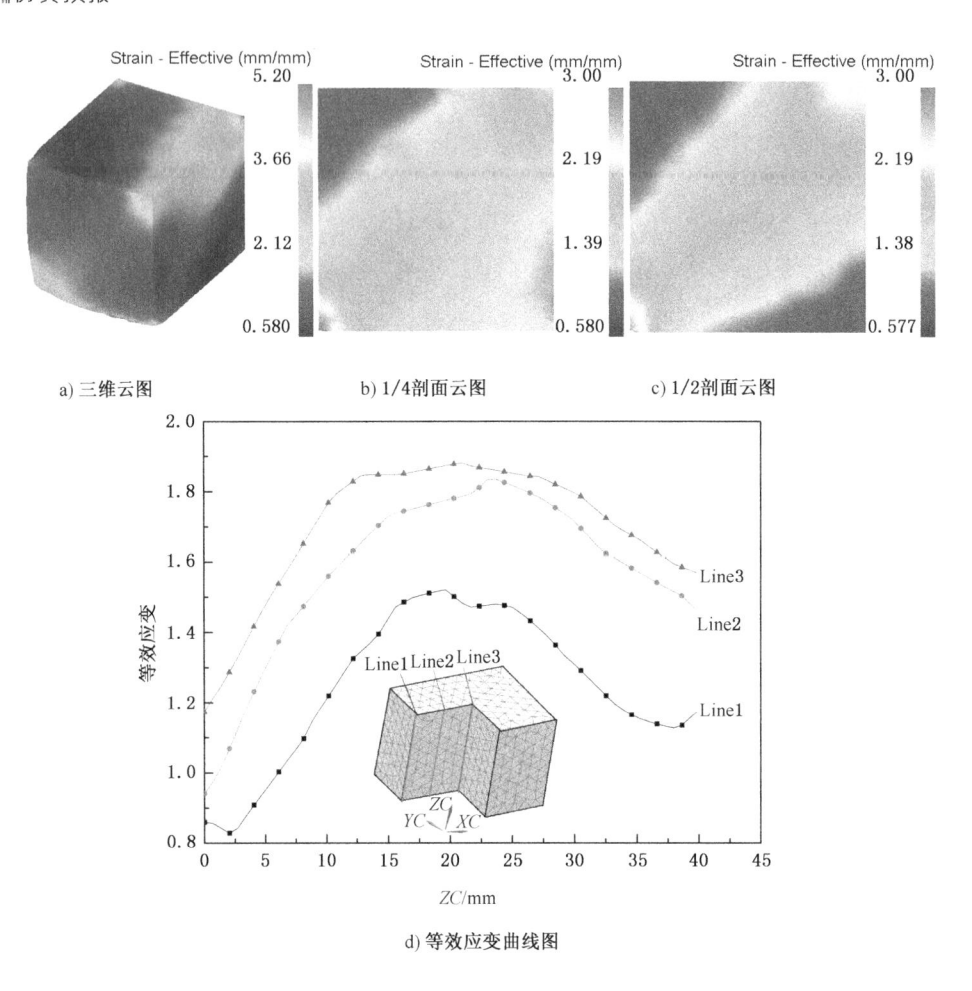

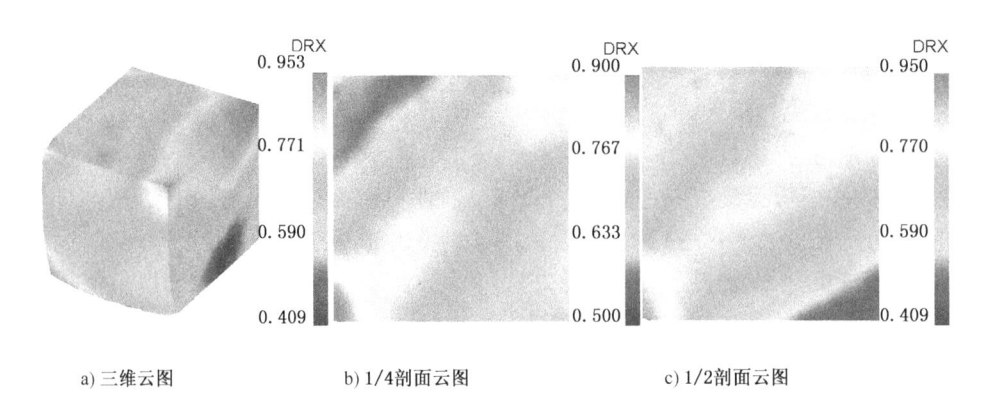

图 4-37　6 道次(二个循环)锻件等效应变分布云图和曲线图

a) 三维云图   b) 1/4剖面云图   c) 1/2剖面云图

d) 动态再结晶体积分数曲线图

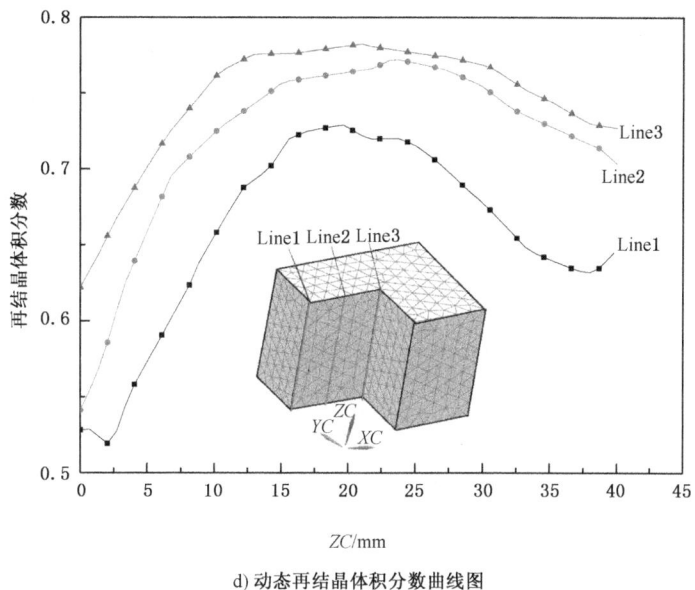

图 4-38　6 道次(二个循环)锻件动态再结晶体积分数分布云图和曲线图

3. 锻造 9 道次以后锻件的等效应变、再结晶体积分数和平均晶粒度分布情况

图 4-40 所示为锻造 9 道次(三个循环)锻件等效应变分布云图与曲线图。从云图和曲线图中可以看出：经过 9 道次锻造以后，锻件等效应变明显增大，且锻件的外表面等效应变相对较小，最小仅为 1.1 左右；锻件中间部分等效应变值最大，等效应变最大值达到 2.8 左右，并且越靠近锻件表面等效应变越小。

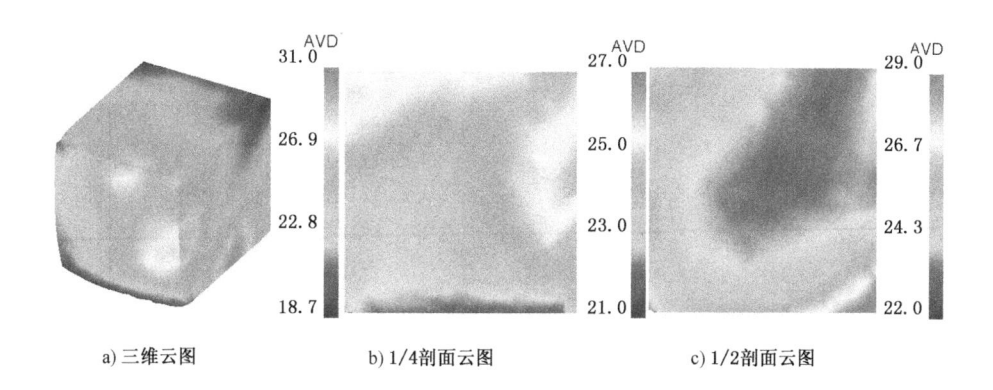

a) 三维云图　　　　b) 1/4 剖面云图　　　　c) 1/2 剖面云图

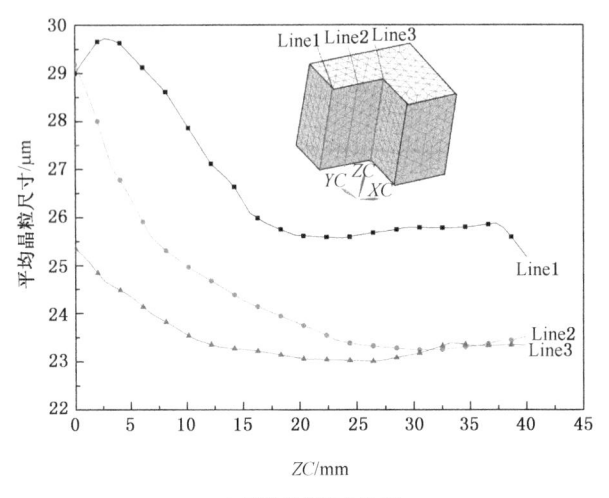

d) 平均晶粒度曲线图

图 4-39 6 道次(二个循环)锻件平均晶粒度分布云图和曲线图

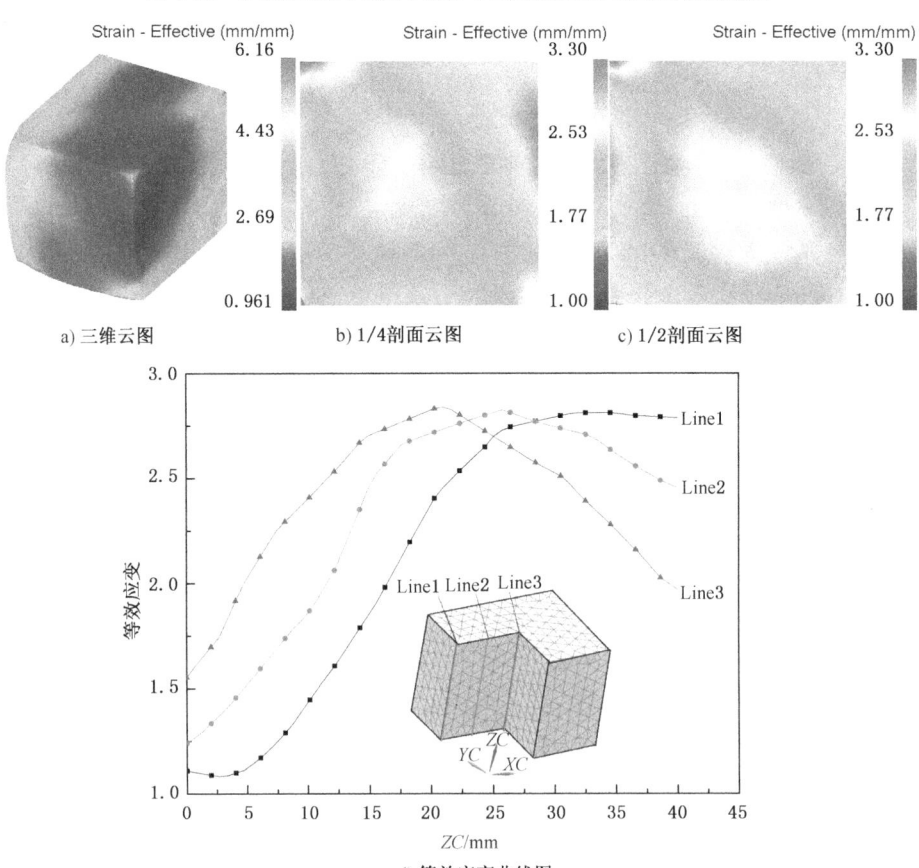

a) 三维云图　　b) 1/4 剖面云图　　c) 1/2 剖面云图

d) 等效应变曲线图

图 4-40 9 道次(三个循环)锻件等效应变分布云图和曲线图

图 4-41 所示为锻造 9 道次(三个循环)锻件动态再结晶体积分数分布云图与曲线图。从云图和曲线图中可以看出:由于锻件的再结晶程度与等效应变的分布是基本一致的,所以锻件的棱边区域再结晶体积分数明显比其他区域大,最大值达到 88% 左右,靠近中心区域的再结晶体积分数也比较大,并且越靠近中心区域再结晶程度越高,最大值为 87% 左右,相反锻件表面中间区域再结晶程度最低,甚至都未发生再结晶过程。

a) 三维云图   b) 1/4 剖面云图   c) 1/2 剖面云图

d) 动态再结晶体积分数曲线图

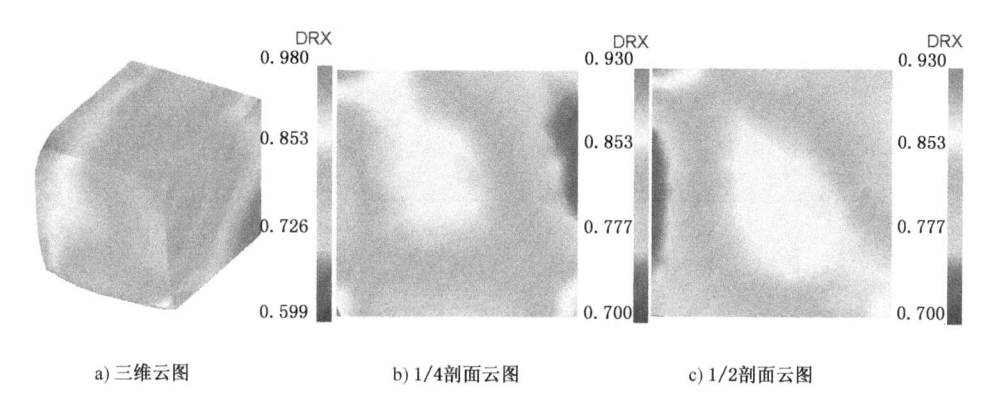

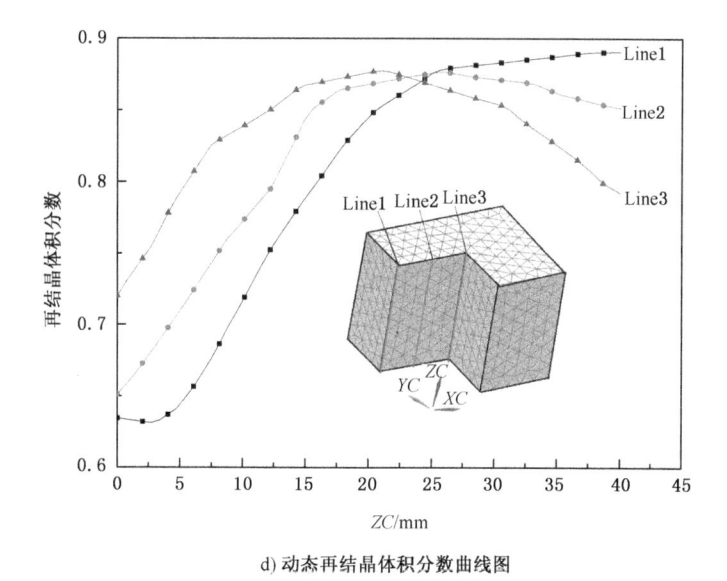

图 4-41 9 道次(三个循环)锻件动态再结晶体积分数分布云图和曲线图

图 4-42 所示为锻造 9 道次(三个循环)锻件再结晶晶粒尺寸分布云图与曲线图。从云图和曲线图中可以看出:锻件在经过 9 道次锻造以后,晶粒尺寸明显减小,并且棱边区域晶粒尺寸最小,最小值仅为 17 μm 左右,而其他区域再结晶晶粒

尺寸相对较大。

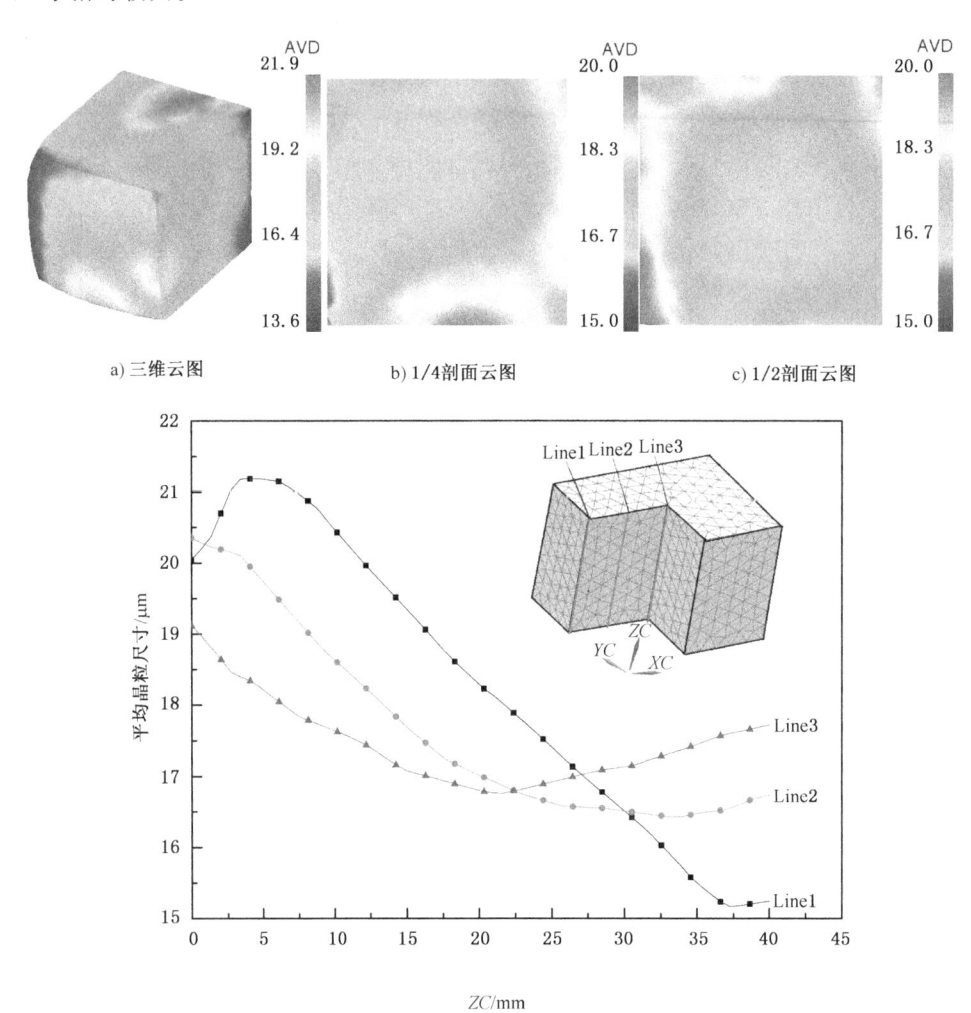

a) 三维云图　　　　b) 1/4 剖面云图　　　　c) 1/2 剖面云图

d) 平均晶粒度曲线图

图 4-42　9 道次(三个循环)锻件平均晶粒度分布云图和曲线图

4.6.2.3　1 000 ℃ 锻造模拟结果分析

1. 锻造 3 道次以后锻件的等效应变、再结晶体积分数和平均晶粒度分布情况

图 4-43 所示为锻造 3 道次(一个循环)锻件等效应变分布云图与曲线图。从云图和曲线图中可以看出：锻件在锻造过程中，随着变形程度的增加，当变形量达到一定程度时，模具就会对锻件产生约束作用，最终导致锻件外表面中心部分应变最小，最小仅为 0.47 左右，而棱边区域和锻件中心部位应变较大，等效应变最大值达到 0.96 左右。图 4-44 所示为锻造 3 道次(一个循环)锻件动态再结晶体积分数分布云图与曲线图。从云图和曲线图中可以看出：锻件的棱边区域再结晶体积分

数明显比其他区域大,靠近中心区域的再结晶体积分数也比较大,并且越靠近中心区域再结晶程度越高,相反锻件表面中间区域再结晶程度最低。

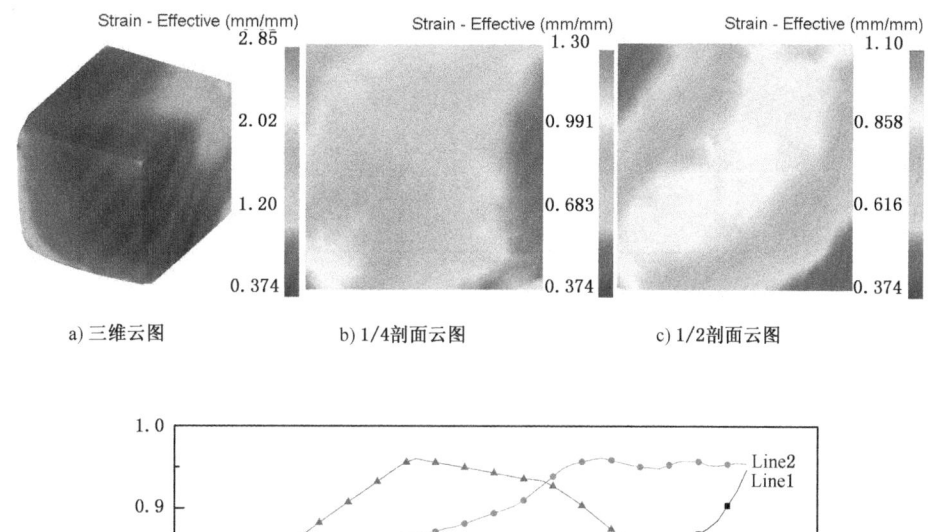

a) 三维云图　　　　b) 1/4剖面云图　　　　c) 1/2剖面云图

d) 等效应变曲线图

图 4-43　3 道次(一个循环)锻件等效应变分布云图和曲线图

图 4-45 所示为锻造 3 道次(一个循环)锻件再结晶晶粒尺寸分布云图与曲线图。从云图和曲线图中可以看出:由于锻件棱边和中心区域以及在 45°的一个斜面上再结晶程度最高,所以该区域晶粒尺寸最小,最小值仅为 29.25 μm 左右,其他区域再结晶晶粒尺寸相对较大,锻件表面的中心部分甚至都未发生再结晶。

a) 三维云图 b) 1/4剖面云图 c) 1/2剖面云图

d) 动态再结晶体积分数曲线图

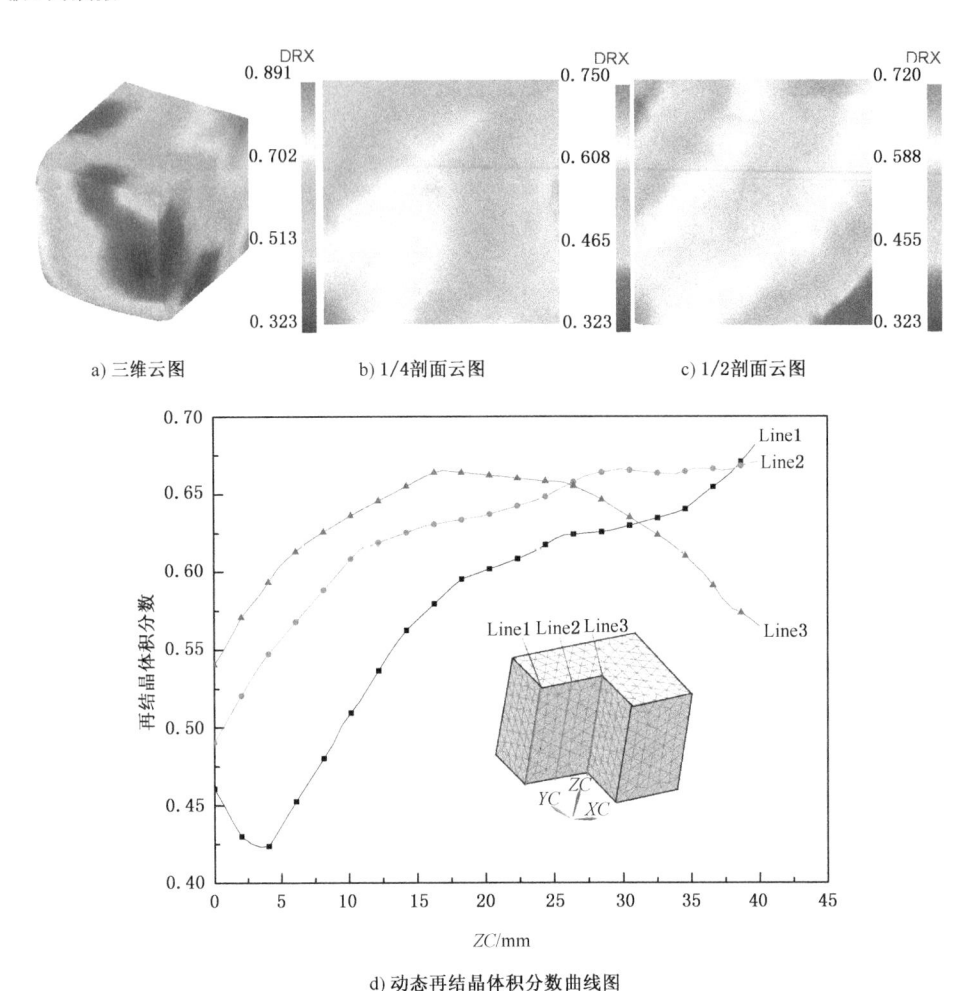

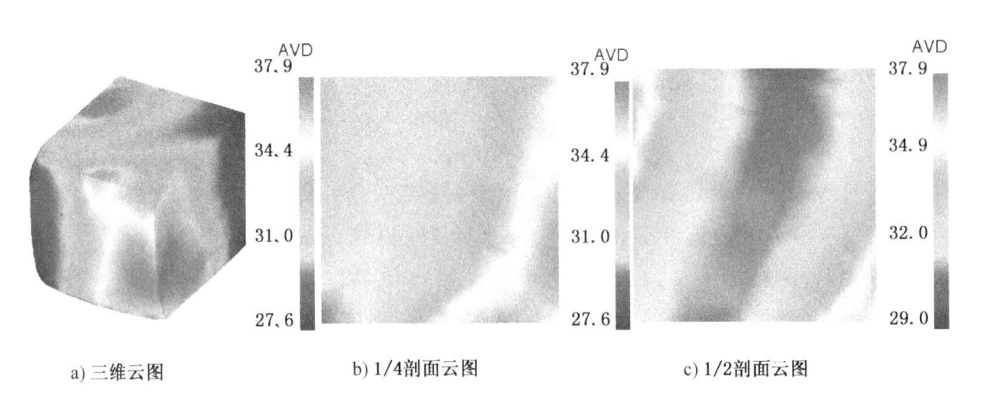

图 4-44 3道次(一个循环)锻件动态再结晶体积分数分布云图和曲线图

a) 三维云图 b) 1/4剖面云图 c) 1/2剖面云图

d) 平均晶粒度曲线图

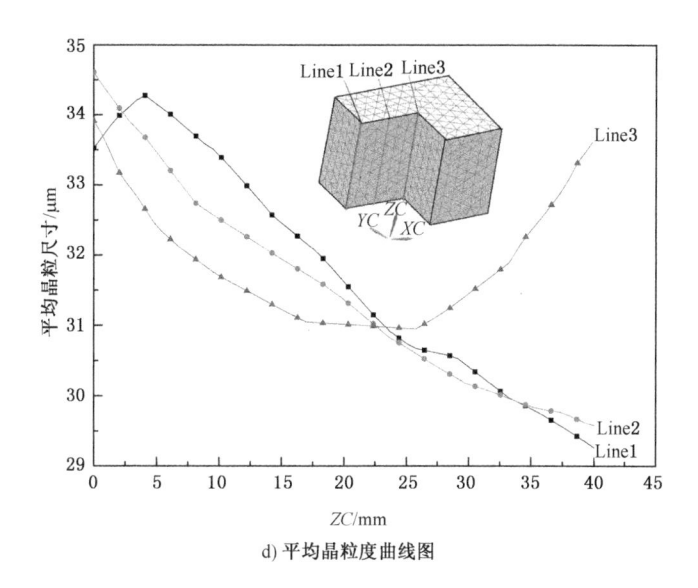

图 4-45 3 道次（一个循环）锻件平均晶粒度分布云图和曲线图

2. 锻造 6 道次以后锻件的等效应变、再结晶体积分数和平均晶粒度分布情况

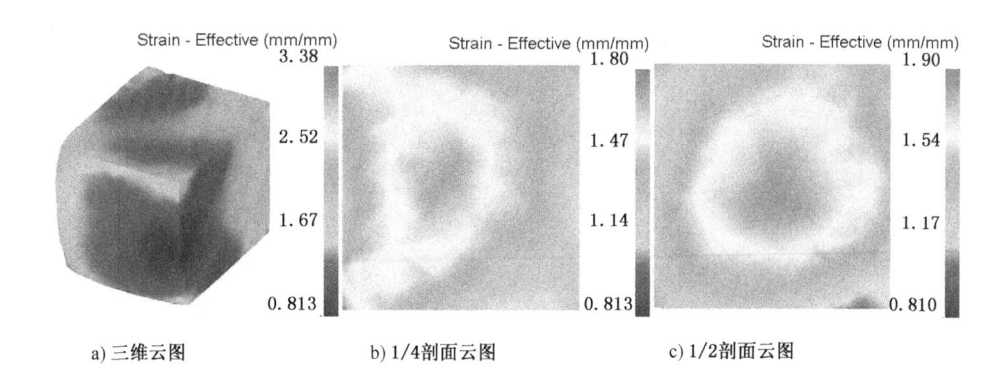

如图 4-46 所示为锻造 6 道次（二个循环）锻件等效应变分布云图与曲线图。从云图和曲线图中可以看出：由于模具对锻件外表面约束作用，锻件表面部分的等效应变相对较小，最小仅为 1.07 左右；而锻件中间部分为易变形区，由于易变形区受模具摩擦力影响小，金属流动阻力小，所以锻件心部等效应变值最大，等效应变最大值达到 1.8 左右，并且越靠近锻件表面等效应变越小。

a) 三维云图　　b) 1/4 剖面云图　　c) 1/2 剖面云图

d) 等效应变曲线图

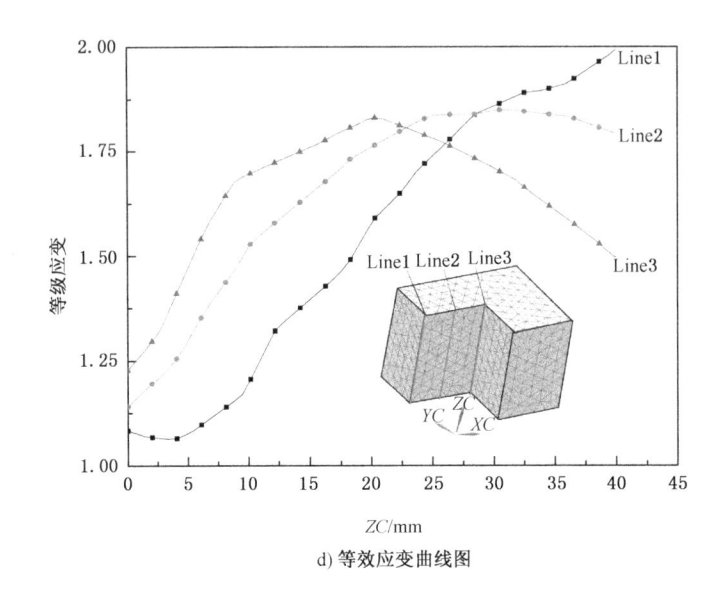

图 4-46 6 道次(二个循环)锻件等效应变分布云图和曲线图

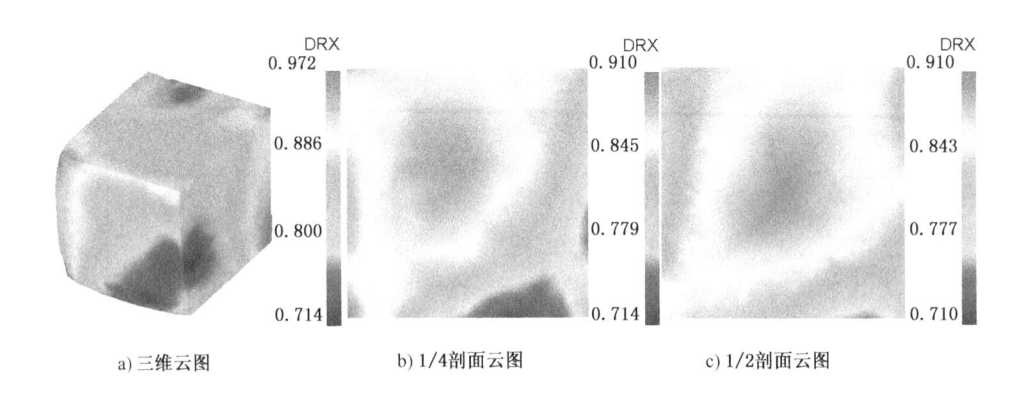

图 4-47 所示为锻造 6 道次(二个循环)锻件动态再结晶体积分数分布云图与曲线图。从云图和曲线图中可以看出：锻件的棱边区域再结晶体积分数明显比其他区域大，最大值达到 92% 左右，靠近中心区域的再结晶体积分数也比较大，并且越靠近中心区域再结晶程度越高，最大值为 90% 左右，相反锻件表面中间区域再结晶程度最低，甚至都未发生再结晶过程。

a) 三维云图   b) 1/4 剖面云图   c) 1/2 剖面云图

d) 动态再结晶体积分数曲线图

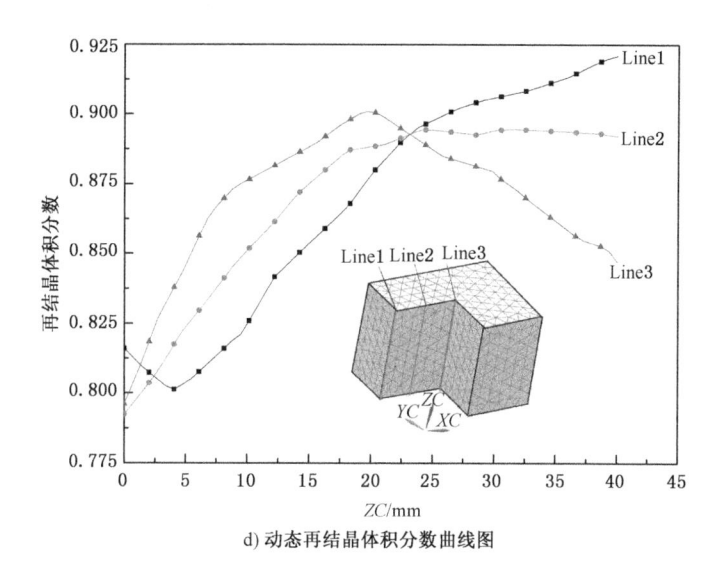

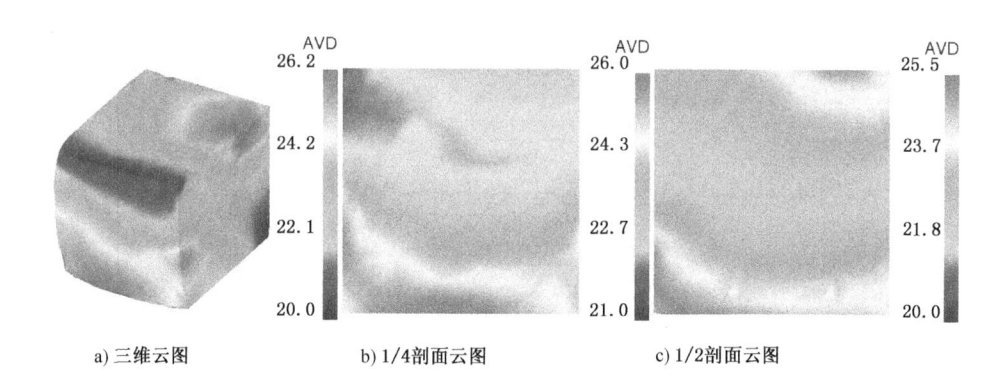

图 4-47 6 道次(二个循环)锻件动态再结晶体积分数分布云图和曲线图

图 4-48 所示为锻造 6 道次(二个循环)锻件再结晶晶粒尺寸分布云图与曲线图。从云图和曲线图中可以看出:由于锻件中心部分等效应变最大,再结晶程度也最大,所以该区域晶粒尺寸最小,最小值仅为 22.3 μm 左右,而其他区域再结晶晶粒尺寸相对较大。

a) 三维云图   b) 1/4 剖面云图   c) 1/2 剖面云图

d) 平均晶粒度曲线图

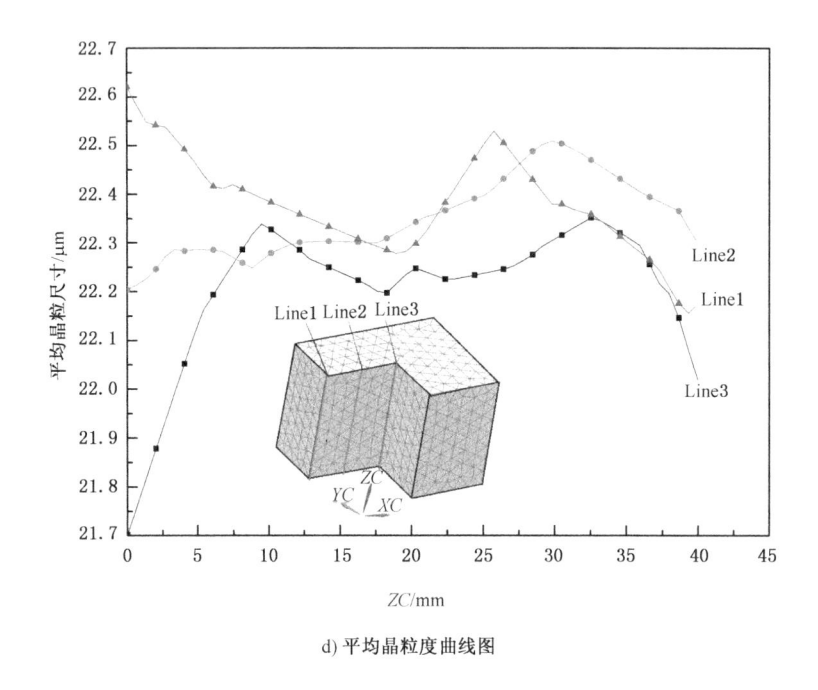

图 4-48　6 道次(二个循环)锻件平均晶粒度分布云图和曲线图

3. 锻造 9 道次以后锻件的等效应变、再结晶体积分数和平均晶粒度分布情况

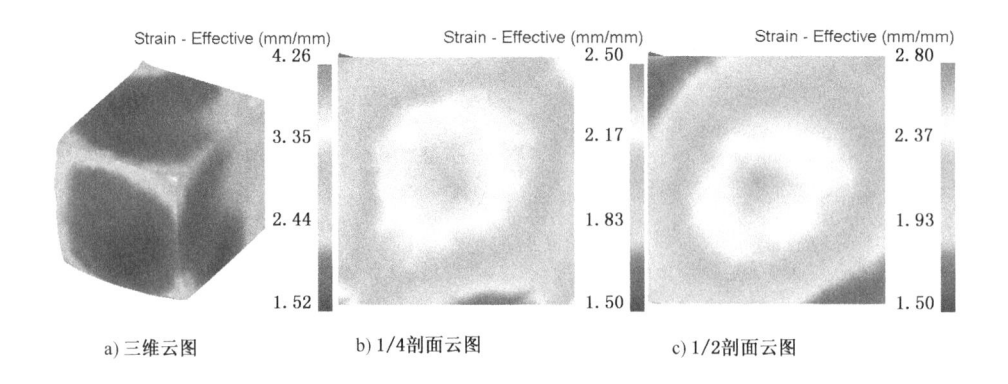

图 4-49 所示为锻造 9 道次(三个循环)锻件等效应变分布云图与曲线图。从云图和曲线图中可以看出：锻件接触表面中间部分受到模具摩擦力的作用，所以该区域等效应变相对较小；而锻件中间部分为易变形区，所以其等效应变值最大，等效应变最大值达到 2.67 左右，并且越靠近锻件表面等效应变越小。

a) 三维云图　　b) 1/4 剖面云图　　c) 1/2 剖面云图

d) 等效应变曲线图

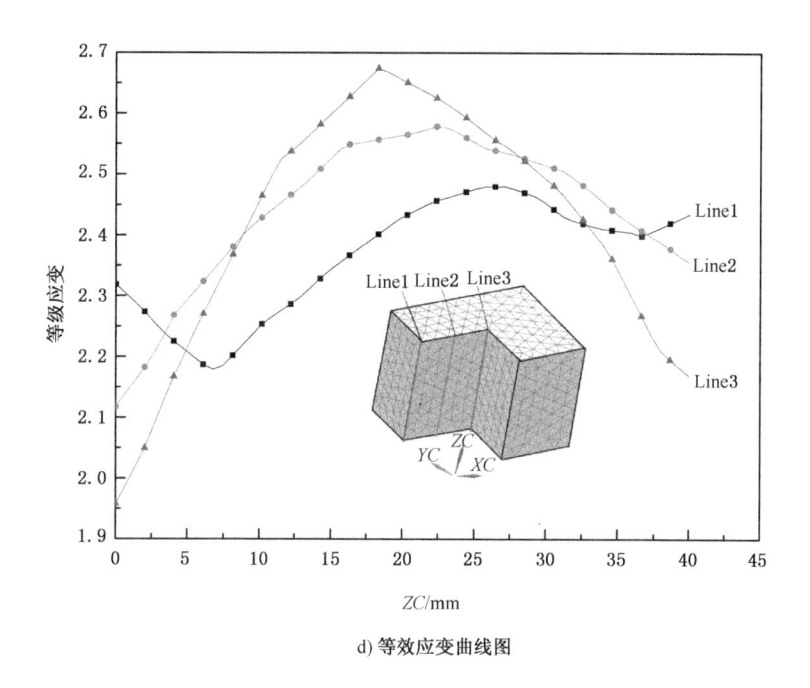

图 4-49　9 道次(三个循环)锻件等效应变分布云图和曲线图

图 4-50 所示为锻造 9 道次(三个循环)锻件动态再结晶体积分数分布云图与曲线图。从云和曲线图中可以看出：锻件的棱边区域再结晶体积分数明显比其他区域大，最大值达到 93.2% 左右，靠近中心区域的再结晶体积分数也比较大，并且越靠近中心区域再结晶程度越高，最大值为 93% 左右，相反锻件表面中间区域再结晶程度最低，甚至都未发生再结晶过程。

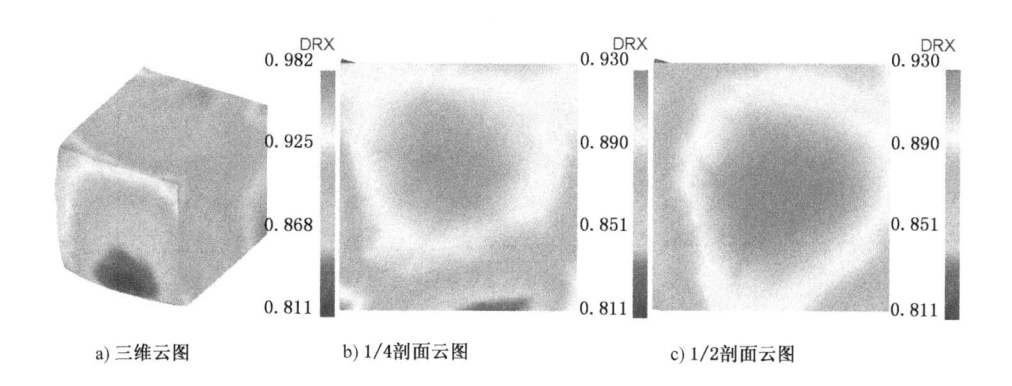

a) 三维云图　　b) 1/4 剖面云图　　c) 1/2 剖面云图

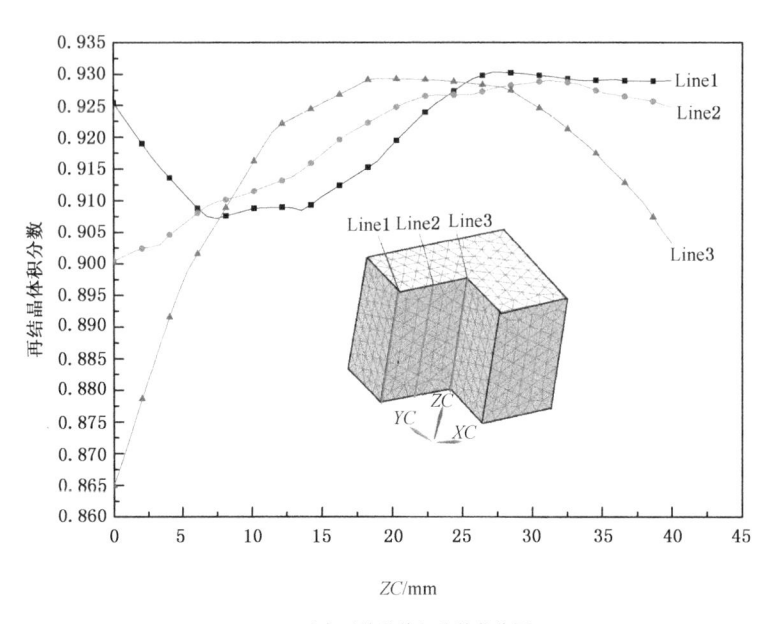

d) 动态再结晶体积分数曲线图

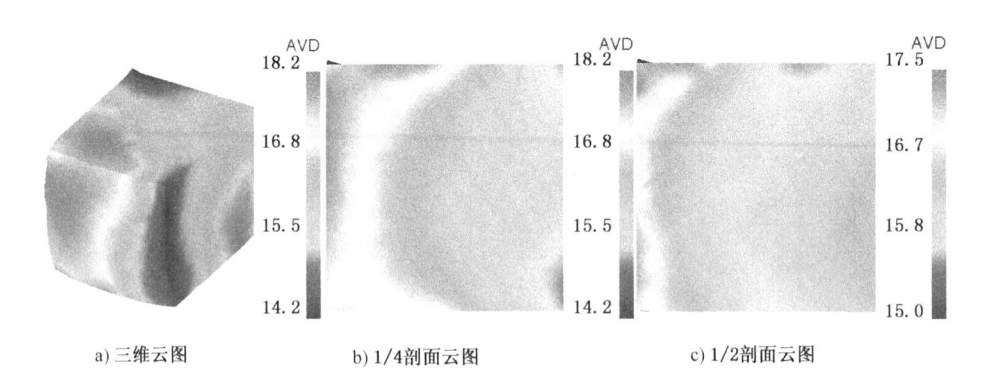

图 4-50 9 道次(三个循环)锻件动态再结晶体积分数分布云图和曲线图

图 4-51 所示为锻造 9 道次(三个循环)锻件再结晶晶粒尺寸分布云图与曲线图。从云图和曲线图中可以看出：由于锻件中心部分等效应变相对较大，再结晶程度也较大，所以该区域晶粒尺寸相对较小，最小值仅为 15.75 μm 左右，而其他区域再结晶晶粒尺寸相对较大，锻件棱边区域再结晶晶粒尺寸最小，最小值仅为 14.6 μm 左右。

a) 三维云图　　b) 1/4 剖面云图　　c) 1/2 剖面云图

d) 平均晶粒度曲线图

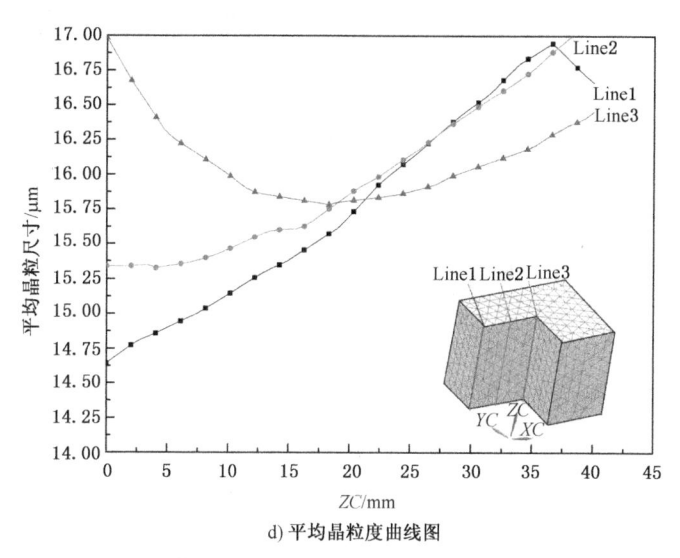

图 4-51　9 道次(三个循环)锻件平均晶粒度分布云图和曲线图

本节将材料的物理参数、本构方程以及相对应的动态再结晶模型导入仿真软件 Deform 中，模拟锻件在经过 800 ℃、900 ℃ 和 1 000 ℃ 下的单开式多向锻造以后，锻件内部等效应变、再结晶体积分数和再结晶晶粒尺寸的变化情况。结果表明：锻造温度越高，锻造道次越多，等效应变越大，所以再结晶程度越高，再结晶晶粒也越细小；温度为 800 ℃，9 道次时再结晶体积分数超过 69%，晶粒尺寸为 16～17.5 μm；温度为 900 ℃，9 道次时再结晶体积分数超过 71%，晶粒尺寸为 15～16.4 μm；温度为 1 000 ℃，9 道次时再结晶体积分数超过 86.5%，晶粒尺寸为 14.6～15.3 μm。

4.6.3　不同工艺对比分析

4.6.3.1　不同工艺条件下内部晶粒度变化情况

由于不同工艺下模具对锻件的约束作用不同，所以锻件内部的晶粒度变化情况也不相同，三种工艺的内部晶粒度变化示意图情况如图 4-52、4-53 和 4-54 所示。由图 4-52 可知：在闭式多向锻造工艺中，随着锻造道次的增加，锻件的再结晶程度也逐渐增大。锻件刚开始发生动态再结晶区域为中心区域，随着锻造的进行，由中心区域沿着 45°方向向四周发生动态再结晶，使锻件再结晶程度逐渐提高。

a) 3道次　　　　　　　　b) 6道次　　　　　　　　c) 9道次

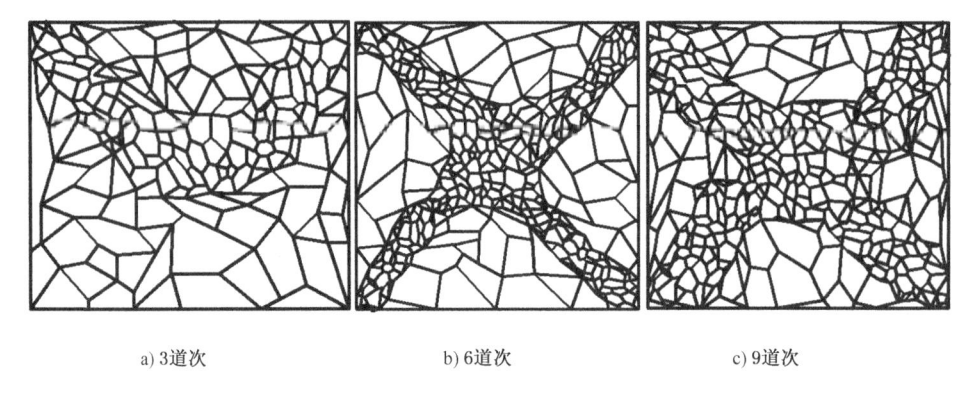

图 4-52　闭式多向锻造工艺内部晶粒度演变

由图 4-53 可知：在单开式多向锻造工艺中，锻件刚开始发生动态再结晶区域也为中心区域，随着锻造的进行，3 道次以后，锻件开始由中心区域沿着 45°方向仅向两个变形量较大的方向发生明显的动态再结晶，然后再向另外两个方向发生动态再结晶，最终使得锻件的再结晶区域不断扩大。

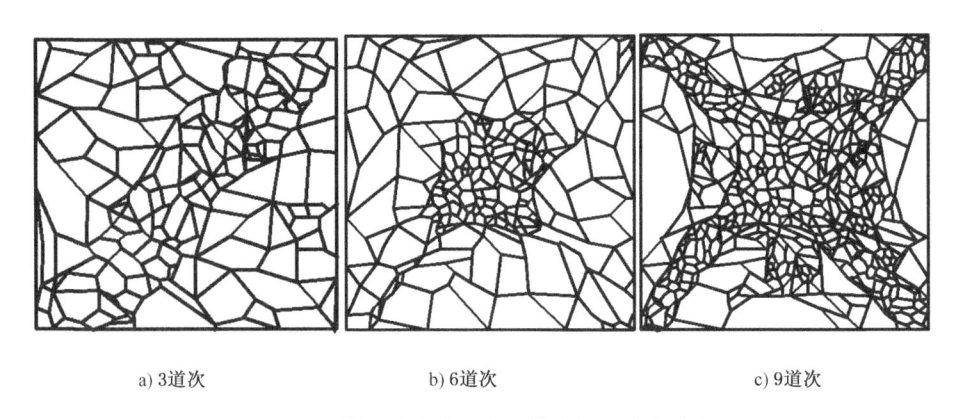

a) 3道次　　　　　　　　b) 6道次　　　　　　　　c) 9道次

图 4-53　单开式多向锻造工艺内部晶粒度演变

由图 4-54 可知：在双开式多向锻造工艺中，由于锻件的两个面始终不产生约束作用，每道次变形后试样横向尺寸均大于闭式和单开式多向锻造工艺，导致试样累积应变量大，使得锻件的动态再结晶程度相比前面两个工艺更大，锻件同样是开始由中心区域发生动态再结晶，然后随着锻造道次的增加由中心区域沿着 45°方向向四周发生动态再结晶，锻造道次越多，再结晶程度也越高。

a) 3道次　　　　　　　b) 6道次　　　　　　　c) 9道次

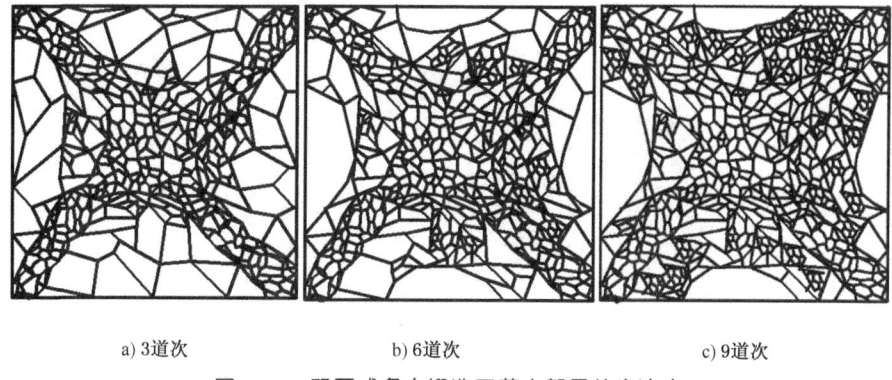

图 4-54　双开式多向锻造工艺内部晶粒度演变

由图 4-52、4-53 和 4-54 可知,在三种不同的锻造工艺中,双开式多向锻造工艺的动态再结晶程度最高,晶粒也最小,闭式多向锻造工艺再结晶程度其次,而单开式多向锻造工艺由于始终有一个面受模具约束作用,所以动态再结晶程度最低。

锻件在热变形过程中,随着锻造时间和锻造道次以及锻造温度的变化,锻件内部的晶粒尺寸也在不断地变化,不同条件下晶粒尺寸的大小也不同,从而对锻件最终性能会有很大的影响。本节通过 MATLAB 软件对不同条件下得到的锻件内部最小晶粒尺寸进行绘制得到如图 4-55 三维软件图。

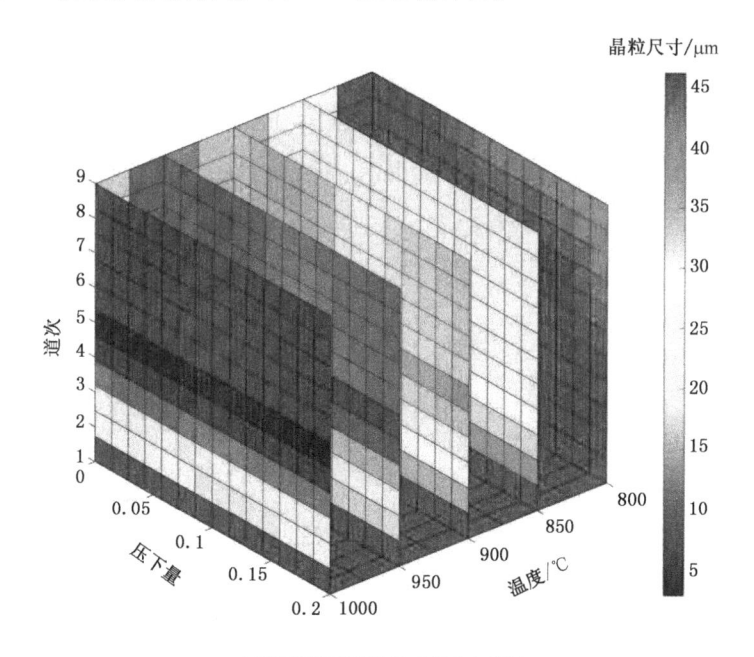

a) 不同温度下晶粒尺寸的分布情况

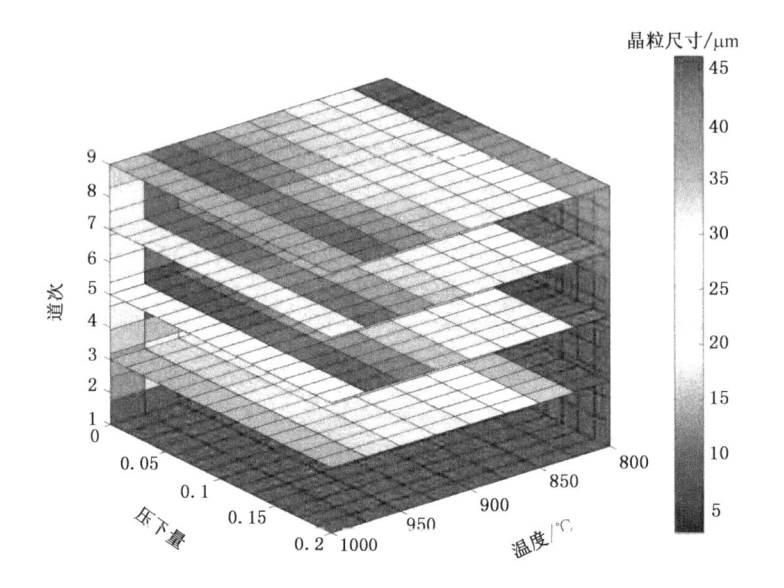

b) 不同道次下晶粒尺寸的分布情况

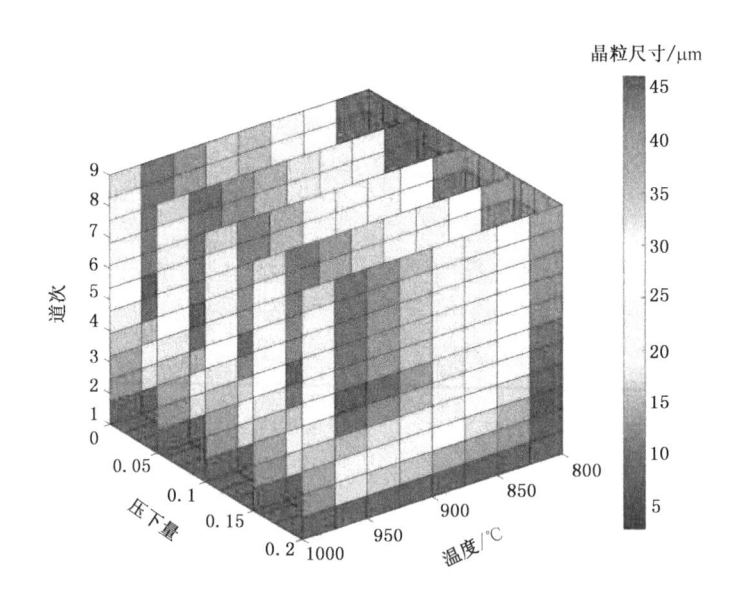

c) 不同压下量下晶粒尺寸的分布情况

图 4-55 锻件在不同条件下内部晶粒尺寸的分布情况

通过图 4-55 a)图可知:当温度一定时,随着应变量和锻造道次的增加,锻件的再结晶晶粒尺寸整体呈递减趋势;从图中也可以看出再结晶晶粒尺寸主要与锻造道次和压下量有关,而温度对其影响相对较小,即锻造道次越多、压下量越大时,再结晶晶粒尺寸越小;当温度为850℃～1 000℃、压下量为0.15～0.2、道次为5～9时,所得到的再结晶晶粒尺寸较小。通过图4-55 b)图可知:当锻造道次一定时,在同一压下量下,锻件的再结晶晶粒尺寸随着温度的升高整体呈递增趋势;相反在同一温度下,锻件的再结晶晶粒尺寸随着压下量的增加整体呈递减趋势;即锻造道次越多、温度越低时,再结晶晶粒尺寸越小;当道次为7～9、压下量为0.1～0.2、温度为950 ℃～1 000 ℃时,所获得的锻件再结晶晶粒尺寸较小。通过图4-55 c)图可知:当压下量一定时,在同一道次下,锻件的再结晶晶粒尺寸随着温度的升高呈整体递增趋势;相反在同一温度下,锻件的再结晶晶粒尺寸随着锻造道次的增加整体呈递减趋势;即温度越低、锻造道次越多时,再结晶晶粒尺寸越小;当压下量为0.1～0.2、温度为850℃～1 000 ℃、道次6～9时,所得到的锻件晶粒尺寸较小。由图4-55分析可以得到结论:在锻造过程中,温度越高,锻件的再结晶晶粒尺寸越大;锻造道次越多,锻件的再结晶晶粒尺寸越小;压下量越大,锻件的再结晶晶粒尺寸越小。

4.6.4 锻件在不同条件下微观组织变化情况

4.6.4.1 锻件在不同温度下微观组织变化

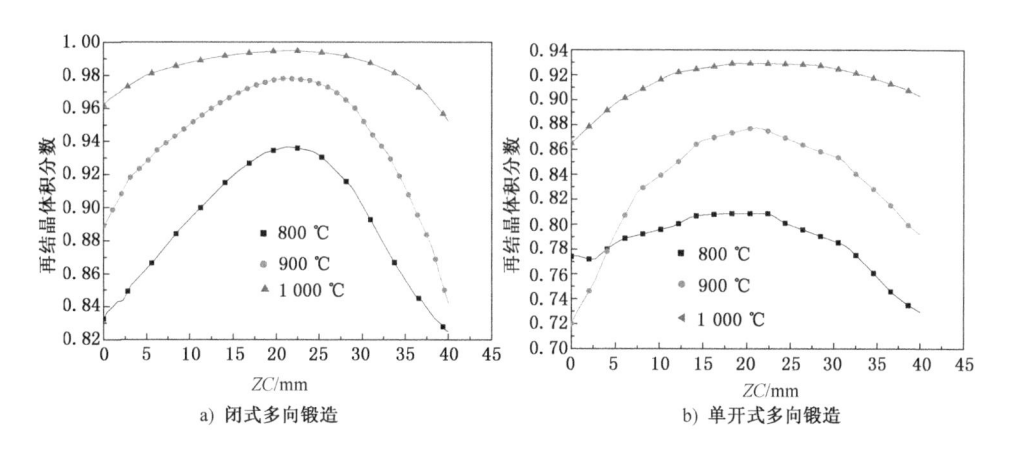

锻件在不同工艺下的再结晶体积分数、再结晶晶粒尺寸曲线如图4-56、4-57所示。

a) 闭式多向锻造

b) 单开式多向锻造

c) 双开式多向锻造

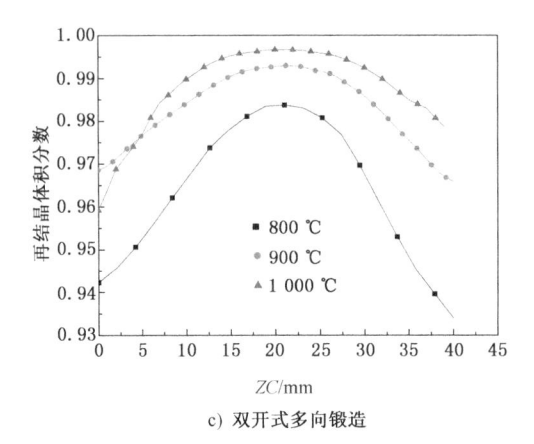

图 4-56 锻件在不同工艺、不同温度下的再结晶体积分数曲线图

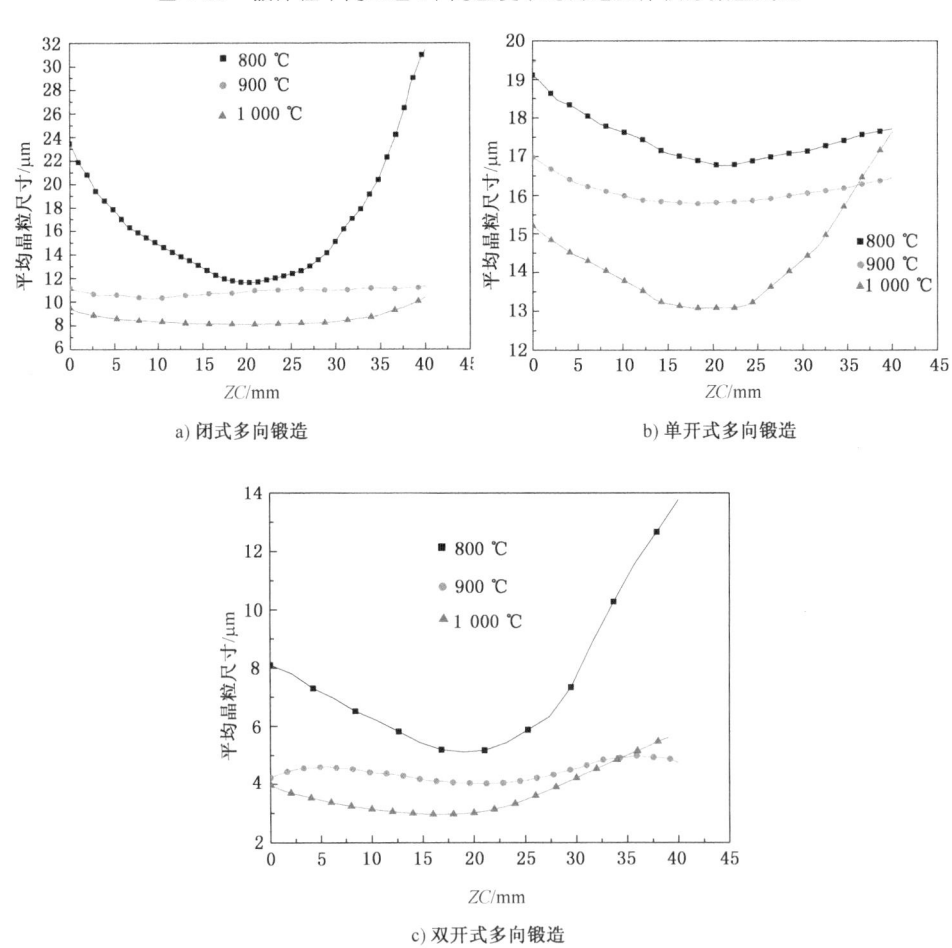

a) 闭式多向锻造

b) 单开式多向锻造

c) 双开式多向锻造

图 4-57 锻件在不同工艺、不同温度下的再结晶晶粒尺寸曲线图

由图 4-56、4-57 可知：三种锻造工艺条件下，锻件的再结晶体积分数随着温度的升高是逐渐增大的，相反再结晶晶粒尺寸随着温度的升高是逐渐减小的。在闭式多向锻造中，温度为 1 000 ℃时再结晶体积分数最大达到 98.5％，再结晶晶粒尺寸最小仅为 8.0 μm；单开式多向锻造中，再结晶体积分数最大达到 93％，再结晶晶粒尺寸最小仅为 13 μm；双开式多向锻造中，再结晶体积分数最大达到 99.6％，再结晶晶粒尺寸最小仅为 3 μm。

4.6.4.2 锻件在不同工艺下微观组织变化

锻件在不同温度下不同工艺的再结晶体积分数、再结晶晶粒尺寸曲线图如图 4-58、4-59 所示。

a) 800 ℃

b) 900 ℃

c) 1 000 ℃

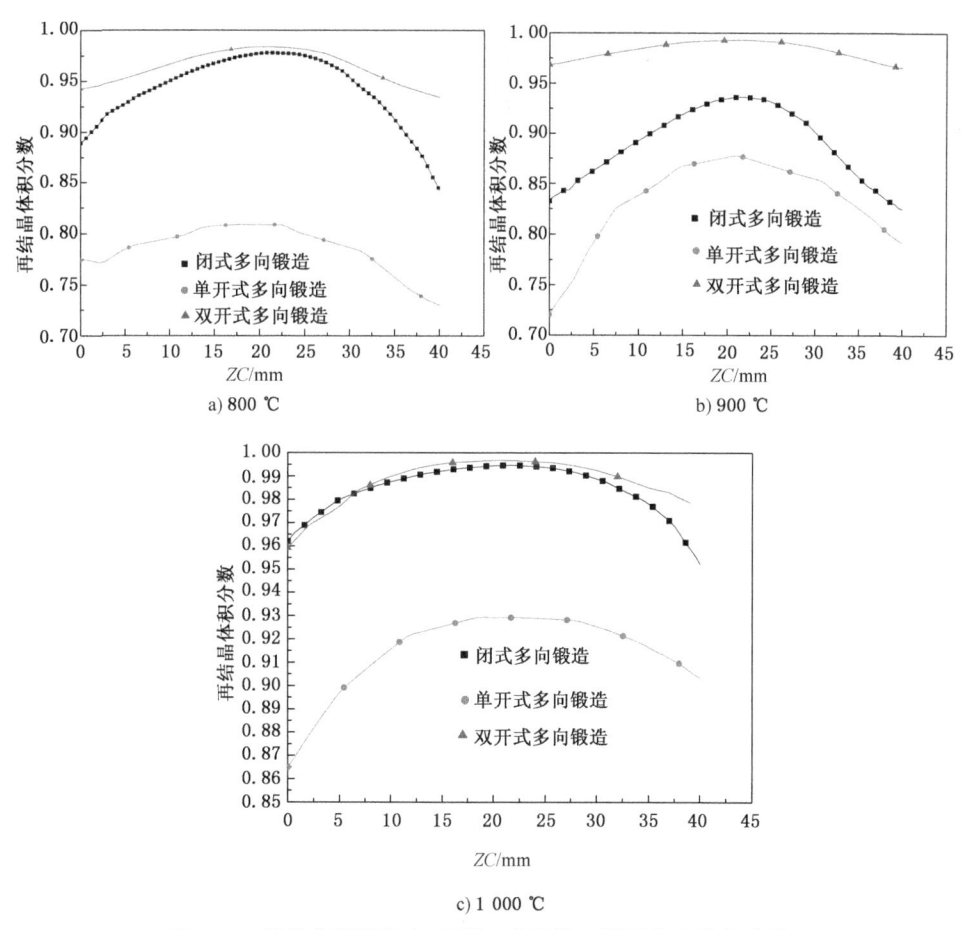

图 4-58 锻件在不同温度、不同工艺下的再结晶体积分数曲线图

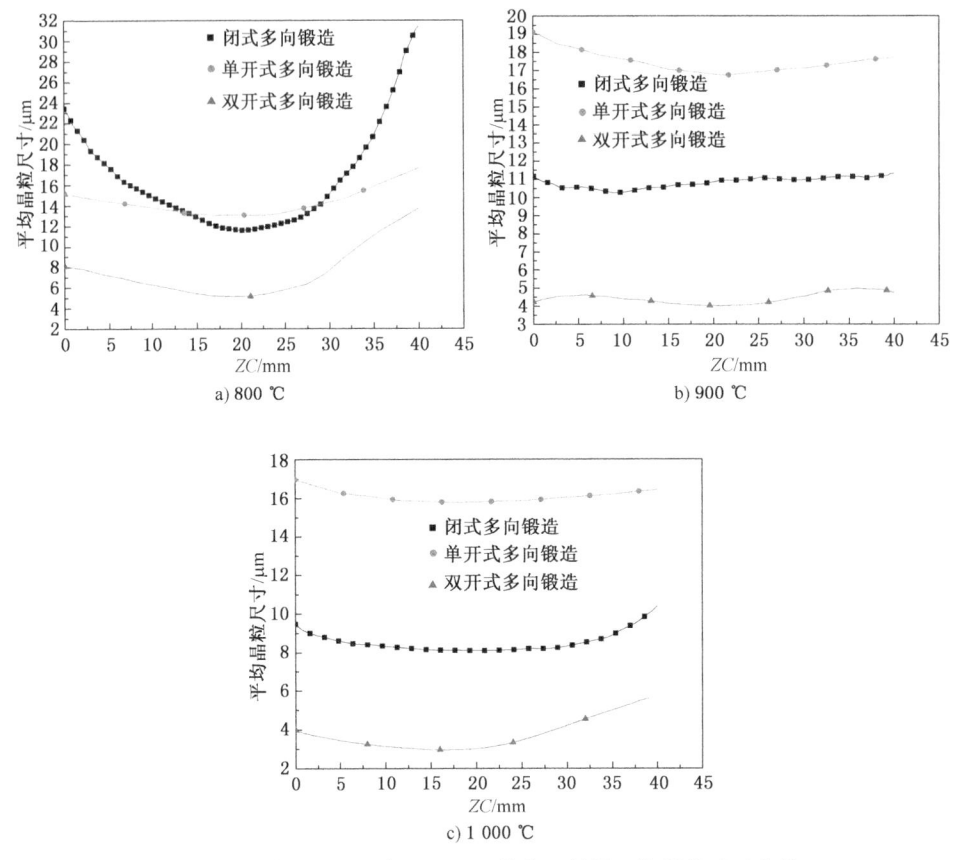

图 4-59 锻件在不同温度下不同工艺的再结晶平均晶粒尺寸曲线图

由图 4-58、4-59 可知：不同的温度条件下，在三种锻造工艺中，双开式多向锻造工艺由于累积应变量最大，所以再结晶程度最高，再结晶晶粒尺寸最小；闭式多向锻造工艺再结晶程度和再结晶晶粒尺寸次之；单开式多向锻造工艺再结晶程度最低，再结晶晶粒尺寸也最大。在温度为 800 ℃ 时，双开式多向锻造再结晶体积分数最大为 97.5%，再结晶晶粒尺寸最小为 5.0 μm；在温度为 900 ℃ 时，双开式多向锻造再结晶体积分数最大为 98%，再结晶晶粒尺寸最小为 4.0 μm；在温度为 1 000 ℃ 时，双开式多向锻造再结晶体积分数最大为 99.5%，再结晶晶粒尺寸最小为 3.0 μm。

4.6.5 锻件的不均匀性

锻件在锻造过程中内部的应变以及微观组织演变是不均匀的，而在实际的应用中，需要使锻件内的变形分布更均匀，从而得到微观组织结构比较均匀的超细晶材料，并使锻件性能表现各向同性，进而提高锻件的整体机械性能。本节对闭式多向锻造工艺在不同道次和不同温度下锻件各个截面的应变和晶粒度均匀性进行计算和对比。

锻件变形不均匀性参数：

$$C = \frac{\varepsilon_{\max} - \varepsilon_{\min}}{\varepsilon_{\mathrm{avc}}} \tag{4-47}$$

式中：

$\varepsilon_{\max}$——截面最大等效塑性应变；

$\varepsilon_{\min}$——截面最小等效塑性应变；

$\varepsilon_{\mathrm{avc}}$——截面平均等效塑性应变。

不均匀性参数 C 是获得锻件均匀变形分布的必要条件，因此保证截面变形不均匀性参数 C 尽量小是获得细晶材料的首要条件。

同样可以计算锻件再结晶晶粒度不均匀性参数：

$$C = \frac{D_{\max} - D_{\min}}{D_{\mathrm{avc}}} \tag{4-48}$$

式中：

$D_{\max}$——截面最大再结晶晶粒尺寸；

$D_{\min}$——截面最小再结晶晶粒尺寸；

D_{avc}——截面平均等效塑性应变。

锻件的再结晶晶粒尺寸不均匀性参数 C 可以描述锻件截面晶粒均匀性。

根据式(4-47)和式(4-48)可以计算出不同工艺在不同条件下锻件截面的变形不均匀性参数 C_b、再结晶晶粒度不均匀性参数 C_d 和再结晶体积分数 C_t，如表 4-7 和表 4-8 所示。

表 4-7　不同工艺下锻件不均匀性

工艺	温度/℃	道次	C_b	C_d	C_t
闭式	800	3	0.80	0.23	0.13
		6	0.80	0.83	0.21
		9	0.79	1.20	0.35
	900	3	0.75	0.34	0.15
		6	0.74	0.74	0.12
		9	0.72	0.10	0.04
	1 000	3	0.67	0.35	0.14
		6	0.67	0.22	0.08
		9	0.67	0.27	0.10
单开式	800	3	0.39	0.42	0.21
		6	0.46	0.44	0.22
		9	0.24	0.31	0.12

续表 4-7

工艺	温度/℃	道次	C_b	C_d	C_t
单开式	900	3	0.32	0.13	0.18
		6	0.42	0.10	0.17
		9	0.54	0.14	0.19
	1 000	3	0.31	0.09	0.11
		6	0.37	0.02	0.04
		9	0.30	0.07	0.07
双开式	800	3	0.74	0.08	0.01
		6	0.70	0.89	0.05
		9	0.6	1.14	0.05
	900	3	0.73	0.23	0.03
		6	0.76	0.46	0.04
		9	0.60	0.22	0.03
	1 000	3	1.29	0.69	0.02
		6	0.86	0.75	0.03
		9	0.81	0.71	0.03

由表 4-7 可知:在三种不同锻造工艺中,虽然单开式多向锻造工艺的再结晶细化程度最低,但是此工艺下获得的锻件无论是变形不均匀性还是再结晶晶粒度不均匀性都是最低的,因此此工艺获得的锻件性能更加均匀;而在每种工艺条件下,不同的温度对锻件性能也有影响,在闭式多向锻造和单开式多向锻造工艺下,由于锻件变形量相对较小,所以温度越高,锻件的变形和再结晶晶粒度均匀性越好,在双开式多向锻造工艺中,由于锻件的变形量比较大,所以锻件在 900 ℃时所获得的锻件性能最均匀,此时锻件的再结晶体积分数在 9 道次时超过 97%,再结晶晶粒尺寸最小为 4 μm。

由表 4-8 可知:在不同的温度条件下,通过不同的锻造工艺可以获得性能不同的锻件。在各个温度条件下,单开式多向锻造工艺锻件的应变和再结晶晶粒度不均匀性最低,闭式多向锻造工艺其次,双开式多向锻造工艺获得的锻件均匀性最差。

通过观察表 4-7 和表 4-8 可知:在三种锻造工艺中,随着温度(800～1 000 ℃)的升高,闭式多向锻造和单开式多向锻造工艺所获得的锻件性能均匀性较好,而双开式多向锻造工艺在 900 ℃左右获得的锻件性能最均匀;在各个的温度条件下,单开式多向锻造工艺所获得的锻件性能都是最均匀的。

表 4-8 不同温度下锻件不均匀性

温度/℃	工艺	道次	C_b	C_d	C_t
800	闭式	3	0.80	0.23	0.13
		6	0.80	0.83	0.21
		9	0.79	1.20	0.35
	单开式	3	0.39	0.42	0.21
		6	0.46	0.44	0.22
		9	0.24	0.31	0.12
	双开式	3	0.74	0.08	0.01
		6	0.70	0.89	0.05
		9	0.61	1.14	0.05
900	闭式	3	0.75	0.34	0.15
		6	0.74	0.74	0.12
		9	0.72	0.10	0.04
	单开式	3	0.32	0.13	0.18
		6	0.42	0.10	0.17
		9	0.54	0.14	0.19
	双开式	3	0.73	0.23	0.03
		6	0.76	0.46	0.04
		9	0.61	0.22	0.03
1 000	闭式	3	0.67	0.35	0.14
		6	0.67	0.22	0.08
		9	0.67	0.27	0.10
	单开式	3	0.31	0.09	0.11
		6	0.37	0.02	0.04
		9	0.30	0.07	0.07
	双开式	3	1.29	0.69	0.02
		6	0.86	0.75	0.03
		9	0.81	0.71	0.03

4.7 微观组织演化的神经网络预测

GH4169 高温合金的动态再结晶变化机制复杂，再结晶过程与变形温度、模具结构、变形道次之间呈现非线性关系，使用非线性函数拟合的手段无法准确地表达 GH4169 的再结晶性能与以上三种参数之间的关系。因此本章采用基于神经网络的非线性系统建模的手段来预测 GH4169 动态再结晶演变规律。根据网络结构的不同，神经网络可以分为三类，即前馈网络、反馈网络、自组织网络。其中前馈网络通常用于预测、模式识别和非线性函数逼近。在前馈网络中有很多网络模型，而本书采用的是基于梯度算法的 BP 神经网络。该种网络模型由输入层、隐含层、输出层组成，其中隐含层可以为单层或多层。网络依照有指导的方式训练，在训练过程中通过对比全局误差的大小，反复修正各神经元之间的权值，直到误差趋近于设定的最小值后完成训练。本章首先进行网络结构设计，其次利用基于 L－M 算法的训练函数对 GH4169 动态再结晶演变规律进行训练，最后构建再结晶演变模型，并对不同工艺的组织演变进行预测。

4.7.1 网络结构设计

4.7.1.1 确定输入层和输出层

经过前文的分析，GH4169 的动态再结晶演变主要受锻造温度、锻造模具形式、锻造道次的影响，因此输入层包含三个部分：温度 Temp、模具 mold_type、道次 Pass。输出值为动态再结晶晶粒度 AVD、动态再结晶体积分数 DRX。

其中温度样本取值为 800、900、1 000，变形道次样本取值为 3、6、9，由于神经网络预输入层的样本数据类型必须统一，而且模具结构不具备量化参数，因此将前文所述的用 −1、0、1 分别代表闭式、双开式、单开式模具。同时将温度样本和变形道次样本进行归一化处理。

4.7.1.2 确定隐含层

采用 BP 型神经网络进行非线性函数拟合，拟合结果精度的高低主要与隐含层设置有关，它直接决定了神经网络的复杂程度与可靠程度。

通常 BP 型神经网络层数为 3 层或 3 层以上，其中隐含层为 1 层到 2 层，很少存在大于 3 层的 BP 行神经网络。这是因为隐含层数的增加虽然会提高网格精度，但是会使网格的复杂程度加大，训练时间延长，甚至会出现过拟合现象。因此提升神经网络的拟合精度主要是通过改变隐含层节点数来实现。通常隐含层节点数量按照式(4-49)进行确定。

$$m=\sqrt{n+l}+a \tag{4-49}$$

式中：

m——隐含层节点个数；

n——输入层节点个数;

l——输出层节点个数;

a——1~10 的常数。

从前文可知,输入层节点个数为 3,输出层节点个数为 2,因此隐含层节点个数在 3~12 之间,隐含层为 1~2 层。

4.7.1.3 网络结构确定

在确定网络层数和节点个数之后,网络结构基本确定,最后就是确定神经网络层间的传递函数。

神经网络层间传递函数对网络模型的收敛性和精确性有着直接影响。通常层间节点传递函数包括以下三种:

(1) logsig,表达式为

$$y = 1/[1+\exp(-x)] \qquad (4-50)$$

(2) tansig,表达式为

$$y = 2/[1+\exp(-2x)] - 1 \qquad (4-51)$$

(3) purelin,表达式为

$$y = x \qquad (4-52)$$

在相同的网络结构和网络参数的情况下,BP 神经网络的层间传递函数与均方误差关系表如表 4-9 所示。

表 4-9 传递函数与均方误差关系表

隐含层传递函数	输出层传递函数	均方误差
logsig	logsig	79.685 4
logsig	tansig	15.619 1
logsig	purelin	14.946 5
tansig	logsig	109.707 2
tansig	tansig	23.757 3
tansig	purelin	11.516 4
purelin	logsig	587.837 8
purelin	tansig	15.165 4
purelin	purelin	27.129 2

由上标可知隐含层传递函数使用 tansig,输出层传递函数使用 purelin,具有较低的均方误差。

表 4-10 为隐含层数量与均方误差之间的关系,两者网络结构相同,经过十次训练取出均方误差的平均值。

表 4-10　隐含层数量与均方误差之间的关系

隐含层	平均均方误差	运行时间/s
单隐含层	24.514 55	8.0
双隐含层	17.492 75	9.5

在采用相同的网络结构的情况下,双隐含层预测精度略有提高,但与此同时运行时间也会加长。因此本模型采用单隐含层的 BP 神经网络形式。

表 4-11 为隐含层节点个数与均方误差之间的关系,采用相同的网络结构进行训练,寻找出合适的节点个数。

表 4-11　隐含层节点数与均方误差之间的关系

隐含层节点个数	3	4	5	6	7	8	9	10	11	12
均方误差	91.6	102.2	110.6	108.0	95.3	89.5	88.9	87.9	86.0	85.3

从表中可以看出采用 BP 神经网络的均方误差随节点数增加而减少,因此本模型采用的隐含层节点个数为 12 个。

综上所述,本模型采用的 BP 神经网络结构如图 4-60 所示。

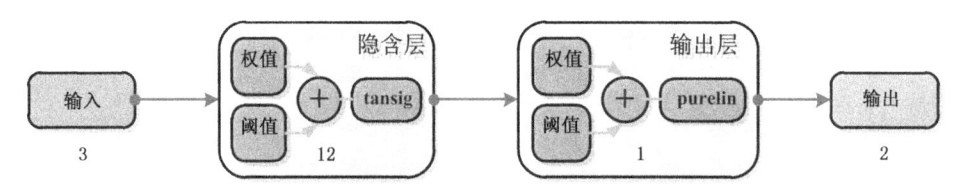

图 4-60　神经网络结构

4.7.2　神经网络训练结果与分析

如前文所说,GH4169 在高温下的动态再结晶演变规律与温度,道次,模具结构有关,且每个影响参数均为三种水平,共九组工艺条件。从中交叉选取三组工艺条件用作神经网络预测的对比,其余六组用作神经网络训练。在每组试验中各选取 20 个点作为神经网络的样本,选取总体样本的 40% 为训练样本,选取 30% 为验证样本,30% 为测试样本。网格结构采用前文所述结构,在 MATLAB2016b 神经网络模块中进行训练,训练终止条件为验证样本仿真失败次数达到最大值。经过 130 步迭代,训练停止,神经网络收敛,网络最终状态如图 4-61 所示。

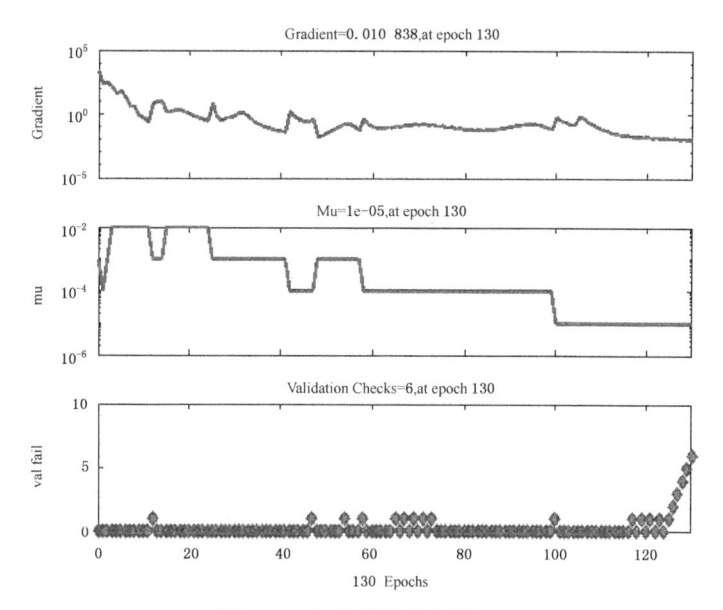

图 4-61 网络训练最终状态

图 4-62 所示是已收敛的神经网络的均方误差，其中训练样本、验证样本与测验样本之间的均方误差随迭代步数的增加而减小，并在第 124 次迭代时呈现出最小值。

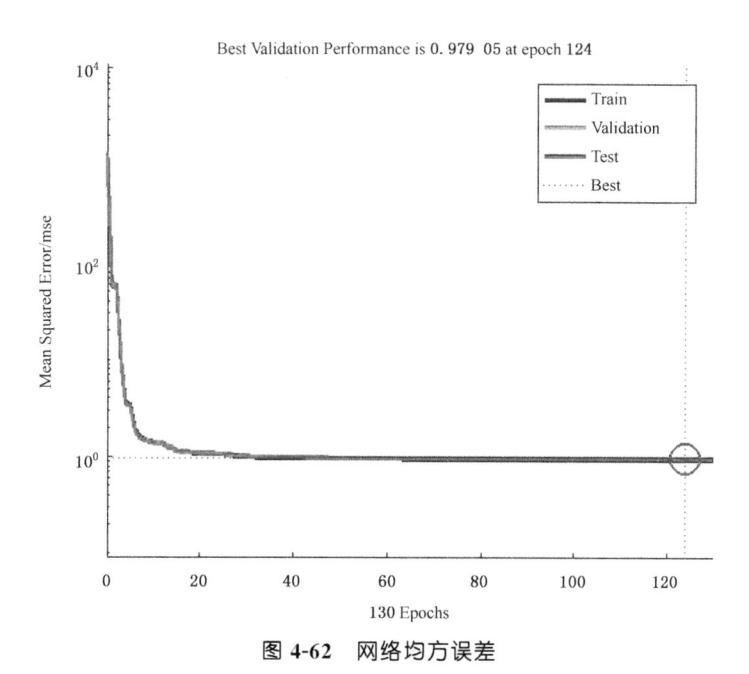

图 4-62 网络均方误差

网络的回归精度如图 4-63 所示,图中训练样本、回归样本、测验样本与总体的回归精度相近且都接近于 1。综上所述,该训练后的网络可靠,且可以用于本书中的预测。

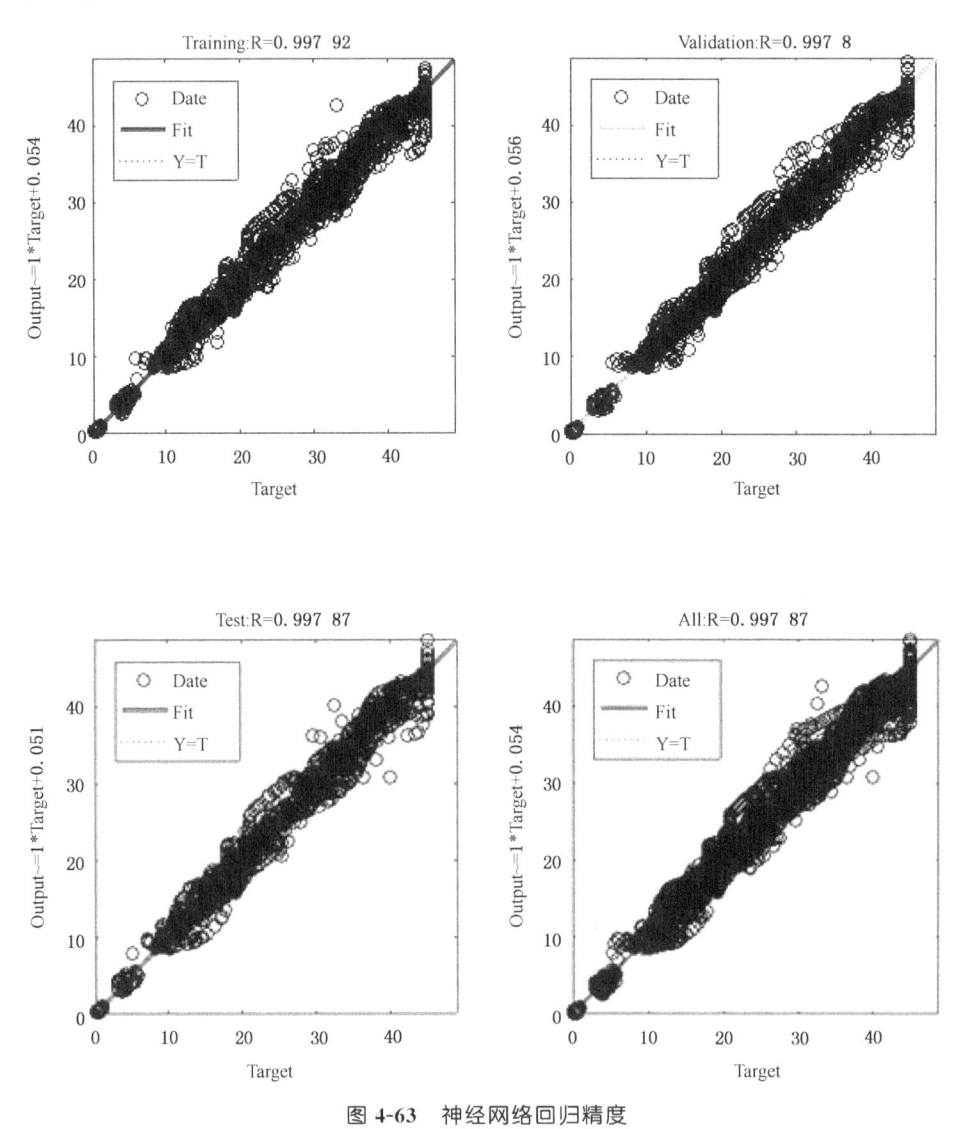

图 4-63 神经网络回归精度

基于前文建立的神经网络模型,对本书再结晶的演变规律进行预测,并对比 800 ℃＋双开式＋9 道次、900 ℃＋闭式＋6 道次、1 000 ℃＋单开式＋3 道次的模拟数据与神经网络预测数据。动态再结晶体积分数对比结果如图 4-64、图 4-65 和图 4-66,动态再结晶晶粒度对比结果如图 4-67、图 4-68 和图 4-69。

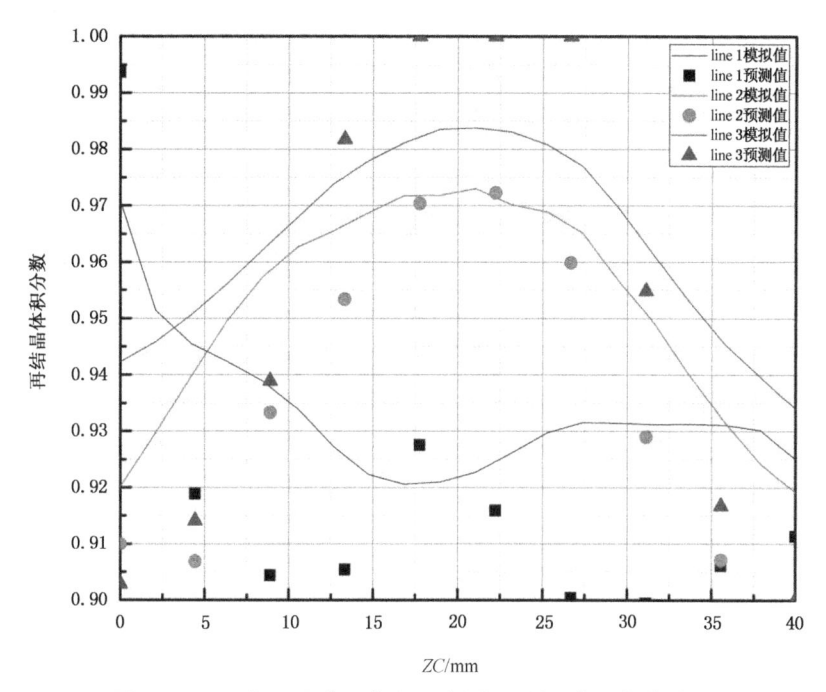

图 4-64　800 ℃双开式 9 道次（三循环）再结晶体积分数对比

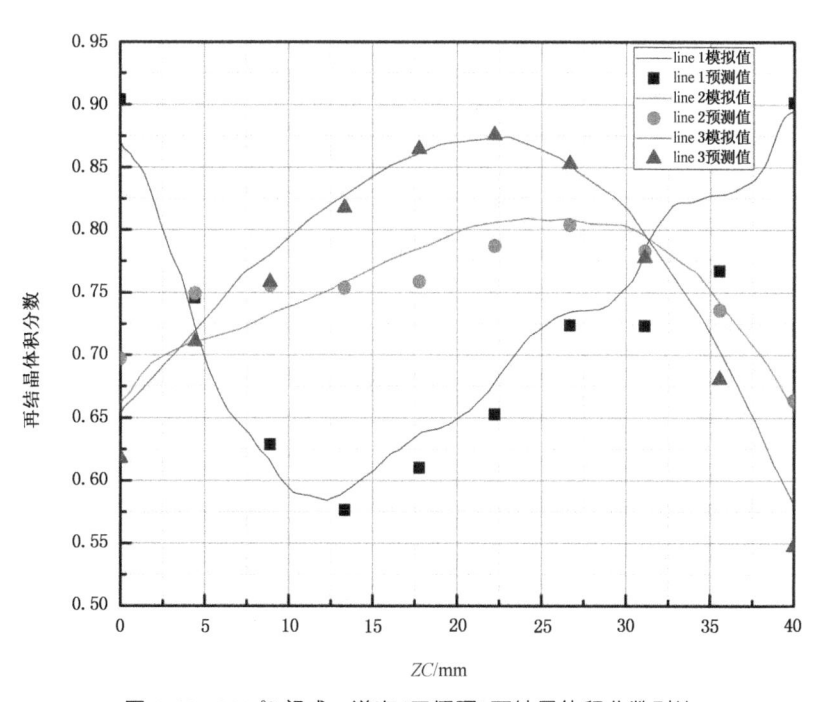

图 4-65　900 ℃闭式 6 道次（二循环）再结晶体积分数对比

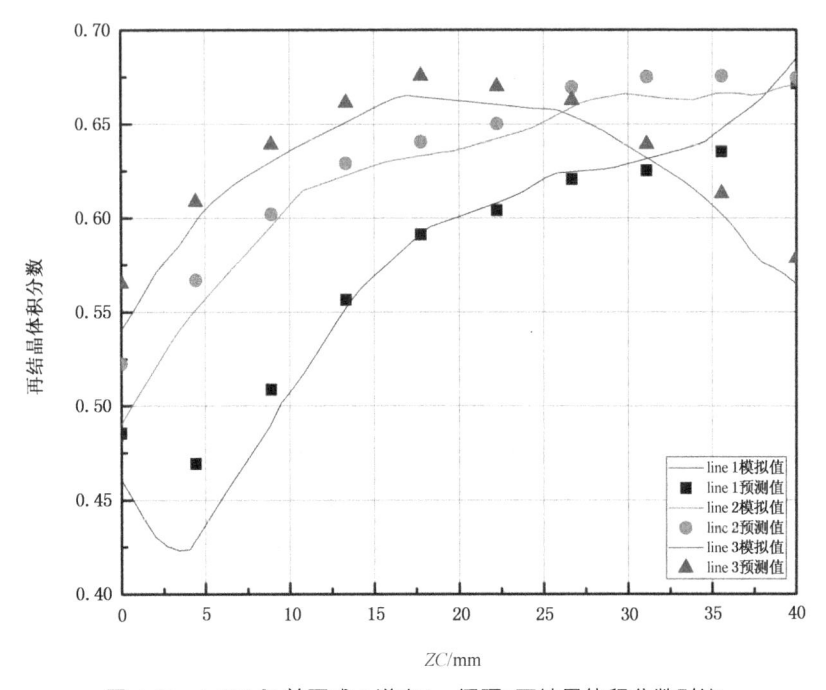

图 4-66　1 000 ℃ 单开式 3 道次（一循环）再结晶体积分数对比

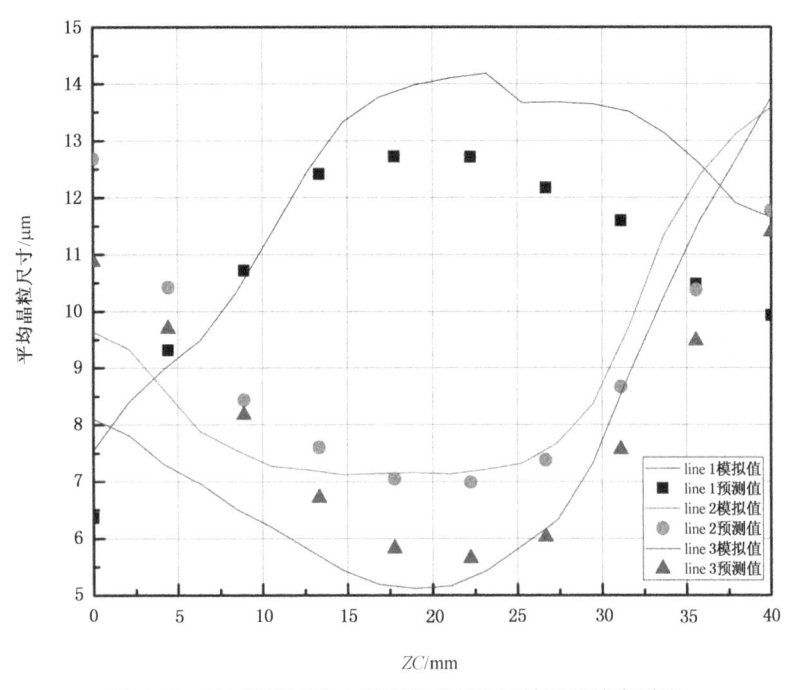

图 4-67　800 ℃ 双开式 9 道次（三循环）再结晶晶粒度对比

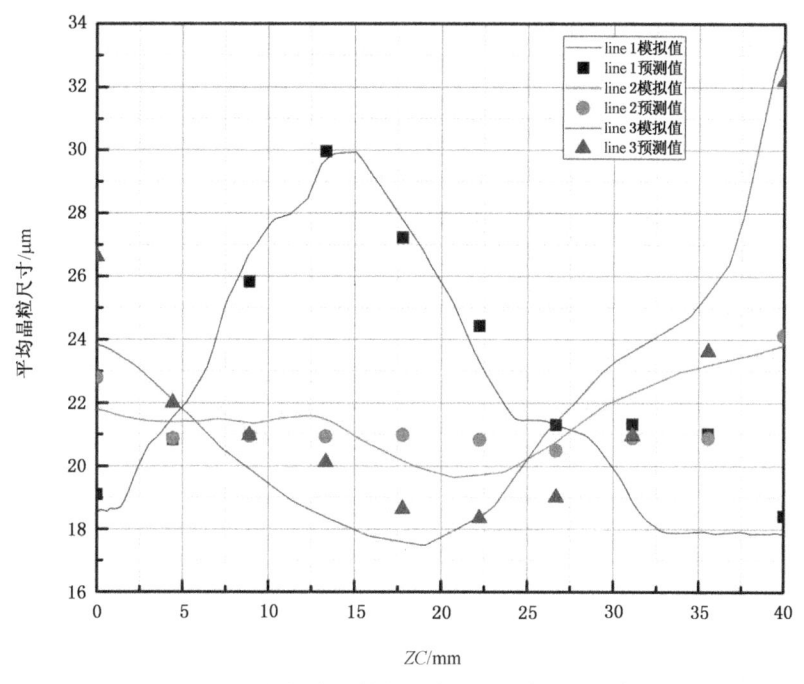

图 4-68　900 ℃闭式 6 道次（二循环）再结晶晶粒度对比

从图 4-64 至 4-69 中可以看出，采用 BP 神经网络建立的 GH4169 再结晶模型可以描述其在热加工时再结晶晶粒尺寸和再结晶体积分数与温度、模具形式和变形道次之间的关系。同时，采用神经网络预测值与模拟数据十分接近。

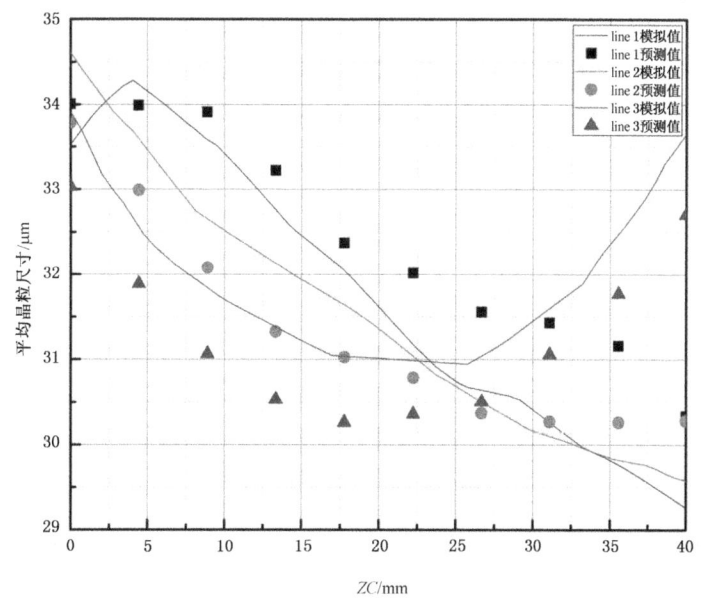

图 4-69　1 000 ℃单开式 3 道次（一循环）再结晶晶粒度对比

表 4-12,表 4-13 和表 4-14 分别表示上述三种工艺的有限元模拟结果和神经网络预测结果的均值及绝对误差。

表 4-12　工艺 1:800 ℃＋双开式＋9 道次

800 ℃＋双开式＋9 道次	D_{avg} 平均值			X_{drx} 平均值		
	模拟值	预测值	绝对误差	模拟值	预测值	绝对误差
Line1	12.084 8	11.033 99	0.086 953	0.933 23	0.915 04	0.019 491
Line2	8.840 29	8.937 63	0.011 011	0.951 76	0.935 55	0.017 032
Line3	7.586 51	7.947 21	0.047 545	0.963 43	0.953 88	0.009 913

表 4-13　工艺 2:900 ℃＋闭式＋6 道次

900 ℃＋闭式＋6 道次	D_{avg} 平均值			X_{drx} 平均值		
	模拟值	预测值	绝对误差	模拟值	预测值	绝对误差
Line1	22.749 34	23.364 12	0.027 024	0.717 68	0.704 97	0.017 71
Line2	21.460 81	21.068 1	0.018 299	0.756 42	0.757 56	0.001 507
Line3	21.635 68	21.239 7	0.018 302	0.782 42	0.770 68	0.015 005

表 4-14　工艺 3:1 000 ℃＋单开式＋3 道次

1 000 ℃＋单开式＋3 道次	D_{avg} 平均值			X_{drx} 平均值		
	模拟值	预测值	绝对误差	模拟值	预测值	绝对误差
Line1	31.766 48	32.436 81	0.021 102	0.570 75	0.575 56	0.008 428
Line2	31.508 37	31.244 58	0.008 372	0.623 65	0.633 87	0.016 387
Line3	31.860 29	31.160 85	0.021 953	0.626 69	0.637 33	0.016 978

为了验证本神经网络对非样本的预测能力,表 4-15 列出了采用 950 ℃单开式模具进行多项锻造模拟的预测结果与有限元模拟结果。

表 4-15　非样本预测结果

道次	平均晶粒尺寸/μm			平均再结晶体积分数/%		
	模拟值	预测值	绝对误差	模拟值	预测值	绝对误差
1 道次	40.7	38.6	5.09	23.97	29.85	24.53
2 道次	30.1	26.8	10.85	53.32	64.46	20.89
3 道次	23.8	19.8	16.95	70.35	84.12	19.57
4 道次	19.6	16.8	14.04	82.08	92.06	12.16
5 道次	16.4	15.8	3.32	90.73	94.41	4.06

续表 4-15

道次	平均晶粒尺寸/μm			平均再结晶体积分数/%		
	模拟值	预测值	绝对误差	模拟值	预测值	绝对误差
6 道次	14.9	15.3	2.28	94.74	95.76	1.08
7 道次	14.0	14.8	6.16	97.42	97.74	0.32
8 道次	13.5	14.6	8.06	98.64	97.18	1.48
9 道次	13.3	14.4	7.92	99.2	97.61	1.60

由表 4-15 可以看出对非样本的预测精度不如对样本预测精确,但是绝对误差在可接受范围之内。随着道次的增加,预测精度大大提高。当超过 5 道次时平均晶粒度误差小于 10%,当达到 5 道次时,再结晶体积分数预测误差小于 5%,当超过 5 道次时,误差小于 2%。这可以证明本神经网络在预测方面的可用性。

4.8 微观组织演化预测的试验验证

4.8.1 试验材料及方法

4.8.1.1 试验材料

选用尺寸为 40 mm×40 mm×50 mm 的 GH4169 高温合金块体作为试验材料,试样的原始组织大小不一,晶粒尺寸在 20~80 μm 之间,平均晶粒尺寸约 45 μm,如图 4-70 所示,其化学成分见表 4-16。

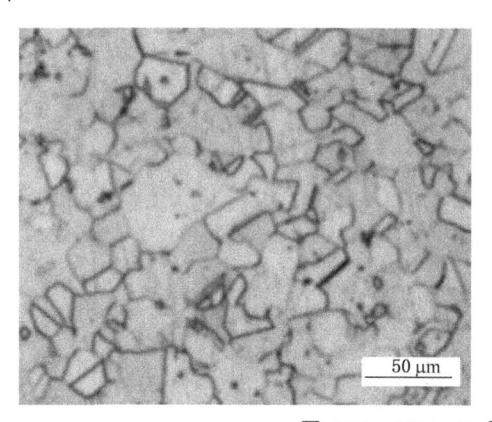

图 4-70 GH4169 合金原始微观组织

表 4-16 GH4169 合金化学成分

元素	C	Si	Mn	Cr	Ni	Co	Ti	Al	Mo	Nb	S	Fe
质量分数/%	0.067	0.08	0.03	19.26	53.67	0.05	1.13	0.55	3.26	5.38	0.005	余量

4.8.1.2 分析方法

在 Zeiss 光学显微镜上进行组织观察。所用的浸蚀剂为 HF 5 mL、HNO$_3$ 15 mL、H$_2$O 85 mL 的混合液。不同处理状态的样品在浸蚀剂中浸泡 10~60 s。

在 EDAX-TSL 上配合日立 S3400N 扫描电镜对材料进行 EBSD 分析。制样过程如下:利用线切割切下 0.5 mm 厚的薄片,然后磨至 50~80 μm。采用化学双喷减薄法进行减薄,双喷液为 10% 的高氯酸和 90% 的甲醇混合溶液(体积比),电压为 13 V,温度控制在 -35 ℃ 以下。

4.8.2 锻造工艺

在 ZRY-160 真空等温成形机中进行单开式多向锻造试验,将坯料放置在模具中,以 50 ℃/min 的升温速率进行升温,待温度升高到 1 000 ℃ 时,保温 20 min,然后进行 20% 的压缩,压缩速率为 0.5 mm/s,待冷却后,将试件翻转,进行下一道次,进行多向锻造试验,图 4-71 为多向锻造的坯料和 9 道次锻造后的试样。

图 4-71 多向锻造坯料和 9 道次锻造后的试样

4.8.3 试验结果分析

4.8.3.1 金相微观组织

图 4-72 为不同道次锻造后试样的微观组织,从图中可以看出:初始坯料的晶粒尺寸较大,且不均匀分布,6 道次多向锻造后(图 b)晶粒的均匀性大大提高,且已经比较细小,平均晶粒尺寸减小到 21.6 μm,但晶粒的形状还不很规则,当进行 8 道次多向锻造后,晶粒的形状变得细小均匀,但由于 8 道次属于不对称变形道次,晶粒的在垂直于锻造方向还略有伸长,并不完全呈等轴形貌,晶粒尺寸为 14.5 μm,当达到 9 道次时,已经基本全部呈等轴形貌,晶粒尺寸为 15.5 μm。

a) 原始材料

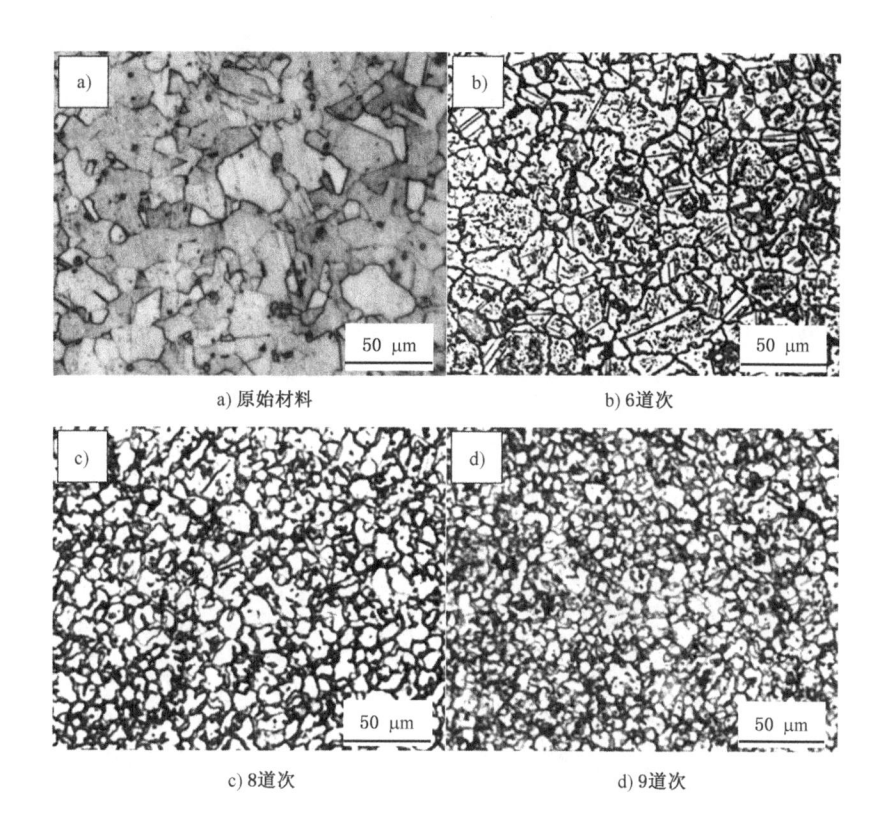

b) 6道次

c) 8道次

d) 9道次

图 4-72 不同道次锻造后试样的微观组织

4.8.3.2 EBSD 分析

1. 不同道次下的晶粒尺寸

图 4-73 为 GH4169 合金不同道次下的晶粒尺寸分布图。图 4-74 为 GH4169 合金晶粒尺寸统计图。变形孪晶是原始材料和多向锻造后材料内部晶粒的共同特征。由图 4-73 a)与图 4-74 a)可以看出,原始材料的晶粒尺寸大小不一,有 50% 的晶粒尺寸约在 30～50 μm 之间,但也存在一小部分晶粒尺寸达到了 90 μm,并且经过观察发现,晶粒之间有一定的尺寸偏聚发生。多向锻造 6 道次的晶粒尺寸明显降低,晶粒尺寸集中在 20～30 μm 之间,并且尺寸分布均匀,尺寸偏聚现象有明显减少。随着多向锻造道次的增加,晶粒细化程度提高。8 道次之后,晶粒的平均尺寸 14 μm 左右。9 道次之后,晶粒的平均尺寸达到了 15 μm 左右。

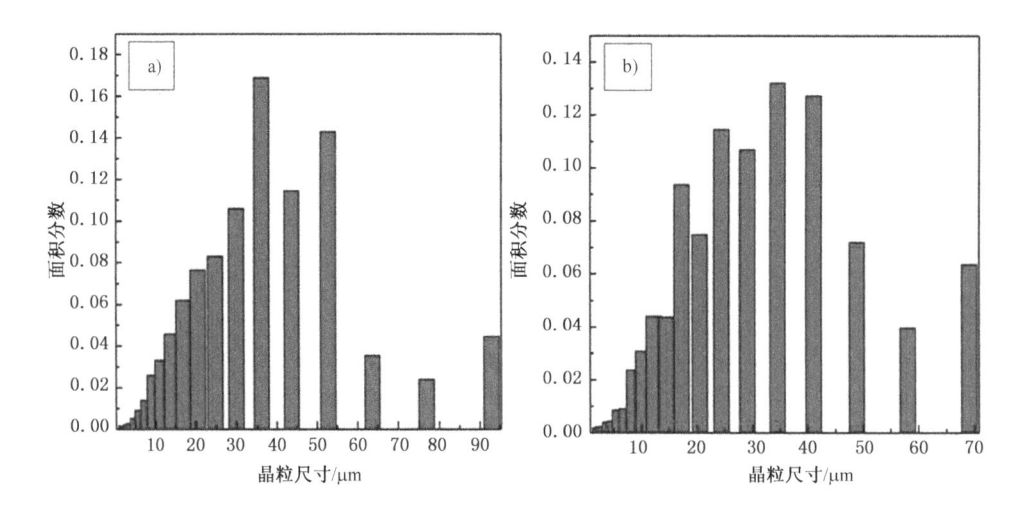

a) 原始材料
b) 6道次
c) 8道次
d) 9道次

图 4-73　GH4169 合金晶粒尺寸分布图

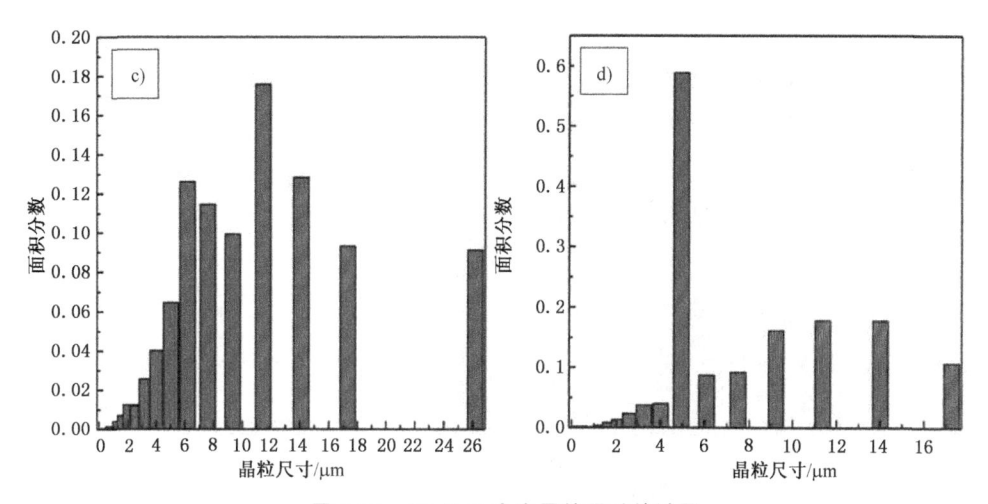

图 4-74　GH4169 合金晶粒尺寸统计图

2. 不同道次下的晶粒取向及再结晶体积分数

图 4-75 为不同道次下 GH4169 合金晶粒取向（GOS）分布图。图 4-76 为 GH4169 合金晶粒取向差分布图。从图 4-75 中可以看出，原始材料本身的再结晶发生得很完全，完全再结晶晶粒的含量占了 95% 以上，只含有少于 3% 的变形晶粒。经过 6 道次的多向锻造，变形晶粒的含量增多，但增幅较低。由图 4-75 可以看出，绝大多数 GOS 值虽然一直处于完全再结晶的阈值（GOS<1）以下，但是随着多向锻造道次的增加，GOS 值一直有增大的趋势，并且 GOS>1 的晶粒即变形晶粒的含量逐渐增多。这与图 4-76 GH4169 合金晶粒取向差分布图的结果一致。由图 4-76 可以看出，经过 6 道次处理的晶粒内部的大小角度晶界含量与原始晶粒相比差别不大。但是经过 8 道次的多向锻造处理后，小角度晶界与 30°～50° 范围内的大角度晶界有所增多，并且还有孪晶含量明显降低的情况。因此，可能是在变形过程中，大量孪晶破碎后一部分成了再结晶晶粒，较小一部分仍为变形晶粒。经过 9 道次的多向锻造后，孪晶含量再次上升，很多的晶粒角度差都变小。说明在细化后的晶粒内再次形成了孪晶，并且因为孪晶的存在，晶界迁移速度较低，较大一部分的变形晶粒无法发生再结晶或者再结晶程度不完全。

对于再结晶体积分数的测算，本书以小于完全再结晶的阈值（GOS<1）的体积分数进行统计，如图 4-75 所示，经过这样的初步测算，6 道次、8 道次和 9 道次再结晶体积分数依次为：84.70%、91.20% 和 94.80%。

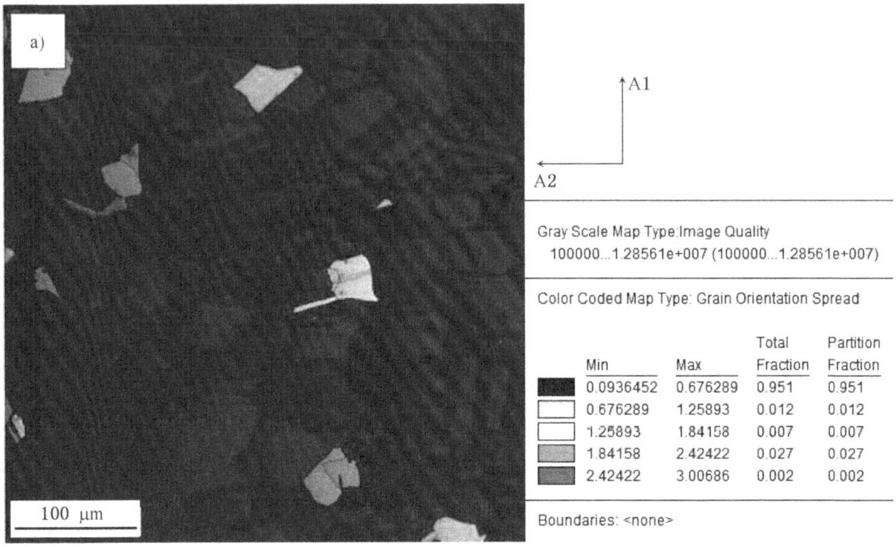
a)
A1
A2
100 μm
Gray Scale Map Type:Image Quality
100000...1.28561e+007 (100000...1.28561e+007)
Color Coded Map Type: Grain Orientation Spread
Min Max Total Fraction Partition Fraction
0.0936452 0.676289 0.951 0.951
0.676289 1.25893 0.012 0.012
1.25893 1.84158 0.007 0.007
1.84158 2.42422 0.027 0.027
2.42422 3.00686 0.002 0.002
Boundaries: <none>

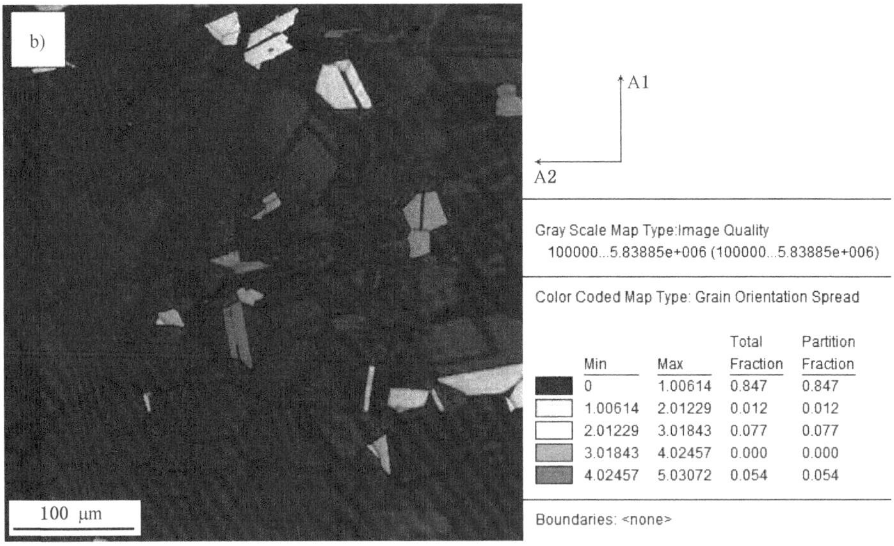
b)
A1
A2
100 μm
Gray Scale Map Type:Image Quality
100000...5.83885e+006 (100000...5.83885e+006)
Color Coded Map Type: Grain Orientation Spread
Min Max Total Fraction Partition Fraction
0 1.00614 0.847 0.847
1.00614 2.01229 0.012 0.012
2.01229 3.01843 0.077 0.077
3.01843 4.02457 0.000 0.000
4.02457 5.03072 0.054 0.054
Boundaries: <none>

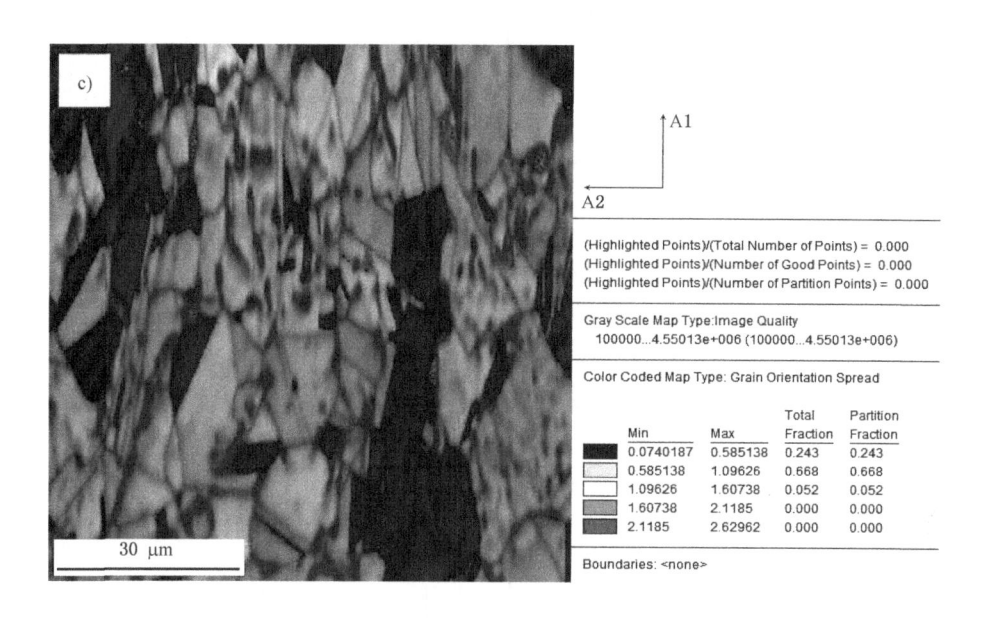

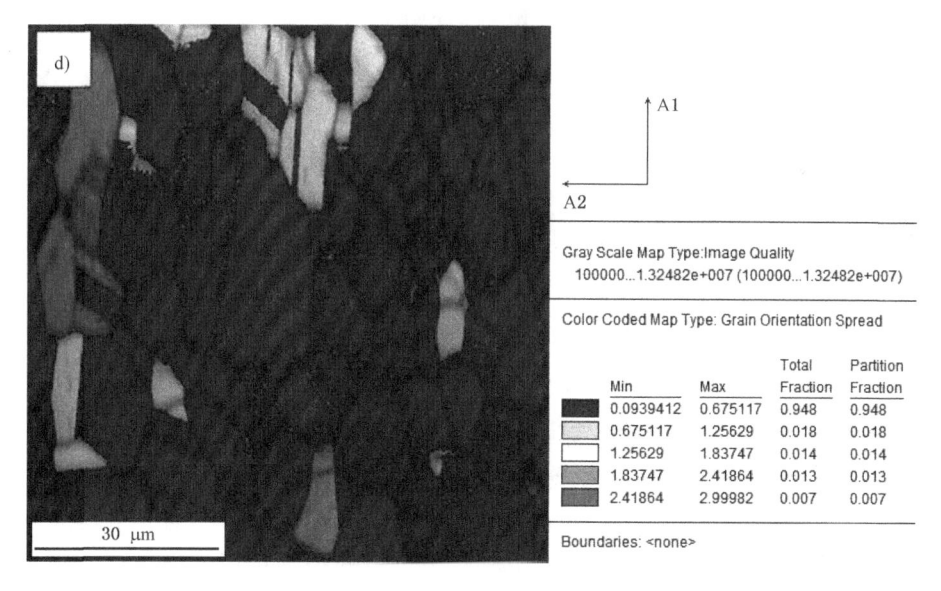

图 4-75 GH4169 合金晶粒取向分布图（GOS）

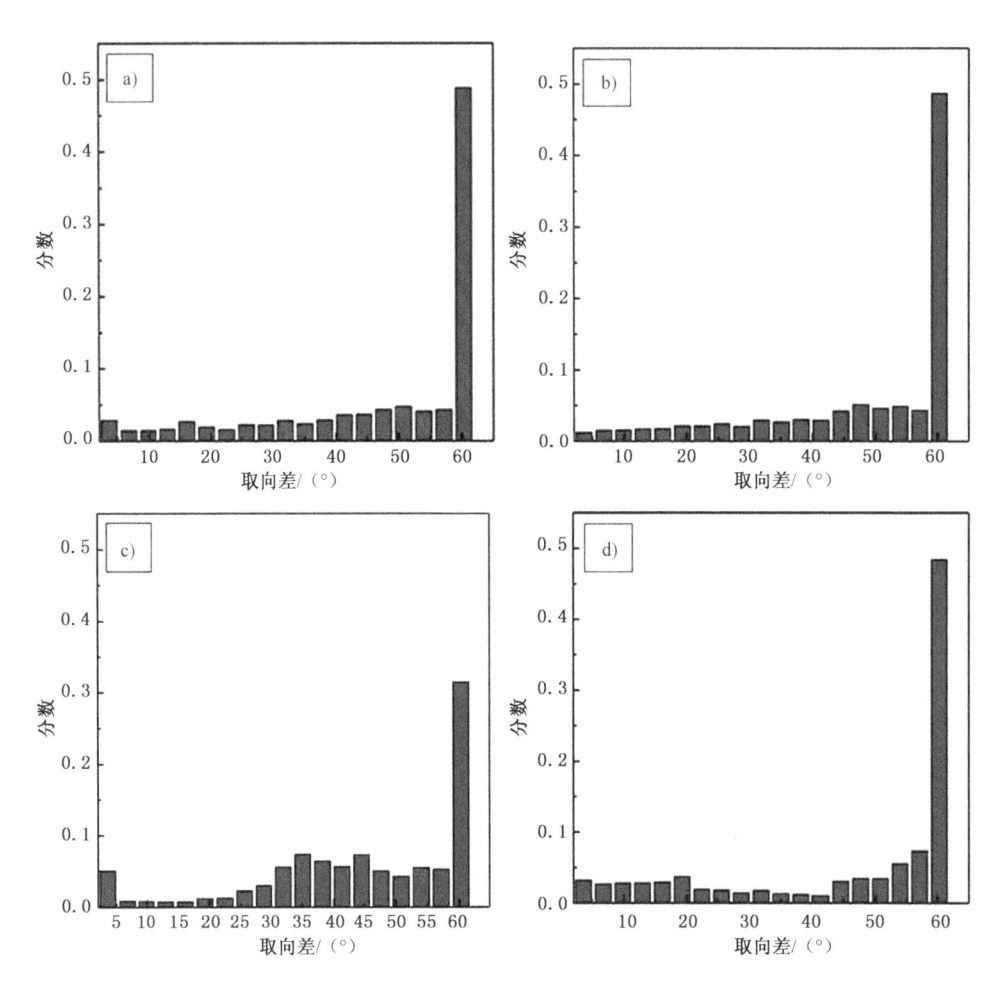

图 4-76 GH4169 合金晶粒取向差分布图

4.8.4 与神经网络预测结果的对比分析

表 4-17 和表 4-18 分别为模拟、神经网络预测与试验结果的比较分析,从表 4-17 可以看出:本书建立的神经网络模型预测精度高,随着道次的增加,预测精度大大提高,当 8 道次时平均晶粒度误差小于 10%,再结晶体积分数预测误差小于 5%,试验验证了本神经网络在预测方面的适用性,该模型可用于预测 GH4169 热变形微观组织演变。

表 4-17　再结晶晶粒尺寸对比

道次 n	晶粒尺寸/μm			与试验结果比较的误差/%	
	有限元模拟	神经网络预测	试验结果	有限元模拟	神经网络预测
6	22.31	22.32	21.6	3.28	3.33
8	13.20	15.95	14.5	8.97	10.00
9	15.96	16.04	15.5	2.97	3.48

表 4-18　再结晶体积分数对比

道次 n	再结晶体积分数/%			与试验结果比较的误差/%	
	有限元模拟	神经网络预测	试验结果	有限元模拟	神经网络预测
6	86.85	87.03	84.70	2.47	2.67
8	88.36	89.63	91.20	3.21	1.75
9	91.83	92.33	94.80	3.23	2.67

第5章
TA15钛合金锻造成形微观组织预报

5.1 TA15钛合金的国内外研究现状

5.1.1 钛合金简介

钛合金是航空航天工业中一种重要结构材料，主要用于制作飞机发动机压气机盘，其次为火箭、导弹和高速飞机的结构件。TA15(Ti-6Al-2Zr-1Mo-1V)是一种近α钛合金，具有较高的比强度、耐热性、抗腐蚀性等性能，主要用来生产压气机盘、叶片、机匣、蒙皮以及各种承力构件。由于锻件的工作环境较差，对锻件的质量要求苛刻。然而锻造工艺设计不合理而导致锻件的废品率极高，这是制约大锻件发展的首要问题。为了提高锻件质量可控化程度，大锻件热成形模拟仿真以及微观组织预测仿真迅速发展起来。熟知TA15的本构关系和微观组织变化规律是实现成形模拟仿真和微观组织预测仿真的前提和基础。

按退火(空冷)后的组织特点，钛合金可以分为以下四类：α合金、近α合金、α+β合金和β合金。按性能特点分类，钛合金可以分为以下六类：低强度的钛合金、中强钛合金、高强钛合金、耐热钛合金、铸造钛合金及粉末冶金钛合金。

近α合金中所含β稳定元素一般小于2%，其平衡组织为α相加少量的β混合组织，这类合金在钛合金中具有较好的耐热性。β相中原子扩散快，易发生蠕变。为了获得良好的抗蠕变性能，合金中的β相含量应尽量减少，但β相对改善合金的加工性能和进行热处理强化有利。这类合金中，主要加入α相稳定元素，使得α相获得固溶强化；另外，还要加入少量的β稳定元素，使合金具有少量的β相。

钛及钛合金的优点主要表现在以下几个方面：

(1) 比重小，比强度高。比强度为强度与密度的比值。一般来说，纯钛的强度与普通钢的强度相当，并且部分高强钛合金的强度要比一些合金钢的强度要大。钛合金的比强度要远大于其他金属结构材料。因此钛合金常用于生产飞机起落架、骨架等刚性部件。

(2) 耐热性好，工作温度的范围较广。在450～500 ℃温度范围内能保持所要求的强度，并可在该温度范围内长期工作，而铝合金在150 ℃时比强度就已呈现出明显下降趋势。另外，钛合金在低温(≤−253 ℃)的情况下依旧可以保持一定的塑性。

(3) 良好的抗腐蚀性。特别是在海水和海洋大气中抗蚀性极高,这对航舰以及水上飞机是十分有利的。在腐蚀介质中的断裂韧性用 K_{ISCC} 表示,K_{ISCC} 是合金在 3.5% NaCl(6.5pH)溶液中的应力腐蚀能力,或称为应力腐蚀抗力。TA15 钛合金的 $K_{ISCC} \geqslant 44$,有良好的抗腐蚀性能。钛合金在潮湿环境和海水中的抗蚀性要比不锈钢好。

钛合金的缺点主要体现在以下几个方面:

(1) 导热性差,钛合金的导热系数比钛大概要小 50%,摩擦系数大,耐磨性差,在切削加工中易产生粘刀,故切削加工性差。因此较高应变速率下变形时,钛合金的变形热效应不可小觑。

(2) 弹性模量低,不宜用于制作细长构件和薄壁构件。

(3) 钛的化学活性高,极易受氢、氧、氮的污染,表面易形成富氧 α 层。钛合金的冶炼加工难,使得生产成本提高。钛的化学亲和性也大,易与摩擦表面产生粘附现象。

5.1.2 TA15 本构模型的研究现状

TA15(Ti-6Al-2Zr-1Mo-1V)是一种近 α 钛合金,其机械性能与俄罗斯牌号为 BT20 的钛合金相近,具有较高的比强度、耐热性、抗腐蚀性等性能。其 β 相的转变温度在 970~1 010 ℃ 内。TA15 钛合金在高温条件下,仍然具有良好的机械性能。有研究表明,在 500 ℃ 的环境下工作,其寿命可达 3 000 h,而在 450 ℃ 下,其工作寿命可达 6 000 h,因此其在航空航天业中发挥着极大作用。

本构关系可以表明材料的流动应力随变形温度、应变速率以及应变等热力参数的变化规律。热变形本构模型是变形工艺设计和控制的重要依据之一,因此对 TA15 热变形中本构关系的研究是必要的。本构方程的主要建模方法有经验公式法、统计学方法、直接模拟法和状态参量法等。其中,统计学方法一般分为回归法和人工神经网络法等方法,直接模拟法为元胞法等。

徐文臣等人根据 Sellars 和 Tegart 提出的 Arrhenius 双曲正弦函数模型(如式(5-1)所示)建立了 TA15 合金的高温本构关系,得到(α+β)双相区的变形激活能 $Q=517$ kJ/mol,并指出不同类型钛合金的激活能不同的原因是合金的晶格类型不同以及加入的合金元素不同。这有可能也是与梁业等人计算结果有区别的原因。

$$\dot{\varepsilon}=A[\sinh(\alpha\sigma)]^n \exp[-Q/RT] \tag{5-1}$$

式中:

$\dot{\varepsilon}$——应变速率;

σ——应力;

Q——激活能;

R——气体常数;

T——绝对温度;

A、α、n——材料常数。

孙志超等人基于热压缩试验数据和部分神经网络预测数据,利用回归法确定了 TA15 的热变形本构模型,并确定了宏观可测变量变形温度、应变速率和应变的"最优"自变量子集。所采用的多元线性回归模型如下

$$\ln\sigma = a_0 + a_1 x_1 + a_2 x_2 + a_3 x_3 + \cdots + a_9 x_9 \tag{5-2}$$

式中:

$a_1, a_2, a_3, \cdots, a_9$ ——待求系数。

$x_1, x_2, x_3, \cdots, x_9$ 与温度、应变速率、应变相关参数对应关系见表 5-1。

表 5-1 $x_1, x_2, x_3, \cdots, x_9$ 与宏观可测变量对应关系

x_1	x_2	x_3	x_4	x_5	x_6	x_7	x_8	x_9
$1000/T$	$\ln\dot\varepsilon$	ε	$(1000/T)^2$	$(\ln\dot\varepsilon)^2$	ε^2	$\ln\dot\varepsilon\cdot(1000/T)$	$\varepsilon\cdot(1000/T)$	$\ln\dot\varepsilon\cdot\varepsilon$

胡郁基于 ANN 建立了 TA15 钛合金的本构模型,利用相关性系数和相对误差等统计标准评估并验证了模型的准确性。沈昌武利用 BP 神经网络模型建立了 TA15 钛合金本构关系,经验证该模型的计算值与试验值基本吻合。

以上所建立的 TA15 钛合金本构模型,都为后续 TA15 合金的热变形本构关系的研究提供了参考。

5.1.3 TA15 微观组织模型的研究进展

微观组织演变模型是实现组织控制的基础与前提,利用材料不同机制下的微观组织模型可实现控制组织的目的。该方面的研究已经展开,并建立了不同模型和方法:随机模型蒙特卡洛方法和 C-A 模型、经验模型以及人工神经元网络模型。以下总结了已有的 TA15 钛合金微观组织模型建立方法。

R.C.Picu 等人建立的钛合金微观组织模型如下

$$\begin{cases} X_\beta(T) = \left(\dfrac{T}{T_{sus}}\right)^w \\ X_\alpha(T) + X_\beta(T) = 1 \end{cases} \tag{5-3}$$

式中:

$X_\beta(T)$——β 相的体积分数;

$X_\alpha(T)$——α 相的体积分数;

T——变形温度;

T_{sus}——相变温度。

李淼泉等人在 Kocks 等人提出的 K-M 模型的基础上,以位错密度 ρ 为内变量建立了钛合金微观组织模型(如式(5-4)所示),并认为塑性流动的驱动力是由 ρ 决定的。

$$\begin{cases} \dot d = \alpha_s d^{-\gamma_s} + \alpha_\varepsilon |\dot\varepsilon^p| d^{-\gamma_\varepsilon} - \alpha_{rec}\dot X_{rec} f_d d^{\gamma_{rec}} \\ f_d = C_4 \exp[-\ln^2(d/d_{cri})] \end{cases} \tag{5-4}$$

式中:

d——晶粒尺寸；

X_{rec}——再结晶体积分数；

f_d——再结晶体积分数分布函数；

$\alpha_s,\alpha_\varepsilon,\alpha_{rec},\gamma_s,\gamma_{rec},C_4,d_{cri}$——材料常数。

史延沛等人根据上述内变量模型求得：样本数据的平均相对误差为 8.27%，非样本数据的平均相对误差为 11.32%，验证了上述内变量模型是可行的。

唐泽等人根据 Kopp 模型建立了 TA15 钛合金在（α+β）两相区塑性成形时的初生 α 相平均晶粒尺寸模型及再结晶体积分数模型，并在热力学原理的基础上建立了初生 α 相体积分数模型。其微观组织演变模型如下

$$\begin{cases} \varepsilon_{0.5} = k_1 \dot{\varepsilon}^{n_1} \exp\left(\dfrac{Q}{RT}\right)^{n_2} \\ \varepsilon_p = k_2 \dot{\varepsilon}^{n_3} \exp\left(\dfrac{Q}{RT}\right)^{n_4} \\ \varepsilon_c = k_3 \varepsilon_p \\ X_{DRX} = 1 - \exp\left[-k_4 \left(\dfrac{\varepsilon - \varepsilon_c}{\varepsilon_{0.5} - \varepsilon_c}\right)^{n_5}\right] \\ d_{DRX} = k_5 \dot{\varepsilon}^{n_6} \exp\left(\dfrac{Q}{RT}\right)^{n_7} \\ \bar{d} = (1 - X_{DRX}) \cdot d_0 + X_{DRX} \cdot d_{DRX} \\ X_\alpha = 1 - k_6 \exp\left(\dfrac{-Q'}{RT}\right) \\ X_{DRX} = \dfrac{\sigma^{de} - \sigma^{dx}}{\sigma_s^{de} - \sigma_s^{dx}} \end{cases} \quad (5\text{-}5)$$

式中：

$\varepsilon_{0.5}$——50% 动态再结晶的当量应变；

ε_p——峰值应力所对应的应变；

ε_c——临界应变；

X_{DRX}——动态再结晶体积分数；

d_{DRX}——动态再结晶晶粒尺寸（μm）；

σ^{de}——动态回复瞬态流变应力；

σ_s^{de}——动态回复稳态流变应力；

σ^{dx}——动态再结晶瞬态流变应力；

σ_s^{dx}——动态再结晶稳态流变应力；

Q——激活能；

R——气体常数；

T——绝对温度；

d_0——初始晶粒度;

$\bar{d}$——平均晶粒度;

X_α——初生 α 相的体积分数;

$k_1, k_2, \cdots, k_6$——材料常数;

$n_1, n_2, \cdots, n_7$——待求指数。

在变形过程中,晶粒变化主要有三种机制:静态长大、动态长大以及动态再结晶。欧阳德来等人从引起动态再结晶的动力和阻力着手,认为晶粒尺寸的变化是这三种机制相互作用的结果。TA15 钛合金晶粒尺寸的表达式如式(5-6)所示。

$$d = [d_0^{\gamma_0+1} + \beta_0 t \exp[Q/(RT)]]^{\frac{1}{\gamma_0+1}} + [(1-\gamma_1)\beta_1 \varepsilon \dot{\varepsilon}^{(\gamma_0-1)} + d_0^{(1-\gamma_1)}]^{\frac{1}{1-\gamma_1}} + [-(1-\gamma_2)\beta_2 f Z^{\gamma_3} + d_0^{1-\gamma_2}]^{\frac{1}{1-\gamma_2}} \quad (5-6)$$

式中:

d——晶粒尺寸;

d_0——初始晶粒尺寸;

Z——齐纳-霍洛蒙参数;

Q——激活能;

R——气体常数;

T——绝对温度;

ε——应变;

$\dot{\varepsilon}$——应变速率;

$\gamma_0, \gamma_1, \gamma_2$ 和 $\beta_0, \beta_1, \beta_2$——材料常数。

郜阳等人通过热模拟压缩试验研究了 TA15 钛合金等温近 β 变形行为,定量分析了微观组织随变形参数的变化规律,构建了等轴 α 相的晶粒尺寸以及其体积分数与变形温度的关系模型。模型基本表达式为 $\alpha = f(T)$。

金泉林总结了钛合金在热锻条件下的相变规律,认为热锻过程分为加热/保温、降温、再加热 3 个过程,并认为钛合金的微观组织演变模型含有以下几个内变量参数:初生 α 相体积分数 x_α、β 相体积分数 x_β、魏氏体 α 相体积分数 x_w、晶界 α 相体积分数 x_{gb}、马氏体 α 相体积分数 x_m。各个内变量参数应满足 $x_\alpha + x_\beta + x_w + x_{gb} + x_m = 1$。

以上学者所建立的合金的微观组织模型虽然表达形式和作用机制不尽相同,但都能很好地描述合金试样在热锻过程中的微观组织变化情况,都为后续合金的微观组织模拟打下了基础,为后续研究合金微观组织的学者提供了参考。

TA15 钛合金在航空航天工业中广泛应用,并且一般为大型锻件,在锻造过程中常由于工艺不当产生废品,这很大程度地增加了生产成本。近年来,计算机技术的迅猛发展使得模拟仿真技术也有了极大发展。建立准确的材料本构模型和微观组织演变模型是预测应力与组织的前提与基础,同时也是控制性能和完善工艺设计的保障。为了确定比较合理的 TA15 钛合金的锻造工艺参数,需要建立 TA15 钛合金的热加工图,进而得到 TA15 钛合金的安全加工范围。为了更准确地预测变形过程中应力应变和微观组织,需要研究其本构模型和微观组织演变模型。很多学者已经对 TA15 钛合金的以上两模型做了广泛研究。但是 TA15 钛合金的导热率较差,变形热效应对变形温度和流动应力的影响较大,所做的研究均没有考虑变形热效应的影响,因此还需做进一步研究。为此本章根据 TA15 钛合金的热压缩试验数据建立了 TA15 钛合金的本构模型和微观组织演变模型,并对变形热进行计算,分析了变形热与变形参数的关系,这将有助于正确地反映变形过程中的真实情况。

5.2 TA15 钛合金的应力应变曲线

5.2.1 试验材料及方法

本试验采用的 TA15 钛合金是由某有色金属加工厂提供的热轧棒材,其主要化学成分(质量分数,%)如表 5-2 所示。图 5-1 是供货态的金相组织图。由图可以看出,其原始组织为($\alpha+\beta$ 转变组织)双相组织,经测定其相变点为 995 ℃。首先用线切割将热轧棒材加工成 $\phi 8 \text{ mm} \times 12 \text{ mm}$ 的圆柱试件,取样的位置和方向如图 5-2 所示;而后将加工好的试样在 Geeble-1500 热压缩试验机上进行等温热压缩试验,变形条件为:变形温度分别为 750 ℃、800 ℃、850 ℃、900 ℃、950 ℃、1 000 ℃ 和 1 050 ℃;应变速率分别为 0.001 s^{-1}、0.01 s^{-1}、0.1 s^{-1} 和 1 s^{-1}。图 5-3 为热压缩加热过程的示意图。其具体过程为:将试样在进行热压缩变形前以 2.5 ℃/s 的加热速率加热到以上不同的设定温度,保温 3 min 后,进行压缩试验,随后水冷至室温。

表 5-2 TA15 钛合金的主要组成元素

元素	Al	V	Mo	Zr	Fe	Ti
质量分数/%	6.6	2.31	1.7	2.2	0.06	其余

图 5-1 TA15 钛合金的初始组织

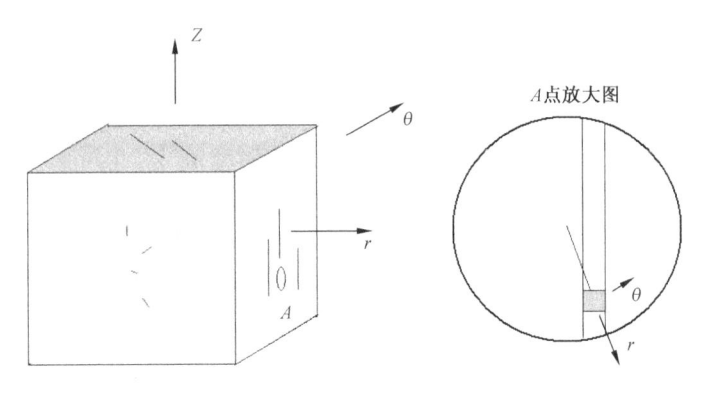

图 5-2　试件取样位置与方向以及金相照片的位置和方向

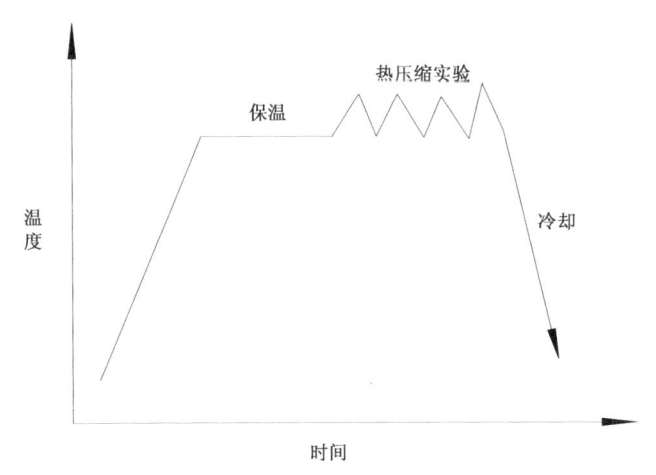

图 5-3　热压缩加热过程的示意图

5.2.2　试验结果分析

5.2.2.1　变形温度与流动应力的关系

图 5-4 为 TA15 钛合金相同应变速率下不同温度所对应的热压缩试验曲线图。由图 5-4 可知：温度在 750~900 ℃内，在达到峰值应变之前，随着应变的增加，应力呈迅速增加趋势；达到峰值应变后随应变的增加，应力急剧下降，最终趋于平缓。随着温度的升高，流动应力呈明显下降趋势，即在该温度范围内流动应力对温度影响较为敏感。温度在 950~1 000 ℃内，达到峰值应变后，曲线几乎没有明显的下降趋势便进入平缓状态。随温度的升高流动应力变化较小，即流动应力对温度的敏感度较低。研究表明，在相同的变形条件下，β 相的变形抗力比 α 相变形抗力要小。在 750~900 ℃内，α 相含量较多，且 α 相为密排六方晶格，其性能对位向比较敏感，所以波动范围较大，因此应力对温度影响较敏感。温度在 950~1 000 ℃内，由于在相变点附近，此时密排六方 α 相大部分转变为体心立方 β 相，而

体心立方β相滑移系多、层错能高,微观组织随温度升高变化不大,因此温度对流动应力影响变小。而且由于低温变形时的变形抗力要比高温变形时大,所以在相同应变下,低温变形产生的变形热要比高温变形时多,这是低温变形时的软化程度要大于高温变形时的原因之一。

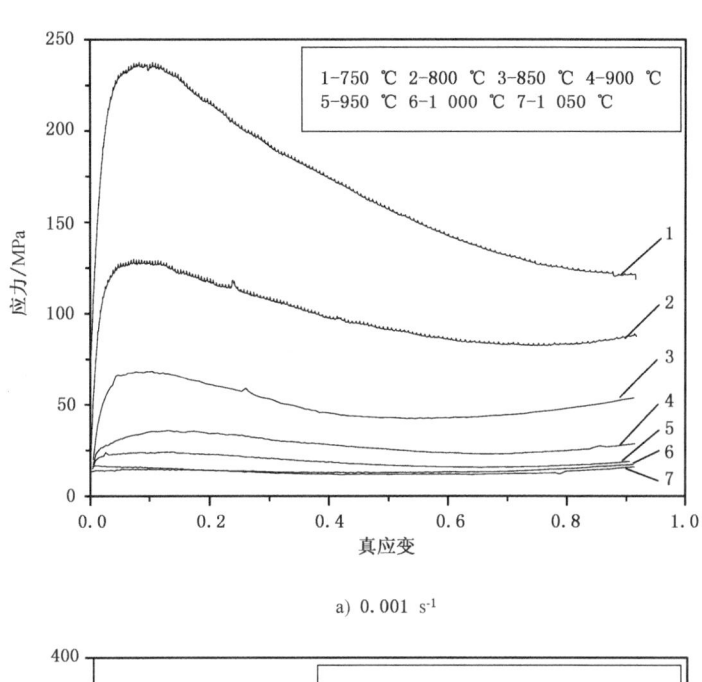

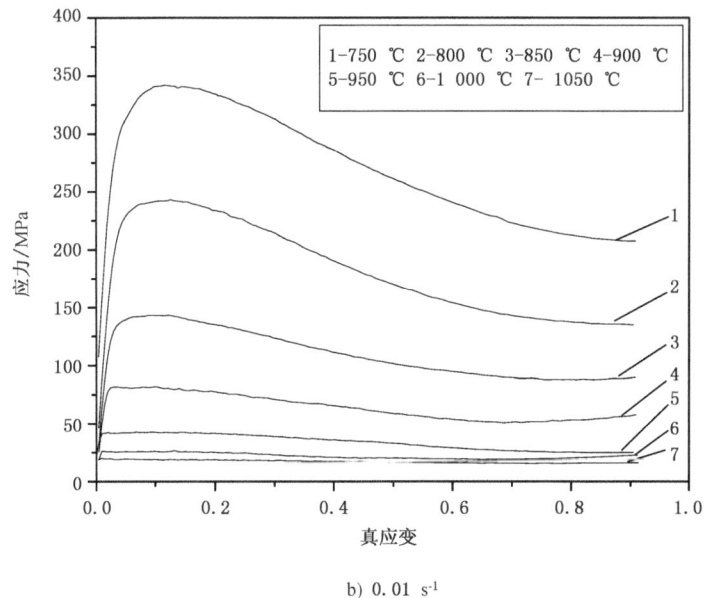

a) 0.001 s^{-1}

b) 0.01 s^{-1}

c) 0.1 s^{-1}

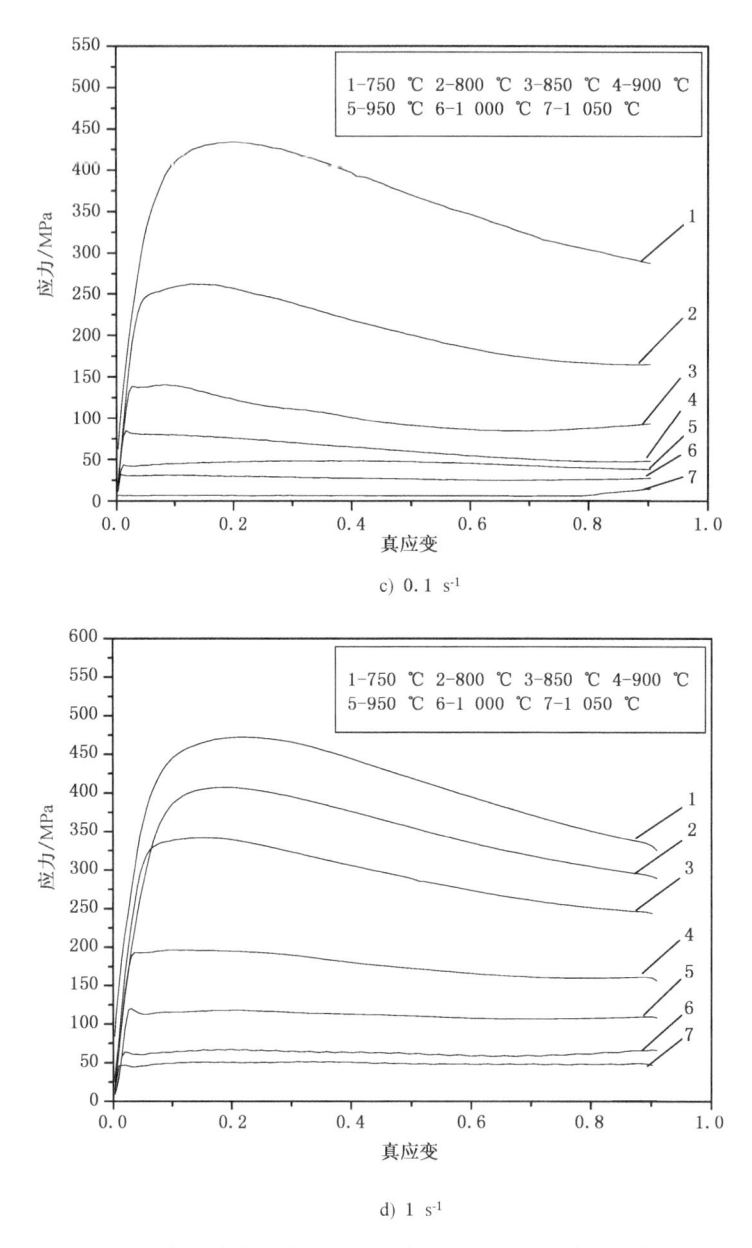

d) 1 s^{-1}

图 5-4 相同应变速率下不同温度所对应的热压缩试验曲线

5.2.2.2 应变速率与流动应力的关系

图 5-5 为 TA15 钛合金在相同温度下不同应变速率所对应的热压缩试验曲线图。由图 5-5 可知,在 750～900 ℃温度范围内,在相同变形温度条件下,流动应力的下降趋势随着应变速率的减小变得不明显,这与钢的变化规律是恰恰相反的,原因是钛合金的导热率差,变形过程中产生明显的热效应;在 950～1 050 ℃温度范

围内,即温度在相变点附近,在应变速率为 1 s^{-1} 下,不同温度下的流动应力急剧上升达到峰值后又迅速下降,随后由于应变硬化使得应力继续上升,进而达到稳态。引起以上现象的主要原因是:体心立方 β 相占多数,β 相滑移系多、层错能高,且应变速率的增大会使变形体累积的畸变能迅速增加,使得应力迅速达到峰值后又迅速减小。

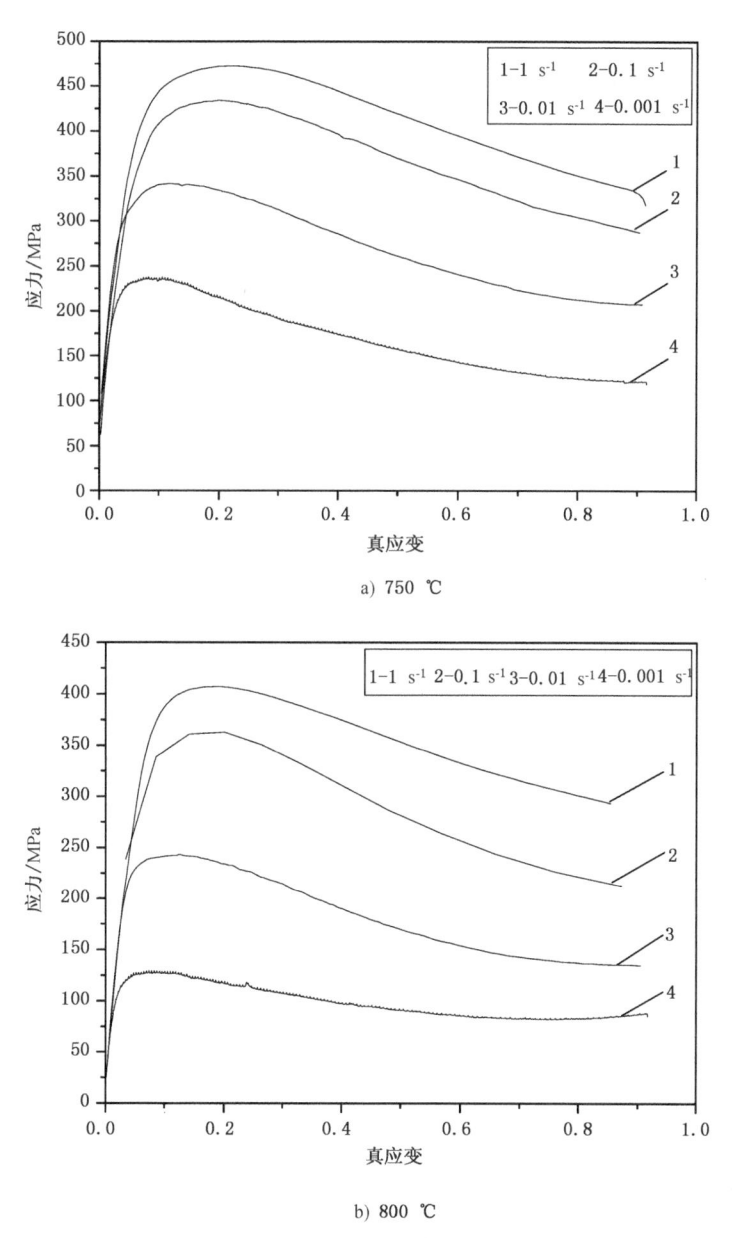

a) 750 ℃

b) 800 ℃

c) 850 ℃

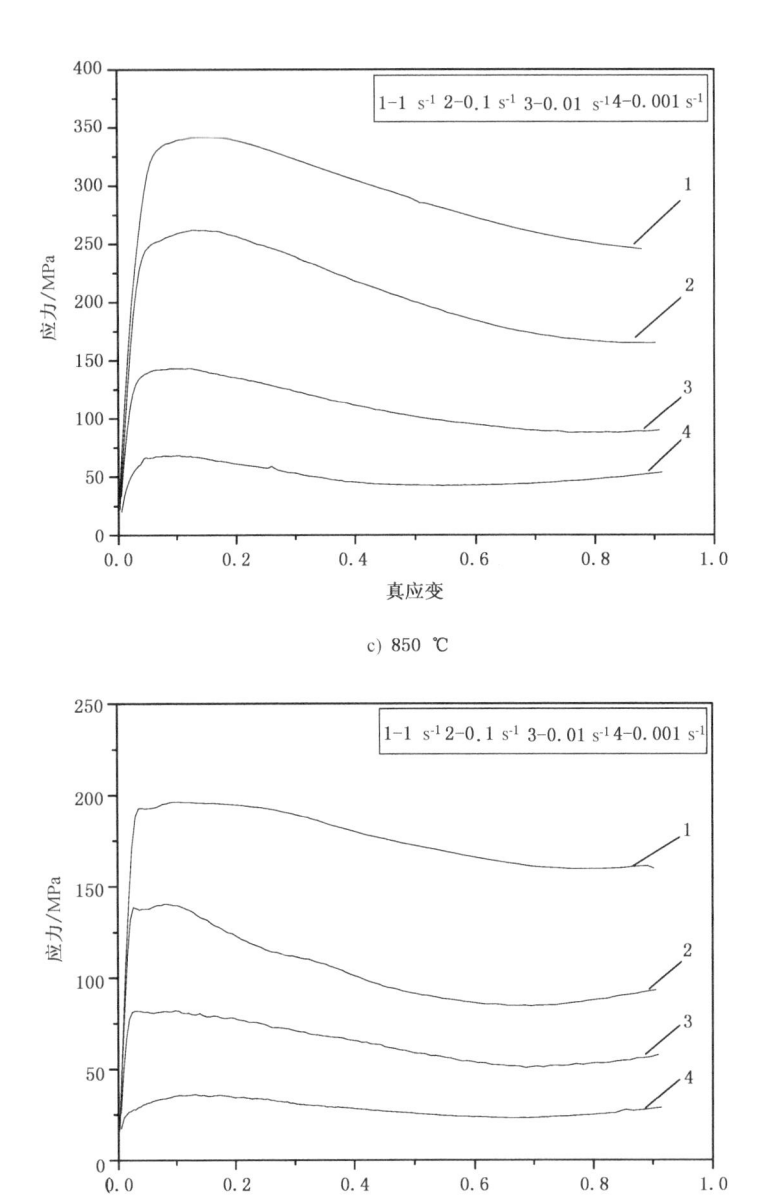

d) 900 ℃

e) 950 ℃

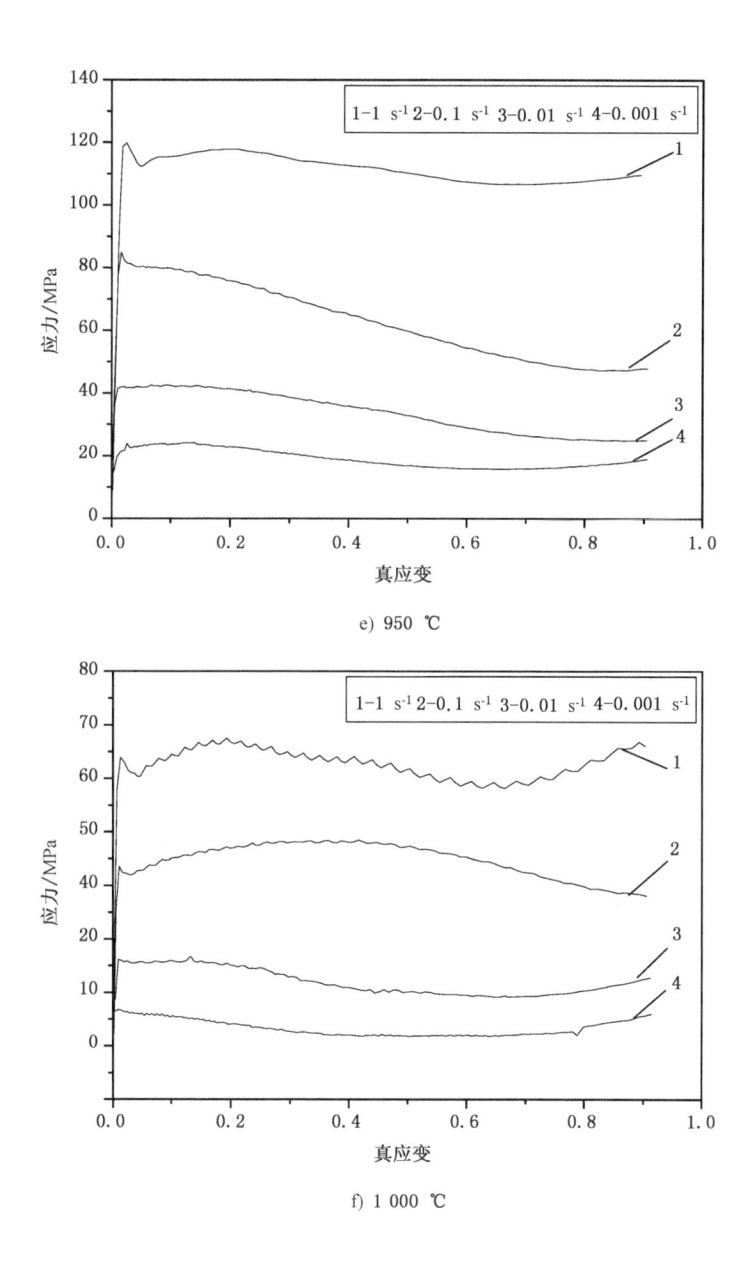

f) 1 000 ℃

g) 1 050 ℃

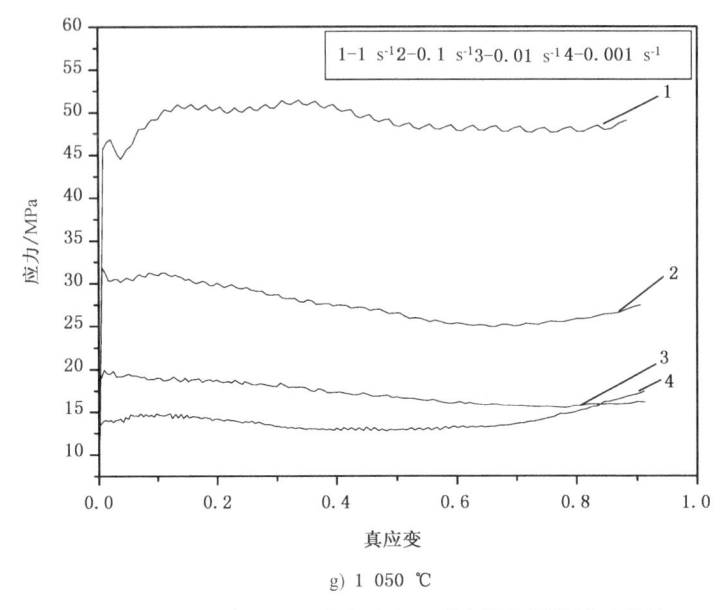

图 5-5 相同温度下不同应变速率所对应的热压缩试验曲线

5.2.3 变形热的计算

导热性差是钛合金的缺点之一,钛合金的导热系数比钛大概要小 50%。在低温高应变速率变形时,变形过程中的温升较大,因此变形热效应是钛合金热加工过程中不可忽视的因素之一。变形热效应会影响变形过程中变形温度和应力的大小,虽然很多学者已经对 TA15 钛合金做了广泛研究,但是均未提及变形热效应,因此还需对变形热产生规律作进一步研究。为了更好了解 TA15 钛合金的变形热产生规律,本书对其热压缩过程中的温升进行了计算,并分析总结了变形热的产生规律。

根据热压缩试验所得的不同温度、应变速率下的应力应变曲线和式(5-7) 可以计算得到不同温度、应变速率以及应变下所对应的温升值的大小。p 是与应变速率有关的热转换系数,其中 p 与应变速率之间的关系式如式(5-8)所示。

$$\Delta T = \frac{p}{C} \int_0^\varepsilon \sigma \mathrm{d}\varepsilon \tag{5-7}$$

式中:

ΔT——变形所引起的温升(℃);

C——材料的热容系数($N \cdot mm^{-2} \cdot ℃^{-1}$),一般钛合金的热容系数取($C=4$);

p——与应变速率 $\dot{\varepsilon}$ 有关的热转换系数,其中,

$$\begin{cases} p=0 & \dot{\varepsilon}<0.001\ \mathrm{s}^{-1} \\ p=1+\dot{\varepsilon}/3 & 0.001\ \mathrm{s}^{-1}\leqslant\dot{\varepsilon}\leqslant 1\ \mathrm{s}^{-1} \\ p=1 & \dot{\varepsilon}>1\ \mathrm{s}^{-1} \end{cases} \tag{5-8}$$

图 5-6 为不同应变速率、温度和应变下的温升曲线图。由图 5-6 可以看出,变形热的大小与应变速率大小成正比;变形过程中的温升大小和应变大小成正比,即应变越大,产生的变形热越多。

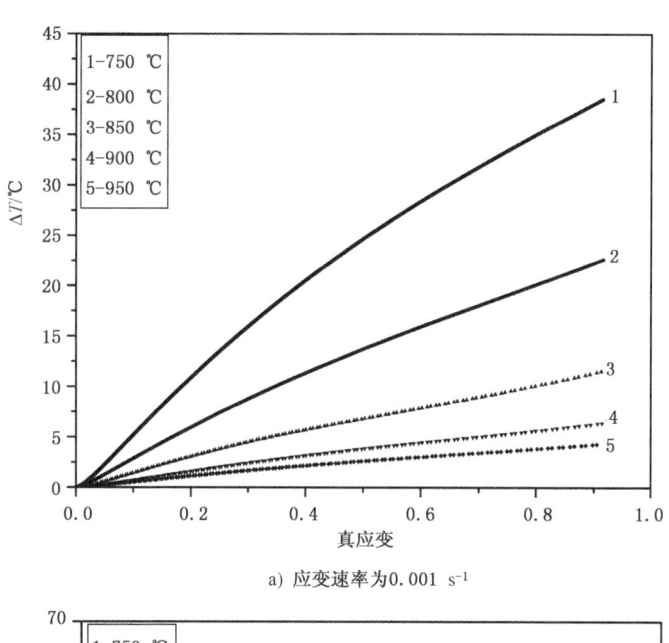

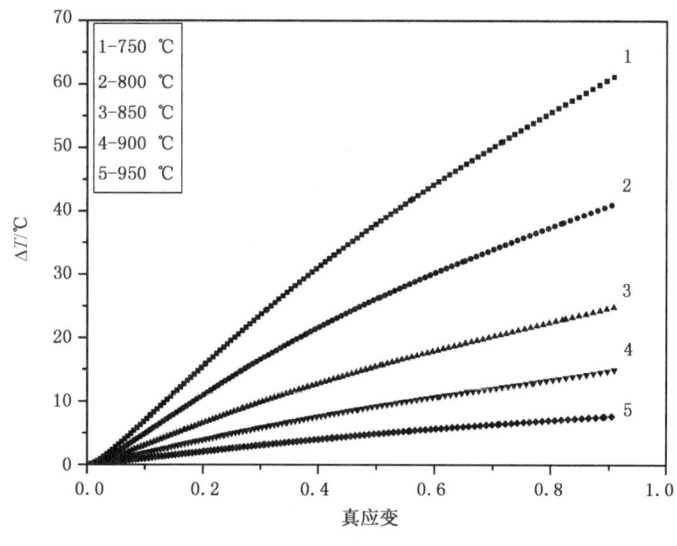

a) 应变速率为 0.001 s^{-1}

b) 应变速率为 0.01 s^{-1}

c) 应变速率为0.1 s⁻¹

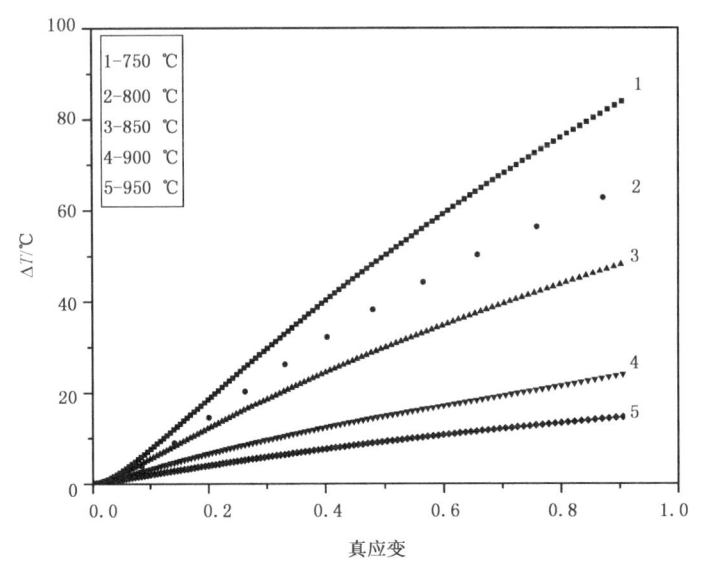

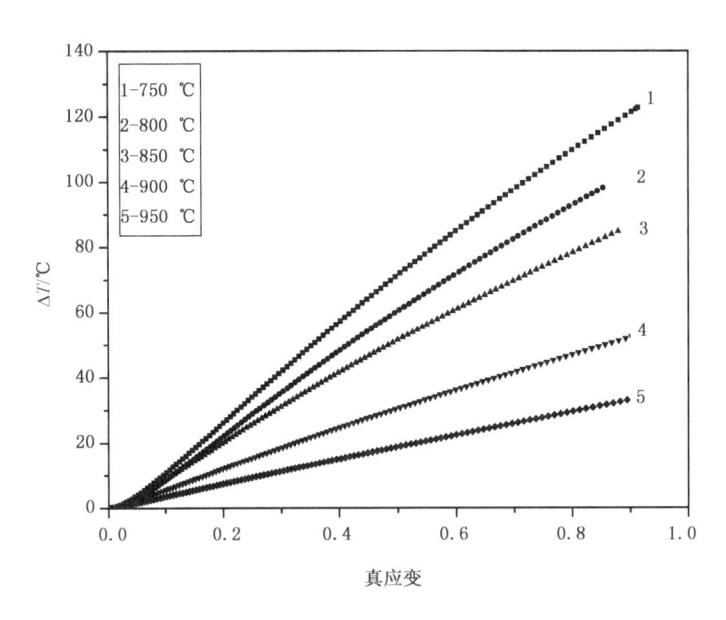

d) 应变速率为1 s⁻¹

图 5-6 不同应变速率、温度和应变下的温升曲线图

表 5-3 为不同变形条件下的温升值统计表。由表可知，当 $T=750$ ℃，$\dot{\varepsilon}=1\ \text{s}^{-1}$ 时，整个压缩过程的温升值可以达到 122.63 ℃，这将很大程度地影响成形过程中流动应力的大小。因此，在低温高应变速率的条件下所产生的温升很大，变形

热是变形过程中不可忽略的参数之一。这证明了低温高应变速率情况下的应变软化程度要大于高温低应变速率的原因之一是钛合金的导热率差,低温高应变速率下变形时产生了明显的变形热效应,使得流动应力降低。

表 5-3 不同名义温度不同应变速率下的最终变形温度

名义温度/℃	应变速率	应变量	最终温升/℃
750	0.001	0.92	38.55
750	0.01	0.92	61.20
750	0.1	0.92	83.94
750	1	0.92	122.63
800	0.001	0.92	22.6
800	0.01	0.92	40.98
800	0.1	0.92	62.79
800	1	0.92	98.08
850	0.001	0.92	11.54
850	0.01	0.92	24.83
850	0.1	0.92	48.13
850	1	0.92	84.66
900	0.001	0.92	6.39
900	0.01	0.92	14.94
900	0.1	0.92	24.03
900	1	0.92	52.48
950	0.001	0.92	4.29
950	0.01	0.92	7.66
950	0.1	0.92	14.63
950	1	0.92	32.98

通过对 TA15 钛合金热压缩试验曲线分析可以得到:TA15 钛合金热变形时,温度在 750~900 ℃内,流动应力波动较大,对温度影响较为敏感,温度在 950~1 000 ℃内,流动应力变化较小,且对温度的敏感度较小;变形热效应导致流动应力对应变速率的敏感性较低。

变形热所造成的温升对于钛合金而言是一个不可忽略的参数。对变形热进行计算后,可得规律:变形热效应对变形过程的影响作用会随着应变速率的增加而增大。随着温度降低,变形热增加;变形过程中的温升大小和应变成正比,即应变越大,产生的变形热越多。

5.3 TA15 钛合金的热变形本构关系

5.3.1 本构模型的构建

本构方程可以表征材料的流变应力对变形温度、应变速率以及真应变等热力参数的动态响应，是热变形工艺设计和控制的重要依据之一。

在热变形过程中应力取决于 T 和 $\dot{\varepsilon}$，其相互关系式表示为

$$Z = \dot{\varepsilon} e^{Q/RT} \tag{5-9}$$

式中：

Q——变形激活能；

R——气体常数；

T——绝对温度。

应力函数通常有以下三种形式

$$\begin{cases} F(\sigma) = A_1 \sigma^n \\ F(\sigma) = A_2 \exp(\beta\sigma) \\ F(\sigma) = A_3 [\sinh(\alpha\sigma)]^n \end{cases} \tag{5-10}$$

式中：

$A_i (i=1,2,3)$、α、β、n——材料常数。

本节参照 Sellars 等提出的双曲正弦的本构模型，建立 TA15 高温变形的本构方程

$$\dot{\varepsilon} = A[\sinh(\alpha\sigma)]^n \exp[-Q/(RT)] \tag{5-11}$$

式中：

A、α、n——材料常数；

Q——变形激活能(J/mol)；

R——气体常数，$R = 8.314$ kJ/(mol·K)；

σ——流动应力(MPa)；

$\dot{\varepsilon}$——应变速率(s^{-1})；

T——绝对温度 K。

材料常数值 A、α、n 和激活能 Q 需要通过对压缩试验所得数据进行回归处理来确定。材料常数值 A、α、n 和激活能 Q 均与应变有一定关系。求出应变分别为 0.005、0.1、0.2、0.3、0.4、0.5、0.6、0.7、0.8 和 0.9 下的材料常数值 A、α、n 和激活能 Q，进而可以拟合求出以上材料常数关于应变的数学表达式，最终代入到 Arrhenius 双曲正弦型方程中，即可建立适用于 TA15 钛合金热变形的本构模型。本书以应变为 0.05 为例进行求解。

分别以 σ 和 $\ln\dot{\varepsilon}$、$\ln\sigma$ 和 $\ln\dot{\varepsilon}$ 为坐标轴作图，如图 5-7 a)、b)所示。取图 5-7 a)中各个直线斜率的平均值为 n_1；取图 5-7 b)中各个直线斜率的平均值为 β。取 $\alpha = \beta/n_1 = 0.008\ 96$。

将式(5-11)两边取对数

$$\ln A + n\ln[\sinh(\alpha\sigma)] = \ln\dot{\varepsilon} + Q/(RT) \qquad (5\text{-}12)$$

将 α 代入式(5-12)中,可以得不同变形温度和应变速率下的 $\ln\dot{\varepsilon}$ 和 $\ln[\sinh(\alpha\sigma)]$ 的关系曲线图(如图 5-7 c 所示),由此可求斜率平均值 $n=3.824\ 98$。

对式(5-12)对取偏微分,可以得到激活能表达式如下

$$Q = R\{\partial\ln[\sinh(\alpha\sigma)]/\partial(1/T)\}\cdot\{\partial\ln\dot{\varepsilon}/\partial\ln[\sinh(\alpha\sigma)]\}_T \qquad (5\text{-}13)$$

在恒应变速率条件下,一定温度范围内 Q 值保持不变,将 $(1\ 000/T)$ 和 $\ln\sinh(\alpha\sigma)$ 按直线关系拟合求得图中各个直线斜率的平均值 $s=16.75\times 10^3$。将 n、s 代入式(5-13)得 $Q=R\cdot n\cdot s=532\ 257.5$ J/mol。

由式(5-12)知,$\ln[\sinh(\alpha\sigma)]-\ln\dot{\varepsilon}$ 关系曲线的截距值为 $\ln A$ 与 (Q/RT) 的差值。根据以上求得的 Q、R、T 值可求得不同温度下的 A 值,取其平均值 $A=1.393\times 10^{22}$。则 TA15 钛合金在真应变为 0.05 时流动应力与应变速率的关系如下

$$\dot{\varepsilon} = A[\sinh(\alpha\sigma)]^n\cdot\exp(-Q/RT) =$$
$$1.393\times 10^{22}[\sinh(0.008\ 96\sigma)]^{3.824\ 98}\cdot\exp(-532\ 257.5/RT) \qquad (5\text{-}14)$$

按照上述的计算过程,可以依次求出应变分别为 0.005、0.1、0.2、0.3、0.4、0.5、0.7、0.8、0.9 所对应的 Q、A、α、n 等的参数值,用多元线性回归可以确定这些参数数值(如表 5-4 所示)与真应变之间的关系。

根据表 5-4 的数据可以得到参数 Q、A、α、n 与应变的拟合曲线如图 5-8 所示,进而求出参数 Q、A、α、n 分别关于应变的数学表达式,如式(5-15)所示:

$$\begin{cases} Q = 1\times 10^{18}\varepsilon^6 - 4\times 10^8\varepsilon^5 + 4\times 10^8\varepsilon^4 - 2\times 10^8\varepsilon^3 + 6\times 10^7\varepsilon^2 - 9\times 10^6\varepsilon + 929\ 653\ (R^2 = 0.986\ 5) \\ A = 4\times 10^7\varepsilon^{-4\ 205}\ (R^2 = 0.919\ 9) \\ n = 544.14\varepsilon^6 - 1\ 420\varepsilon^5 + 1\ 416.5\varepsilon^4 - 668.08\varepsilon^3 + 149.66\varepsilon^2 - 14.943\varepsilon + 4.246\ 1\ (R^2 = 0.966\ 5) \\ \alpha = 0.132\varepsilon^6 - 0.608\ 2\varepsilon^5 + 1.053\ 2\varepsilon^4 - 0.896\varepsilon^3 + 0.395\varepsilon^2 - 0.081\ 5\varepsilon + 0.011\ 4\ (R^2 = 0.999\ 5) \end{cases}$$

$$(5\text{-}15)$$

表 5-4 不同应变所对应的参数 Q、A、α、n 的值

ε	$Q/(\text{J}\cdot\text{mol}^{-1})$	$\alpha/(\text{mm}\cdot\text{N}^{-1})$	n	A
0.05	532 257.5	0.008 96	3.824 98	1.39E+22
0.1	512 416.7	0.008 287	3.237 82	2.78E+21
0.2	482 702.5	0.008 323	3.009 92	1.67E+20
0.3	484 923.4	0.008 742	2.919 06	2.3E+20
0.4	454 308.4	0.009 251	2.790 18	5.42E+17

续表 5-4

ε	$Q/(\text{J} \cdot \text{mol}^{-1})$	$\alpha/(\text{mm} \cdot \text{N}^{-1})$	n	A
0.5	439 156.1	0.009 696	2.766 3	2.49E+18
0.6	428 454.1	0.010 028	2.770 12	8.99E+17
0.7	419 654.7	0.010 142	2.848 76	3.89E+17
0.8	392 927.7	0.010 085	2.848 76	2.23E+16
0.9	407 761.8	0.009 82	3.176 54	1.16E+17

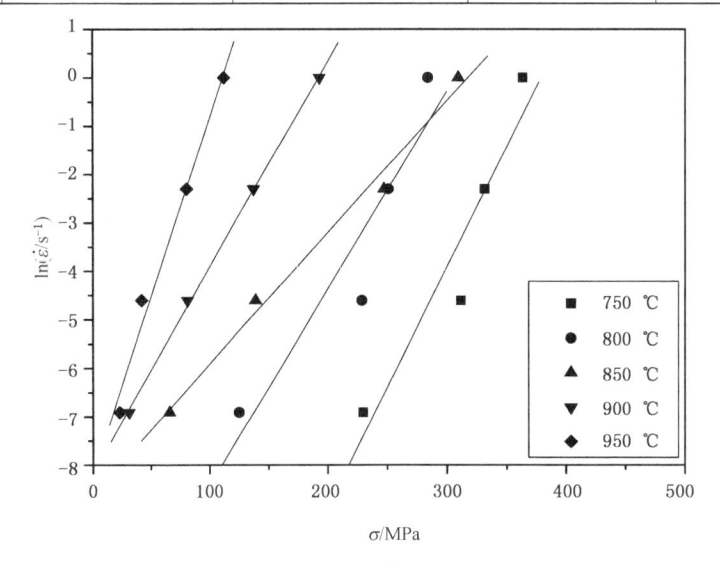

a) $\ln\dot{\varepsilon}$ 与 σ 关系曲线

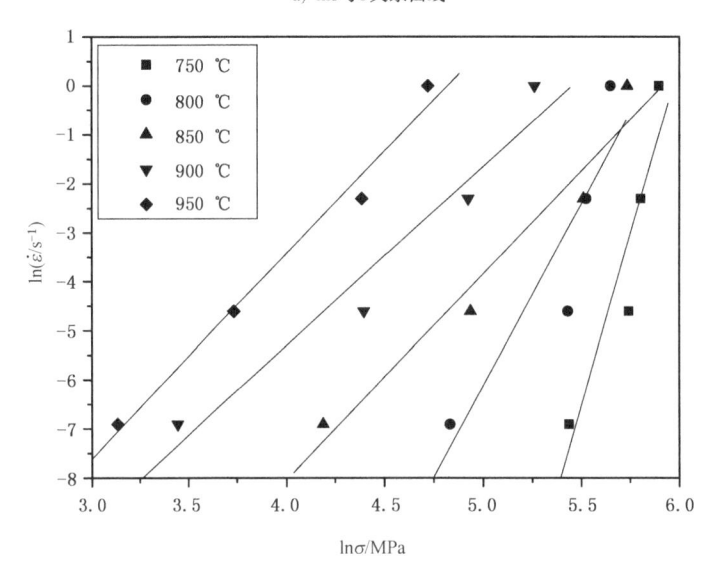

b) $\ln\dot{\varepsilon}$ 与 $\ln\sigma$ 关系曲线

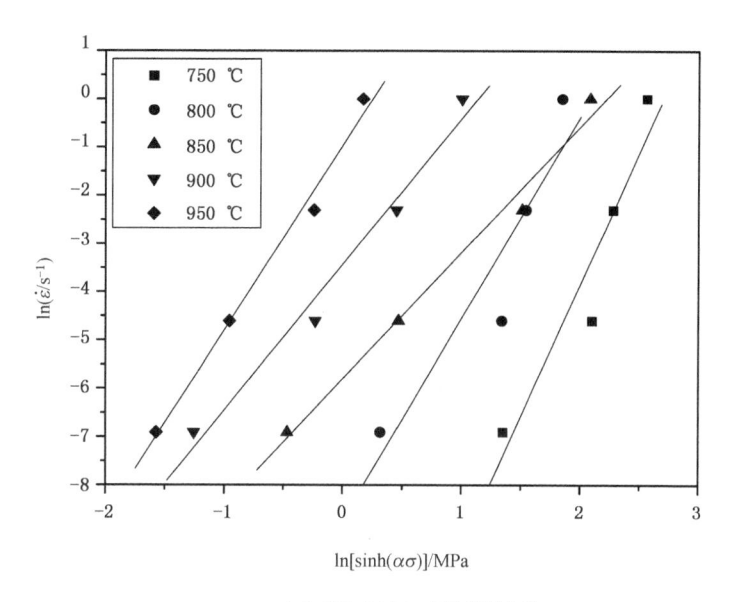

c) $\ln\dot{\varepsilon}$ 与 $\ln[\sinh(\alpha\sigma)]$ 的关系曲线

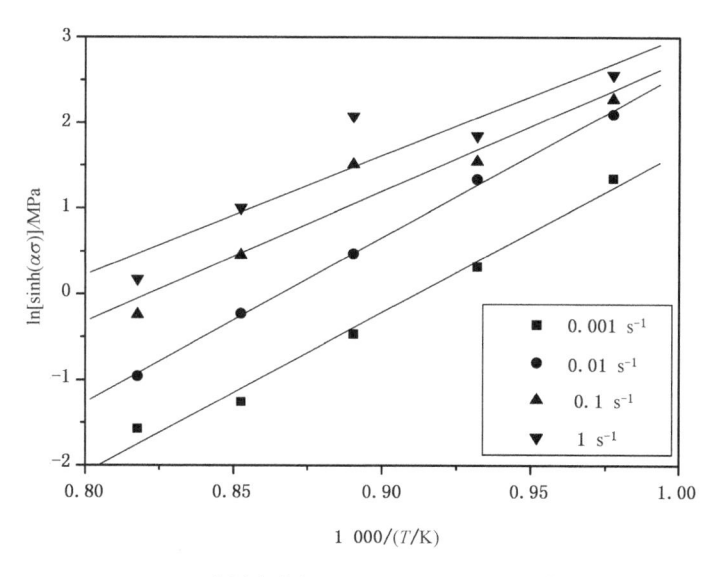

d) 不同应变速率下 $\ln[\sinh(\alpha\sigma)]$ 和 $1\,000/T$ 关系曲线图

图 5-7 应变为 0.05 时的拟合关系曲线

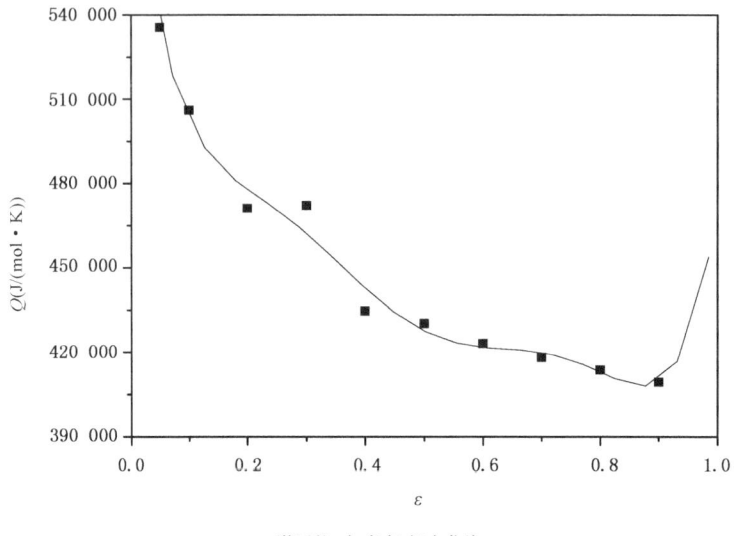

a) 激活能Q与应变ε拟合曲线

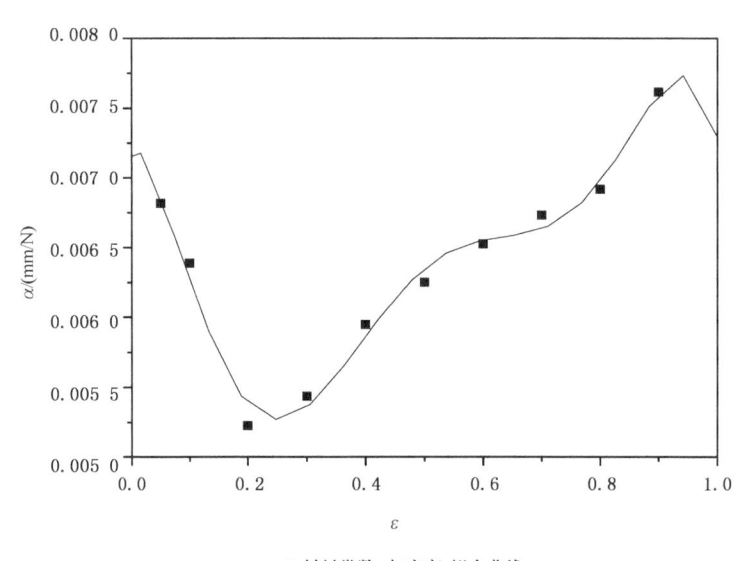

b) 材料常数α与应变ε拟合曲线

c) 材料常数n与应变ε拟合曲线

d) 材料常数A与应变ε拟合曲线

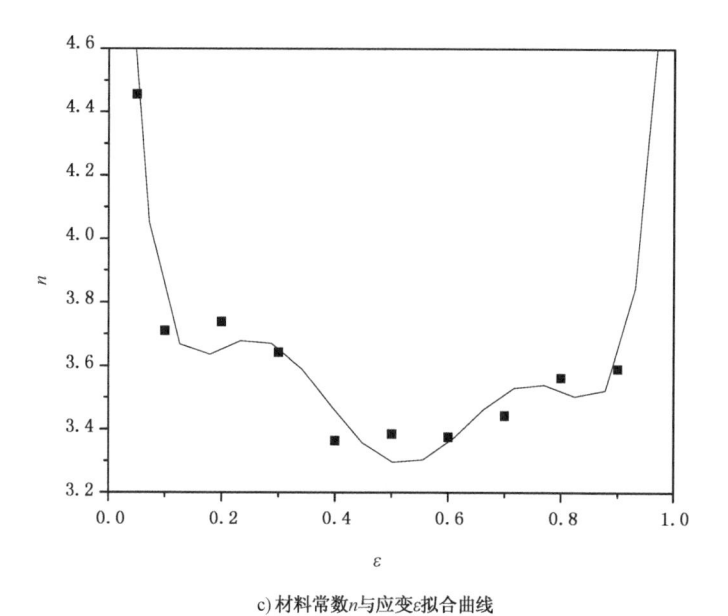

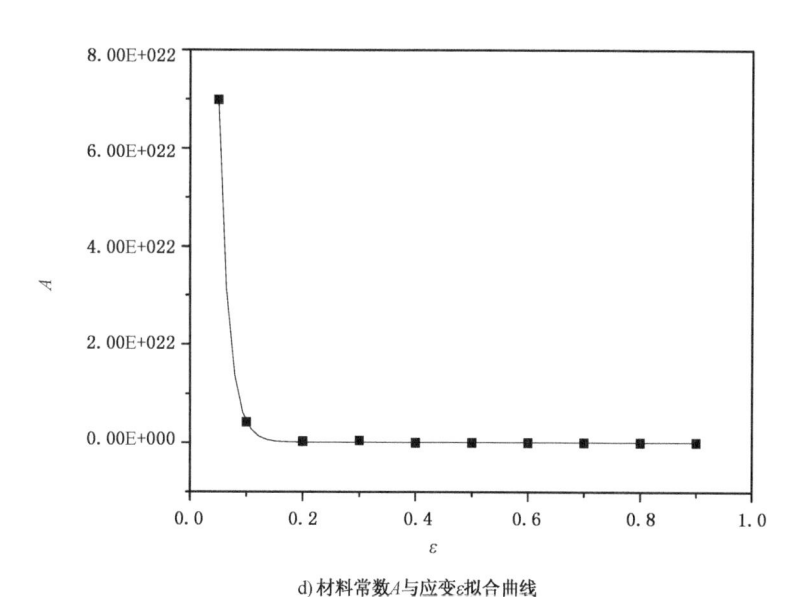

图 5-8　参数 Q、A、α、n 与应变的拟合曲线

将式(5-11)转换形式可得

$$\sigma = \frac{1}{\alpha}\ln\{[\dot{\varepsilon}\exp(Q/RT)/A]^{\frac{1}{n}} + \{[\dot{\varepsilon}\exp(Q/RT)/A]^{\frac{2}{n}} + 1\}^{\frac{1}{2}}\} \quad (5\text{-}16)$$

将已知的 Q、A、α、n 代入式(5-16)，即可得到不同温度和不同应变下的流动应

力计算值。

5.3.2 计算值与试验值对比

图 5-9 为不同试验条件下的试验值与计算值对比图。经计算,流动应力的试验结果和计算结果基本吻合,平均误差在 10% 之内。以上所建本构模型可以用来预测变形过程中的应力值。

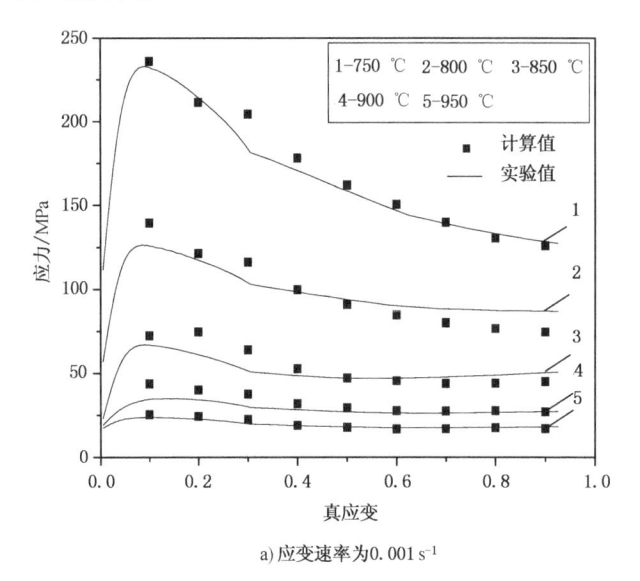

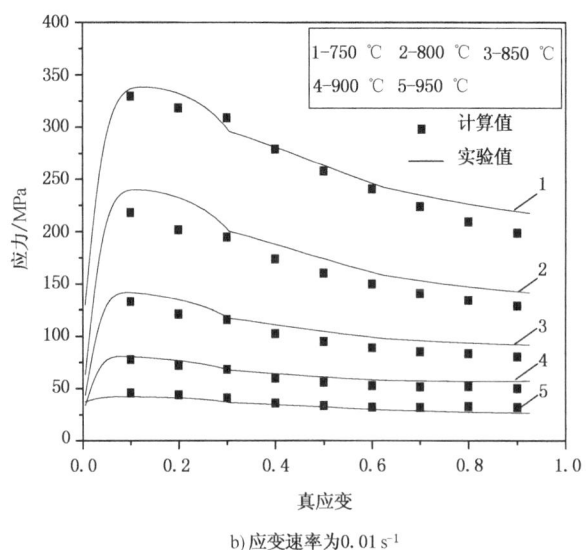

a) 应变速率为 $0.001\,s^{-1}$

b) 应变速率为 $0.01\,s^{-1}$

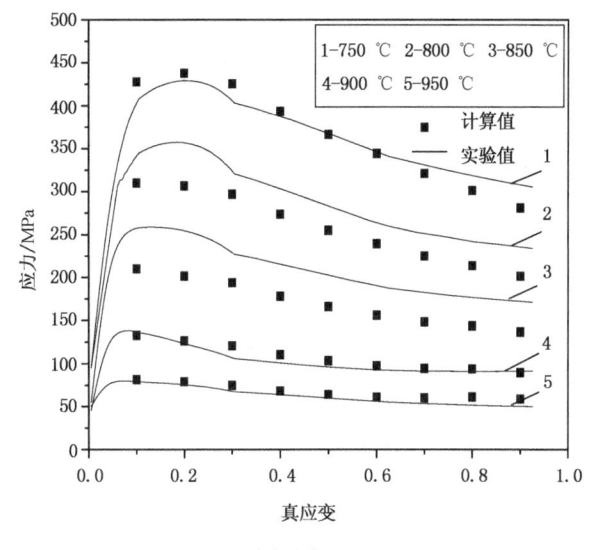

c) 应变速率为 $0.1\,\mathrm{s}^{-1}$

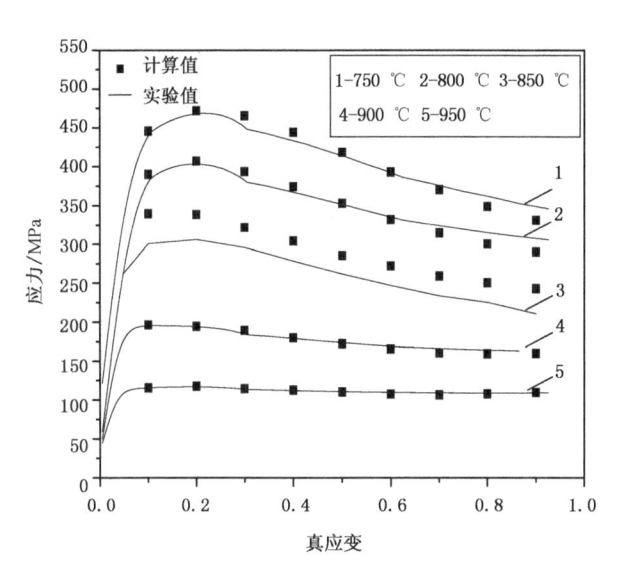

d) 应变速率为 $1\,\mathrm{s}^{-1}$

图 5-9　不同试验条件下的试验值与计算值对比图

本节得到了 TA15 的热变形材料常数关于应变的数学表达式如下

$$\begin{cases} Q = 1\times 10^{18}\varepsilon^6 - 4\times 10^8\varepsilon^5 + 4\times 10^8\varepsilon^4 - 2\times 10^8\varepsilon^3 + 6\times 10^7\varepsilon^2 - 9\times 10^6\varepsilon + \\ 929\ 653(R^2 = 0.986\ 5) \\ A = 4\times 10^7 \varepsilon^{-4205}(R^2 = 0.919\ 9) \\ n = 544.14\varepsilon^6 - 1\ 420\varepsilon^5 + 1\ 416.5\varepsilon^4 - 668.08\varepsilon^3 + 149.66\varepsilon^2 - 14.943\varepsilon + \\ 4.246\ 1(R^2 = 0.966\ 5) \\ \alpha = 0.132\varepsilon^6 - 0.608\ 2\varepsilon^5 + 1.053\ 2\varepsilon^4 - 0.896\varepsilon^3 + 0.395\varepsilon^2 - 0.081\ 5\varepsilon + \\ 0.011\ 4(R^2 = 0.999\ 5) \end{cases}$$

将以上各个参数表达式代入式(5-17),即可得到 TA15 的热变形时的本构模型。流动应力试验值和计算值基本吻合,说明以上所得到的本构方程来可以用于预测 TA15 高温变形时的应力与应变的关系。

5.4 微观组织分析

5.4.1 钛合金的微观组织

钛合金存在同素异构转变,试件压缩完在($\alpha+\beta$)两相区 800 ℃以上水冷,得初生 α+马氏体 α'相。初生 α 相和马氏体 α'相具有相同的密排六方点阵,而且点阵常数相近,两者的 X 射线谱也没有差别,另外马氏体针的抗蚀性与初生 β 相近,浸蚀后在普通的光学显微镜下难以分辨,这给统计初生 α 相体积分数、初生 α 相晶粒尺寸等参数带来困难。在 900 ℃以下加热,β 相所含的合金元素已超过临界浓度,故空冷和水冷后的组织没变化,冷却后所得的组织为(α+亚稳 β)。高于 900 ℃低于相变点的温度范围内空冷,β 相发生分解,形成的是 β 转变组织。

TA15 钛合金试件经腐蚀后得到的是相界,并非晶界,这与单相材料是不同的。国家制定的标准规定,对少量的第二相粒子,不管形貌如何,测定晶粒度时可忽略,也就是当作单相材料来处理,可使用面积法和截点法来测定其晶粒度,若无其他规定,其有效平均晶粒度应视为基体平均晶粒度。同时相体积分数对于双相和多相材料来说是对材料性能影响很大的重要参数之一,相体积分数可定义为各组成相的百分含量。在测定其平均晶粒度时,金相图中常出现相界黏连的情况(如图 5-10 所示),这给统计带来了麻烦。王凯旋等人建立了一套针对钛合金微观组织的定量测量模型。该模型提出了六种需要手工分离 α 相的情况,如下所示:

(1) 相邻 α 相之间有细长间隙(Slender gap);

(2) 相邻 α 相之间是点或者短接触(Point contact);

(3) 相邻 α 相的接触处取向有突变(Mutation orientation);

(4) 相邻 α 相间在长度方向有内凹现象(Invagination);

(5) α 针片具有弯曲 Kinked 现象;

(6) 两个同取向 α 整体相融合在一起而局部有分离(Most integration & par-

tial separation)。

为了建立 TA15 钛合金的微观组织演变模型,本章对初生 α 相的金相尺寸和体积分数进行统计。首先通过以上六种分离原则将金相图中黏连在一块的初生 α 相进行分离处理,然后采用面积法对金相图中的初生 α 相的金相尺寸进行统计。

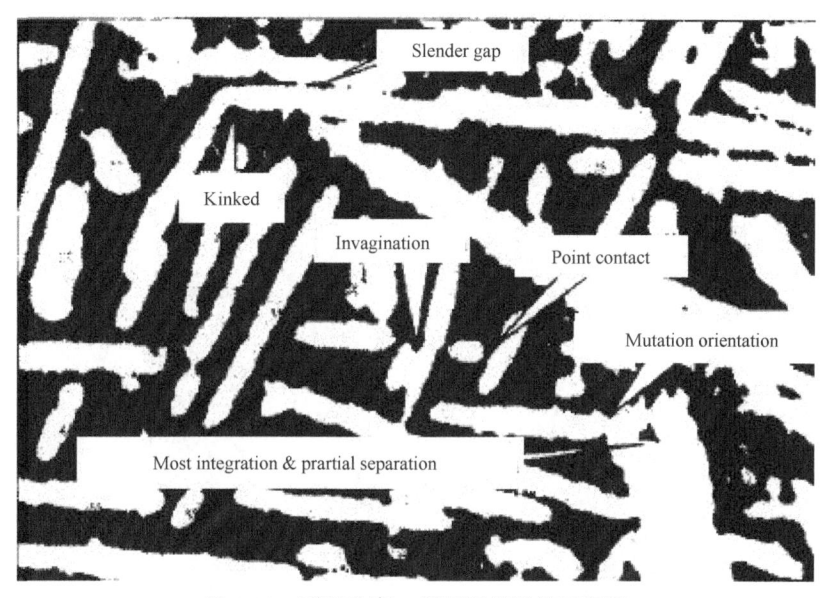

图 5-10 手工分离 α 相不同情况的示意图

本章通过对不同变形条件下的微观组织进行分析,总结了微观组织随温度、应变速率的变化规律。根据金相照片统计了初生 α 相的大小和体积分数,并建立了 TA15 钛合金高温变形时的微观组织演变模型。

5.4.2 金相试验

将压缩后的试样平行于压缩方向沿轴线切开,再将试样进行镶样、打磨、抛光和腐蚀,采用的腐蚀液为 $HF+HNO_3$ 水溶液,$HF:HNO_3:H_2O=2:3:95$(体积比)。

5.4.3 试验结果分析与讨论

5.4.3.1 温度对微观组织的影响

1. 应变速率为 $0.001\ s^{-1}$

图 5-11 为 TA15 钛合金在应变速率为 $0.001\ s^{-1}$ 时不同温度下热变形的微观组织图。由图 5-11 可以看出:750 ℃的微观组织是由等轴 α 相和 β 转变组织组成的;800~950 ℃的组织由初生 α 相、β 相转变组织和少许锯齿状的 α 相组成;随温度的升高,发生了 α 相向 β 相的转变,当温度为 1 000 ℃和 1 050 ℃时组织转变为 β 单相组织。TA15 钛合金的再结晶开始温度为 800 ℃,终止温度为 950 ℃。由此

推断，800～950 ℃的金相图中沿 α 相晶界分布的锯齿状晶粒应为 α 相再结晶晶粒。从 900 ℃和 950 ℃金相图中可以清晰看出，除了有少量再结晶晶粒，还有少量孪晶。在 900～950 ℃，β 相占多数，且 β 相是体心立方晶格，其原子排列的紧密度比密排六方晶格的 α 相小，滑移系较多，易产生孪晶。其中 α 相形状为长条状，由于变形量较大部分初始等轴 α 相连成一片。在统计初生 α 相尺寸时，需采用以上提到的手工分离准则将连在一块的初生 α 相进行分离。TA15 的相变点为 995 ℃，1000～1050 ℃时 β 相已经随温度升高而长大，由表 5-5 可以看出：在 750～800 ℃范围内，α 相的体积分数由 59.14% 降低为 50.78%，α 相晶粒直径由 10.71 μm 增大到 13.15 μm，晶粒长大并不明显，随温度继续升高，α 相向 β 相的转变程度加大，晶粒尺寸减小。

a) $T=750$ ℃

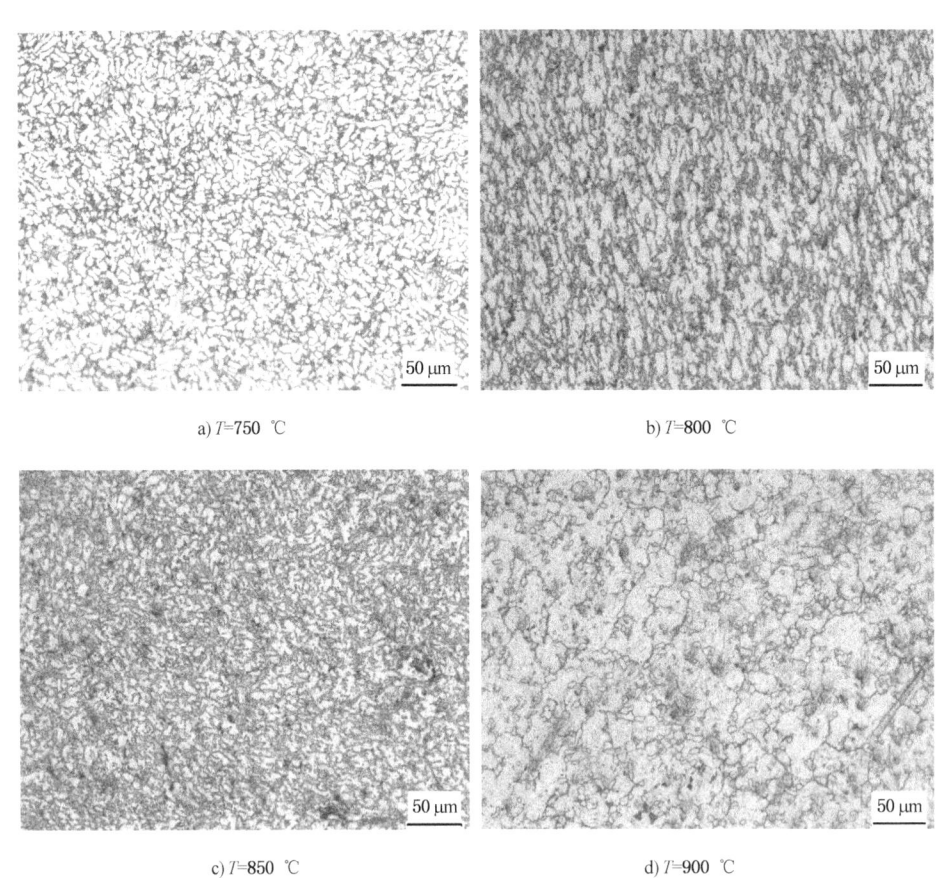

b) $T=800$ ℃

c) $T=850$ ℃

d) $T=900$ ℃

e) T=950 ℃ f) T=1 000 ℃

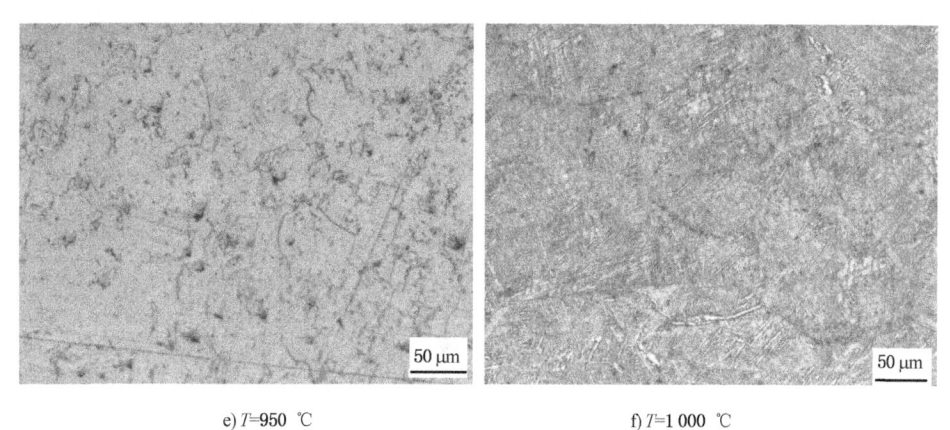

g) T=1 050 ℃

图 5-11　不同温度时的微观组织($\dot{\varepsilon}=0.001\ \mathrm{s}^{-1}$)

表 5-5　TA15 不同温度时的 α 相尺寸($\dot{\varepsilon}=0.001\ \mathrm{s}^{-1}$)

温度/℃	$d/\mu\mathrm{m}$	$X_\alpha/\%$
750	10.71	59.14
800	13.15	50.78
850	12.55	46.46
900	8.25	36.79
950	7.27	12.92

2. 应变速率为 0.01 s^{-1}

图 5-12 为 TA15 在应变速率为 0.01 s^{-1} 时不同温度的热变形组织。由图 5-12 可以看出：750~850 ℃组织由等轴初生 α 相和含有条状 α 相的 β 转变组织组

成,1000 ℃和1050 ℃的β相继续长大,同时在晶界上出现多边形化,在晶粒内部出现亚晶。由表5-6可以看出:在750~950 ℃范围内,α相的体积分数由69.54%降低到20.54%,α相晶粒直径由12.44 μm减小到10.71 μm。

a) T=750 ℃

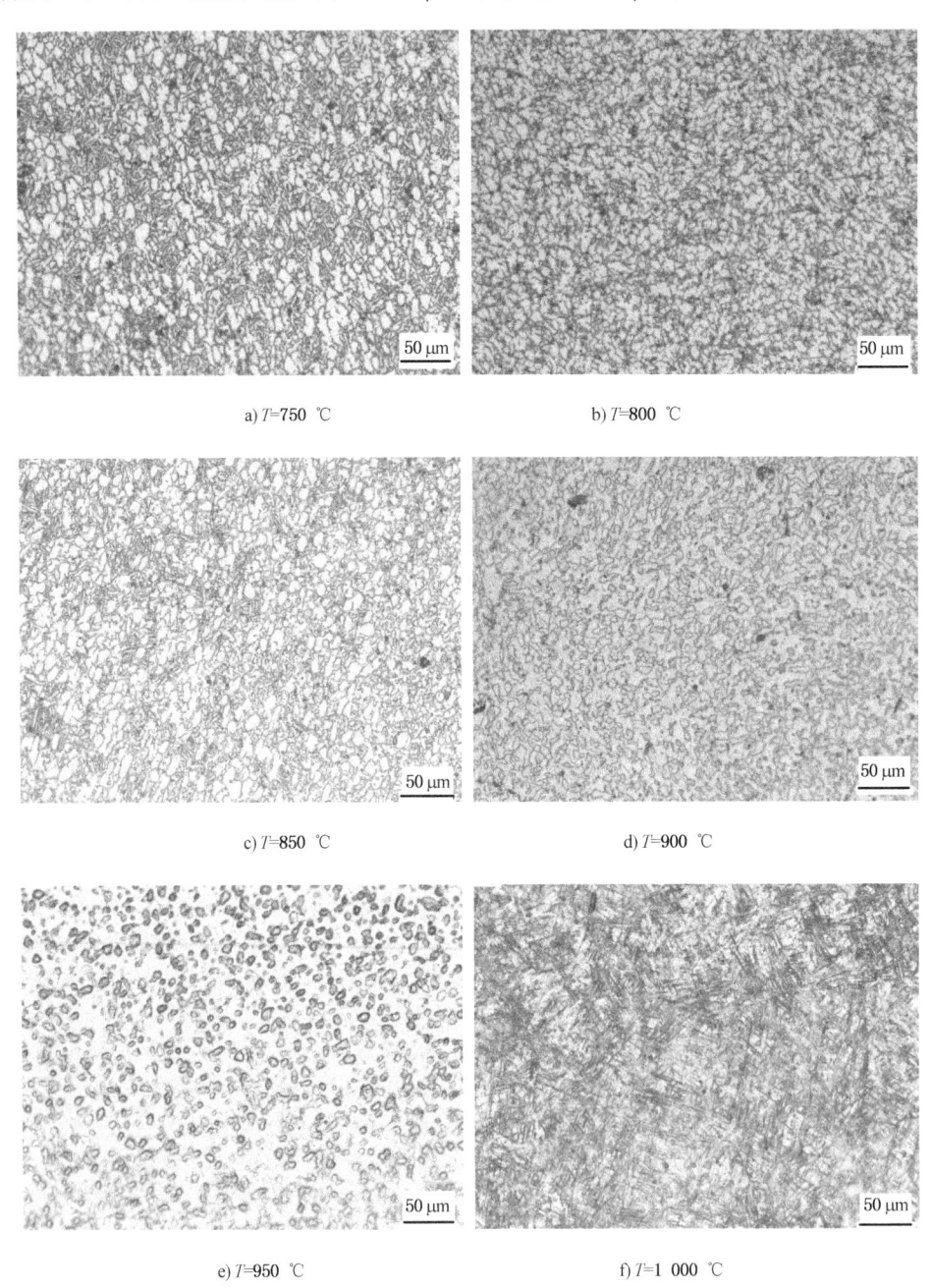

b) T=800 ℃

c) T=850 ℃

d) T=900 ℃

e) T=950 ℃

f) T=1 000 ℃

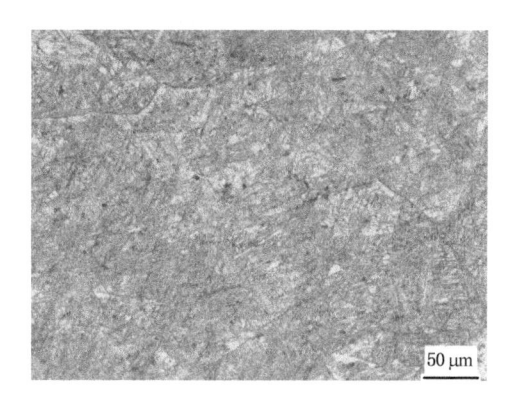

g) T=1 050 ℃

图 5-12　不同温度时的微观组织($\dot{\varepsilon}=0.01\ \text{s}^{-1}$)

表 5-6　TA15 不同温度时的 α 相尺寸($\dot{\varepsilon}=0.01\ \text{s}^{-1}$)

温度/℃	$d/\mu\text{m}$	$X_\alpha/\%$
750	12.44	69.54
800	12.15	62.69
850	11.87	41.48
900	10.65	33.02
950	10.71	20.54

3. 应变速率为 0.1 s^{-1}

图 5-13 为 TA15 在应变速率为 0.1 s^{-1} 时不同温度的热变形组织。由图 5-13 可以看出：750～950 ℃ 的组织由等轴初生 α 相和 β 转变组织组成,在 β 转变组织中存在细小的等轴 α 相晶粒；1 000 ℃ 和 1 050 ℃ 组织发生相变,β 相随温度升高而不断长大,在 β 相区热变形组织中出现大量边界平直的 β 亚晶,组织已经变成魏氏体。由表 5-7 可以看出：在 750～800 ℃ 范围内,α 相的体积分数由 58.40% 降低到 50.27%,直径由 11.77 μm 增大到 12.22 μm。

a) T=750 ℃   b) T=800 ℃

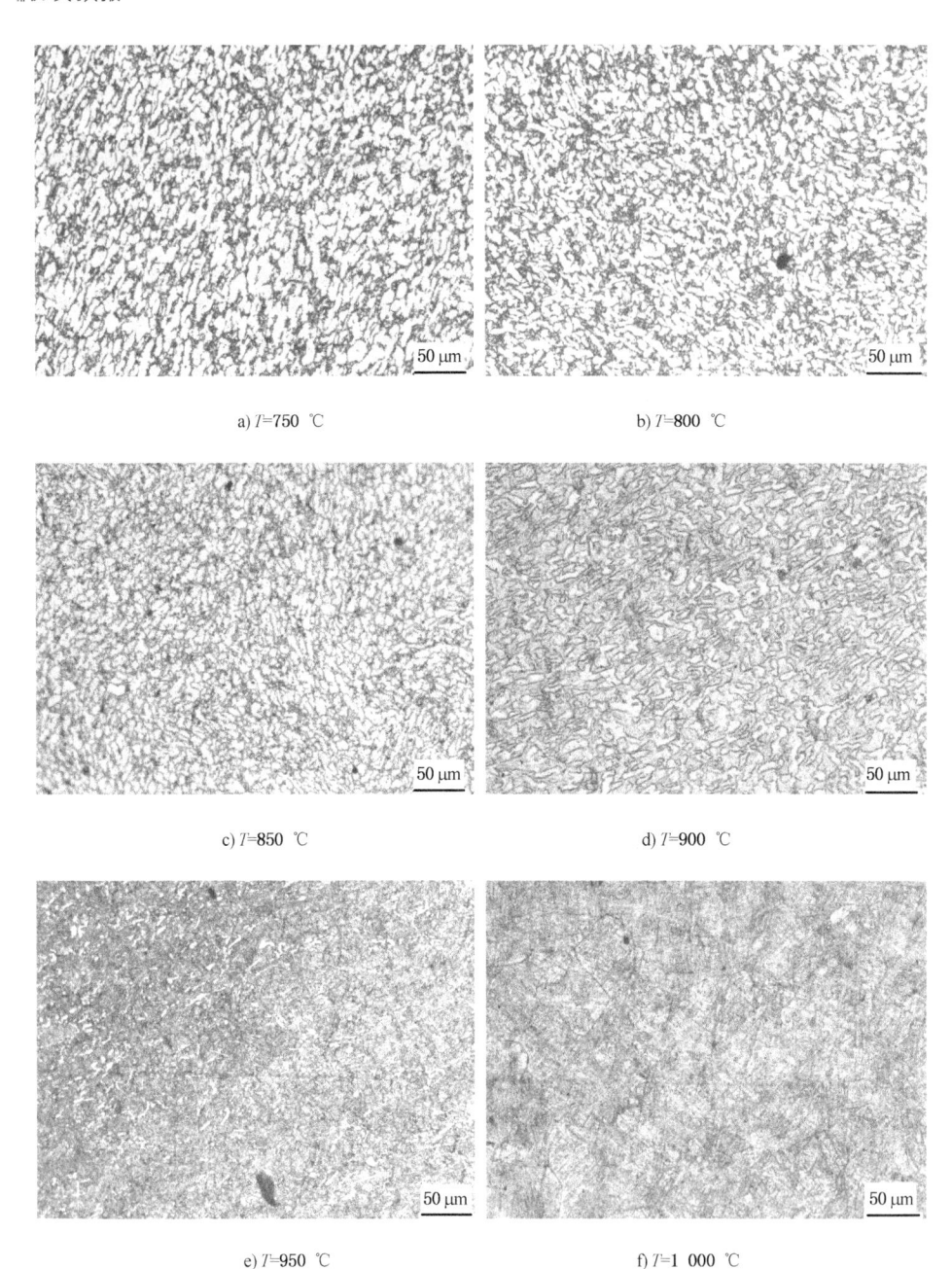

c) T=850 ℃   d) T=900 ℃

e) T=950 ℃   f) T=1 000 ℃

g) $T=1\ 050\ ℃$

图 5-13 不同温度时的微观组织($\dot{\varepsilon}=0.1\ s^{-1}$)

表 5-7 TA15 不同温度时的 α 相尺寸($\dot{\varepsilon}=0.1\ s^{-1}$)

温度/℃	$d/\mu m$	$X_\alpha/\%$
750	11.77	58.40
800	12.22	50.27
850	11.41	51.38
900	10.85	37.30
950	9.03	17.80

4. 应变速率为 $1\ s^{-1}$

图 5-14 为 TA15 在应变速率为 $1\ s^{-1}$ 时不同温度热变形后组织图。由图 5-14 可以看出：750～850 ℃组织由初生 α 相和围绕 α 相分布 β 转变组织组成，由于应变速率较大，再结晶不是很充分，此时的初生相形状为原始的锻造组织；1 000 ℃ 和 1 050 ℃组织已完全发生相变，β 相会随着温度升高迅速长大，在 β 相区热变形组织中出现大量边界平直的 β 亚晶。TA15 不同温度时的 α 相尺寸，可以看出：在 750～950 ℃范围内，α 相的体积分数由 62.50% 降低到 15.50%，呈现指数减小的趋势，α 相晶粒直径由 13.04 μm 增大到 14.33 μm 后，后减小为 9.20 μm。

a) $T=750$ ℃

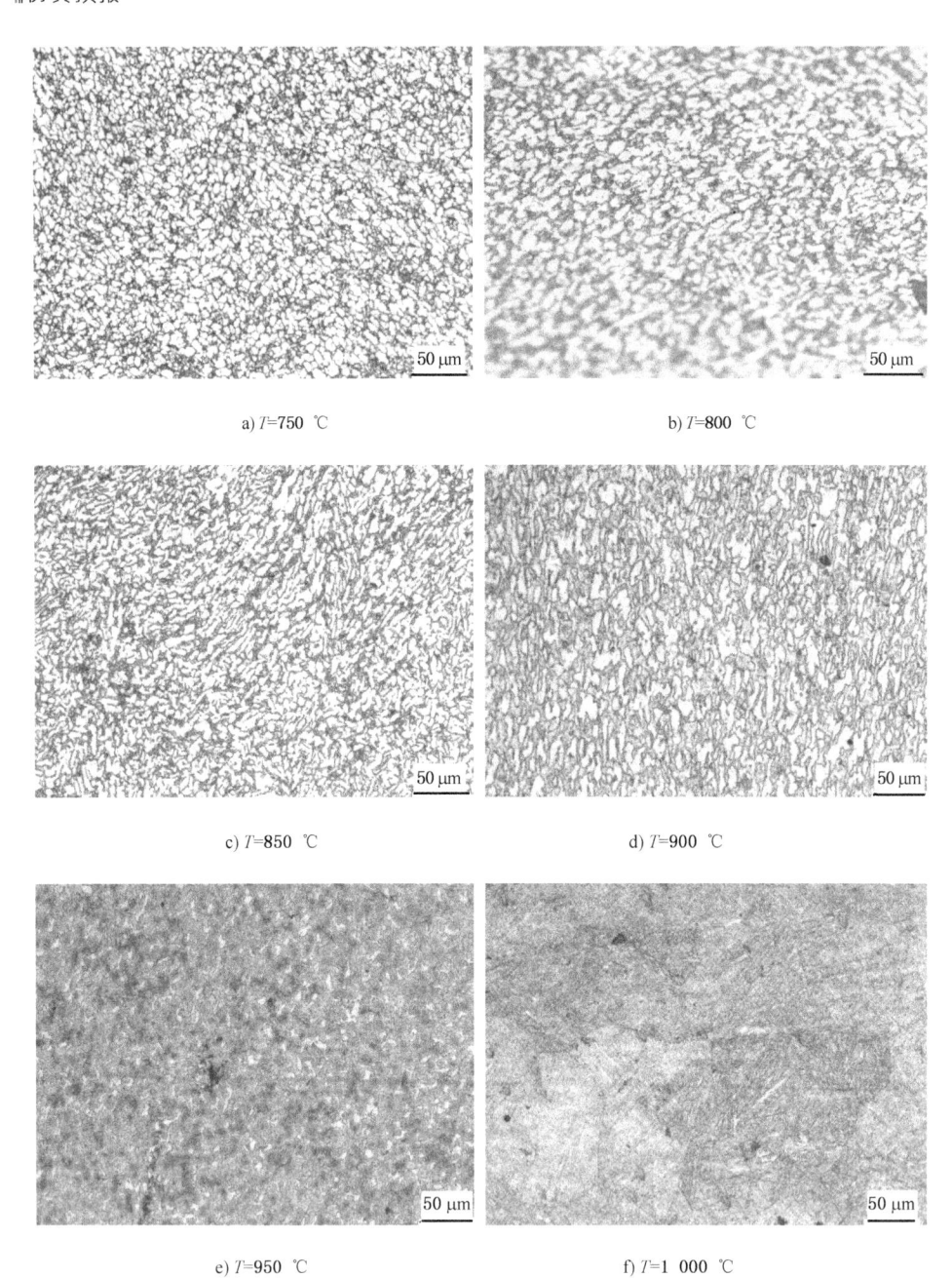

b) $T=800$ ℃

c) $T=850$ ℃

d) $T=900$ ℃

e) $T=950$ ℃

f) $T=1\ 000$ ℃

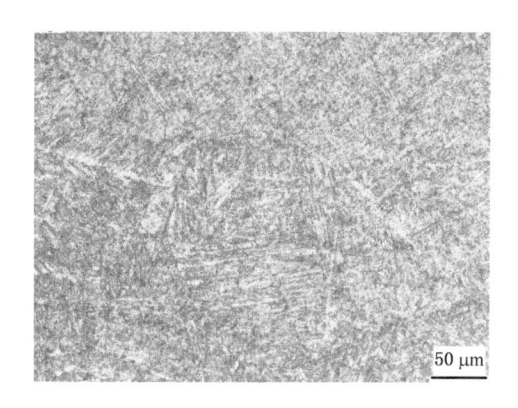

g) T=1 050 ℃

图 5-14 不同温度时的微观组织($\dot{\varepsilon}$＝1 s^{-1})

5.4.3.2 应变速率 $\dot{\varepsilon}$ 对组织的影响

图 5-15 为 TA15 在 800 ℃时不同应变速率的热变形组织。由图 5-15 可以看出：在 800 ℃时，组织发生了动态再结晶，随应变速率的升高，晶粒逐渐细化。由表 5-8 可以看出：当应变速率由 0.001 s^{-1} 升高到 1 s^{-1} 时，α 相晶粒直径由 12.142 9 μm 降低到 8.571 4 μm，α 相体积分数由 70.68% 降为 57.94%。在应变速率较小的情况下，材料有充分时间发生动态再结晶，晶核将沿晶界形成；而在较大的应变速率情况下，原子没有充分时间进行扩散，没有足够的时间使再结晶的晶粒长大，变形晶粒略有细化。高应变速率拥有高畸变能，促使更多的 α 相转变为 β 相。

表 5-8 TA15 不同温度时的 α 相尺寸($\dot{\varepsilon}$＝1 s^{-1})

温度/℃	d/μm	X_α/%
750	13.04	62.50
800	14.33	60.68
850	10.42	49.74
900	9.90	34.83
950	9.20	15.50

a) $\dot\varepsilon=0.001\ s^{-1}$ b) $\dot\varepsilon=0.01\ s^{-1}$

c) $\dot\varepsilon=0.1\ s^{-1}$ d) $\dot\varepsilon=1\ s^{-1}$

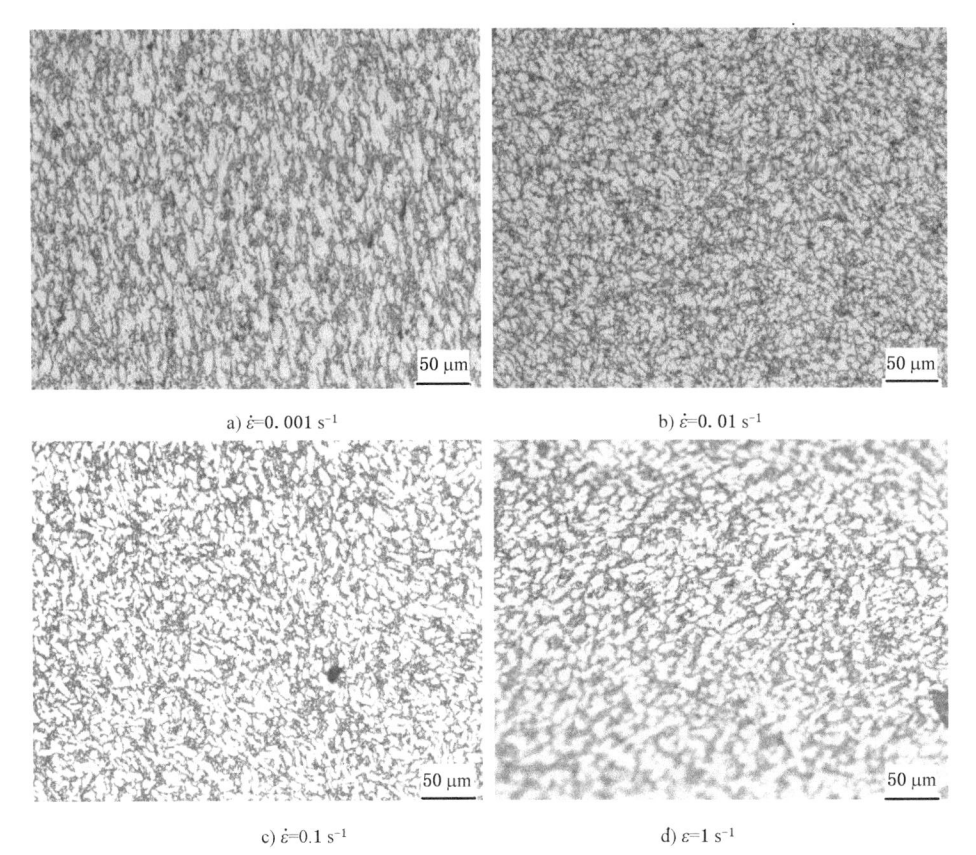

图 5-15　不同应变速率时的微观组织（$T=800\ ℃$）

图 5-16 为 TA15 在 900 ℃时不同应变速率的热变形组织。由图 5-16 可以看出：此时 β 相成为多数相，β 相是体心立方结构，滑移系多、层错能高，软化过程以动态回复为主，同时伴随动态再结晶。β 相随应变速率的降低而逐渐长大，同时在晶界上有再结晶的小晶粒。

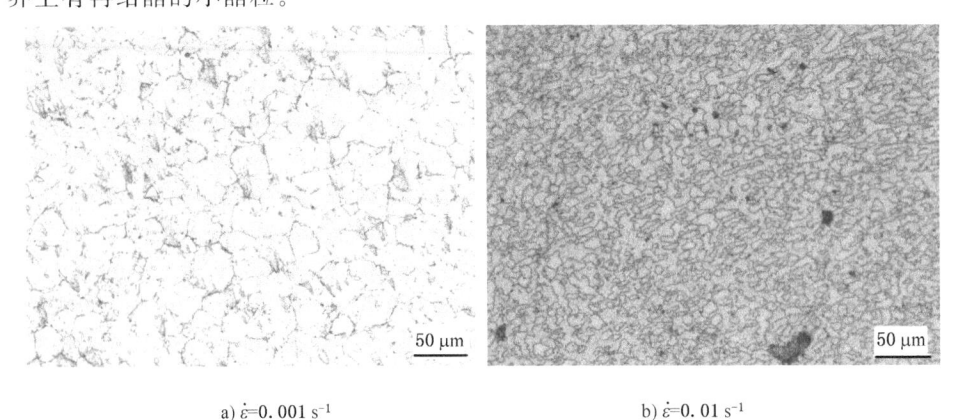

a) $\dot\varepsilon=0.001\ s^{-1}$ b) $\dot\varepsilon=0.01\ s^{-1}$

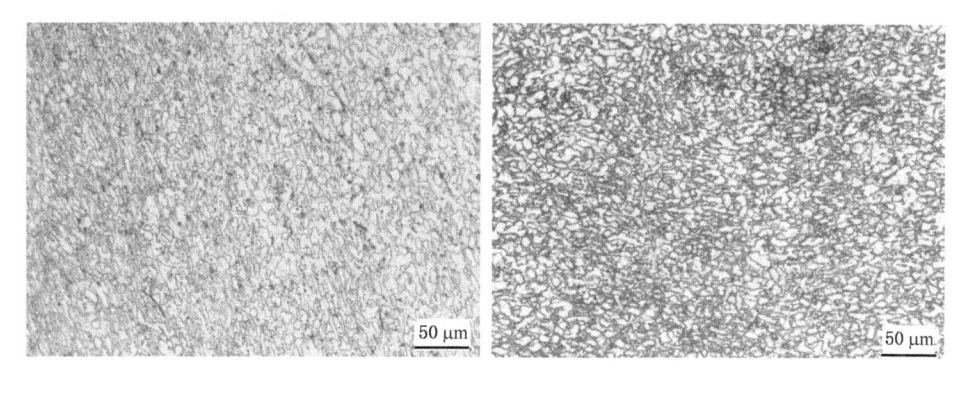

c) $\dot{\varepsilon}$=0.1 s^{-1}　　　　　　　　　　　d) $\dot{\varepsilon}$=1 s^{-1}

图 5-16　不同应变速率时的微观组织（T＝900 ℃）

图 5-17 为 TA15 在 950 ℃时不同应变速率的热变形组织。由图 5-17 可以看出：950 ℃时，β 相占微观组织的多数，由于随温度的升高发生了（α＋β）/β 转变，软化过程以动态回复为主，同时伴随动态再结晶。β 相随应变速率的降低而逐渐长大，同时在晶界上有再结晶的小晶粒。说明在该温度下进行塑性变形时，发生了明显的动态再结晶。随着变形温度的升高，再结晶程度变小，主要是由（α＋β）/β 转变程度增大导致的。

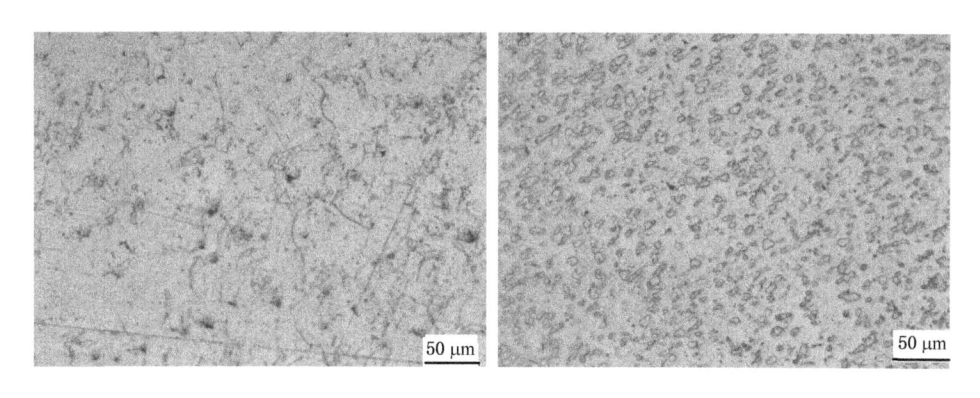

a) $\dot{\varepsilon}$=0.001 s^{-1}　　　　　　　　　　b) $\dot{\varepsilon}$=0.01 s^{-1}

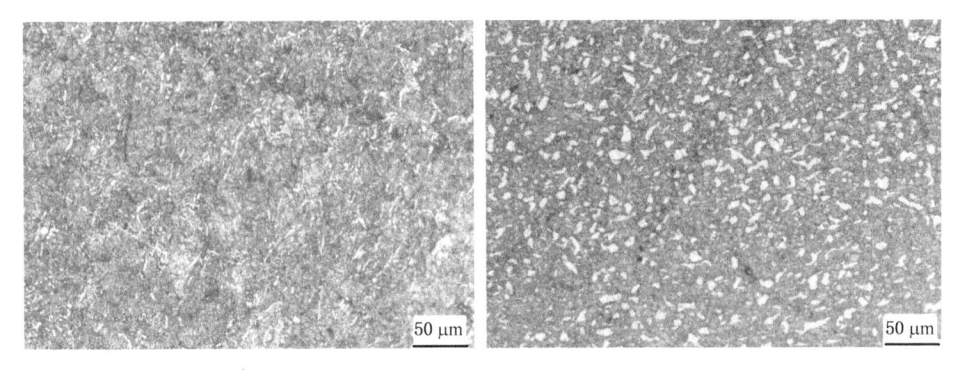

c) $\dot{\varepsilon}=0.1\ s^{-1}$ d) $\dot{\varepsilon}=1\ s^{-1}$

图 5-17 不同应变速率时的微观组织（$T=950\ ℃$）

图 5-18 为 TA15 在 1 000 ℃时不同应变速率的热变形组织。由图 5-18 可以看出：在 1 000 ℃时，相变已经结束，组织已经由等轴组织转变为马氏体，随着应变速率的增加，马氏体的针状越来越细小。TA15 在 β 相区热变形组织中出现大量边界平直的 β 亚晶，说明此时发生了比较明显的动态回复，并且随着应变速率的降低，晶粒不断长大。

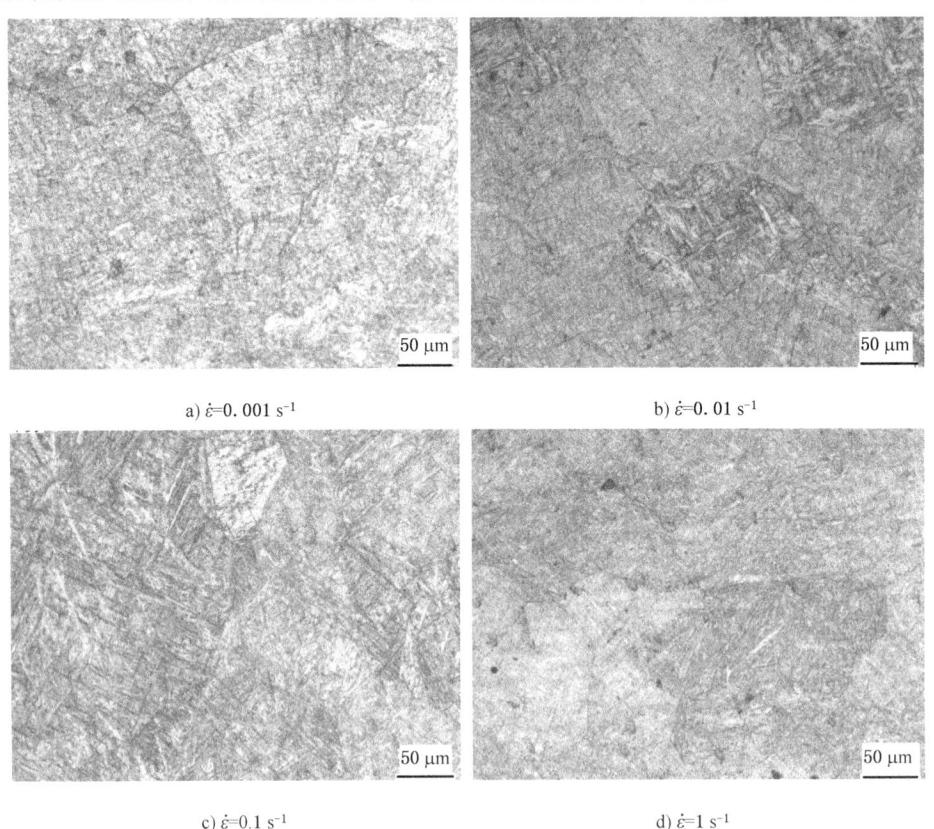

a) $\dot{\varepsilon}=0.001\ s^{-1}$ b) $\dot{\varepsilon}=0.01\ s^{-1}$

c) $\dot{\varepsilon}=0.1\ s^{-1}$ d) $\dot{\varepsilon}=1\ s^{-1}$

图 5-18 不同应变速率时的微观组织（$T=1\ 000\ ℃$）

5.4.4 微观组织模型

对于近 α 型 TA15 钛合金来说，初生 α 相的含量是决定变形行为及变形机制的重要因素，并且材料的断面收缩率和拉伸塑性都与初生 α 相含量有密切的关系。有研究表明，经塑性变形后的初生 α 相体积分数为 20%～80%时，TA15 钛合金的断面收缩率将维持在 40%以上；当初生 α 相的体积分数低于 20%时，断面收缩率有减小的趋势。持久和蠕变强度随初生 α 相含量的增加明显降低。曹京霞等人研究了 TA15 钛合金环形件在(α+β)两相区轧制后的显微组织与力学性能的关系，结果表明，钛合金的机械性能与初生 α 相和 β 相转变组织的含量大小以及次生 α 相的形状有关；一般情况下，初生 α 相含量的增加可以改善塑性变形情况，同时会使断裂韧性和蠕变性能变差，β 转变组织体积分数减少且次生 α 相的球化会使高周疲劳性能降低。有研究发现，近 α 相钛合金的组织由 20%等轴 α 相、50%～60%条状 α 相构成的网篮和 β 相转变基体组成，可获得较好的综合性能。初生 α 相体积分数是一个影响最终锻件机械性能的很重要的参数。为了更好地在成形过程中控制机械性能，相体积分数模型的建立是很必要的。相变热力学理论认为，多相合金的相成分是由合金元素和温度两个参数决定的，在合金元素含量一定的情况下，不同相的含量大小是由塑性变形过程中的瞬态温度决定。随着加热温度的升高，多相合金不仅组织形态会发生变化，相的含量也会发生变化。本书依据 R. C. Picu 等人建立的 TC4 钛合金微观组织模型研究了 TA15 钛合金初生 α 相演变规律(如式(5-17)所示)。

$$\begin{cases} X_\beta(T) = a\left(\dfrac{T}{T_{transus}}\right)^w \\ X_\alpha(T) + X_\beta(T) = 1 \end{cases} \tag{5-17}$$

将式(5-17)中两个等式联立，并将等式两边取对数可得式(5-18)。

$$\ln[X_\beta(T)] = \ln[1 - X_\alpha(T)] = w\ln(T/T_{transus}) + \ln a \tag{5-18}$$

由表 5-9 中的 $\ln(T/T_{transus})$ 和 $\ln[1-X_\alpha(T)]$ 的数据，根据式(5-18)拟合得到 $Y = 4.5525 + 4.23737X$，如图 5-19 所示，所得拟合曲线的相关性可达 95%以上。则易知 $w = 4.23737, a = e^{4.5525}$。将所得的 w 和 a 值代入式(5-17)可得初生 α 相体积分数模型，如式(5-19)所示。

$$\begin{cases} X_\alpha(T) = 1 - e^{4.5525}\left(\dfrac{T}{T_{transus}}\right)^{4.23737} & T < 995\ ℃ \\ X_\alpha(T) = 0 & T \geqslant 995\ ℃ \end{cases} \tag{5-19}$$

表 5-10 为初生 α 相体积分数模型的微观组织试验值和采用模型(5-19)得到的计算值的对比结果，误差在 13%以内，证明该模型可以用于微观组织预测。

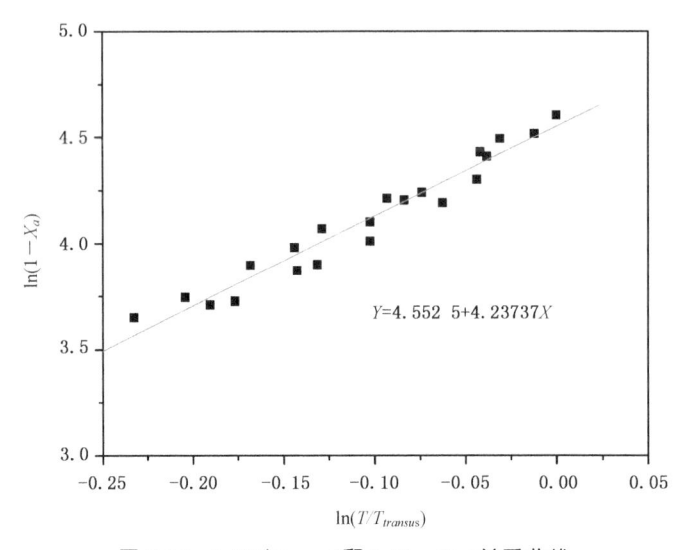

图 5-19 $\ln(T/T_{transus})$ 和 $\ln(1-X_\alpha)$ 关系曲线

表 5-9 初生 α 相体积分数模型中的各参数值

变形前温 T_0 /℃	应变速率 $\dot{\varepsilon}/s^{-1}$	变形后温度 T_1/℃	$\ln(T_1/T_{transus})$	$\ln(1-X_\alpha)$
750	0.001	788.55	−0.233	3.65
750	0.01	811.20	−0.204	3.74
800	0.001	822.60	−0.190	3.71
750	0.1	833.94	−0.177	3.73
800	0.01	840.98	−0.168	3.89
850	0.001	861.54	−0.144	3.98
800	0.1	862.79	−0.143	3.87
750	1	872.63	−0.1319	3.9
850	0.01	874.83	−0.129	4.07
800	1	898.08	−0.103	4.01
850	0.1	898.13	−0.102	4.11
900	0.001	906.39	−0.093	4.21
900	0.01	914.94	−0.084	4.20
900	0.1	924.03	−0.074	4.24
850	1	934.66	−0.063	4.19

续表 5-9

变形前温 T_0 /℃	应变速率 $\dot{\varepsilon}/\mathrm{s}^{-1}$	变形后温度 T_1/℃	$\ln(T_1/T_{transus})$	$\ln(1-X_a)$
900	1	952.48	−0.044	4.30
950	0.001	954.29	−0.042	4.43
950	0.01	957.66	−0.038	4.41
950	0.1	964.63	−0.031	4.49
950	1	982.98	−0.012	4.52

表 5-10 初生 α 相体积分数模型的试验值和计算值对比

变形温度/℃	变形速率/s^{-1}	X_a 计算值/%	X_a 试验值/%	误差/%
750	0.001	63.76	61.46	3.75
750	0.01	59.64	57.60	3.54
800	0.001	57.38	59.14	2.97
750	0.1	55.02	58.40	5.78
800	0.01	53.48	50.82	5.25
850	0.001	48.69	46.459	4.80
800	0.1	48.38	52.001	6.96
750	1	45.90	50.60	9.29
850	0.01	45.33	41.48	9.28
800	1	38.90	44.85	13.28
850	0.1	38.88	39.66	1.96
900	0.001	36.42	32.53	11.97
900	0.01	33.76	33.02	2.24
900	0.1	30.81	30.61	0.67
850	1	27.20	29.19	6.82
900	1	20.70	22.52	8.06
950	0.001	20.02	19.36	3.39
950	0.01	18.71	17.80	5.11
950	0.1	15.95	14.58	9.37
950	1	8.21	8.45	2.85

通过对不同变形条件下的微观组织进行分析得,750 ℃的组织由等轴初生α相和β转变组织组成;800～950 ℃的组织由初生α相、β转变组织和少许锯齿状的α相组成;随温度的升高,发生了α相向β相的转变,当温度为1 000 ℃和1 050 ℃时组织转变为β单相组织。

根据金相照片统计了初生α相的大小和体积分数,并建立了TA15钛合金高温变形时的微观组织演变模型为

$$\begin{cases} X_\alpha(T) = 1 - e^{4.5525} \left(\dfrac{T}{T_{transus}}\right)^{4.23737} & T < 995\ ℃ \\ X_\alpha(T) = 0 & T \geqslant 995\ ℃ \end{cases} \quad (5\text{-}20)$$

经过验证,该微观组织预测模型是可信的。

5.5 锻造工艺设计

5.5.1 热加工图

在塑性变形过程中,非稳态区间随着变形程度增大而增大。从TA15热压缩试验获得的真应力-真应变曲线中不同变形温度和不同应变速率所对应的应力值,在一定温度下,采用三次样条函数拟合$\ln\sigma$-$\ln\dot\varepsilon$曲线,则该温度下应变速率敏感指数m与应变速率$\dot\varepsilon$之间的函数关系,再计算出功率耗散系数η值后,即可绘制出不同条件下的功率耗散图和失稳图。图中等值线上的数字代表功率耗散因子η。并非是η值越大越好,在η值较大的区域易产生各种缺陷,如裂纹、绝热剪切等。从图5-20可以看出:TA15的功率耗散因子基本上在12.1%～47.5%之间;不同变形条件所得到TA15的耗散图和失稳图明显不同;随着温度的升高及应变速率的降低,η值有增大趋势。$\xi(\dot\varepsilon)$的计算公式如式(5-10)所示,当$\xi(\dot\varepsilon)<0$,则系统不稳定,进入流变失稳区。图5-20中阴影部分为流变失稳因子$\xi<0$的区域,即热加工危险区域。对于稳态流变失稳图来说,失稳区主要集中在高应变速率区和低温高应变速率区域。

综合功率耗散图和流变失稳图来看,热加工工艺要避开流变失稳区,同时优先选择动态再结晶区域,这是由于动态再结晶区域塑性性能好,组织性能易于控制。

图5-20为应变分别为0.2、0.3、0.4、0.5、0.6、0.7、0.8时的热加工图。由图5-20可知,随着应变的增加,加工的危险区变小;当应变速率为定值,值随温度的增大呈现先增加后减小的趋势;当温度为750～925 ℃时,功率耗散因子随应变速率的增加而减小;当温度为925～1 050 ℃时,功率耗散因子随应变速率的增加而增加。其中功率耗散因子的最大值分布在温度为850～900 ℃,表明在该范围内发生了再结晶。功率耗散图和失稳图随着变形量的变化而变化。这表明单纯采用峰值应力和稳态应力所得到的热加工图不能片面作为确定锻造工艺范围的依据。

随着温度增加,功率耗散值呈现先增加后减小的趋势,失稳区域的范围呈现减小的趋势。有文献却指出,随着变形程度增大,变形的非稳态区间扩大。本书与相关文献结论比较可得,双相材料和单相材料的失稳范围随应变量的变化规律是不同的。

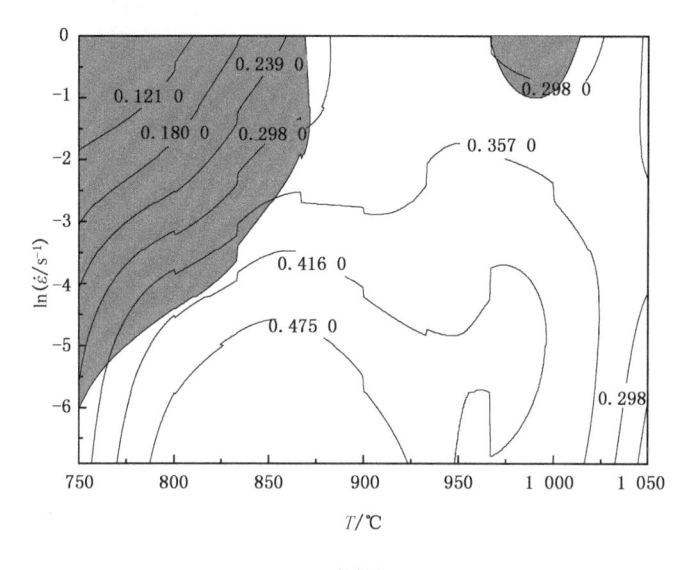

a) 应变为0.2

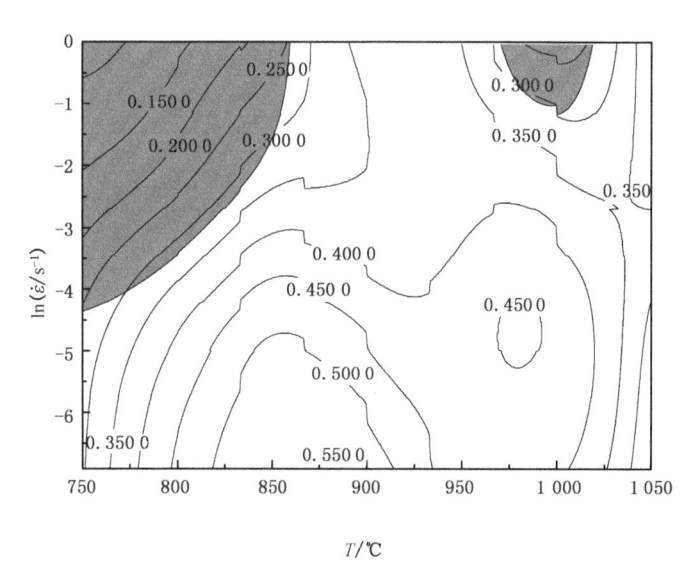

b) 应变为0.3

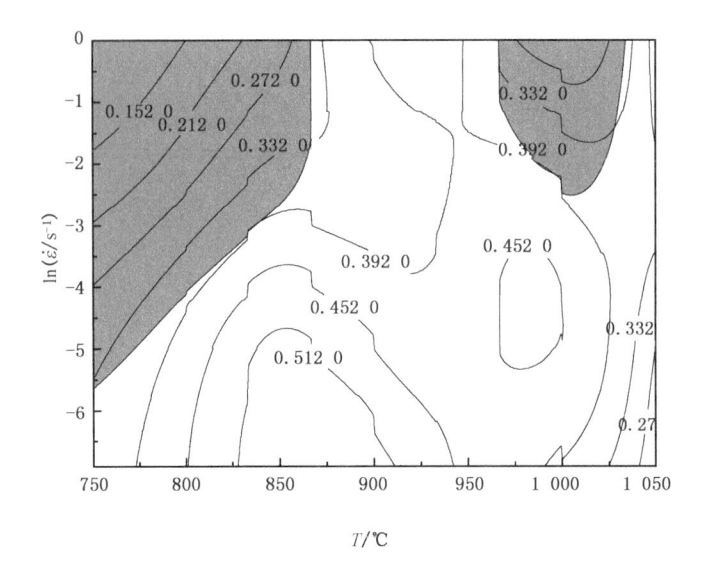

c) 应变为0.4

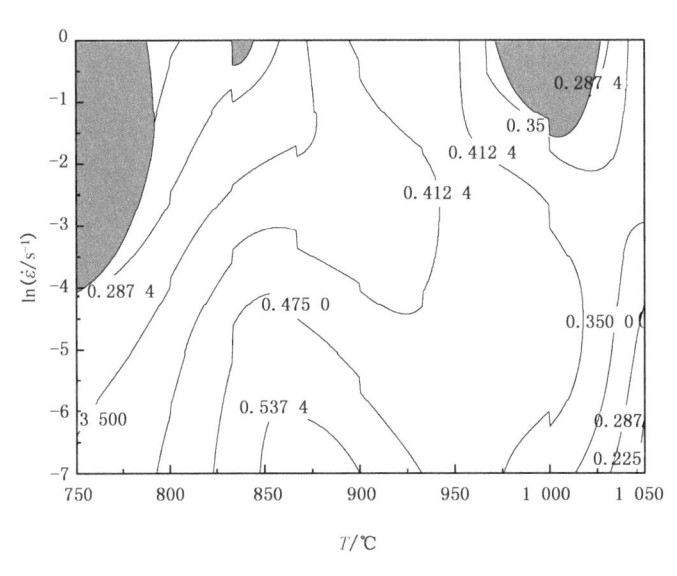

d) 应变为0.5

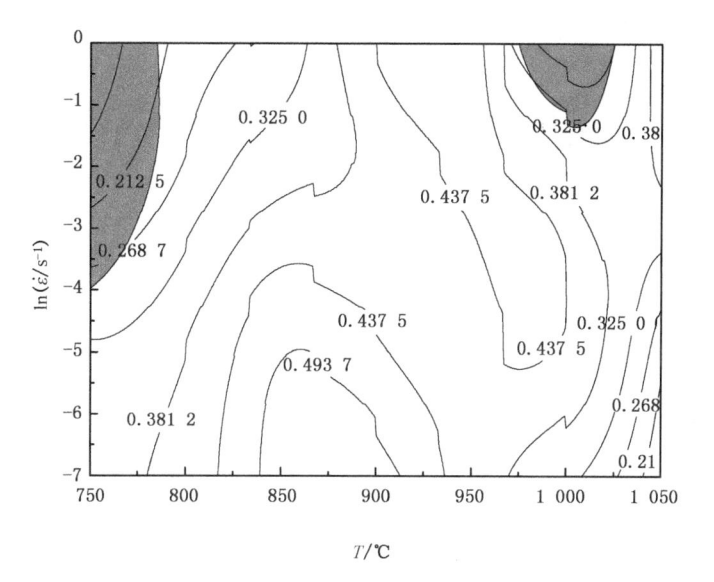

e) 应变为0.6

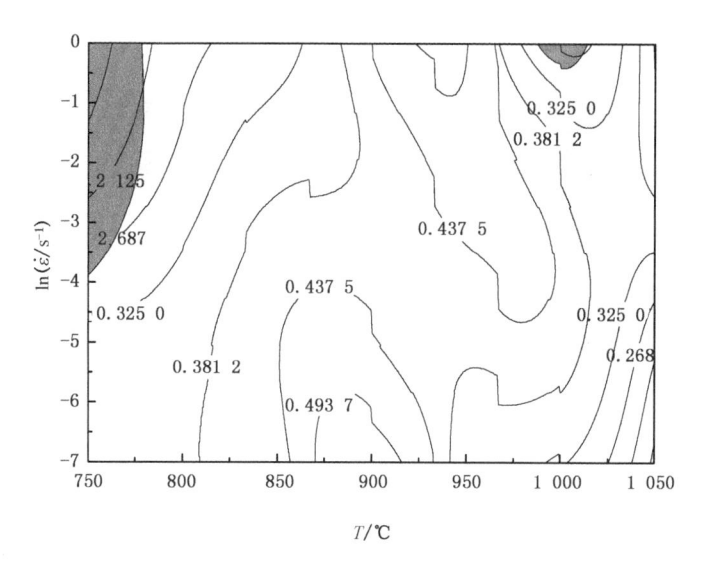

f) 应变为0.7

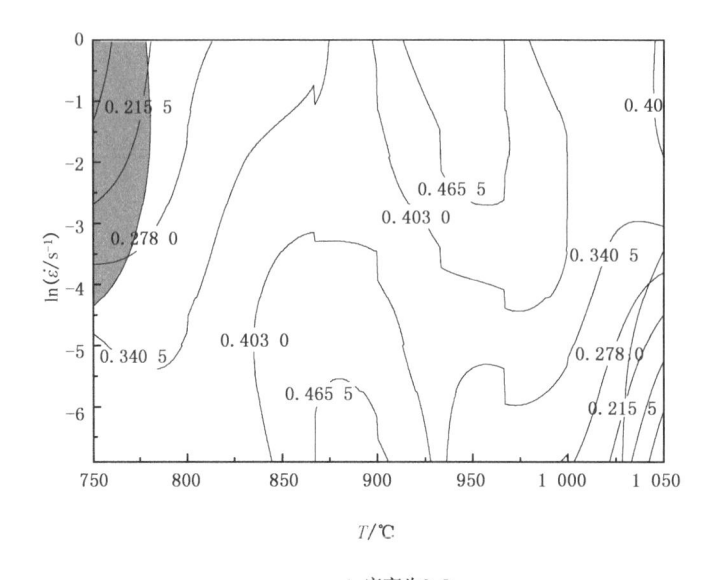

g) 应变为0.8

图 5-20　不同应变下的功率耗散图和失稳图

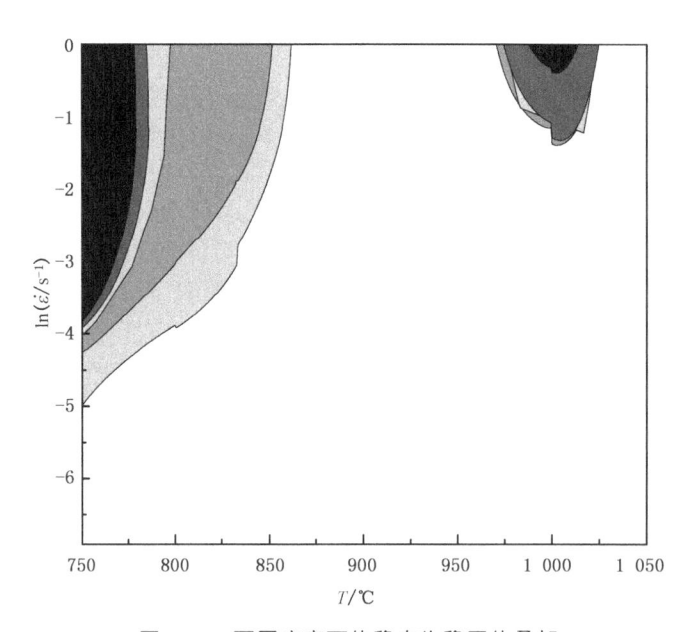

图 5-21　不同应变下的稳态失稳图的叠加

由图 5-21 可知,失稳区域有两个:

(1) 温度分别为 750~860 ℃,应变速率为 0.006~1 s^{-1};

(2) 温度分别为 970~1 025 ℃,应变速率为 0.2~1 s^{-1}。

综上所述,失稳的区域大致分布在低温高应变速率区和温度在相变点附近的高应变速率区。在第二章中,我们大致估算了一下不同变形条件下的温升,结果表明在低温高应变速率区的温升是特别大的,该区失稳可能是由变形热效应引起的局部流动失稳导致的。

避开以上危险区,同时考虑功率耗散因子大小和微观组织分析结果,可以得到 TA15 最佳的锻造温度范围为 870~970 ℃,应变速率范围为 0.001~1 s^{-1};为了减小变形热效应对变形过程的影响,应变速率需选 0.001~0.1 s^{-1}。综上所述,最佳锻造工艺范围为:温度为 870~970 ℃,应变速率为 0.001~0.1 s^{-1}。

5.5.2 局部流动失稳准则

在钛合金的塑性变性过程中,常出现局部流动的缺陷。为了预防该缺陷的发生,对其发生的临界条件进行准确的计算是必要的。Jonas 等根据平面应变条件下的单轴压缩试验研究建立了局部流动失稳准则,需满足下式:

$$\mathrm{d}F = \sigma \mathrm{d}A + A\mathrm{d}\sigma = 0 \tag{5-21}$$

式中:

F——轴向力;

σ——轴向压应力;

A——试样瞬时横截面积。

当局部发生纯剪切时,$\mathrm{d}A=0$,此时有 $\mathrm{d}\sigma=0$。因而:

$$\mathrm{d}\sigma = \left(\frac{\partial \sigma}{\partial \varepsilon}\bigg|_{\dot{\varepsilon},T}\right)\mathrm{d}\varepsilon + \left(\frac{\partial \sigma}{\partial \dot{\varepsilon}}\bigg|_{\varepsilon,T}\right)\mathrm{d}\dot{\varepsilon} + \left(\frac{\partial \sigma}{\partial T}\bigg|_{\varepsilon,\dot{\varepsilon}}\right)\mathrm{d}T = 0 \tag{5-22}$$

$$\gamma = \frac{1}{\sigma}\frac{\mathrm{d}\sigma}{\mathrm{d}\varepsilon}\bigg|_{\dot{\varepsilon}} = \frac{\mathrm{d}\ln\sigma}{\mathrm{d}\varepsilon}\bigg|_{\dot{\varepsilon}} = \left[\left(\frac{\partial \sigma}{\partial \varepsilon}\bigg|_{\dot{\varepsilon},T}\right)\mathrm{d}\varepsilon + \left(\frac{\partial \sigma}{\partial T}\bigg|_{\varepsilon,\dot{\varepsilon}}\right)\mathrm{d}T\right]\bigg/\sigma\mathrm{d}\varepsilon \tag{5-23}$$

$$m = \frac{\mathrm{d}\ln\sigma}{\mathrm{d}\ln\dot{\varepsilon}}\bigg|_{\dot{\varepsilon}} = \frac{\dot{\varepsilon}}{\sigma}\left(\frac{\partial \sigma}{\partial \dot{\varepsilon}}\bigg|_{\varepsilon,T}\right) \tag{5-24}$$

则易知

$$\gamma\sigma\mathrm{d}\varepsilon + \frac{m\sigma}{\dot{\varepsilon}}\mathrm{d}\dot{\varepsilon} = 0 \tag{5-25}$$

$$-\frac{\gamma}{m} = \frac{1}{\dot{\varepsilon}} \cdot \frac{\mathrm{d}\dot{\varepsilon}}{\mathrm{d}\varepsilon} = \alpha' \tag{5-26}$$

式中:

α'——局部流动失稳参数;

γ——应变软化率;

m——应变速率敏感指数;

由式(5-26)可见局部流动失稳参数 α' 较大程度地依赖于应变软化率 γ 和应变速率敏感性指数 m。Jonas 等根据对钛合金组织的观察研究提出了局部流动失稳准则为:$\alpha'>5$。

文献表明,片状组织在$(\alpha+\beta)$相区变形时,当$\alpha'>5$时发生局部流动失稳,等轴组织所对应的是$\alpha'<4$。

经计算,TA15的流变失稳区中α'的值大于4,即说明TA15的流变失稳的原因为局部流动失稳。

经研究可得,随着变形程度增大,功率耗散值呈现先增加后减小的趋势,失稳区域的范围呈现减小的趋势。这与单相材料的失稳范围随应变量的变化规律是不同的。

失稳的区域大致分布在低温高应变速率区和温度在相变点附近的高应变速率区,该区失稳是由变形热效应引起的局部流动失稳导致的。最佳锻造工艺范围为:温度为870~970 ℃,应变速率为0.001~0.1 s^{-1}。

5.6　TA15钛合金横梁锻造过程模拟仿真

5.6.1　TA15钛合金的热物理参数

模拟时,需要输入TA15的热物理参数(热传导系数及容积比热),图5-22与图5-23给出了TA15的热传导系数及容积比热随温度的变化曲线。

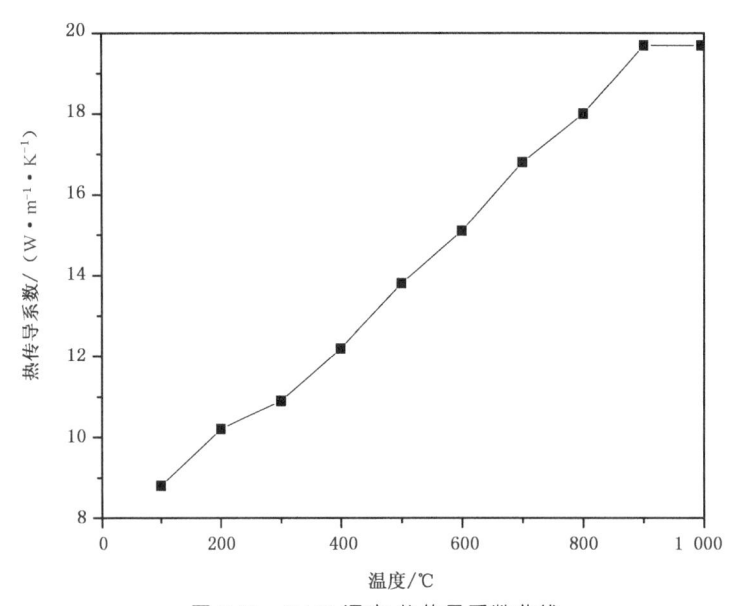

图5-22　TA15温度-热传导系数曲线

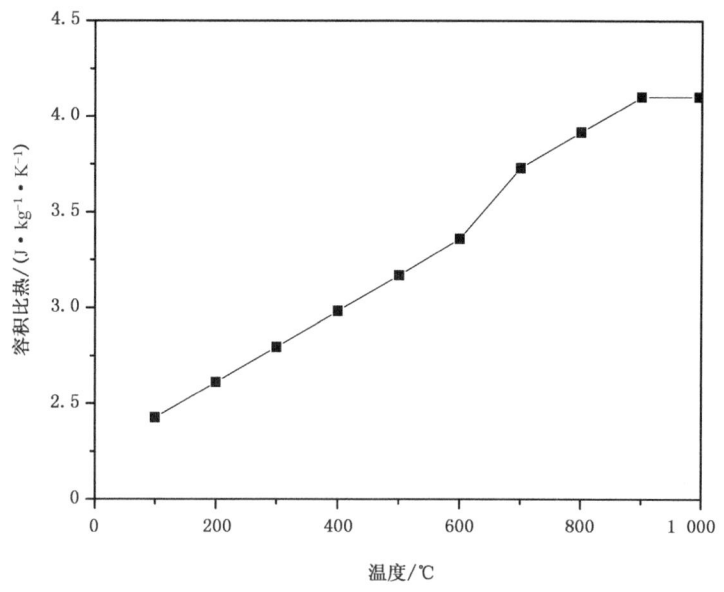

图 5-23　TA15 温度-容积比热曲线

5.6.2　模具的材料参数

模具材料为 5CrNiMo,美国牌号为 AISI-L6。模拟时需输入模具的相关热物性参数有:容积比热和热传导系数。图 5-24 为 5CrNiMo 的容积比热-温度变化曲线。图 5-25 为 5CrNiMo 的热传导系数随温度的变化曲线。热辐射黑度系数取 0.7。

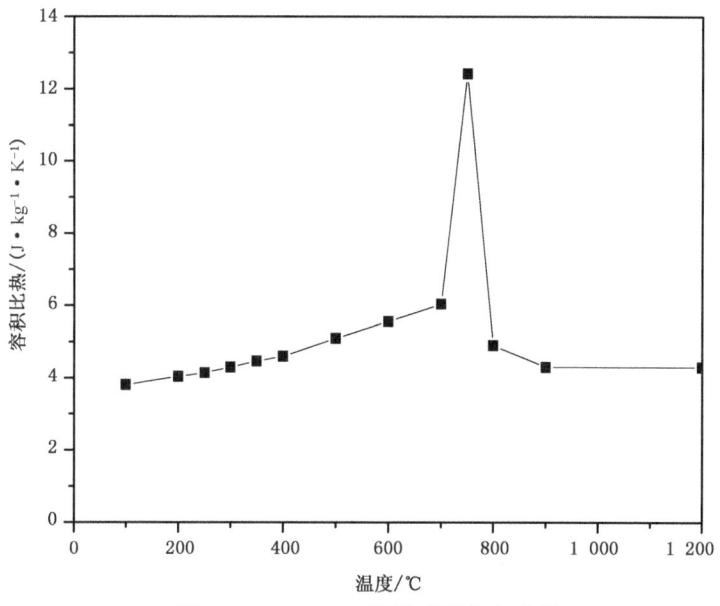

图 5-24　5CrNiMo 温度-容积比热曲线

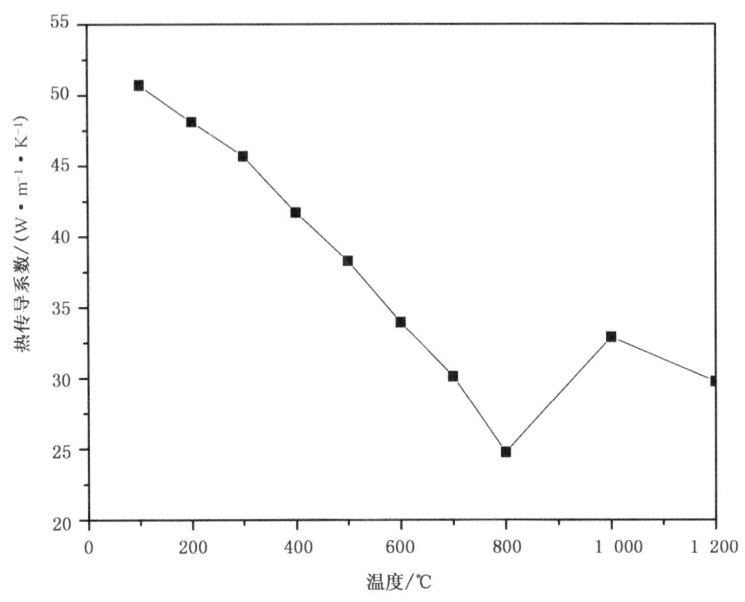

图 5-25　5CrNiMo 温度-热传导系数曲线

5.6.3　模拟试验方案及参数设置

利用 Deform 模拟仿真 TA15 横梁锻造成形过程，为了更好地了解 TA15 锻造过程中的成形规律，根据本章所得的最优锻造范围制定了 TA15 横梁锻造的试验方案。TA15 横梁锻造加热温度为 970 ℃，终锻温度在 850 ℃ 之上，应变速率在 0.001～1 s^{-1} 范围内即可。

运料过程及锻造过程采取保温措施。运料过程为 60 s，考虑保温措施时，热辐射黑度系数取 0.2。加保温棉时，模具与工件间的摩擦系数选定 $f=0.3$。锻件与空气的热交换系数：空气温度为 20 ℃，取热交换系数 0.02。模具的初始温度和上模的压下速度为 10 mm/s。锻造期间：模具与工件间的热交换系数选定为 0.5 N/(mm·s·℃)。经模拟得，需要两火成形。

5.6.4　模拟结果分析

5.6.4.1　第一火次锻造过程的模拟结果分析

1. 运料过程的模拟结果分析

锻件初始温度为 950 ℃，运料时间 60 s。由图 5-26 可以看出，经过 60 s 锻造过程后，表面温度降到 896～942 ℃ 之间，整个锻件的温度在终锻温度 850 ℃ 之上，棱角处的温度较低。锻件中心基本保持初始加热温度，从中心到表面的温度呈逐渐降低趋势。

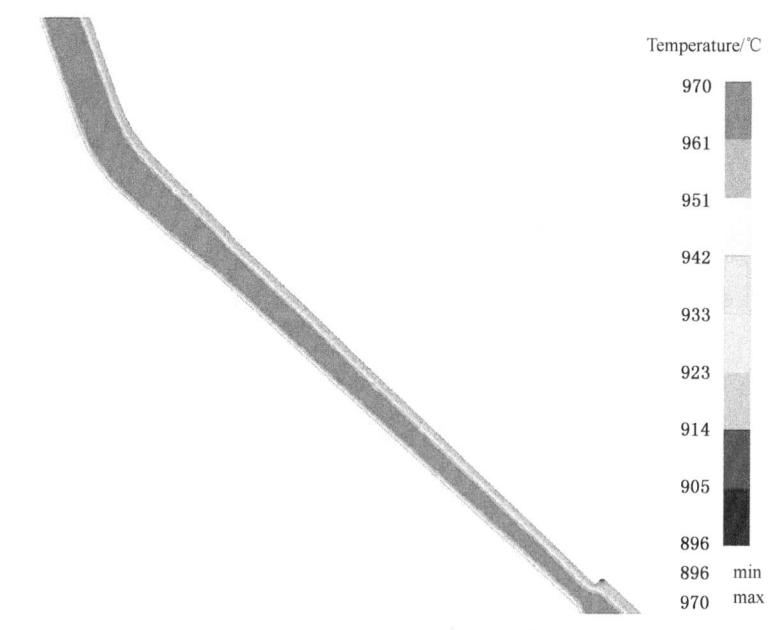

图 5-26 运料过程后的温度分布

2. 锻造过程模拟结果及工艺分析

(1) 温度场分布

图 5-27 为预锻结束后锻件上表面的最终温度场分布图。由图可以看出,锻件的温度在 842~978 ℃ 之间。锻件高温区集中于上表面的折弯处(A 处),温度已高于初始加热温度,为 978 ℃,原因是产生的变形热较大,使得温度没有下降反而有所提高。锻件头部部分区域的温度较低,已经低于终锻温度。锻件中心的温度在 910~961 ℃。B 处温度相对较低,在 842~893 ℃ 之间。由于 B 处发生变形时间较晚,向模具传热较多,因此最终温度相对较低。

(2) 等效应变分布

图 5-28 为锻件中截面等效应变分布图。由图可得,锻件主体表面的等效应变在 0~0.75 范围内。A、B 区的等效应变值较大,在 1.13~1.5 之间。

(3) 等效应变速率分布

图 5-29 为锻件中截面等效应变速率分布图。可以看出:由于锻造后期载荷较大,模块运动速度较低,因此除了飞边圆角附近区域应变速率较大外(大于 $0.27\ \mathrm{s}^{-1}$),锻件主体的应变速率都在 $0.2\ \mathrm{s}^{-1}$ 以下;锻件内部的应变速率相对高于表面,内部的应变速率在 $0.2\sim0.4\ \mathrm{s}^{-1}$,而表面的应变速率在 $0.000\ 169\sim 0.1\ \mathrm{s}^{-1}$;锻件飞边处表面的应变速率是相对最大的,在 $0.5\ \mathrm{s}^{-1}$ 左右;整个锻件的应变速率在锻造安全范围内。A 处截面的表面温度较高是由该部位的应变速率相对高于其他部位导致的,产生大量的变形热使得此处的温度上升。

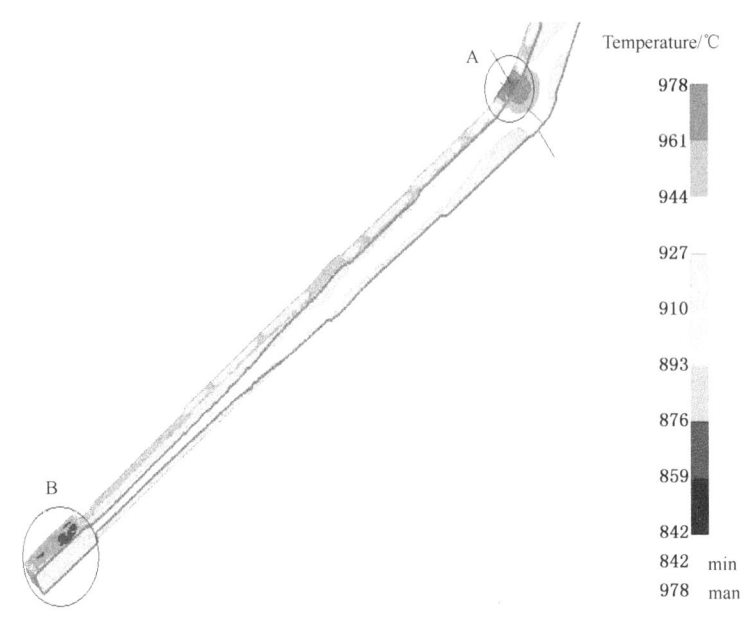

图 5-27　锻件截面温度分布图

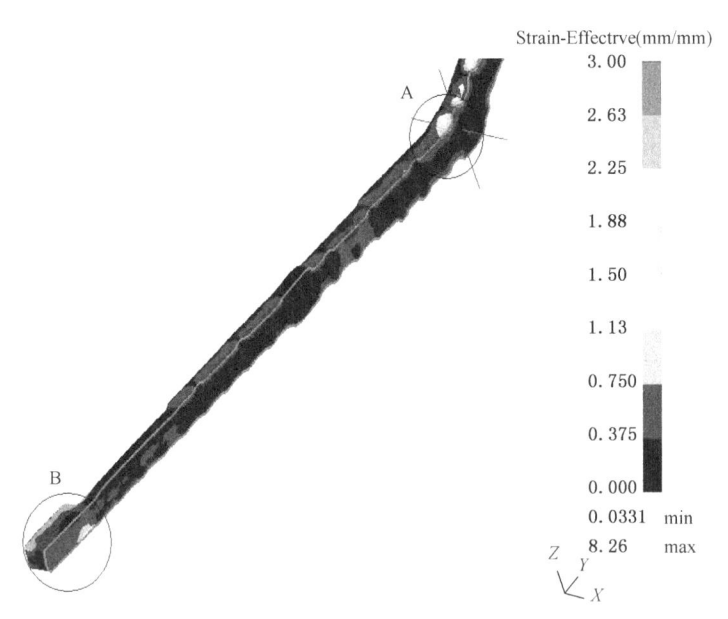

图 5-28　锻件中截面等效应变分布图

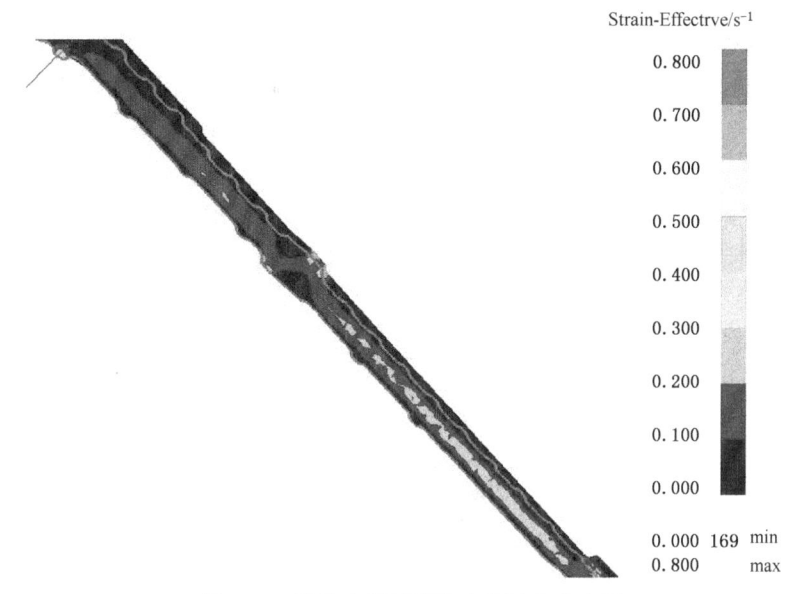

图 5-29　锻件中截面等效应变速率分布图

（4）等效应力分布

图 5-30 为锻件最终表面等效应力分布图。除个别区域（如飞边圆角区域）的应力较高外，锻件主体的等效应力在 105 MPa 以下。其中头部的等效压力较大，这是由该部位的温度较低导致的。

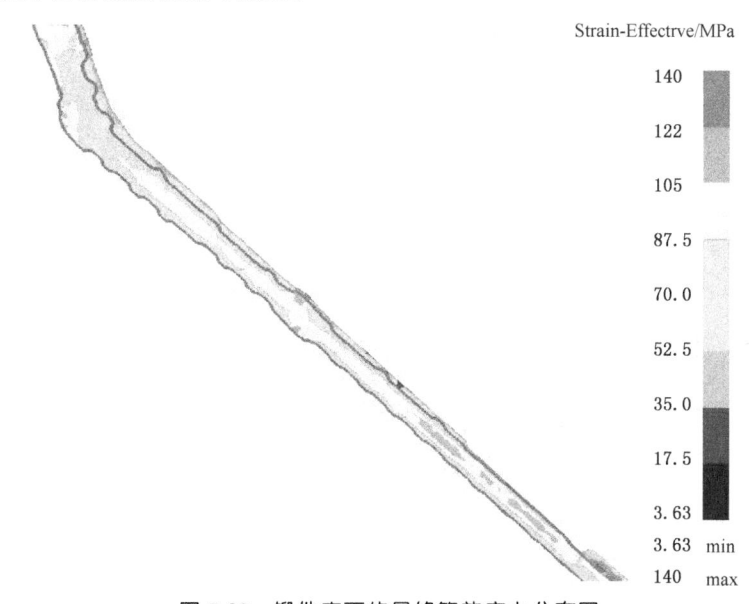

图 5-30　锻件表面的最终等效应力分布图

5.6.4.2 第二火次锻造过程的模拟结果分析

1. 运料过程的模拟结果分析

毛坯出炉时的温度为 970 ℃,运料时间为 60 s,此时毛坯温度在 879~970 ℃ 之间,如图 5-31 所示。除棱角部位外,锻件表面温降约为 40 ℃。

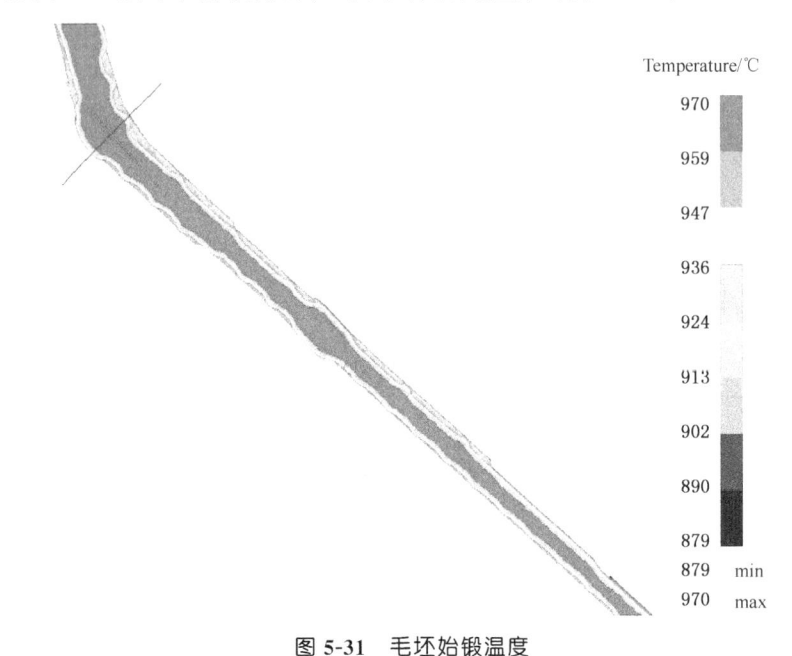

图 5-31 毛坯始锻温度

2. 锻造过程的模拟结果分析

(1) 锻件最终温度场

图 5-32 为最终锻件的表面温度场分布图。由图可知,锻件的温度在 845~1 010 ℃ 之间。高温区集中于飞边部分;锻件主体表面温度在 900 ℃ 左右;低于 850 ℃ 的低温区一般集中在两侧壁顶端圆角区域。

(2) 锻件最终等效应变分布

图 5-33 为锻件 B 区的横截面的最终等效应变分布图。可以看出,飞边区域的应变值大部分在 0.5 以上,而锻件主体部分的应变在 0.75 以下。飞边圆角附近区域变形较大,应变在 1.0 以上,其他部位的应变相对要小。

(3) 锻件最终等效应变速率分布

图 5-34 为锻件中截面等效应变速率分布图。可以看出:锻件内部的应变速率相对高于表面,飞边圆角附近区域的应变速率高于心部;高应变速率区域仍分布在飞边圆角区域,应变速率大于 0.38;锻件主体的应变速率都在 0.25 以下。

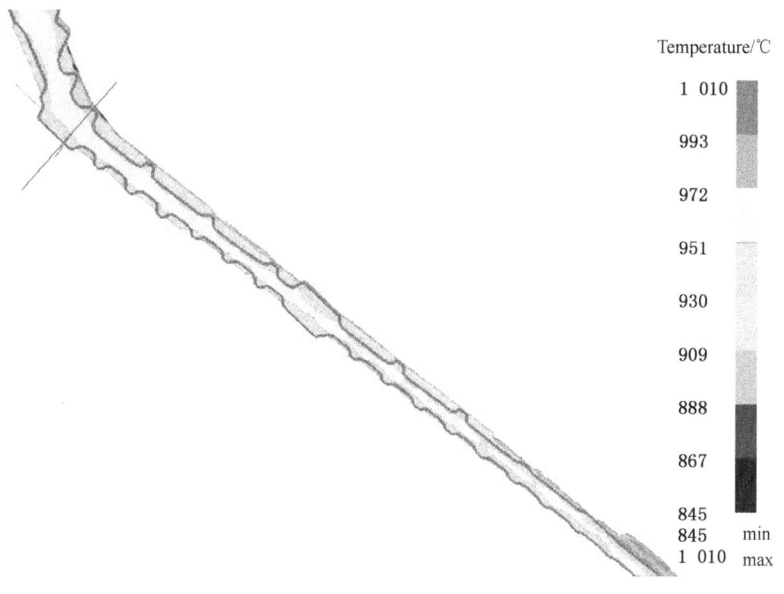

图 5-32 锻件截面温度分布图

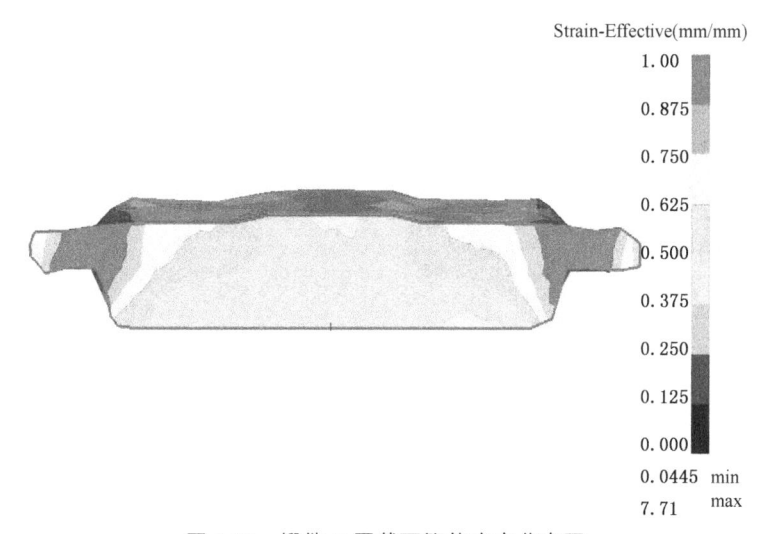

图 5-33 锻件 B 区截面等效应变分布图

273

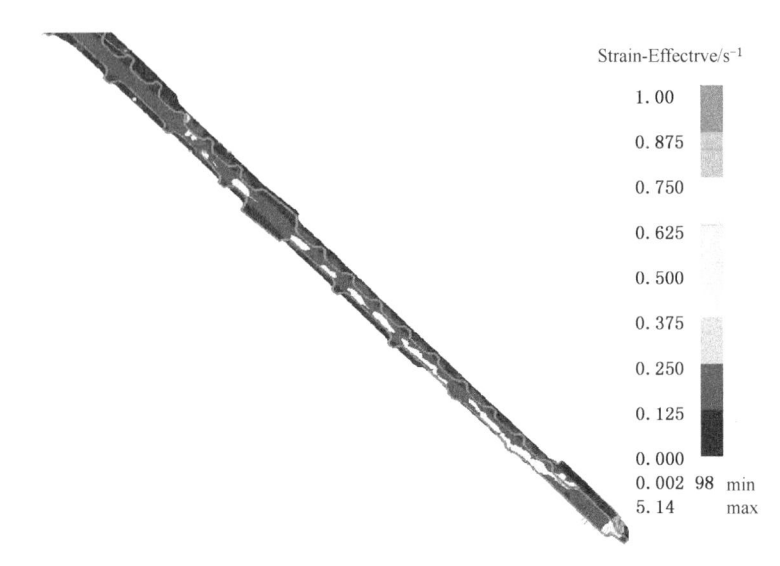

图 5-34　锻件中截面等效应变速率分布图

（4）锻件最终等效应力分布

图 5-35 为锻件表面的最终等效应力分布图。等效应力范围 2.72～189 MPa，除个别区域（如飞边圆角区域）的应力较高外，锻件主体的等效应力在 90 MPa 以下。

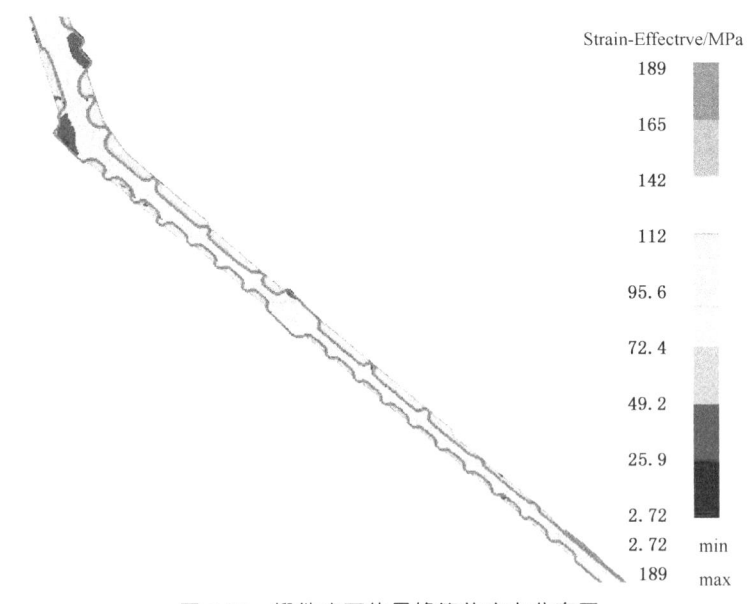

图 5-35　锻件表面的最终等效应力分布图

5.6.5 微观组织演化预测

根据本章得到的 TA15 钛合金高温变形时的微观组织演变模型,采用 Absoft 7.0 编译成用户子程序导入 Deform-3D 中,对锻造过程的 α 相的体积分数进行了预测。图 5-36 为微观组织预测的模拟云图,图中数据条表示的是 α 相的体积分数的大小。由图可以看到:锻件的上表面大部分的 α 相的体积分数在 12.5%～25% 之间,少部分在 25%～50% 之间;锻件的下表面大部分的 α 相的体积分数小于 25%。与下模具接触的上表面的 α 相的体积分数明显高于与上模具接触的下表面的 α 相的体积分数,这是由于下模的温度明显高于上模的温度。α 相的体积分数在 12.5%～25% 之间,该锻件的综合机械性能可以满足实际要求。

在有保温措施的情况下,一火次无法成形,需要进行两个火次。对模拟结果分析可知:终锻时的锻件的温度为 845～1 010 ℃ 之间,成形时间为 7.7 s,主体部分的应变在 0.75 以下;高应变速率区域在飞边圆角区域,应变速率大于 0.375 s^{-1},锻件主体的应变速率都在 0.25 s^{-1} 以下,应变速率在允许的安全锻造范围内;锻件主体部分的应变在 0.75 以下,飞边区域的应变值大部分在 0.9 以上。工艺中的主要问题是锻件表面温度较低,锻造结束时表面温度已经降至 850 ℃ 左右,因此有必要加强保温措施或提高模具温度,以减少锻件与空气和模具间的传热。

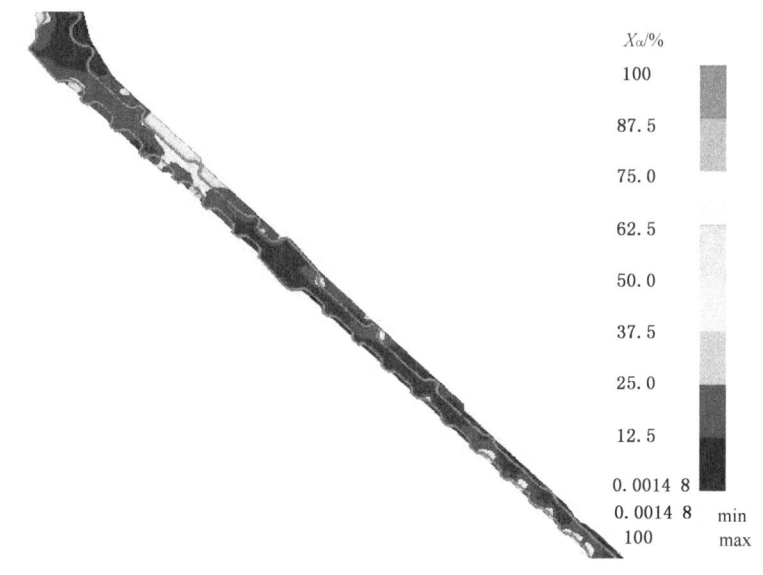

图 5-36 微观组织预测的模拟云图

第6章
42CrMo钢锻造成形组织预报

6.1 42CrMo 钢本构关系研究现状

42CrMo 钢是一种典型的中碳低合金钢,具有强度高、韧性及耐磨性好的特点,在汽车制造领域应用广泛,用于制造要求较高的大型锻件,如机车牵引用的大齿轮、增压器传动齿轮、转向节臂、后轴、受载荷极大的连杆等。

转向节臂是汽车转向系统中的重要零件之一,起着承载和导向的作用。如图 6-1 所示为汽车的转向系统。一般对转向盘施加的转向力矩需要经过转向轴、传动轴和转向器等,最终经转向节臂传递到转向节和轮毂,完成车辆的转向。转向节臂是典型的弯轴类锻件,不仅形状复杂,而且质量要求高。弯轴类锻件的最佳成形方法一直是锻造行业研究的焦点。

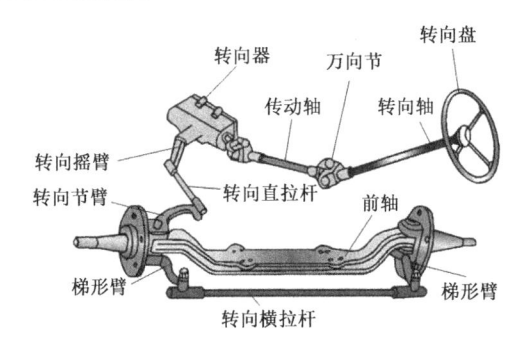

图 6-1 汽车转向系统

本章以某锻件公司生产的 42CrMo 钢转向节臂为例,研究 42CrMo 钢在热变形过程中的宏观变形行为及动态再结晶微观组织演变行为,并建立 42CrMo 钢的本构方程和微观组织演变模型及热加工图;采用数值模拟的方法研究转向节臂的成形过程,并对微观组织进行预测,然后对关键成形工序的模具及制坯工艺进行改进。

金属材料的本构方程表明了材料的流变应力随变形温度、应变速率以及应变等热力参数的变化规律,是热成形模拟仿真的基础。蔺永诚等人对工业用 42CrMo 钢在温度为 850~1 150 ℃和应变速率为 0.01~50 s^{-1} 的变形条件下的流变应力行为进行研究，根据 Sellars 和 Tegart 提出的双曲正弦函数模型建立了 42CrMo 钢在高温条件下的流变应力本构方程，如式(6-1)所示。

$$\dot{\varepsilon} = 1.34 \times 10^{18} [\sinh(8.198 \times 10^{-3}\sigma)]^{8.1434} \exp[-4.6334 \times 10^5/(RT)] \quad (6-1)$$

式中：

$\dot{\varepsilon}$——应变速率(s^{-1})；

σ——流变应力(MPa)；

R——气体常数，$R=8.314$ kJ/(mol·K)；

T——绝对温度(K)。

重庆大学的骆刚在变形温度和应变速率分别为 850~1 075 ℃和 0.01~10 s^{-1} 的条件下对 42CrMo 钢进行热压缩试验，对其高温塑性变形流变应力的变化规律进行了研究，分别采用双曲正弦函数和 Fields-Backofen 方程建立了 42CrMo 钢峰值流变应力模型和 Fields-Backofen 模型，并对 Fields-Backofen 模型引入软化因子进行修正，求得 Fields-Backofen 模型如式(6-2)所示。

$$\sigma = 287\,65\varepsilon^{0.076+0.0231\log\dot{\varepsilon}+371.667/T}\dot{\varepsilon}^{0.0000966T-0.000483}\exp(-0.00391T-0.0793\varepsilon) \quad (6-2)$$

式中：

$\dot{\varepsilon}$——应变速率(s^{-1})；

σ——流变应力(MPa)；

ε——应变；

T——绝对温度(K)。

金属在进行热变形的同时其内部的微观组织也发生着诸如回复、再结晶、晶粒长大等演化，组织结构的改变对金属的成形质量和力学性能具有重要影响。微观组织演化模型的研究，是进行材料微观组织预测的基础。

陈慧琴等人通过对铸态 42CrMo 钢热压缩应力应变曲线进行分析，采用 PRASAD 提出的动态材料模型，建立了其在不同应变下的热加工图，并最终总结出 42CrMo 钢在进行热辗扩成形时可采用的最佳温度和应变速率。权国政等人基于 Poliak 和 Jonas 提出的加工硬化率，通过修正 Avrami 方程，建立了动态再结晶体积分数方程。付甲等人在温度为 850~1 150 ℃和应变速率为 0.1~5 s^{-1} 的变形条件下对铸态 42CrMo 钢进行热压缩变形研究，采用临界应变数学模型和 JMAK 再结晶理论，建立了 42CrMo 钢的动态再结晶体积分数模型和动态再结晶晶粒尺寸模型，如式(6-3)所示。

$$\begin{cases} X_d = 1 - \exp\left[-0.8\left(\dfrac{\varepsilon - \varepsilon_c}{\varepsilon_{0.5}}\right)\right]^2 \\ \varepsilon_c = 0.8\varepsilon_p \\ \varepsilon_p = 6.1875 \times 10^{-2} d_0^{2.389\,04} \dot{\varepsilon}^{0.027} \exp\left(\dfrac{10\,971.8}{RT}\right) \\ \varepsilon_{0.5} = 3.736 \times 10^{-3} d_0^{0.416\,3} \dot{\varepsilon}^{0.134\,1} \exp\left(\dfrac{24\,835}{RT}\right) \end{cases} \quad (6\text{-}3)$$

式中：

ε、ε_c、ε_p、$\varepsilon_{0.5}$——相关应变；

$\dot{\varepsilon}$——应变速率(s^{-1})；

σ——流变应力(MPa)；

T——绝对温度(K)；

R——气体常数，$R = 8.314$ kJ/(mol·K)；

d_0——初始晶粒尺寸。

6.2 锻态42CrMo钢高温流变及动态再结晶行为

6.2.1 引言

近年来，数值模拟在热锻产品成形工艺研究和微观组织预测中发挥的作用越来越大。而模拟结果的精度，一方面取决于设定的初始条件和边界条件与实际工况相符合的程度，另一方面取决于材料模型的准确度，后者通常采用轴对称热压缩物理模拟试验获得。本章通过高温压缩试验和金相试验，研究了锻态42CrMo钢在热变形过程中的流变应力行为及动态再结晶行为。

6.2.2 高温压缩试验

6.2.2.1 试验材料及试样制备

试验材料为工业用锻态42CrMo钢，其化学成分如表6-1所示。

表6-1 42CrMo钢的化学成分(质量分数,%)

C	Si	Mn	P	S	Cr	Mo
0.38~0.45	0.17~0.37	0.50~0.80	<0.040	<0.040	0.9~1.2	0.15~0.25

试样制备：为了消除形状效应在压缩试验中对抗拉强度的影响，一般在制备试样时保证其高径比小于1.5。因此，使用线切割将42CrMo钢制成尺寸为$\phi 8$ mm × 12 mm的圆柱体。

6.2.2.2 试验方案

研究材料的热变形行为主要有三种试验方法：拉伸、压缩和扭转法。热压缩试验因其操作简单且材料能够发生较大的均匀变形,是研究金属流变应力和再结晶行为的重要方法,尤其适合于模拟轧制和锻造的研究。因此,借助 Gleeble-3800 热模拟试验机在温度为 900 ℃、1 000 ℃、1 100 ℃、1 150 ℃、1 200 ℃ 和应变速率为 0.1 s^{-1}、1 s^{-1}、10 s^{-1} 的条件下对圆柱试样进行等温恒应变速率的热压缩试验。详细的热压缩试验条件如表 6-2 所示。

表 6-2 热压缩试验条件

变形温度/℃	900	1 000	1 100	1 150	1 200
应变速率/s^{-1}	0.1		1		10
变形量/%			70		

具体的试验过程为:首先以 20 ℃/s 的速率将试样升温至 1 200 ℃ 并保温 5 min,然后按一定速率降至所需温度并保温 3 min,随后进行压缩试验,试样总压下量为 70%(真实应变为 1.2)。试验结束后,试样立即水冷。热压缩试验过程如图 6-2 所示。

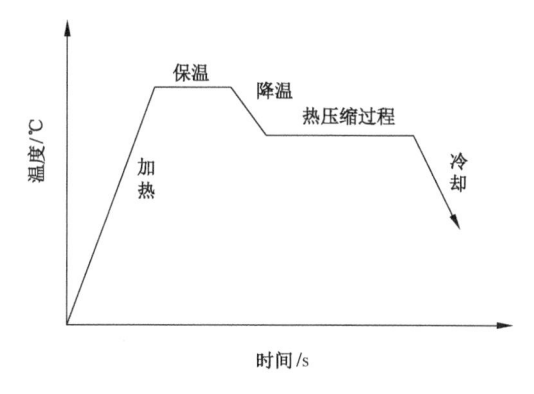

图 6-2 热压缩试验过程示意图

6.2.2.3 试验设备

热模拟试验机一般用来研究金属材料的热变形和加工性能,可以精确地对材料的锻压、铸造、冶炼、焊接等工艺进行模拟和对材料高温力学性能等进行测定。

材料的热压缩试验是在 Gleeble-3800 热模拟试验机上进行的。该试验机主要包括三个控制系统,分别为计算机控制、热控制和力学控制,加热的速度范围为 0.002~1 000 ℃/s,机械系统具有 10 t 静态拉/压力,最大移动速度可高达 1 000 mm/s。该试验机可以保证试样在整个压缩过程中试验数据的稳定性和重复性,是一种理想的动态热模拟试验机。

6.2.2.4 试验结果与分析

图 6-3 所示为锻态 42CrMo 钢在不同变形温度和应变速率下所对应的热压缩

试验真应力应变曲线。

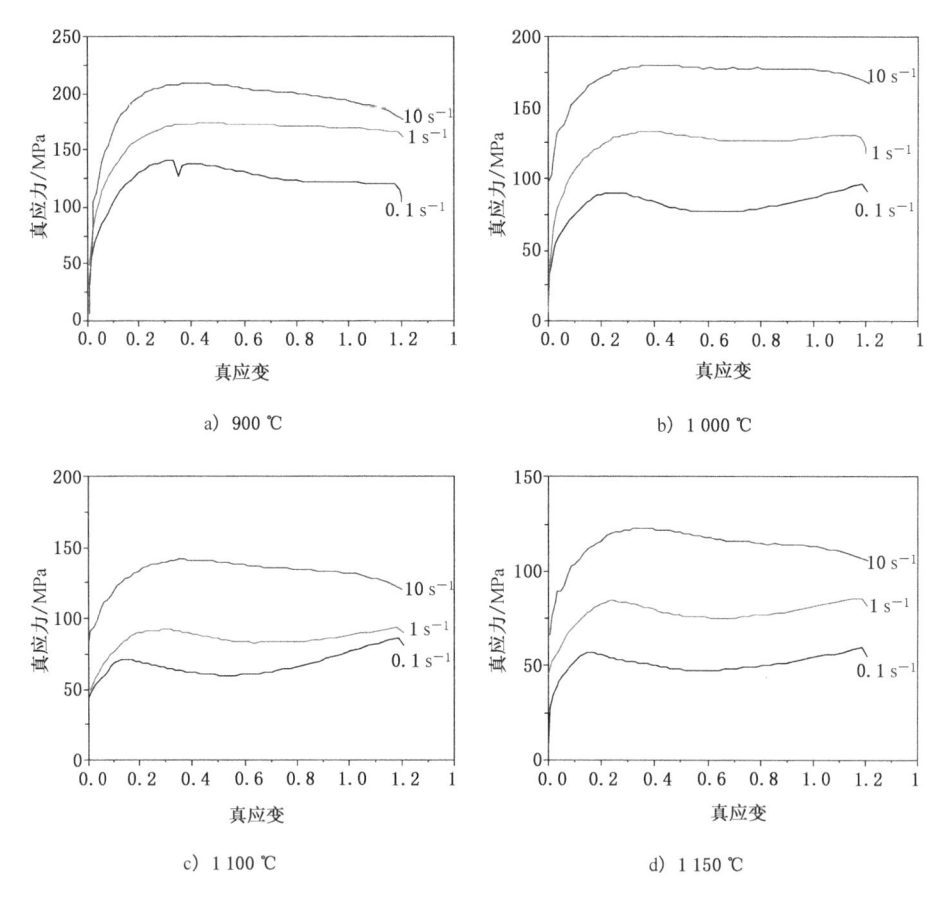

由图 6-3 可知,在不同变形条件下,42CrMo 钢的真应力应变曲线具有相似的变化趋势。流变应力首先随着应变的增加而迅速上升,在达到峰值后开始逐渐下降,当应变达到一定值之后流变应力基本保持不变。

由图 6-3a)~h)可知,应力应变曲线在不同应变速率下呈现出不同的特征。在低应变速率下($0.1\ s^{-1}$, $1\ s^{-1}$),流变应力随着应变的增加达到峰值后出现明显的下降,最终趋于稳定,表明材料在该变形条件下发生了明显的动态再结晶。在高应变速率下($10\ s^{-1}$),流变应力随着应变的增加达到峰值后基本趋于稳定,并没有出现峰值应力明显下降的阶段,表明材料在该变形条件下没有发生明显的动态再结晶,而是以动态回复为主。

a) 900 ℃

b) 1 000 ℃

c) 1 100 ℃

d) 1 150 ℃

e) 1 200 ℃

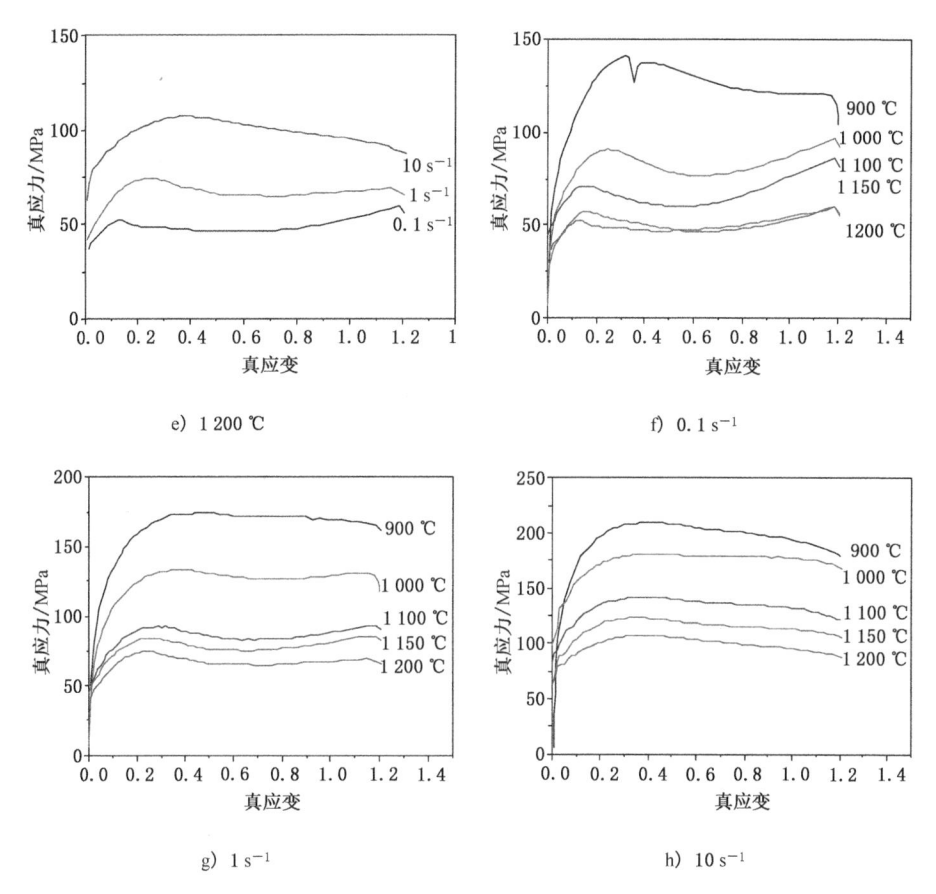

f) 0.1 s⁻¹

g) 1 s⁻¹

h) 10 s⁻¹

图 6-3　42CrMo 钢不同变形条件下的真应力应变曲线

材料在热加工过程中,流变应力主要受加工硬化和再结晶软化作用的影响。在变形初始阶段,材料内部位错在外加应力和热激活的作用下发生合并及重组。随着变形程度的增大,位错不断增加,导致运动阻力随之增大而产生加工硬化,流变应力受加工硬化的影响而迅速增大。

当应变达到一定值后材料内部位错发生交滑移和攀移,同时积聚的变形储能驱动材料发生再结晶,起到软化的作用。当加工硬化和金属软化速率趋于平衡时流变应力缓慢增大到峰值。随着晶核的不断产生和长大,软化效果更加明显,流变应力在金属软化的作用下逐渐降低。随着变形量的继续增大,位错的密度虽有增大但会发生重排,同时异号位错相互销毁,最终硬化和软化效果达到平衡,流变应力趋于稳定。

由图 6-3a)～e)可知,在相同变形温度下,流变应力、峰值应力和稳态应变随应变速率的增大而增大。主要原因是应变速率的增大导致产生相同应变所需的时间变短,而且位错运动的加快和交割引起运动阻力增大。同时位错的滑移和攀移引起的软化作用相对较小,流变应力增大到峰值和进入稳态时所对应的应变随着应变速率的增大而逐渐增大。

由图 6-3f)~h)可知,在相同应变速率下,流变应力、峰值应力和稳态应变随变形温度的升高而降低。主要原因是变形温度的升高导致原子的动能和振幅增大,提高了位错和空位的活动性,从而减小了运动阻力。同时再结晶的驱动力随着温度的升高而增大,动态回复和再结晶引起的软化作用相对增强,流变应力增大到峰值和进入稳态时所对应的应变随着温度的增大而逐渐减小。

6.2.3 金相试验

6.2.3.1 试验方法

在金相试验中制取金相试样的过程为:首先试样的取样部位选择在压缩试样的纵向截面,然后将试样沿中心轴线剖开,并对得到的剖面进行镶样、预磨、抛光和腐蚀处理,最后将 60 ℃左右的过饱和苦味酸和洗洁精的混合溶液均匀涂抹在抛光后的试样表面并腐蚀 5~10 min。

在金相显微镜下对不同变形条件下的压缩试样进行金相观察,拍摄多组金相照片以便研究温度和应变速率对 42CrMo 钢内部微观组织的影响。然后使用 ImageJ 图像分析软件对金相进行相关数据的测量,主要包括:再结晶晶粒尺寸 D_2 及再结晶体积分数 X_{drex}。

1. 变形温度对微观组织的影响

动态再结晶是在一定温度和应变速率下,再结晶形核的数量随着应变的增加而逐渐增多,新生晶粒逐渐长大取代原始晶粒的现象。图 6-4 所示为 42CrMo 钢试样在压缩变形 70%(真应变为 1.2),$\dot{\varepsilon}=10\ \mathrm{s}^{-1}$ 时,微观组织随温度的变化情况。从图中 a)~e)可以看出,42CrMo 钢在 900~1 200 ℃稳态阶段几乎发生了完全动态再结晶。相同应变速率下,材料的微观组织在不同变形温度下又有所不同。图 a)中材料的晶粒比较细小,呈现出变形大晶粒与再结晶小晶粒相共存的特征。图 b)、c)、d)和 e)中材料的晶粒相对比较均匀,晶粒尺寸随温度升高而逐渐增大,主要原因是温度升高导致晶粒粗化。

2. 应变速率 $\dot{\varepsilon}$ 对微观组织的影响

图 6-5 所示为 42CrMo 钢在温度为 1 100 ℃,压缩变形量为 70%(真应变为 1.2)时,应变速率分别为 $0.1\ \mathrm{s}^{-1}$、$1\ \mathrm{s}^{-1}$、$10\ \mathrm{s}^{-1}$ 下的显微组织。从图 a)~c)可以看出,相同变形温度下,动态再结晶的晶粒尺寸随着应变速率的增大而逐渐减小。主要原因是在相同变形量下,驱动材料发生再结晶的变形储能随应变速率的增大而增大,同时应变速率的增大导致材料发生再结晶的时间相对减少,且再结晶晶粒不能充分长大。

a) 900 ℃

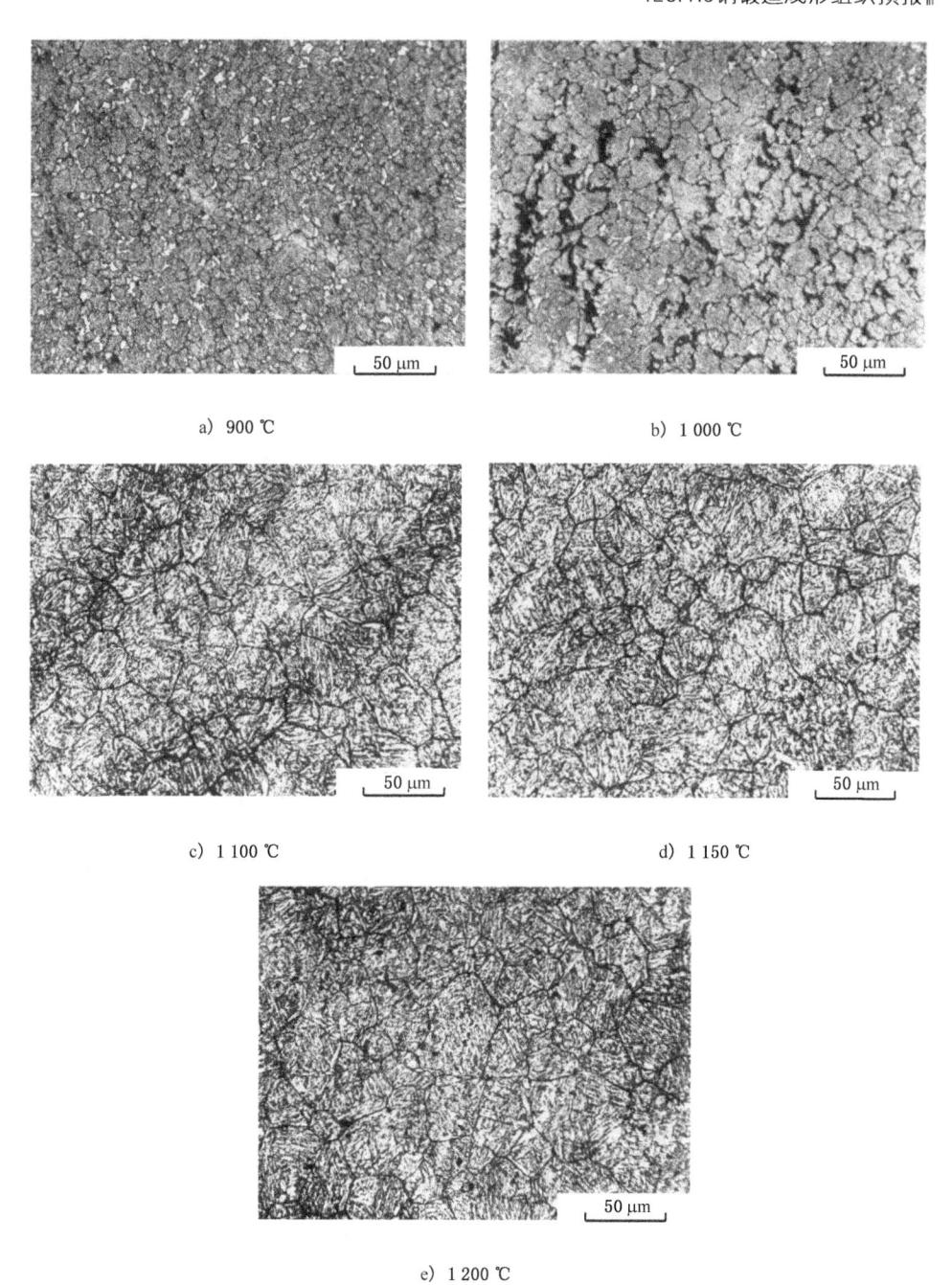

b) 1 000 ℃

c) 1 100 ℃

d) 1 150 ℃

e) 1 200 ℃

图 6-4 42CrMo 钢热压缩变形显微组织($\dot{\varepsilon}=10\ \mathrm{s}^{-1}$)

a) 0.1 s⁻¹   b) 1 s⁻¹

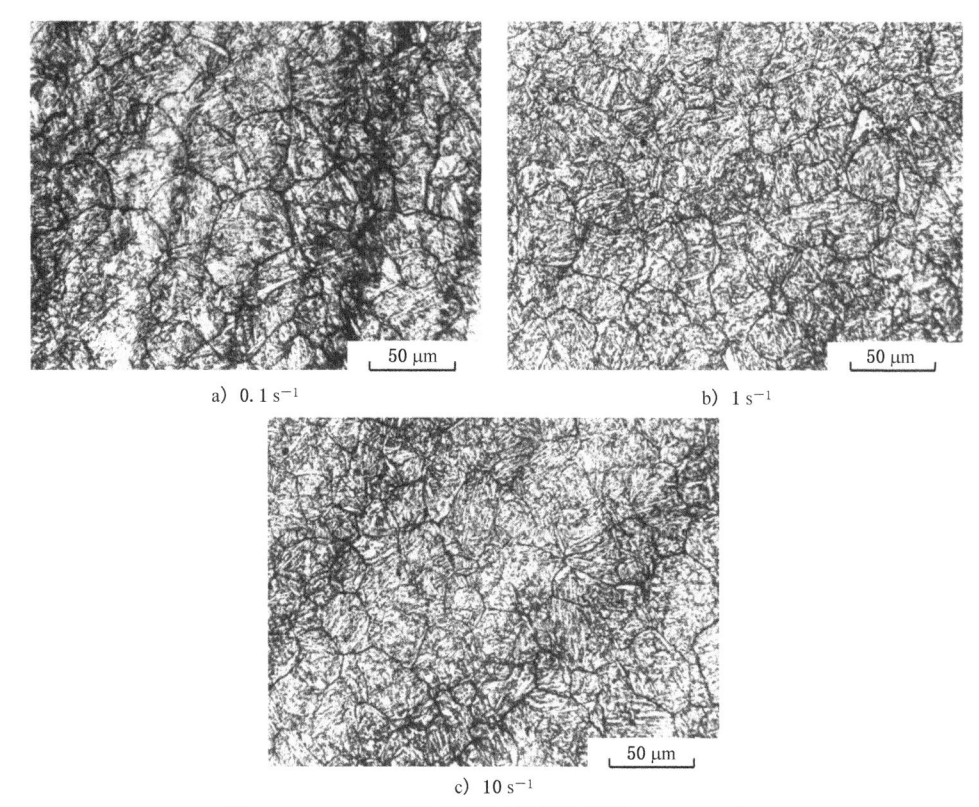

c) 10 s⁻¹

图 6-5 42CrMo 钢热压缩变形显微组织（$T=1100$ ℃）

6.2.3.2 动态再结晶晶粒尺寸 D_2 和再结晶体积分数 X_{drex} 的确定

金属在热变形过程中伴随着动态再结晶的发生，通常采用动态再结晶晶粒平均尺寸和再结晶体积分数来表征材料热变形过程中的再结晶程度。

一般动态再结晶晶粒平均尺寸和体积分数的测量分别采用截线法和金相法，截线法是通过测定已知线段的长度与所穿过的晶粒个数的比值来确定晶粒的平均尺寸。金相法是通过测定再结晶体积与总体积的比值来确定体积分数。使用 ImageJ 图像分析软件采用截线法和金相法测得的 42CrMo 钢再结晶晶粒尺寸 D_2 和再结晶体积分数 X_{drex} 如表 6-3 所示。

表 6-3 锻态 42CrMo 钢再结晶晶粒尺寸 D_2 和体积分数 X_{drex}

温度/℃	应变速率 $\dot{\varepsilon}$/s⁻¹					
	0.1		1 s		10	
	$D_2/\mu m$	X_{drex}	$D_2/\mu m$	X_{drex}	$D_2/\mu m$	X_{drex}
900 ℃	12.15	0.955 0	8.31	0.950 0	6.15	0.940 0
1 000 ℃	20.54	0.976 0	15.18	0.956 0	10.73	0.954 9
1 100 ℃	32.73	0.984 0	22.36	0.978 0	18.82	0.968 0
1 150 ℃	36.64	0.984 6	28.27	0.982 0	22.80	0.969 0
1 200 ℃	42.73	0.990 0	38.09	0.984 5	25.93	0.980 0

借助 Gleeble-3800 热模拟试验机，对锻态 42CrMo 钢进行了热压缩试验，获得了锻态 42CrMo 钢在不同变形温度和应变速率下的真应力应变关系曲线。通过单一变量原则研究了变形温度和应变速率对流变应力的影响，并总结出相应的规律。对 42CrMo 钢压缩试样进行金相试验，研究了变形温度和应变速率对动态再结晶微观组织演变的影响规律，并通过 ImageJ 图像分析软件采用截线法和金相法统计出了其再结晶晶粒尺寸 D_2 和再结晶体积分数 X_{drex}。这为后续建立锻态 42CrMo 钢的流变应力本构方程和动态再结晶模型奠定了坚实的试验基础。

6.3 锻态 42CrMo 钢本构方程和动态再结晶模型

6.3.1 引言

锻造成形是现代制造业中重要的加工方法之一，在金属高温成形过程中，材料的流变应力不仅随变形条件发生改变，而且材料达到临界应变时，晶粒会发生破碎重新形核、结晶、长大，最终形成新的无畸变的等轴晶。随着有限元理论的成熟和计算机技术的发展，运用有限元数值模拟进行锻压成形分析和微观组织预测已成为优化产品制造工艺的有效手段。

流变应力本构方程和动态再结晶模型的准确建立是使用有限元数值模拟对转向节臂进行成形研究和微观组织预测的必要条件，因此，本章在前文压缩试验和金相试验的基础上，建立了锻态 42CrMo 钢的本构方程和动态再结晶模型。

6.3.2 本构方程的构建

本构方程用来表示材料发生变形时，流变应力与变形条件中相关热力参数的关系。通常用来进行描述高温环境下材料的流变应力与应变速率和变形温度关系的模型，主要有如下三种形式。

$$F(\sigma) = A_1 \sigma^{n_1} \tag{6-4}$$

$$F(\sigma) = A_2 \exp(\beta\sigma) \tag{6-5}$$

$$F(\sigma) = A[\sinh(\alpha\sigma)]^n \tag{6-6}$$

式(6-4)~(6-6)中：

$A_i(i=1,2,3), n_1, \beta, \alpha, n$——材料常数。

式(6-4)适合低应变水平($\partial\sigma < 0.8$)，式(6-5)适合于高应变水平($\partial\sigma > 1.2$)，式(6-6)适用范围较广，因此应用式(6-6)来进行 42CrMo 钢本构方程的创建。

在金属材料热变形过程中，材料发生塑性变形时所需要的能量称之为变形激活能。通常采用 Sellars 等提出的双曲正弦方程来表示材料变形过程中的流变应力与应变速率和温度间的关系，方程中包含有变形激活能 Q 和温度 T，如式(6-7)所示。

$$\dot{\varepsilon} = F(\sigma)\exp[-Q/(RT)] \tag{6-7}$$

式中：

Q——变形激活能($kJ \cdot mol^{-1}$)；

R——气体常数，$R=8.314\ \text{kJ/(mol·K)}$；

$\dot{\varepsilon}$——应变速率；

T——变形绝对温度(K)；

σ——应力(MPa)。

将式(6-6)代入式(6-7)即可得到用于描述金属在热激活作用下发生稳态变形行为的模型，如式(6-8)所示。

$$\dot{\varepsilon}=A[\sinh(\alpha\sigma)]^n-\exp[-Q/(RT)] \tag{6-8}$$

式(6-8)中的材料常数 A、α、β、n 和激活能 Q 均可转化为以应变为变量的函数，需要通过对热压缩试验所得应力应变曲线进行线性回归处理来确定。以 0.1 为增量分别拟合出应变值为 $0.1\sim1.2$ 下的材料常数 A、α、β、n 和激活能 Q，进而拟合出各材料常数与应变之间的函数关系，最终代入式(6-8)得到锻态 42CrMo 钢的热变形本构方程，本书以应变值 0.1 为例来介绍拟合求解过程。

分别将式(6-4)和式(6-5)代入式(6-7)，并对等式两边取对数，结果如下所示。

$$\ln\dot{\varepsilon}=\ln A_1-\frac{Q}{RT}+n_1\ln\sigma \tag{6-9}$$

$$\ln\dot{\varepsilon}=\ln A_2-\frac{Q}{RT}+\beta\sigma \tag{6-10}$$

分别以 $\ln\sigma$-$\ln\dot{\varepsilon}$ 和 σ-$\ln\dot{\varepsilon}$ 为坐标轴作图，如图 6-6 所示。

a) $\ln\sigma$ 与 $\ln\dot{\varepsilon}$ 关系拟合曲线　　b) σ 与 $\ln\dot{\varepsilon}$ 关系拟合曲线

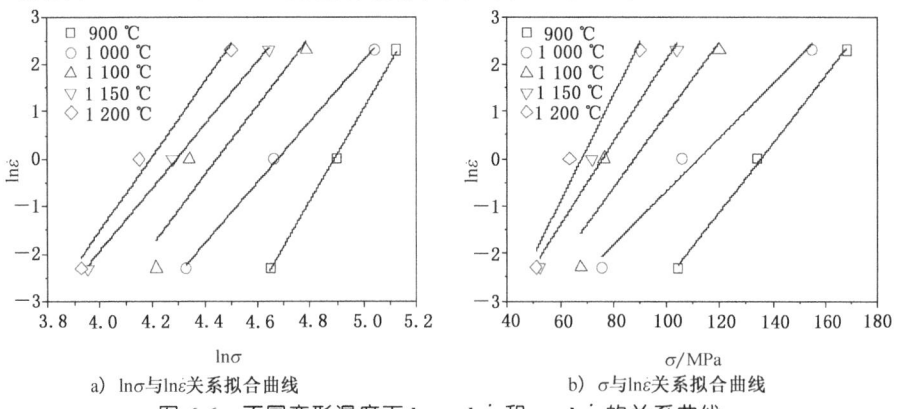

图 6-6　不同变形温度下 $\ln\sigma-\ln\dot{\varepsilon}$ 和 $\sigma-\ln\dot{\varepsilon}$ 的关系曲线

由式(6-9)可知，$\ln\sigma$-$\ln\dot{\varepsilon}$ 的关系拟合曲线的斜率为 n_1，选取每条曲线的斜率并求解平均值得 $n_1=7.592\ 82$。由式(6-10)可知，σ-$\ln\dot{\varepsilon}$ 的关系拟合曲线的斜率为 β，选取每条曲线的斜率并求解平均值得 $\beta=0.081\ 22$。最后通过式(6-11)求解出 α 值：

$$\alpha=\frac{\beta}{n_1}=\frac{0.081\ 22}{7.592\ 82}=0.012\ 35 \tag{6-11}$$

对式(6-8)两边取对数得到下式：

$$\ln\dot{\varepsilon} = \ln A - \frac{Q}{RT} + n\ln[\sinh(\alpha\sigma)] \tag{6-12}$$

将式(6-11)求取的 α 值代入式(6-12),再以 $\ln[\sinh(\alpha\sigma)]$-$\ln\dot{\varepsilon}$ 为坐标轴作图,如图 6-7a)所示。$\ln[\sinh(\alpha\sigma)]$-$\ln\dot{\varepsilon}$ 关系拟合曲线的斜率为 n,选取每条拟合曲线的斜率并求解平均值得 $n=5.2036$。

通过对式(6-12)求偏微分,得到激活能 Q 的表达式,如下所示。

$$Q = R \mid \partial\ln\dot{\varepsilon}/\partial\ln[\sinh(\alpha\sigma)] \mid_T \cdot \mid \partial\ln[\sinh(\alpha\sigma)]/\partial(1/T) \mid_{\dot{\varepsilon}} = Rns \tag{6-13}$$

在恒定应变速率下,激活能 Q 基本保持不变。以 $1000/T$-$\ln[\sinh(\alpha\sigma)]$ 为坐标轴作图,如图 6-7b)所示,选取每条拟合曲线的斜率求解平均值得 $s=5.4989$。结合前文结果通过式(6-13)求取激活能 $Q=256\,886.2\,\text{J/mol}$。关于 A 值的求解,由式(6-12)可知 $\ln A-Q/(RT)$ 为 $\ln[\sinh(\alpha\sigma)]$-$\ln\dot{\varepsilon}$ 关系拟合曲线的截距,选取每条拟合曲线的截距求解平均值得 $\ln A=22.4159$。

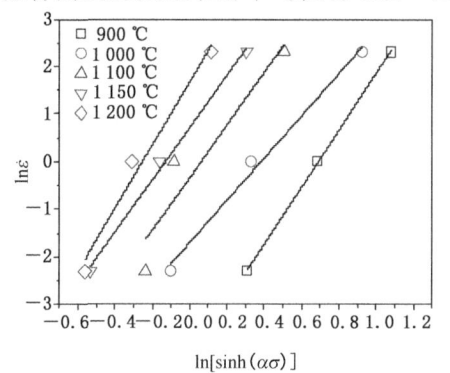

a) $\ln[\sinh(\alpha\sigma)]$ 与 $\ln\dot{\varepsilon}$ 关系曲线

b) $1000/T$ 与 $\ln[\sinh(\alpha\sigma)]$ 关系曲线

图 6-7 热激活能相关的 $\ln[\sinh(\alpha\sigma)]$-$\ln\dot{\varepsilon}$ 和 $1000/T$-$\ln[\sinh(\alpha\sigma)]$ 关系曲线

按照上述方法,依次求取其他应变值所对应的 Q、$\ln A$、α、n 的值。如表 6-4 所示。

表 6-4 不同真应变下的参数 Q、$\ln A$、α、n 的值

真应变 ε	Q/(kJ/mol)	$\ln A$	α	n
0.1	256.1714	22.3549	0.01072	5.6161
0.2	288.9304	25.0902	0.00949	5.5009
0.3	293.5612	25.4980	0.00909	5.3182
0.4	284.4418	24.7601	0.00920	4.8444
0.5	279.7943	24.3894	0.00940	4.6703
0.6	276.4823	24.1019	0.00965	4.6185
0.7	276.6780	24.1183	0.00982	4.6495
0.8	281.1336	24.4931	0.00990	4.8064
0.9	289.0739	25.1651	0.00989	5.0837
1.0	304.5857	26.4830	0.00986	5.5282
1.1	32933170	28.5754	0.00989	6.1538
1.2	306.9121	31.2473	0.00996	6.9301

通过多元线性回归拟合的方法来确定表 6-4 中不同应变值下的 Q,A,α,n 与真应变之间的函数关系,如图 6-8 所示。函数关系分别由式(6-14)、式(6-15)、式(6-16)、式(6-17)表示。

$$Q = -1\,161.327\,6\varepsilon^4 + 3\,212.86\varepsilon^3 - 2\,949.215\,2\varepsilon^2 + 1\,028.327\,8\varepsilon + 174.965\,7 \quad (6\text{-}14)$$

$$\ln A = -108.289\,2\varepsilon^4 + 291.748\,3\varepsilon^3 - 262.346\,2\varepsilon^2 + 90.081\,2\varepsilon + 15.252\,3 \quad (6\text{-}15)$$

$$\alpha = 0.053\,43\varepsilon^4 - 0.136\,1\varepsilon^3 + 0.120\,8\varepsilon^2 - 0.042\,2\varepsilon + 0.014 \quad (6\text{-}16)$$

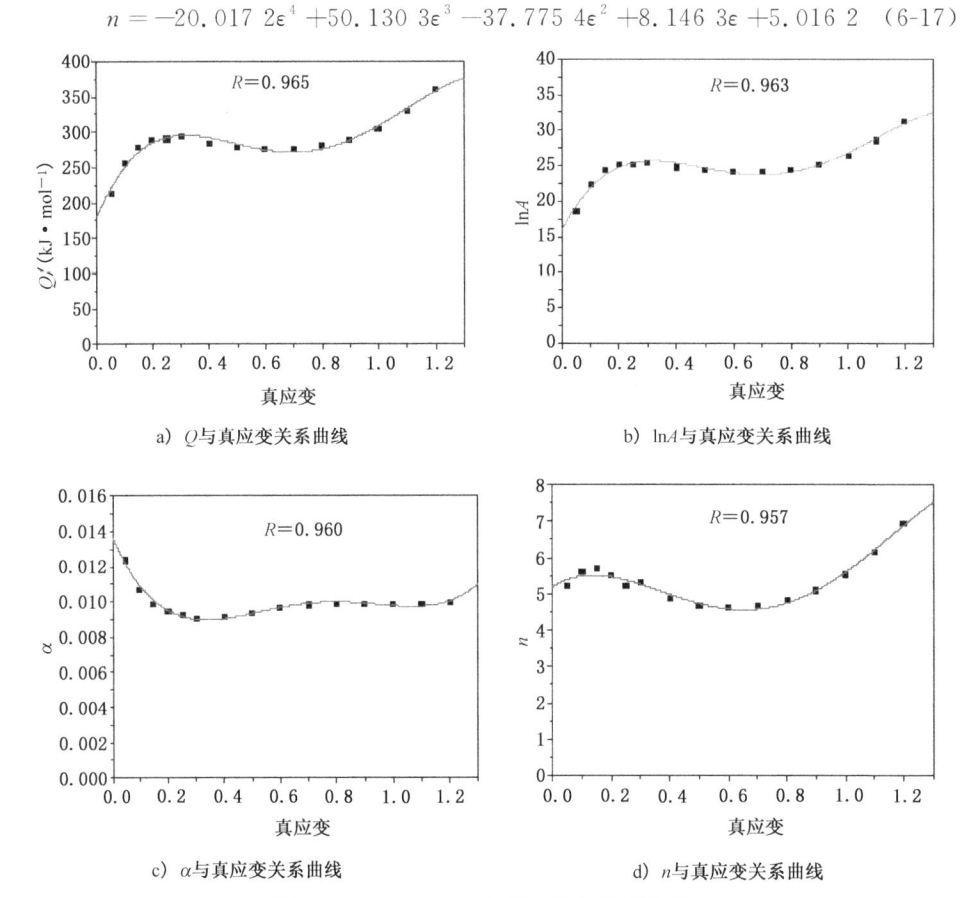

$$n = -20.017\,2\varepsilon^4 + 50.130\,3\varepsilon^3 - 37.775\,4\varepsilon^2 + 8.146\,3\varepsilon + 5.016\,2 \quad (6\text{-}17)$$

a) Q 与真应变关系曲线

b) $\ln A$ 与真应变关系曲线

c) α 与真应变关系曲线

d) n 与真应变关系曲线

图 6-8 $Q、\ln A、\alpha、n$ 与真应变的关系曲线

一般由 Zener-Hollomon 参数来表示变形条件中应变速率和温度对金属塑性成形产生的影响,通过引入 Z 参数式(6-8)可转换为

$$\sigma = \frac{1}{\alpha}\ln\left\{\left(\frac{Z}{A}\right)^{\frac{1}{n}} + \left[\left(\frac{Z}{A}\right)^{\frac{2}{n}} + 1\right]^{\frac{1}{2}}\right\} \quad (6\text{-}18)$$

$$Z = \dot{\varepsilon}\exp[Q/(RT)] \quad (6\text{-}19)$$

将式(6-14)至式(6-17)和式(6-19)代入式(6-18)中,整理得到不同变形温度和应变速率下锻态 42CrMo 钢的热变形本构方程。将任意应变值代入该本构方程,

即可得到相应应变下的流变应力值。

为了验证该本构方程的正确性,在不同变形条件下金属发生塑性变形的阶段均匀选取固定数量的应变点,将应变值代入本构方程计算出应力值,并与试验应力值进行对比,结果如图 6-9 所示。从图中可以看出计算值与试验值之间具有较好的吻合度,证明该本构方程具有较好的精度。

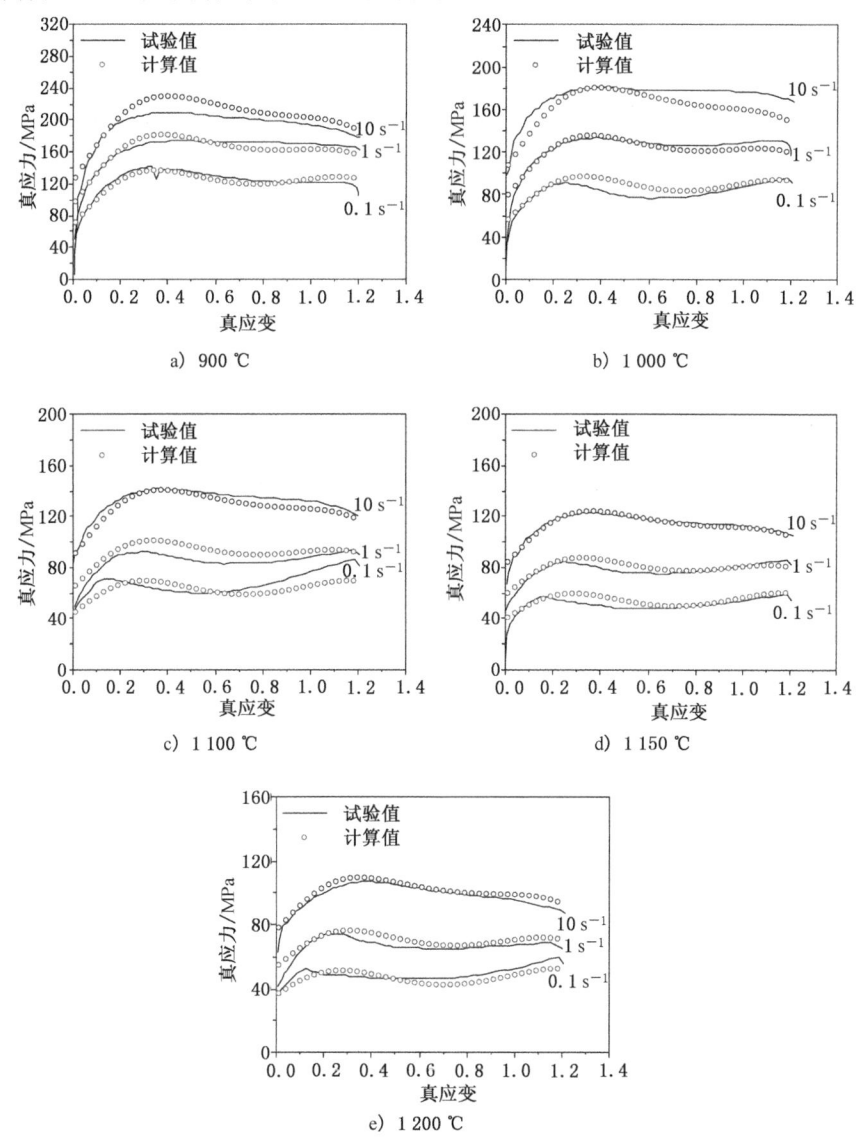

图 6-9 不同试验条件下应力计算值与试验值的对比

6.3.3 动态再结晶模型的建立

应力应变曲线不仅能够反映金属热变形过程中流变应力的变化情况,而且也能够反映材料内部微观组织发生演变的情况。微观组织的演变对锻件的力学性能和微观组织的具有重要影响。金属材料在热变形过程中发生再结晶的程度通常采用动态再结晶晶粒尺寸 D_2 和体积分数 X_{drex} 来衡量。

6.3.3.1 锻态 42CrMo 钢临界条件的确定

金属材料在热变形过程中,内部的位错只有经过塞积和增殖积累到一定程度后才会诱发动态再结晶。通常将材料内部发生动态再结晶的起始应变和应力称之为动态再结晶的临界条件,一般用来作为判断材料发生动态再结晶的重要标准。

目前普遍采用 Sellars 提出的经验模型来求取材料发生动态再结晶的临界条件,即 $\varepsilon_c = K\varepsilon_p$,其中 K 为常数,一般取 0.6~0.85,ε_c 为动态再结晶临界应变,ε_p 为峰值应变。但此种方法中 K 值的取值大小直接影响着动态再结晶模型的精度,而采用与 Sellars 经验模型相吻合的加工硬化率方法来确定动态再结晶的临界条件具有较高的精度。

材料的加工硬化率是一个表征流变应力随应变变化的物理量,Poliak 和 Jonas 等认为加工硬化率($\theta = \partial\sigma/\partial\varepsilon$)与流变应力($\sigma$)的关系曲线可以准确地表示材料热变形中微观组织的演变。认为 $\partial^2\theta/\partial\sigma^2 = 0$ 时为材料发生动态再结晶的临界应力点 σ_c,即 $\theta\text{-}\sigma$ 曲线上的拐点位置,并且 $\theta\text{-}\sigma$ 曲线一般会与 $\theta=0$(加工硬化与动态再结晶软化达到平衡)的直线依次产生两个交点,分别为峰值应力 σ_p 和稳态应力 σ_s。因此,本节以变形温度为 1 200 ℃,应变速率为 1 s^{-1} 作为示例,采用加工硬化率的方法来确定锻态 42CrMo 钢发生动态再结晶的临界条件。

前文已经对 42CrMo 钢的本构方程进行了创建,因此将变形温度 1 200 ℃ 和应变速率 1 s^{-1} 代入式(6-18)得到 $\sigma\text{-}\varepsilon$ 关系曲线,再次进行非线性拟合得到

$$\sigma = -207.840\,7\varepsilon^4 + 607.410\varepsilon^3 - 592.471\varepsilon^2 + 212.760\varepsilon + 50.616 \quad (6\text{-}20)$$

在应力应变曲线上,加工硬化率 θ 定义为曲线上任意点的斜率,即 $\theta = \mathrm{d}\sigma/\mathrm{d}\varepsilon$。在此变形条件下,通过求得各应变的加工硬化率值,绘制得到的曲线如图 6-10 所示。

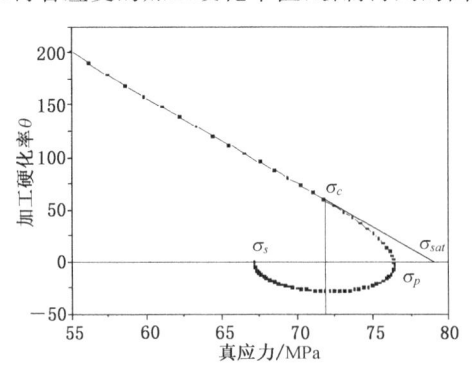

图 6-10 加工硬化率与真应力的关系曲线

从图 6-10 中可以看出,加工硬化率 $\theta\text{-}\sigma$ 曲线在拐点位置所对应的应力值为临

第6章 42CrMo钢锻造成形组织预报

界应力,即 $\sigma_c = 71.775$ MPa。进而通过前文的应力应变曲线可以直接确定所对应的临界应变值,即 $\varepsilon_c = 0.1665$。当加工硬化率 $\theta = 0$ 时,可以分别得到峰值应力 $\sigma_p = 74.603$ MPa 和稳态应力 $\sigma_s = 67.182$ MPa,通过应力应变曲线可以得到峰值应变 ε_p 和稳态应变 ε_s。

最终通过加工硬化率方法确定的锻态 42CrMo 钢发生动态再结晶的临界条件以及峰值应力、峰值应变、稳态应力和稳态应变如表 6-5 所示。

表 6-5 42CrMo 钢动态再结晶临界条件及 σ_p、ε_p、σ_s、ε_s 值统计

应变速率/s^{-1}	参数	温度/℃				
		900	1 000	1 100	1 150	1 200
0.1	σ_c/MPa	127.803	90.636	66.209	56.881	48.791
	ε_c	0.216 0	0.186 3	0.139 5	0.119 1	0.109 6
	σ_p/MPa	137.122	97.139	69.790	59.754	52.272
	ε_p	0.318 3	0.243 6	0.171 2	0.159 3	0.146 7
	σ_s/MPa	119.833	83.672	58.927	49.884	42.535
	ε_s	0.778 3	0.619 1	0.545 3	0.424 0	0.408 0
1	σ_c/MPa	169.518	127.448	95.293	83.638	71.775
	ε_c	0.239 1	0.227 2	0.205 4	0.191 8	0.166 5
	σ_p/MPa	181.912	135.793	101.254	87.781	74.603
	ε_p	0.382 8	0.363 7	0.301 0	0.246 7	0.238 4
	σ_s/MPa	162.669	121.497	89.990	77.620	67.182
	ε_s	0.864 0	0.806 2	0.709 7	0.547 6	0.474 1
10	σ_c/MPa	216.991	170.489	133.813	120.002	106.265
	ε_c	0.308 7	0.254 6	0.230 1	0.223 4	0.201 5
	σ_p/MPa	230.225	180.667	140.918	123.535	107.560
	ε_p	0.451 4	0.403 6	0.351 3	0.337 3	0.320 3
	σ_s/MPa	204.455	161.374	126.689	112.158	99.443
	ε_s	1.056 0	0.964 8	0.907 6	0.859 5	0.804 9

为了进一步分析临界条件及峰值条件和稳态条件与热变形参数之间的关系,使用前文引入的 Zener-Hollomon 参数。根据式(6-14)可以求得变形激活能 $Q = 288\,966$ J/mol。根据前文热压缩试验结果,可以计算出不同变形条件下的 Z 参数,结合表 6-5 的统计结果,绘制出 $\ln\sigma_p$-$\ln Z$、$\ln\varepsilon_p$-$\ln Z$、$\ln\sigma_c$-$\ln Z$、$\ln\varepsilon_c$-$\ln Z$、$\ln\sigma_s$-$\ln Z$ 和 $\ln\varepsilon_s$-$\ln Z$ 曲线,如图 6-11 所示。

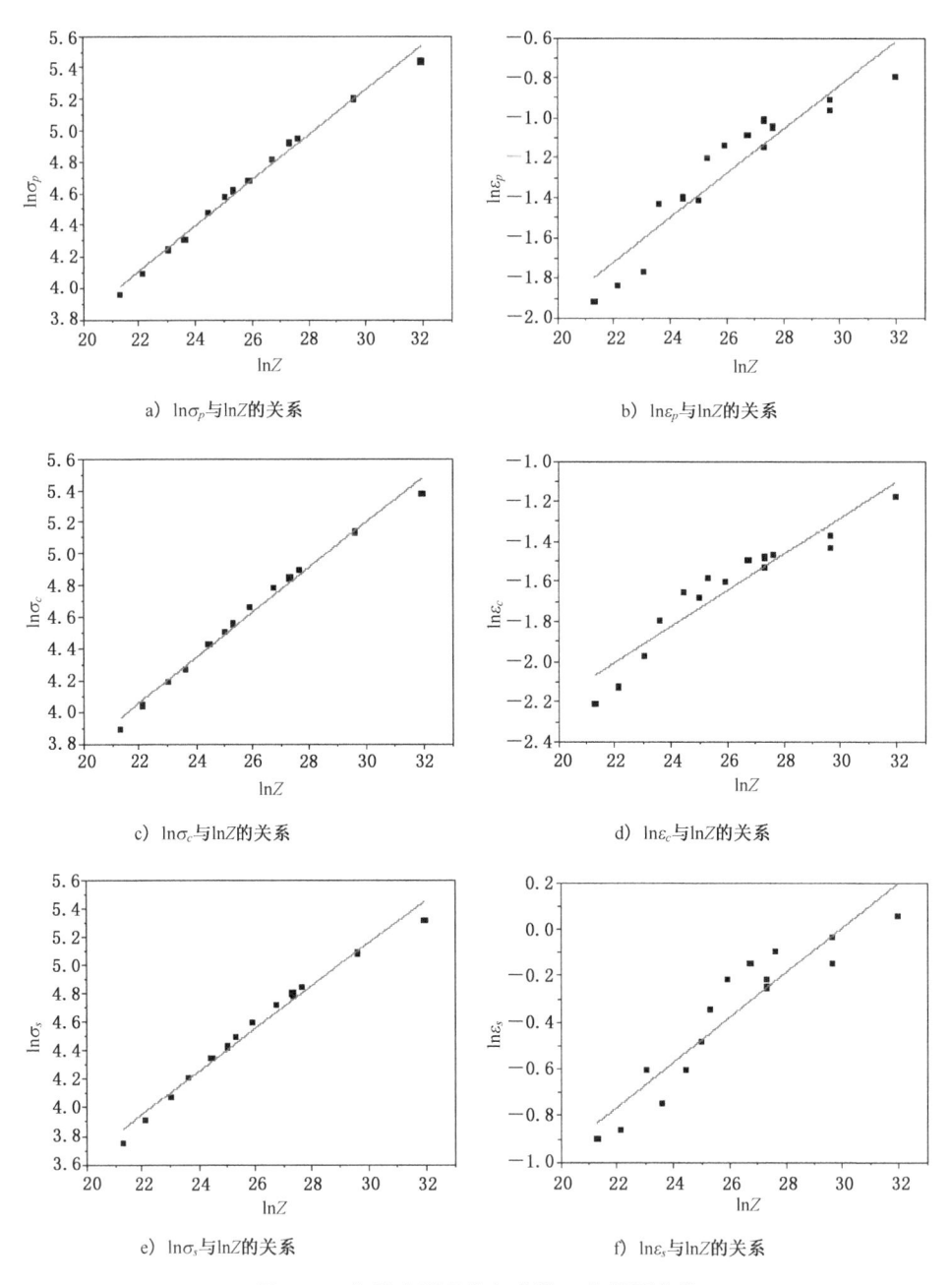

图 6-11 临界变形条件与参数 Z 的关系曲线

根据图 6-11 所示的曲线关系，结合 Kopp 模型通过线性拟合得到

$$\begin{cases} \sigma_p = 2.598\ 85 Z^{0.143\ 38} \\ \varepsilon_p = 0.015\ 84 Z^{0.110\ 26} \\ \sigma_c = 2.515\ 92 Z^{0.142\ 57} \\ \varepsilon_c = 0.018\ 51 Z^{0.090\ 19} \\ \sigma_s = 1.900\ 2 Z^{0.150\ 48} \\ \varepsilon_s = 0.056\ 04 Z^{0.096\ 25} \end{cases} \quad (6\text{-}21)$$

6.3.3.2 动态再结晶晶粒尺寸模型的建立

材料在热变形过程中由于动态再结晶的作用,其内部微观组织的晶粒尺寸发生着不断的改变。晶粒尺寸的大小直接影响着金属的性能,通过锻态 42CrMo 钢动态再结晶晶粒尺寸模型的建立,可以有效地预测和控制材料成形后的晶粒尺寸。

结合金相试验阶段对 42CrMo 钢热压缩试样的微观组织再结晶晶粒尺寸的统计,动态再结晶稳态晶粒尺寸模型如下:

$$D_2 = A_2 Z^{n_2} \quad (6\text{-}22)$$

式中:

D_2——动态再结晶平均晶粒尺寸;

A_2、n_2——材料常数。

对式(6-22)两侧取对数得

$$\ln D_2 = \ln A_2 + n_2 \ln Z \quad (6\text{-}23)$$

通过对稳态阶段再结晶晶粒尺寸 D_2 和 Z 参数的对数,进行线性回归拟合绘制出 $\ln D_2$-$\ln Z$ 曲线,如图 6-12 所示。

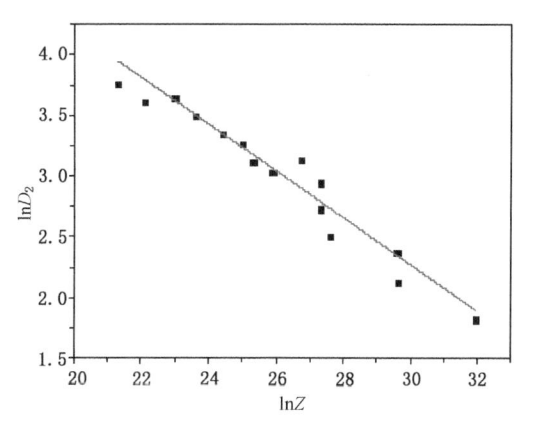

图 6-12 $\ln D_2$ 与 $\ln Z$ 的关系曲线

整理得到锻态 42CrMo 钢动态再结晶晶粒尺寸模型:

$$D_2 = 2\ 783 \cdot Z^{-0.189\ 7} \quad (6\text{-}24)$$

表 6-6 所示为稳态阶段平均晶粒尺寸的试验值与预测值。

表 6-6 动态再结晶晶粒平均尺寸 D_2 试验值与预测值

应变速率 /s^{-1}	晶粒平均尺寸 $D_2/\mu m$	变形温度/℃				
		900	1 000	1 100	1 150	1 200
0.1	试验值	12.15	20.54	32.73	36.64	42.73
	预测值	14.73	20.41	31.59	41.78	48.90
1	试验值	8.31	15.18	22.36	28.27	38.09
	预测值	10.05	15.56	22.80	26.99	35.29
10	试验值	6.15	10.73	18.82	22.80	25.93
	预测值	6.49	10.10	15.63	17.44	24.19

为了检验所创建的动态再结晶晶粒尺寸模型的准确度，根据表 6-6 中的数据绘制出晶粒尺寸试验值与预测值的对比图，如图 6-13 所示。通过图 6-13 可知，晶粒尺寸试验值与预测值间具有较小的相对误差，证明所建立的动态再结晶晶粒尺寸模型具有较高的精确度。

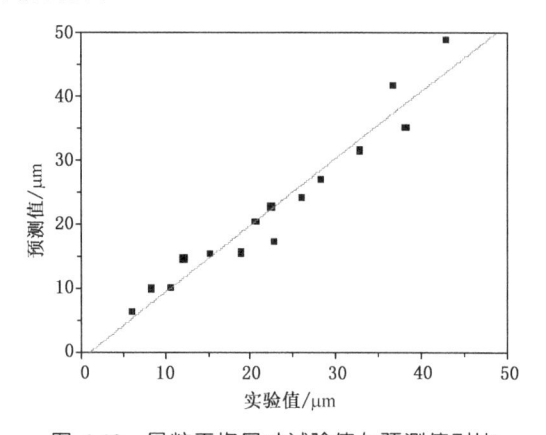

图 6-13 晶粒平均尺寸试验值与预测值对比

6.3.3.3 动态再结晶体积分数 X_{drex} 模型的建立

动态再结晶体积分数一般表示材料在一定时间内通过热变形发生动态再结晶的程度，主要计算方法有金相法、$\sigma-\varepsilon$ 曲线法和 Johnson-Mehl-Avrami 方程法。目前广泛采用的是 Johnson-Mehl-Avrami 方程法，如式（6-25）所示。

$$f_{drex} = 1 - \exp(-bt^n) \tag{6-25}$$

式中：

b、n——与变形参数有关的变量。

一般通过将式（6-25）转化为应变的函数，从而得到动态再结晶体积分数的预测模型。目前进行动态再结晶体积分数计算的模型中主要有两种应用较为广泛，即 Epsilon-S/Epsilon-C 模型和 Epsilon-P 模型，分别如式（6-26）、式（6-27）所示。

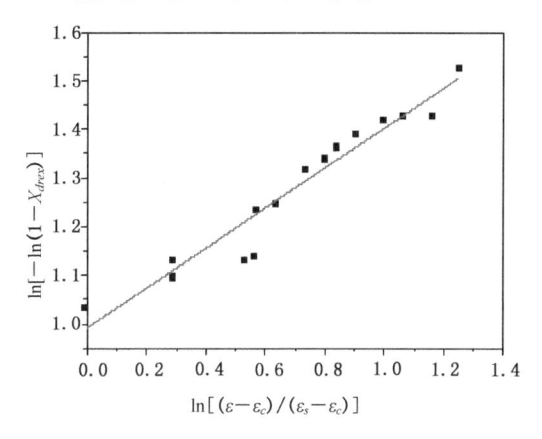

$$X_{drex} = 1 - \exp\left[-k((\varepsilon - \varepsilon_c)/(\varepsilon_s - \varepsilon_c))^m\right] \tag{6-26}$$

$$X_{drex} = 1 - [-k((\varepsilon - \varepsilon_c)/\varepsilon_p)^m] \tag{6-27}$$

Epsilon-S/Epsilon-C 模型描述了材料发生动态再结晶的完整过程，而 Epsilon-P 模型只描述了材料在峰值应力之前的动态再结晶过程。因此采用 Epsilon-S/Epsilon-C 模型即式(6-26)来描述锻态 42CrMo 钢的动态再结晶体积分数。

对式(6-26)两边两次取对数得

$$\ln[-\ln(1 - X_{drex})] = \ln k + m\ln[\varepsilon - \varepsilon_c/\varepsilon_s - \varepsilon_c)] \tag{6-28}$$

结合前文通过金相试验统计得到的动态再结晶体积分数，通过线性回归的方法绘制出 $\ln[-\ln(1 - X_{drex})]$-$\ln[\varepsilon - \varepsilon_c/(\varepsilon_s - \varepsilon_c)]$ 曲线，如图 6-14 所示。

图 6-14 $\ln(1 - X_{drex})$ 与 $\ln[(\varepsilon - \varepsilon_c)/(\varepsilon_s - \varepsilon_c)]$ 的关系曲线

整理得到锻态 42CrMo 钢动态再结晶体积分数模型为

$$X_{drex} = 1 - \exp[-2.697\ 1 \cdot ((\varepsilon - \varepsilon_c)/(\varepsilon_s - \varepsilon_c))^{0.410\ 5}] \tag{6-29}$$

表 6-7 所示为稳态阶段的动态再结晶体积分数试验值与预测值的对比。可以看出，两者之间相对误差较小，证明了所创建动态再结晶体积分数模型的准确性。

基于前文的压缩试验和金相试验，采用 Arrhenius 型双曲正弦方程对多组应变值下的 Q，A，α，n 通过多元线性回归的拟合方法建立了其与真应变间的函数关系，进而建立了锻态 42CrMo 钢的本构方程，通过对比流变应力的试验值与计算值，证明了该本构方程的准确性。采用加工硬化率方法确定了 42CrMo 钢热变形过程中发生动态再结晶的临界条件及峰值和稳态条件，通过线性拟合得出其与 Z 参数间的函数关系。最终使用动态再结晶稳态晶粒尺寸 Sellars 模型和 Avrami 方程，创建了锻态 42CrMo 钢的动态再结晶晶粒尺寸 D_2 模型和体积分数 X_{drex} 模型，通过对比试验值与预测值间的相对误差，证明了该模型的准确性。这为后续进行转向节臂成形模拟和微观组织预测奠定了理论基础。

表 6-7 动态再结晶体积分数 X_{drex} 试验值与预测值对比

变形条件		再结晶体积分数 X_{drex}		相对误差/%
温度/℃	应变速率/s^{-1}	试验值	预测值	
900	0.1	0.955 0	0.965 0	1.048 8
	1	0.950 0	0.951 9	0.307 4
	10	0.940 0	0.931 8	0.870 3
1 000	0.1	0.976 0	0.973 8	0.224 1
	1	0.956 0	0.966 6	1.112 1
	10	0.954 9	0.951 9	0.307 4
1 100	0.1	0.984 0	0.982 6	0.133 7
	1	0.978 0	0.976 3	0.168 8
	10	0.968 0	0.966 7	0.126 4
1 150	0.1	0.984 6	0.986 9	0.237 4
	1	0.982 0	0.979 8	0.221 1
	10	0.969 0	0.969 8	0.085 4
1 200	0.1	0.990 0	0.988 9	0.108 4
	1	0.984 5	0.984 4	0.001 3
	10	0.980 0	0.977 6	0.242 4

6.4 锻态 42CrMo 钢的热加工图

从前文热压缩试验获得的真应力应变曲线中采集不同变形条件下应变为0.3、0.6和1.2时的流变应力值。如表 6-8 所示。

表 6-8 锻态 42CrMo 钢的流变应力值　　　　　单位:MPa

应变	应变速率/s^{-1}	温度/℃				
		900	1 000	1 100	1 150	1 200
0.3	0.1	135	89	65	52	48
	1	178	131	98	82	72
	10	224	178	139	122	105
0.6	0.1	130	76	60	47	46
	1	172	128	83	75	65
	10	204	178	137	117	103
1.2	0.1	121	91	69	60	52
	1	167	117	91	80	70
	10	186	167	117	104	88

首先建立不同变形温度下的 $\ln\sigma - \ln\dot{\varepsilon}$ 曲线,并对曲线取微分求出应变速率敏感系数 m 值,进而在温度和 $\ln\dot{\varepsilon}$ 二维平面内绘制出功率耗散图和失稳图,两者叠加最终得到锻态 42CrMo 钢的热加工图。

图 6-15 为应变值分别为 0.3、0.6 和 1.2 时的热加工图,图中等高线上所标示的数据为材料在不同变形条件下的功率耗散因子,斜线阴影区为失稳区域。一般材料在失稳区产生的缺陷形式主要有晶间空腔,动态应变时效,形变孪晶。

对于低层错能合金的热变形,人们一般认为能量耗散因子 $\eta=0.2\sim0.3$ 时该合金发生了动态回复,$\eta=0.3\sim0.45$ 时才以发生动态再结晶为主。根据图 6-15a) 可知,当金属进行热变形至应变值为 0.3 时,并没有发生失稳。能量耗散系数由低温高应变速率向高温低应变速率逐渐增大,在温度范围为 1 000~1 200 ℃,应变速率范围为 $0.1\sim1\ \mathrm{s}^{-1}$ 内,能量耗散系数大于 0.3,表明此时材料发生了动态再结晶。

根据图 6-15b) 可知,当金属进行热变形至应变值为 0.6 时,在温度较低和应变速率较高的区域发生失稳。能量耗散系数也呈现出从温度较高和应变速率较低区域分别向温度和应变速率都较高区域及温度和应变速率都较低区域逐渐增大的趋势。在温度范围为 1 100~1 200 ℃,应变速率范围为 $1\sim10\ \mathrm{s}^{-1}$ 和温度范围为 950~1 050 ℃,应变速率范围为 $0.1\sim1\ \mathrm{s}^{-1}$ 内,能量耗散系数大于 0.3,表明此时材料发生了动态再结晶。

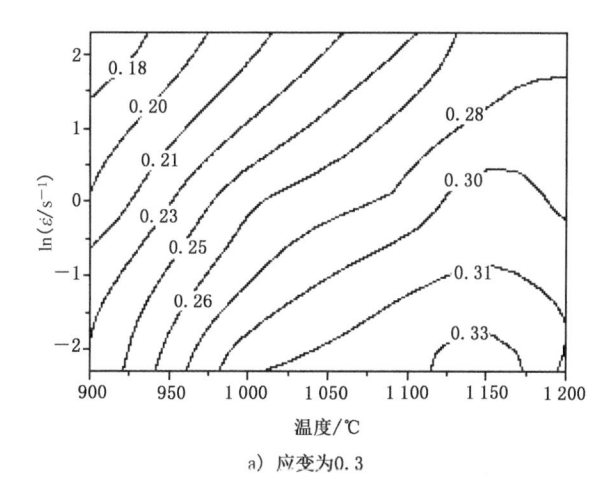

a) 应变为 0.3

b) 应变为0.6

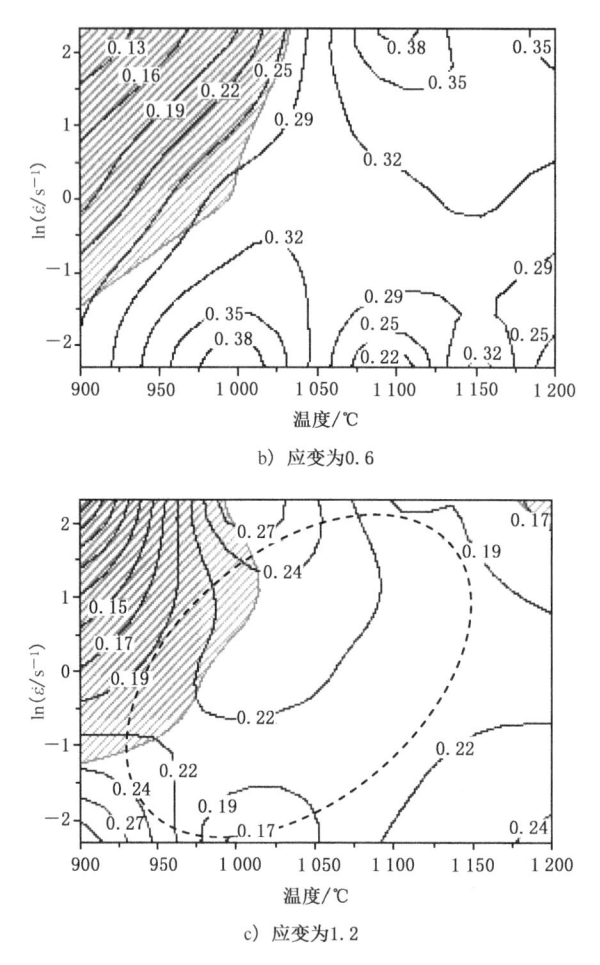

c) 应变为1.2

图 6-15 锻态 42CrMo 钢不同应变下的热加工图

根据图 6-15c)可知,金属进行热变形至应变值为 1.2 时,失稳区由低应变时的一个增加为两个,在高温高应变速率区也发生失稳,且在温度为 900 ℃ 的低应变速率和温度为 1 100 ℃ 的高应变速率范围内,失稳区的范围略有减小。说明动态回复和再结晶的发生提高了锻态 42CrMo 钢的热变形能力。

由图 6-15 综合分析可知,随着应变在金属热变形过程中逐渐增大,材料首先在温度较低和应变速率较高的区域发生失稳。主要原因是材料在低温高应变速率阶段虽有高位错能和较短的晶粒长大时间,但是较大的局部流动容易导致材料的再结晶晶粒挤压于狭长区域,容易发生失稳。

图 6-16(a)所示为在温度为 900 ℃ 和应变速率为 10 s^{-1} 变形条件下的微观组织,由于温度较低,应变速率较快,虽然晶粒细化明显,但是晶粒组织极不均匀。当应变增加到一定程度时,在温度和应变速率都较高的区域也发生了失稳。主要原

因是在高温变形条件下晶粒容易发生快速长大,材料内部不均匀的晶粒组织容易导致晶界产生不均匀变形,从而引起流变失稳。图 6-16(b)所示为在温度为 1 200 ℃ 和应变速率为 10 s^{-1} 变形条件下的微观组织,可以看出在变形达到稳态时,材料在热变形过程中发生了充分的动态再结晶。但由于部分晶粒的长大,导致组织均匀性较差。

a) 900 ℃ − 10 s^{-1}

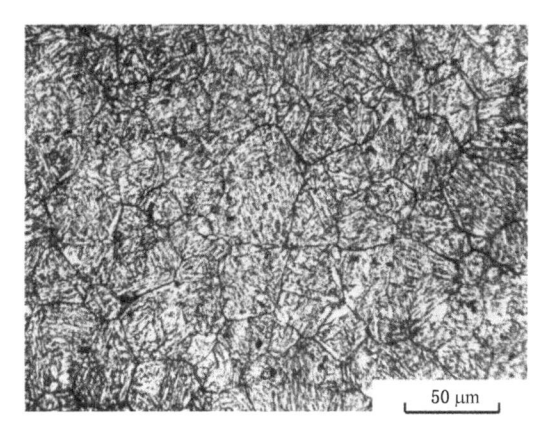

b) 1 200 ℃ − 10 s^{-1}

图 6-16 锻态 42CrMo 钢应变为 1.2 时的微观组织

因此,最终确定锻态 42CrMo 钢的最佳工艺参数为:在成形开始的 1 000 ~ 1 150 ℃阶段,可以采用应变速率为 1~10 s^{-1} 范围内较合适的值,随着降温,可以使用应变速率为 0.1~1 s^{-1} 范围内较合适的值,如图 6-15c)中的虚线区域。

借助前文压缩试验得到的应力应变曲线和金相试验得到的微观组织,采用动态材料模型(DMM)创建了锻态 42CrMo 钢的热加工图。通过对多组应变值下热加工图的分析,得出随着应变的增大,材料热变形的失稳区会有所扩大,但受动态回复和再结晶的作用在低温高应变速率条件下的失稳区出现缩小的趋势。最终确定的最佳工艺参数为:在成形开始的 1 000~1 150 ℃ 阶段,可以采用应变速率为 1~10 s^{-1} 范围内较合适的值,随着降温,可以使用应变速率为 0.1~1 s^{-1} 范围内较合适的值。

6.5 转向节臂锻造成形模拟与组织预测

6.5.1 研究对象

图 6-17 所示为转向节臂的三维模型,汽车转向节臂是汽车转向系统中重要的承力构件,起着连接转向节和直拉杆的作用。在汽车行驶中转向节臂往往处于复杂的应力状态,因此对其锻造成形的质量具有严格要求。

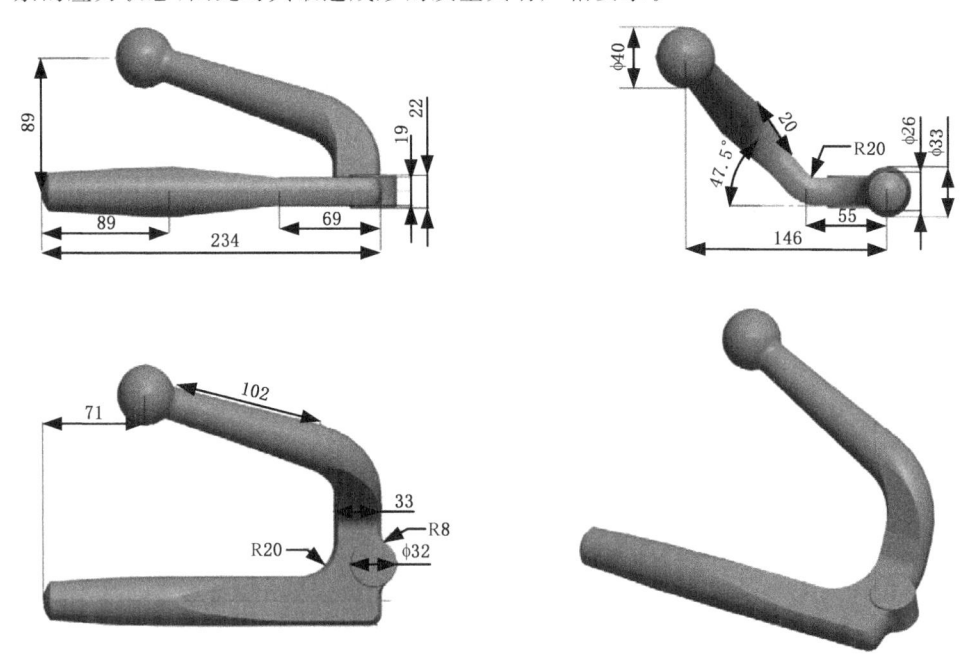

图 6-17 汽车转向节臂零件图

6.5.2 成形工艺模拟与组织预测

6.5.2.1 转向节臂的锻造工艺

1. 工艺流程

转向节臂是典型的弯轴类锻件,轴线呈空间曲线形,具有截面差大、外形复杂的特点,其生产工艺为自由锻制坯—弯曲—成形—切边—整形。图 6-18 所示为转向节臂的生产工艺流程。

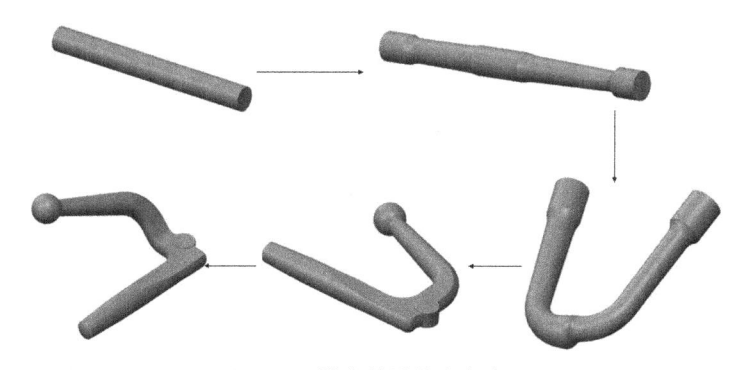

图 6-18　转向节臂的生产流程

2. 工艺参数

在模拟设置中将模具设为刚体,采用前文创建的 42CrMo 钢本构方程及微观组织模型,其热物理参数参考 Deform 数据库中相关材料数据。根据现场生产经验,具体的模拟工艺参数设置如下:

(1) 锻件原始棒料的初始温度为 1 100 ℃。

(2) 锻件与空气的热交换系数设置为 0.02 N/(mm·s·℃),空气温度为 20 ℃。

(3) 模具的初始温度为 100 ℃。

(4) 锻件与模具间热交换系数设置为 5.0 N/(mm·s·℃)。

(5) 锻件与模具间摩擦系数设置为 0.3。

(6) 锻造成形设备为 630 t 摩擦压力机。

6.5.2.2　成形工艺模拟

根据转向节臂的生产工艺流程对其成形工艺进行数值模拟,由于原始棒料从加热炉送到模具之前需要一定的时间,因此对原始棒料在自由锻制坯前设置 20 s 与空气散热环节。其他各工序之间由于距离较近且传料快,因此忽略坯料在传递过程中与空气的散热。

1. 自由锻制坯

自由锻制坯过程使用的设备为空气锤,锻打模具为 V 型砧,用于转向节臂生产的是直径为 40 mm,长度为 340 mm 的原始 42CrMo 钢锻圆棒。所制坯料的尺寸要求如图 6-19 所示。

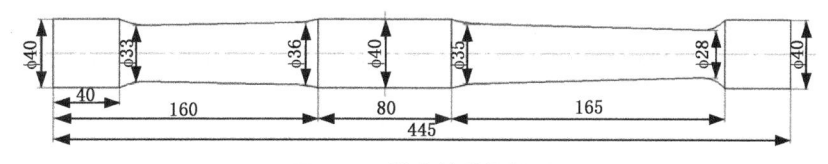

图 6-19　转向节臂坯料图

由图 6-19 与图 6-20 比较可知,自由锻制造的坯料形状基本符合要求。由图

6-21可知,坯料的锻后温度范围基本在1 000~1 110℃,坯料右侧由于要求直径较小,击打次数多,变形产热较多,温度比其他部位略高。

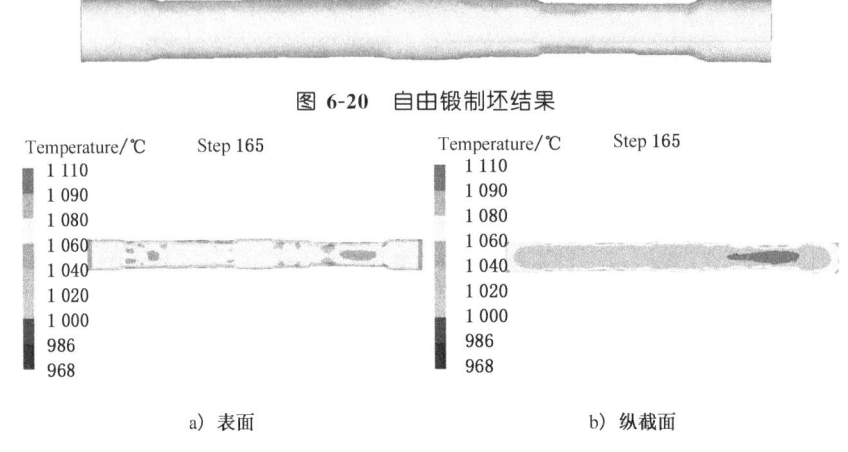

图 6-20 自由锻制坯结果

a) 表面　　　　　　　　　　　　　b) 纵截面

图 6-21 自由锻所制坯料的温度分布

2. 弯曲

弯曲是成形工艺中比较关键的工序。在弯曲成形工序中,前一步自由锻制成的坯料被压弯成"U"形。而"U"形左右分配的坯料长度将直接影响到下一工序模具型腔能否充满。在使用原有模具进行模拟时,由于模具的约束力较小,经常发生坯料滑动扭曲的现象,以致在弯曲中体积分配不均,造成下一工序模具型腔未能充满,因此对弯曲工序的模具进行了优化。如图 6-22 所示。

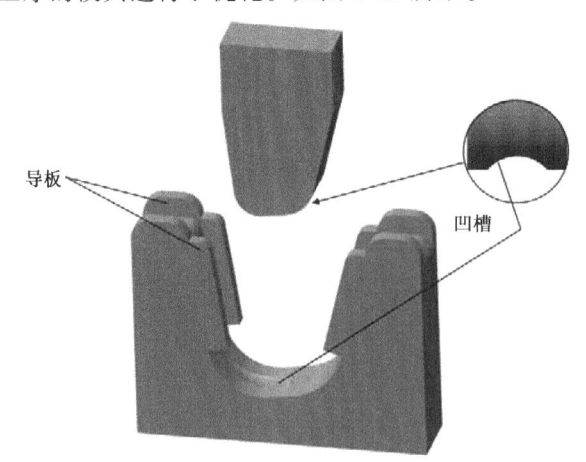

图 6-22 转向节臂弯曲模

如图 6-22 所示,为避免坯料与模具之间发生明显滑动,在上模开出凹槽以增加坯料与上模的接触面积,在下模两侧增加导板来约束坯料的扭转。为保证转向节臂圆台的充满,在下模设计出凹槽来保存部分坯料。最终坯料经弯曲工序后的结果如图 6-23 所示,可以看出坯料底部由于有模具凹槽的作用而存留较多材料。

图 6-23 弯曲后的坯料

从图 6-24 可知,坯料在弯曲过程中由于受材料变形产热的影响,温度有所升高;由于局部与模具接触传热,坯料表面温度有所降低,坯料的总体温度在 892～1 110 ℃,符合锻造温度区间。

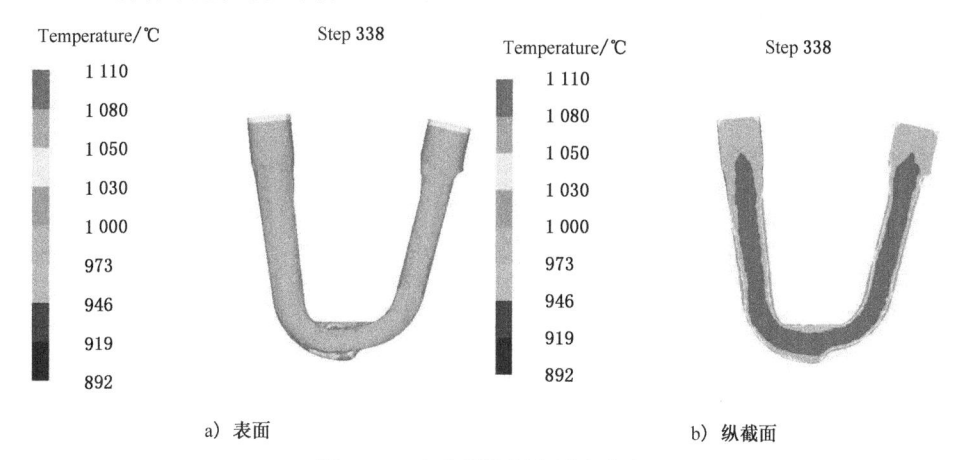

a) 表面　　　　　　　　　　　　　　b) 纵截面

图 6-24 弯曲后坯料的温度分布

3. 成形

转向节臂的成形在 630 t 摩擦压力机上进行,锤锻过程中使用 2 t 模锻锤,每锤能量 50 kJ,效率为 0.6。最终的成形结果如图 6-25 所示。

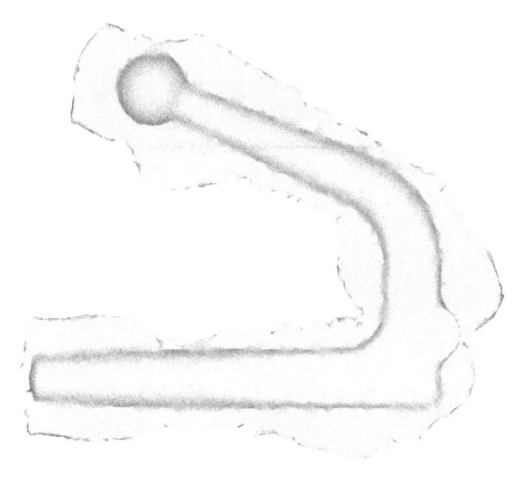

图 6-25 成形后的转向节臂

从图 6-25 可以看出,成形后的转向节臂飞边均匀,与模具型腔填充饱满,达到了工艺要求。

由图 6-26 可知,工件虽然与模具进行接触产生大面积传热,但由于受变形和冲击的影响,其温度反而有所升高,除飞边外基本在 1 060~1 130 ℃ 范围内。

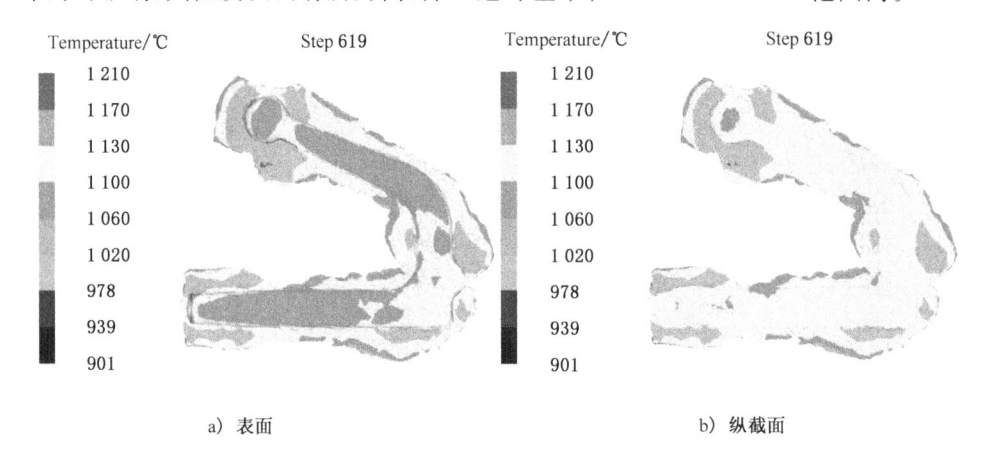

a) 表面　　　　　　　　　　　　b) 纵截面

图 6-26 成形后转向节臂的温度分布

4. 整形

整形工序是对成形后的锻件进行压弯整形,以使锻件轴线呈空间曲线。整形工序的增加,虽然使工艺流程变长,但是降低了成形的难度和模具的复杂程度。转向节臂经过整形后如图 6-27 所示。

a) 整形结果　　　　　　　　　　b) 整形后的温度分布

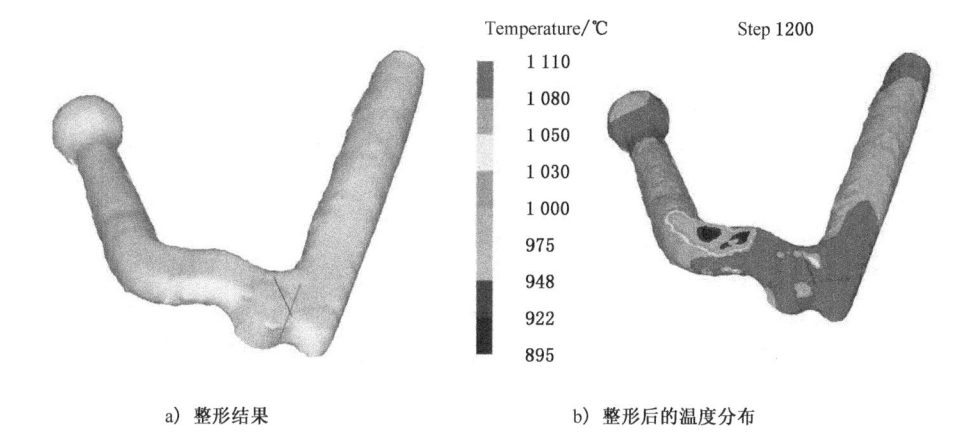

图 6-27　整形后的转向节臂

由图 6-27 可以看出,转向节臂在整形过程中变形较小,变形产热对温度的分布影响较小。工件与模具相接触的部位,由于传热的作用温度相对较低,在 1 050～1 080 ℃范围内;接触时间较长的部位,温度下降较快,在 895～1 030 ℃范围内。

6.5.2.3　转向节臂成形件的微观组织

金属在热成形过程中,宏观形状发生改变的同时其内部的微观组织结构也发生着改变,诸如发生动、静态回复以及再结晶、晶粒长大等。图 6-28、图 6-29 和图 6-30 所示为原始棒料经过自由锻制坯,弯曲,成形后的微观组织分布云图。

a) 动态再结晶体积分数　　　　　　　　　b) 平均晶粒尺寸

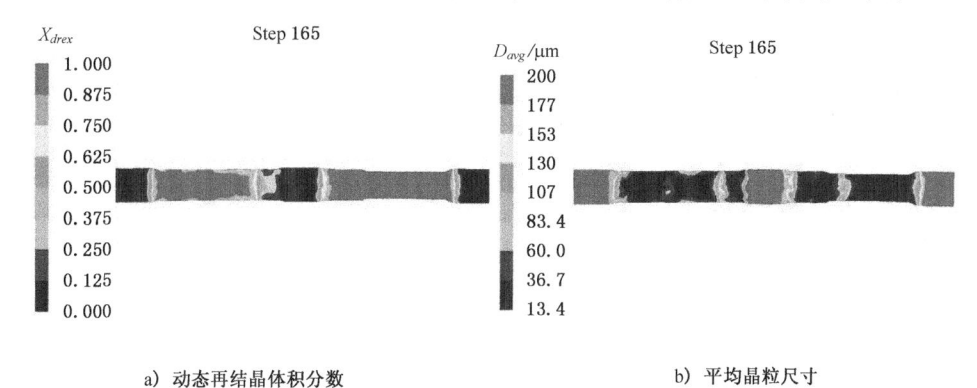

图 6-28　自由锻后坯料纵截面的微观组织

由图 6-28 可知,自由锻制坯过程中,由于材料直径尺寸较小,锻打部位变形量较大,因此只有变形区的再结晶体积分数接近 100%,表明此区域发生了完全动态再结晶,而且受再结晶的影响该区域的平均晶粒尺寸较小,为 36～60 μm。两端和中部未变形区由于未发生动态再结晶,平均晶粒尺寸较大。

a) 动态再结晶体积分数　　　　　b) 平均晶粒尺寸

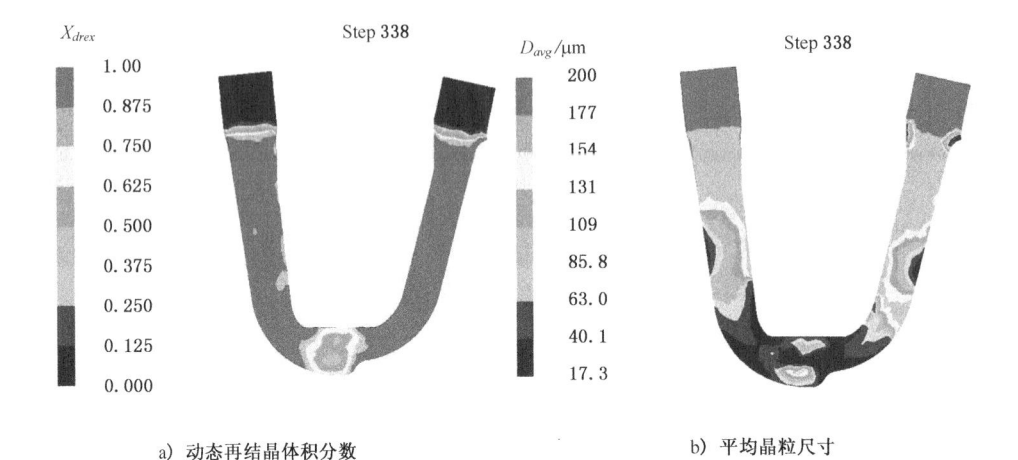

图 6-29　弯曲后坯料纵截面的微观组织

由图 6-29 可知，在前面自由锻制坯的基础上，坯料在弯曲过程中，主要变形区域集中在坯料中部，因此只有坯料中部发生了动态再结晶，再结晶体积分数达到 50% 左右，而且受再结晶的影响中部变形区的平均晶粒尺寸较小，在 17~63 μm。其他未变形区域由于发生晶粒长大，平均晶粒尺寸有所增大。

a) 动态再结晶体积分数　　　　　b) 平均晶粒尺寸

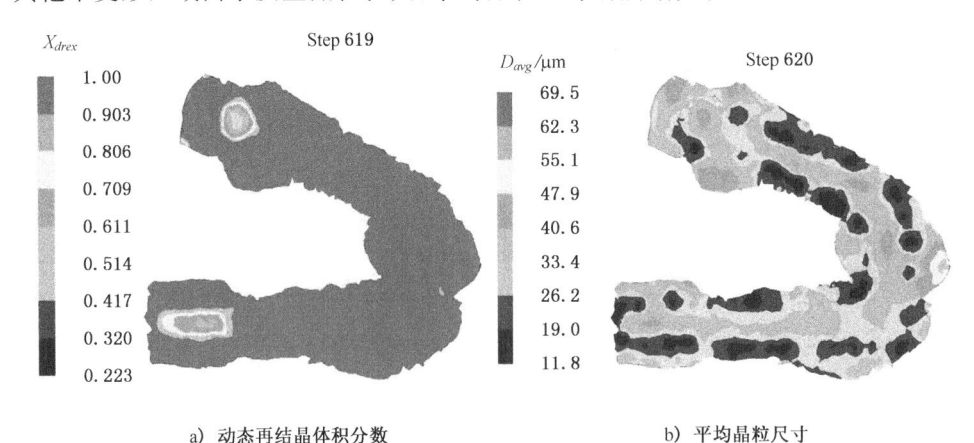

图 6-30　成形后转向节臂纵截面的微观组织

由图 6-30 可知，在前面两道工序的基础上，坯料在成形过程中，两端预留的圆柱体主要是成形转向节臂的球体和圆锥体，变形量较小，因此转向节臂的两端没有发生完全动态再结晶，再结晶体积分数在 60%~70% 范围内，其他部位由于受变形量较大的影响而发生了充分的动态再结晶。转向节臂的平均晶粒尺寸大部分在 26~40 μm 范围内，两端部位未发生完全动态再结晶，平均晶粒尺寸较大。

使用 Deform-3D 软件对汽车转向节臂的成形工艺进行了数值模拟，并对各工序的成形结果进行了微观组织预测。对弯曲工序所使用模具进行了改进，避免了弯曲缺陷的产生。在工艺模拟过程中,对每道工序后工件的温度分布、再结晶体积分数及平均晶粒尺寸的分布进行了分析。分析结果表明变形产热对工件的温度分布影响比较明显,终锻成形温度能够满足工艺要求。在动态再结晶的作用下,成形后转向节臂的平均晶粒尺寸基本在 26～40 μm 范围内。

6.6 转向节臂关键成形工序的改进

6.6.1 制坯工序的改进

目前常用的制坯方式主要有空气锤制坯、辊锻制坯、楔横轧制坯。其中空气锤制坯存在着生产效率低,劳动环境差和劳动强度大,锻件质量受操作工人经验影响大,易出现废品等缺点。随着生产机械化和自动化的提升,这种制坯方式逐渐被辊锻制坯和楔横轧制坯所取代。辊锻制坯通常需要进行多道次成形,工序较为复杂。而楔横轧制坯具有生产效率和材料利用率高,产品质量好等特点,适合于轴类零件的大批量生产,因此采用楔横轧来改进自由锻制坯工序。

6.6.1.1 楔横轧制坯的模具设计

1. 成形方案的确定

图 6-31 所示为生产转向节臂的坯料图,其由多个圆锥体和圆柱体组成。圆锥体的长度分别用 l_1 和 l_2 表示,为非对称轴件,因此采用非对称楔轧制。而且中间圆柱体两侧直径值相差很小,为简化楔横轧模具的设计,将其作相等直径值处理。

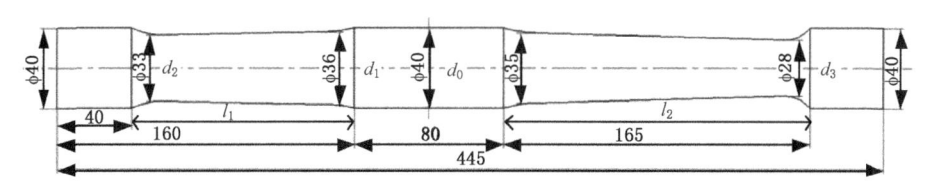

图 6-31 转向节臂坯料图

图 6-32 所示为转向节臂楔横轧制坯的孔型展开及工件成形过程简图,其成形方案如下。

(1) 楔入阶段($A-B$):楔入段是实现轧件的咬入与旋转,由图 6-31 可知,左侧圆锥体对应着左半楔,右侧圆锥体对应着右半楔,将轧件由浅入深压出 V 形槽,最深处为 $\Delta r = r_0 - r_1$,式中 r_0 代表原始半径尺寸,r_1 代表变形后半径尺寸。楔入段是以阿基米德螺线形式由基圆逐渐增至楔顶高 h 处,楔顶高 h 与 Δr 的关系为:

$$h = \Delta r + \delta \tag{6-30}$$

式中:

δ ——轧件外径与轧辊基圆的间隙,一般取 $\delta = 0.3 \sim 2$ mm。

楔入段的长度受成形角 α 和展宽角 β 的影响,为了简化模具的设计与加工,通常认为等于展宽段的长度,计算表达式如下:

$$L_1 = h \cdot \cot\alpha \cdot \cot\beta \tag{6-31}$$

(2) 楔入平整段($B-C$):楔入平整段是为了保证轧件在整个圆周上都轧出深度为 Δr 的 V 形槽,以有利于展宽段的变形,通常采用下式计算长度:

$$L_2 > \frac{\pi}{2} d_k \tag{6-32}$$

式中:

d_k——轧件的滚动直径。

(3) 展宽段($C-D$):展宽段是轧件在楔横轧模具的作用下发生径向压缩和轴向延伸变形的主要区段,转向节臂坯料中左右圆锥体的轧制成形即在此完成。轧件的断面收缩率 Ψ 是确定展宽段成形角 α 与展宽角 β 的关键因素,同时也影响着模具长度与轧辊的直径。展宽段长度的计算式如下:

$$L_3 = l_1 \cdot \cot\beta \tag{6-33}$$

式中:

l_1——轧件进行展宽变形的长度。

(4) 精整段($D-E$):精整段是保证轧件在整个圆周都轧成所需尺寸,模具的几何形状保持不变。此段长度的计算与楔入平整段相同,为了避免轧件表面出现压痕,通常在精整段后面增加一个卸载段。最终通过楔横轧工艺,得到符合要求的转向节臂坯料。

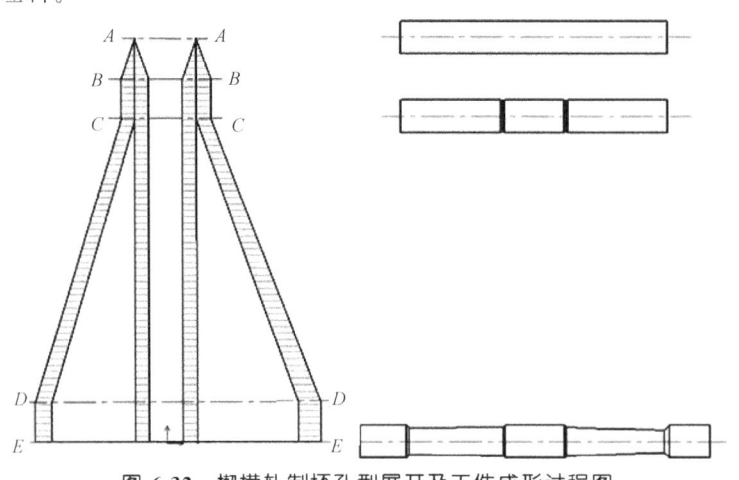

图 6-32 楔横轧制坯孔型展开及工件成形过程图

2. 工艺参数的确定

楔横轧的工艺参数主要包括断面收缩率 Ψ,成形角 α,展宽角 β。在参考有关楔横轧模具设计文献的基础上,确定转向节臂楔横轧制坯的工艺参数。

(1) 断面收缩率 Ψ

断面收缩率是楔横轧中基本的工艺参数,是指轧件在轧制前后直径的收缩情

况。其表达式如下:

$$\Psi = \frac{A_0 - A_1}{A_0} = 1 - \left(\frac{d_1}{d_0}\right)^2 \tag{6-34}$$

式中:

A_0、d_0——轧件轧前的截面积和直径;

A_1、d_1——轧件轧后的截面积和直径。

由图 6-31 可知转向节臂坯料的尺寸结构,主要成形部位为两个圆锥体,其中包含四个截面,前述已将尺寸相近两个界面设为相等,因此只需计算三个截面的收缩率。计算结果如下:

$$\Psi_1 = \left(1 - \frac{d_1^2}{d_0^2}\right) \times 100\% = \left(1 - \frac{35^2}{40^2}\right) \times 100\% = 23.4\% \tag{6-35}$$

$$\Psi_2 = \left(1 - \frac{d_2^2}{d_0^2}\right) \times 100\% = \left(1 - \frac{33^2}{40^2}\right) \times 100\% = 31.9\% \tag{6-36}$$

$$\Psi_3 = \left(1 - \frac{d_3^2}{d_0^2}\right) \times 100\% = \left(1 - \frac{28^2}{40^2}\right) \times 100\% = 51\% \tag{6-37}$$

(2) 成形角 α

成形角是楔横轧模具设计中重要的工艺参数之一,影响着轧件的旋转情况、颈缩条件及轧制力和力矩。相关文献表明,随着成形角的增大,轧件的疏松情况虽有改善但较差的旋转条件容易产生缩颈。根据理论与实践,目前成形角 α 的选取一般为:$18°\leqslant\alpha\leqslant34°$。

(3) 展宽角 β

展宽角与成形角一样对轧件的旋转条件、疏松条件以及轧制力等具有重要的影响。根据理论与实践,一般展宽角的选择范围为:$4°\leqslant\beta\leqslant12°$。

成形角和展宽角的选取与轧件的断面收缩率也有着直接的关系。断面收缩率越大,轧件越容易产生缩颈和不旋转,此时需要选择较小的成形角和展宽角。但对于小断面收缩率轧件,为避免中心疏松的产生需要选择较大的成形角和较小的展宽角。目前普遍按照表 6-9 和表 6-10 来选取成形角和展宽角。

表 6-9 断面收缩率与成形角的关系

断面收缩率 $\Psi/\%$	成形角 $\alpha/(°)$	断面收缩率 $\Psi/\%$	成形角 $\alpha/(°)$
80～70	18～24	60～50	26～32
70～60	22～30	<50	>28

表 6-10 断面收缩率与展宽角的关系

断面收缩率 $\Psi/\%$	展宽角 $\beta/(°)$	断面收缩率 $\Psi/\%$	展宽角 $\beta/(°)$
80～70	4～8	50～40	5～9
70～60	5～9	<40	<8
60～50	7～12		

最终根据轧件的断面收缩率,综合考虑确定的转向节臂坯料各截面的成形角和展宽角如表 6-11 所示。

表 6-11　转向节臂楔横轧制坯的工艺参数

直径/mm	断面收缩率 Ψ/%	成形角 α/(°)	展宽角 β/(°)
d_1	23.4	45	5
d_2	31.9	45	4.5
d_3	51	45	5

3. 成形楔几何尺寸的计算

(1) 左半楔几何尺寸的计算

楔入段的高度及起楔长度在考虑径向热膨胀系数 K_D 情况下(K_D 取 1.01),分别按式(6-30)和(6-31)计算得

$$h_1 = \frac{1}{2}(d_0 - d_1) \cdot K_D + \delta = \frac{1}{2}(40-35) \times 1.01 + 1 = 3.525 \text{ mm} \quad (6\text{-}38)$$

$$L_1 = h_1 \cdot \cot\alpha_1 \cdot \cot\beta_1 = 3.525 \cdot \cot 40° \cdot \cot 4.5° = 44.789 \text{ mm} \quad (6\text{-}39)$$

对楔入段起楔长度取整得 $L_1 = 45$ mm。

楔入平整段的长度按照式(6-32)计算得

$$L_{1-2} > \frac{\pi}{2} \cdot d_k = \frac{\pi}{2} \cdot 40 = 62.832 \text{ mm} \quad (6\text{-}40)$$

对楔入平整段长度取整得 $L_{1-2} = 63$ mm。

展宽楔顶高度及起楔长度在考虑径向热膨胀系数 K_D 及轴向热膨胀系数 K_L 情况下(K_L 取 1.017),分别按照式(6-30)和(6-33)计算得

$$h_2 = \frac{1}{2}(d_0 - d_2) \cdot K_D + \delta = \frac{1}{2}(40-33) \times 1.01 + 1 = 4.535 \text{ mm} \quad (6\text{-}41)$$

$$L_2 = l_1 \cdot K_L \cdot \cot\beta_2 = 120 \times 1.017 \cdot \cot 5° = 1394.923 \text{ mm} \quad (6\text{-}42)$$

对展宽段起楔长度取整得 $L_2 = 1395$ mm。

由前文可知,精整段的长度与起楔平整段相等。

(2) 右半楔几何尺寸的计算

由于左、右半楔在楔入段,楔入平整段,精整段都相同,其计算过程不再赘述,只对右半楔展宽段的楔顶高度和起楔长度分别按照式(6-30)和(6-33)计算得

$$h_3 = \frac{1}{2}(d_0 - d_3) \cdot K_D + \delta = \frac{1}{2}(40-28) \times 1.01 + 1 = 7.06 \text{ mm} \quad (6\text{-}43)$$

$$L_3 = l_2 \cdot K_L \cdot \cot\beta_3 = 165 \times 1.017 \cdot \cot 5° = 1596.557 \text{ mm} \quad (6\text{-}44)$$

对展宽段起楔长度取整得 $L_3 = 1597$ mm。

此处由于左、右半楔的展宽段起楔长度相差不多,为了保证成形稳定性,增加

左半楔的精整段长度,以使左、右楔形长度相等。

为选择合适的轧辊直径,计算楔形的有效长度总和为:
$$L = L_1 + L_{1-2} + L_2 + L_3 = 45 + 63 + 1\ 597 + 63 = 1\ 768\ \text{mm} \tag{6-45}$$

轧辊直径由式(6-46)计算得
$$D = \frac{L}{\pi} = \frac{1\ 768}{\pi} = 562.771\ \text{mm} \tag{6-46}$$

根据 D46 型辊式楔横轧机(整体式),最终确定轧辊的直径为 630 mm。

6.6.1.2 楔横轧几何模型的建立

根据前文所得楔横轧模具的几何尺寸及轧辊直径,使用三维造型软件 Croe 对其进行三维建模,如图 6-33 所示。其中用于定位圆柱坯料的挡板,其径向尺寸应小于坯料的最小直径。

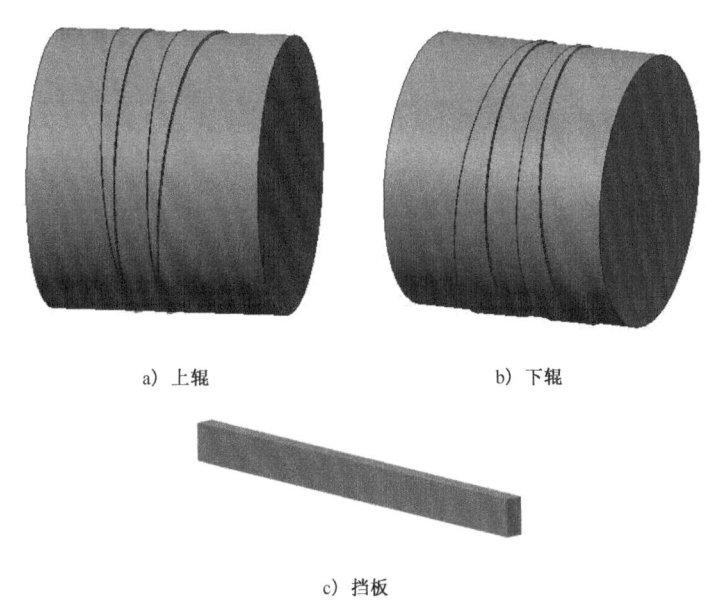

a) 上辊　　　　　　　b) 下辊

c) 挡板

图 6-33　楔横轧模具三维模型

6.6.2　楔横轧制坯有限元成形分析

6.6.2.1　楔横轧制坯有限元模型的建立

将前文建立的楔横轧模具及原始棒料模型以 stl 格式导入 Deform-3D 软件中,创建的有限元模型如图 6-34 所示。

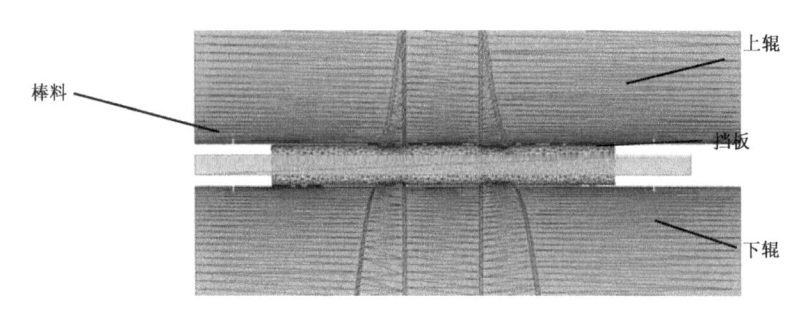

图 6-34 楔横轧制坯有限元模型

具体的有限元模型参数设定如下：

(1) 网格和步长设置。采用四面体网格对轧件进行网格划分，网格总数为 40 000。通过设置体积补偿来避免轧件在成形中发生体积损失。为避免轧件在单位时间内变形太大而产生网格畸变，将时间步长设置为 0.01 s。

(2) 轧件材料设置。轧件的材料使用前文创建的 42CrMo 钢材料模型定义的，并将原始棒料温度设置为 1 150 ℃。

(3) 模具材料和转速设置。模具设置为刚体，温度为 100 ℃。根据所选择轧机的额定转速，设置两个轧辊的转速为 1.25 rad/s。

(4) 接触摩擦设置。轧件的旋转主要靠与轧辊间的摩擦，实际生产中为了增大其间的摩擦，通常在模具斜楔上加工出刻痕。因此将轧件与模具间的摩擦系数设置为 2.0，忽略挡板与轧件间的摩擦。轧件与模具间由于初始温度不同而产生换热，因此设置热交换系数为 5.0 N/(mm·s·℃)。

6.6.2.2 楔横轧制坯模拟中的缺陷与改进

在转向节臂采用楔横轧制坯过程中，工艺参数的选取是否得当对轧件的成形质量具有重要的影响，经常会出现轧件不旋转或产生螺旋缩颈的现象。

1. 轧件不能正常旋转

如图 6-35 所示轧件在轧制过程中出现不旋转的现象，轧件只受成形楔的挤压而不随其旋转。产生这种现象的原因主要是设置的轧件与模具间的摩擦系数过小，轧件与模具之间出现相对滑动。

图 6-35 轧件不旋转现象

2. 轧件螺旋缩颈

如图 6-36 所示轧件在轧制过程中出现螺旋缩颈的现象，产生这种现象的原因主要是成形角和展宽角取值较大，造成轧件旋转条件变差，轧件的不同部分在旋转中产生速度差。

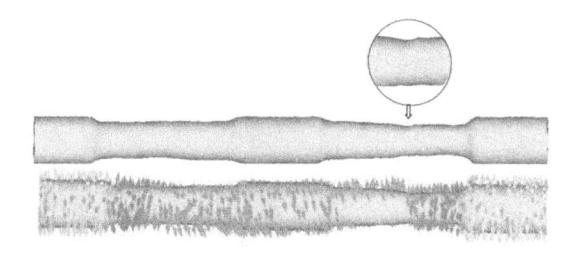

图 6-36 轧件螺旋缩颈现象

6.6.2.3 楔横轧制坯最终成形过程

在改进转向节臂楔横轧制坯的工艺参数及相关设置后,最终坯料的成形过程如图 6-37 所示。

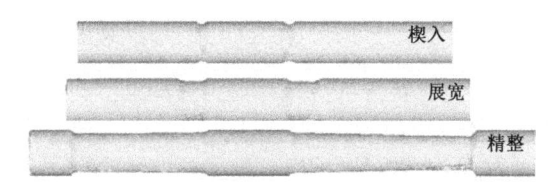

图 6-37 楔横轧制坯过程

图 6-37 展示了原始棒料进行楔横轧的全过程,由上至下分别是楔入、展宽和精整。在楔入段,棒料的整个圆周被压出"V"型槽,以有利于展宽段材料的变形。在展宽段,棒料开始沿轴向分别向两侧伸长,展宽部位的直径逐渐减小。在精整段,棒料经过楔横轧模具的作用已基本成形为转向节臂所要求的坯料形状。

6.6.3 楔横轧制坯成形结果的分析

6.6.3.1 楔横轧制坯的温度分析

图 6-38 所示为楔横轧所制坯料的温度分布,温度范围为 1 080～1 160 ℃。轧件两侧材料由于未发生明显变形,产热较少,温度较低,其余部位由于变形产热较多,温度较高。

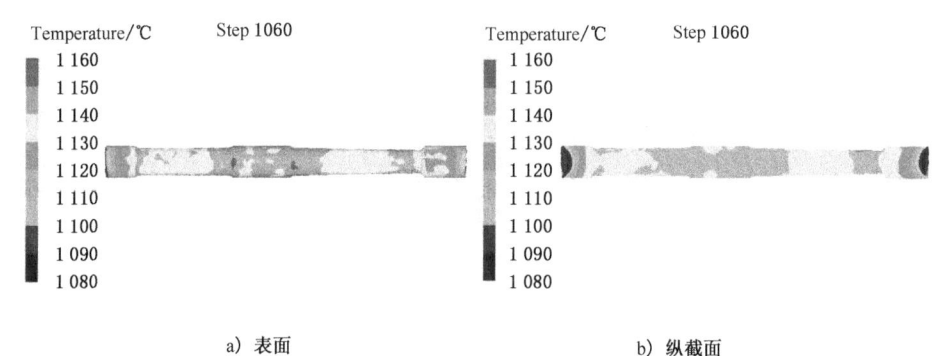

a) 表面　　　　　　　　　　b) 纵截面

图 6-38 坯料最终温度分布

6.6.3.2 楔横轧制坯的应力、应变及微观组织分析

从图 6-39 可以看出,楔横轧所制坯料在两侧变形区应变较为明显,远离变形区的应变相对较小,断面收缩率较大的一侧应变相对较大。

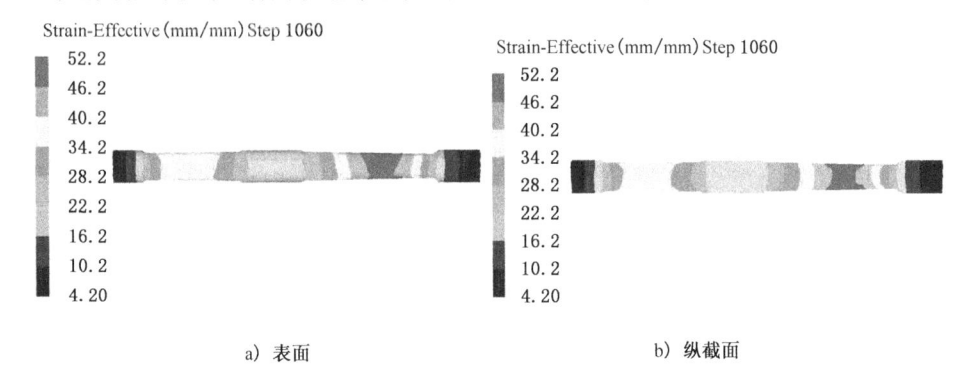

a) 表面　　　　　　　　　　b) 纵截面

图 6-39　坯料的等效应变

从图 6-40 可知,在坯料两侧的轧制变形区,等效应力较大,未变形区的等效应力基本为零。而且断面收缩率较大的右侧,等效应力值明显大于左侧。

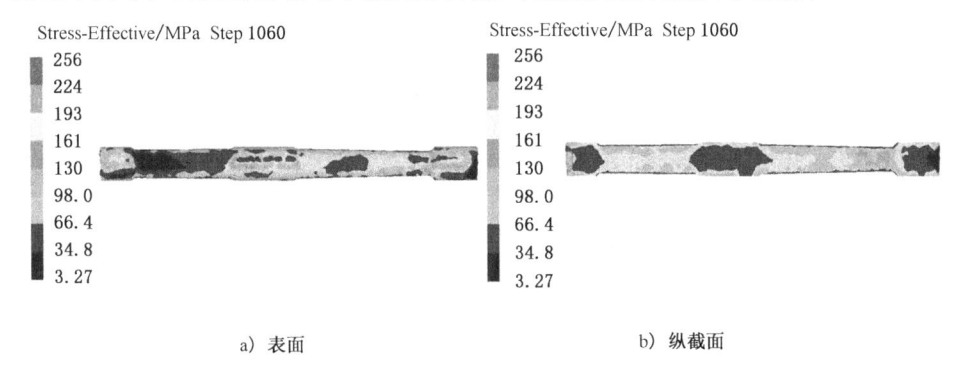

a) 表面　　　　　　　　　　b) 纵截面

图 6-40　坯料的等效应力

从图 6-41 可知,在楔横轧制坯过程中,原始棒料发生了完全的动态再结晶,再结晶体积分数达到 100%。轧制坯料的再结晶晶粒尺寸在 16～47 μm 范围内。由于心部相对于表面温度高,该处再结晶晶粒发生长大,因此轧件心部晶粒尺寸与表面相比较大。

X_{drex}	Step 400		$D_2/\mu m$	Step 1060
1.00			70.2	
1.000			62.5	
1.000			54.8	
1.000			47.0	
1.000			39.3	
1.000			31.5	
1.000			23.8	
1.000			16.1	
1.000			8.31	

a) 动态再结晶体积分数   b) 再结晶晶粒尺寸

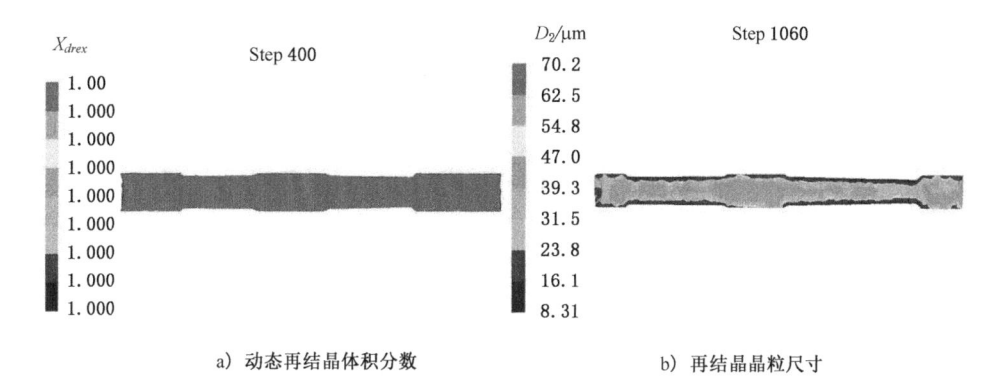

图 6-41 楔横轧后坯料纵截面的微观组织

与自由锻制坯相比,楔横轧所制坯料的形状更符合要求,而且轧后温度较高,更能保证后续工序对温度的要求。变形量较大,坯料整体发生了完全动态再结晶,在一定程度上改善了坯料的内部组织,更有利于后续工序的成形。

本章采用楔横轧制坯的方法来替代传统自由锻制坯,对制坯所用的楔横轧模具进行了设计,并使用 Deform-3D 软件对坯料的轧制过程进行了数值模拟。通过分析模拟过程中坯料发生的不旋转、螺旋缩颈等质量缺陷,修正了楔横轧模具的主要工艺参数成形角 α、展宽角 β 及成形过程中的摩擦系数,最终生产出尺寸形状合格的坯料。通过对轧件的温度、等效应变、等效应力及微观组织进行分析,并与自由锻制坯进行对比,得出采用楔横轧制坯方法更符合工艺要求。这对企业生产效率及自动化程度的提高具有重要的指导意义。

第7章
基于BP神经网络的锻造成形微观组织预报

7.1 引言

前文针对不同的材料统一采用 Arrhenius 模型和 Avrami 模型进行函数拟合。成形过程仿真的准确程度直接受到数学模型精确程度的影响，而材料在高温变形过程中，宏观与微观的演变规律是十分复杂的，因此仅仅采用单一的数学模型不够精确。人工神经网络可以实现对任何复杂非线性函数拟合，而 BP 神经网络是在函数拟合领域应用最广泛的，通常使用典型的三层 BP 神经网络就能准确地逼近任意非线性函数。

本章首先建立微观再结晶模型的 BP 神经网络模型，其次利用 BP 神经网络对不同多向锻造工艺进行微观组织预测，最后对其他成形工艺进行神经网络预测并与实际成形进行对比。

7.2 预报原理

7.2.1 神经网络建模

典型的 BP 神经网络由三个网络层组成，即输入层、隐含层和输出层。BP 神经网络的建模依照非线性函数形式确定网络结构，因此将材料变形温度、应变速率、变形道次、单道次变形率和模具结构作为输入层，变形后材料再结晶体积分数和再结晶平均晶粒尺寸作为输出层。针对不同的拟合问题可以使用不同的隐含层层数，当采用两层以上的隐含层数进行函数逼近时，会使网络训练时间增加同时也会使网络失真，而对于一般问题而言单隐含层的神经网络足以满足需求。

对于使用 BP 神经网络进行函数拟合来说，隐含层神经元个数会对神经网络拟合精度产生影响。目前，对于如何合理地选择隐含层神经元个数尚无明确的理论依据，只依靠经验公式(4-49)来进行神经元的选择。

从第3章对多向锻造有限元模拟的结果得出，温度和应变速率主要对再结晶的结晶程度和结晶能力有影响，变形真应变主要作为发生动态再结晶的判据，而变形道次、模具结构和单道次应变量主要影响变形体中的应变分布，对动态再结晶的结果并无直接影响，因此在建立神经网络的过程中需要将不同的影响因素建立不同的神经网络模型。对于直接影响再结晶的神经网络模型选定温度、应变速率和真应变作为输入层,动态再结晶体积分数和平均晶粒尺寸作为输出层,隐含层节点个数使用第 4 章式(4-49)计算,则节点个数范围为 3~12。对于应变分布产生直接影响的神经网络模型选定变形道次、模具结构和单道次变形量作为输入层,真应变作为输出层,隐含层节点个数依照式(4-49)计算,则节点个数范围为 2~12。神经元节点个数的选取依照不同的网络训练结果适当调整。

在 BP 神经网络中,人工神经元之间的连接强度主要依靠权值确定,连接强度越大权值越大,而节点传递函数负责传递神经元权值,选择不同的节点传递函数会得到不同的神经网络,亦会影响到神经网络的拟合精度。在 MATLAB 中使用神经网络拟合工具箱建立和训练神经网络,该工具箱在隐含层使用 Sigmoid 函数,输出层使用线性函数,通过给定不同的神经元节点个数即可以实现函数拟合。其中 Sigmoid 函数和线性函数表达式如下:

$$y = \frac{2}{1+e^{-2x}} - 1 \tag{7-1}$$

$$y = x \tag{7-2}$$

最终根据上述描述确定的网络拓扑结构如图 7-1 所示。

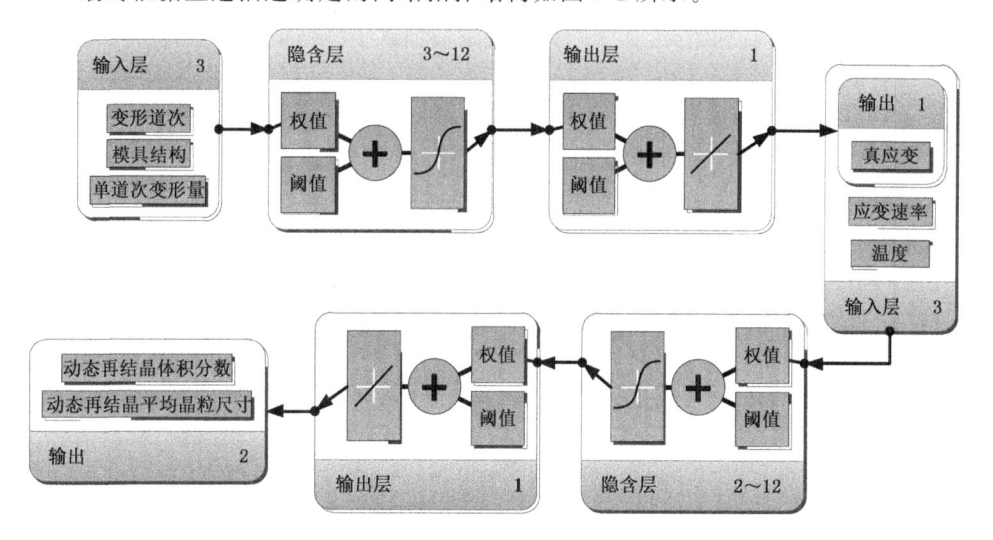

图 7-1 神经网络拓扑结构

7.2.2 神经网络训练

基于前文建立的神经网络模型,对文中 2 种材料分别训练出不同的神经网络。训练神经网络的步骤如下:

步骤 1:将训练数据划分成训练集、测试集和确认集。

步骤 2:选择 trainlm、trainbr 或 trainscg 作为训练函数

步骤 3：对将要训练的神经网络进行权值和阈值的初始化。

步骤 4：以设定误差最小值、最大迭代次数、最大检验失败次数和最小梯度值作为训练目标，达到上述任一目标即停止训练。

步骤 5：检查每次训练后回归拟合曲线、训练后状态、数据均方误差和误差直方图是否合理。如果合理即训练结束，并输出神经网络模型进行预测。

以 TA15 动态再结晶模型中平均晶粒尺寸为例对上述步骤进行详细叙述，依照第 2 章表 2-23 中数据建立温度、应变速率及真应变对再结晶平均晶粒尺寸的神经网络。

依照训练集占总个数的 40%，测试集占总个数的 35%，确认集占总个数的 25% 进行数据分组。使用 trainlm 训练函数作为初选训练函数，初选隐含层数为 10 层，对网络初始化后进行训练。

图 7-2 为第一次训练后的均方误差曲线。从图中可以看出在第一次训练时进行了 12 次迭代，在第 6 次迭代时均方误差值最小，此时网络预测精度最高。在第 6 次迭代的后续迭代步中，均方误差趋于稳定，但测试集和确认集与训练集的差值较大。图 7-3 为第一次训练后神经网络的状态，从图中可以看出梯度随着迭代步数增加而明显降低。学习效率在第 4 迭代步后保持稳定，但是查错次数在第 6 迭代步之后逐渐增加，直到第 12 迭代步达到限定值训练强制结束。

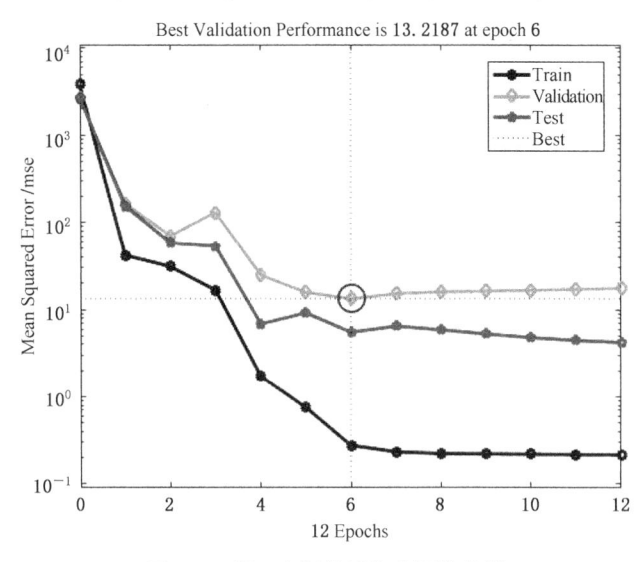

图 7-2　第一次训练后均方误差曲线

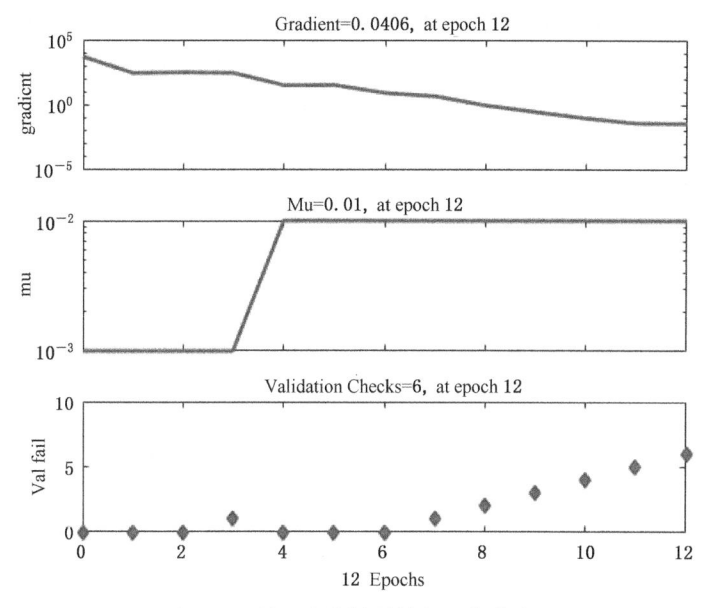

图 7-3 第一次训练后神经网络状态

图 7-4 为第一次训练后误差分布直方图,从图中可以看出整体误差即目标晶粒尺寸与计算晶粒尺寸差分布在 −9～4 之间。产生较大误差的预测值均在测试集和确认集内发生,因而可以认为该神经网络具备可靠性但是泛化能力不足。

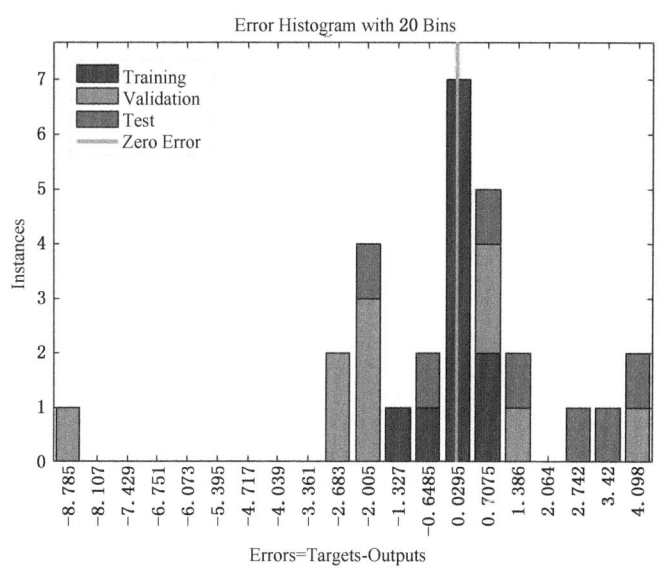

图 7-4 第一次训练后误差分布直方图

图 7-5 为第一次训练后线性回归拟合图,从图中可以看出,训练集的 R 值接近于 1,因此可以认为,其具有极高的线性相关性。验证集和测试集的 R 值较小,且各点的离散程度较高,线性相关程度不高。因此可以判断出该神经网络可以训练出样本空间内较高精度的网络模型,但是对样本空间以外的数据计算能力不高。

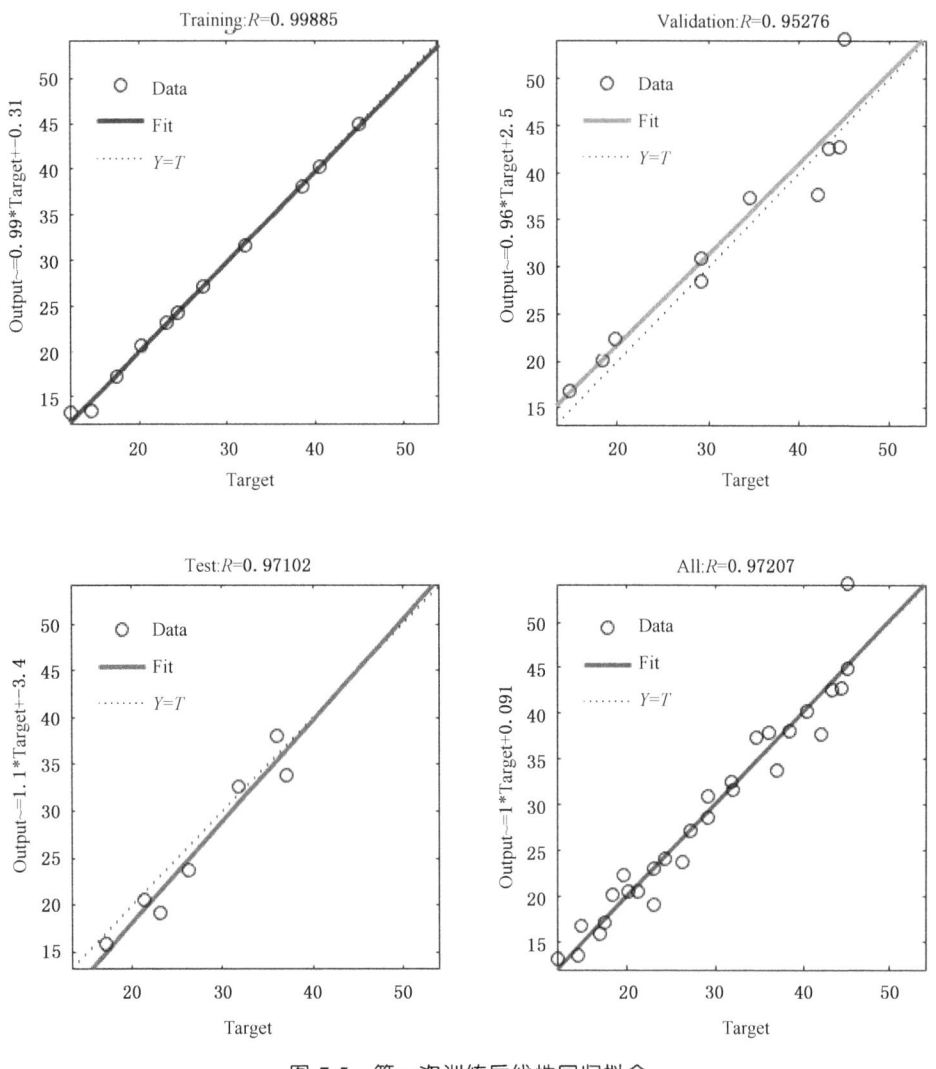

图 7-5 第一次训练后线性回归拟合

经过上述分析可知,第一次训练后的 BP 型神经网络存在泛化能力不足以及网格训练无法重现的缺点。经过反复调整神经元个数和训练函数,得出了相对准确的神经网络函数,图 7-6 为最终训练后的神经网络线性回归的拟合图,所用的 BP 神经网络结构为 2—5—1。从图中可以看出训练集、测试集和确认集的 R 值均达到了 99% 以上,说明回归效果要远高于第一次训练的网络模型,此模型可以用来进行动态再结晶的预测。将此函数写入库函数以便后期调用。

同理,针对多向锻造工艺以及不同材料的再结晶预测均使用上述步骤进行神经网络建模与训练,并将训练好的神经网络写入库函数,作为建立不同材料的数值模拟数据库的基础。

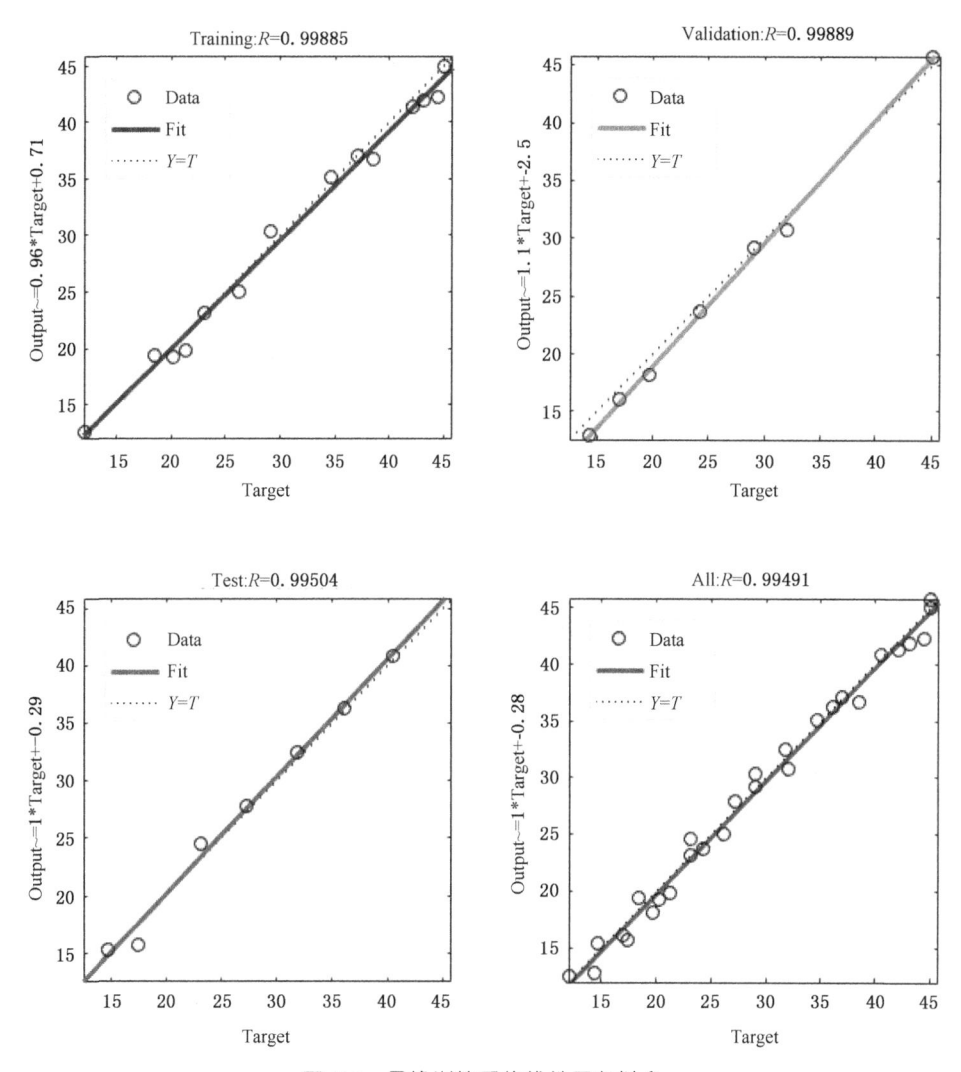

图 7-6 最终训练后的线性回归拟合

7.2.3 神经网络 GUI 开发

为了实现已训练完成的神经网络能够被非专业人员使用,本节利用 MATLAB 的 GUI 开发功能将神经网络编写成可执行函数。使用者只需对前端界面输入对应的变形参数,计算机会自动进行神经网络计算并输出相应计算结果。

在 MATLAB 中使用 GUIDE 函数即可对用户界面进行拖放式开发，并且进行鼠标单击指令的编程，在此环境下可以实现 MATLAB 所有的绘图功能。因此将多向锻造的三组切片内数据分别进行有限元模拟和神经网络预测，并绘制截面。图 7-7a) 为多向锻造模块的输入界面，图 7-7b) 为通用模块的输入界面，在通用模块中需要在软件工作目录下添加对应的应变、应变速率和温度矩阵，两种模块内均提供神经网络和有限元模拟的计算结果。

a) 多向锻造模块　　　　　　　　　　b) 通用模块

图 7-7　GUI 开发界面

7.3　采用 BP 神经网络建立组织性能预报模型

7.3.1　神经网络对 30Cr2Ni4MoV 多向锻造预测

利用所得出的 30Cr2Ni4MoV 试验数据建立相关的神经网络模型，并将该模型与有限元计算结果进行对比，随机选取变形条件如表 7-1。

表 7-1　对比列表

对比序号	应变速率/s^{-1}	温度/℃	模具结构	压下量	变形道次
1	1	900	单开式	0.1	9
2	0.01	1050	双开式	0.2	6
3	0.1	1100	闭式	0.3	3

图 7-8 所示为对比 1 的结果。从图中可以看出，采用神经网络预测出的材料再结晶区域和发生再结晶后的晶粒尺寸与有限元模拟相近。图 7-9 所示为对比 2 的结果。从图中可以看出，神经网络预测出的再结晶区域更详细，对于不同再结晶程度的区分更明显，说明预测后的数据更可靠。图 7-10 所示为对比 3 的结果。从图中可知在发生完全动态再结晶的变形体中，神经网络可以更清晰地区分出细节。

由上述对比可知，采用神经网络手段进行再结晶预测可以更清晰地呈现出不同区域的结晶程度,结果区别更详细,结果更精确,因此该神经网络模型可用来进行多向锻造的再结晶预测。

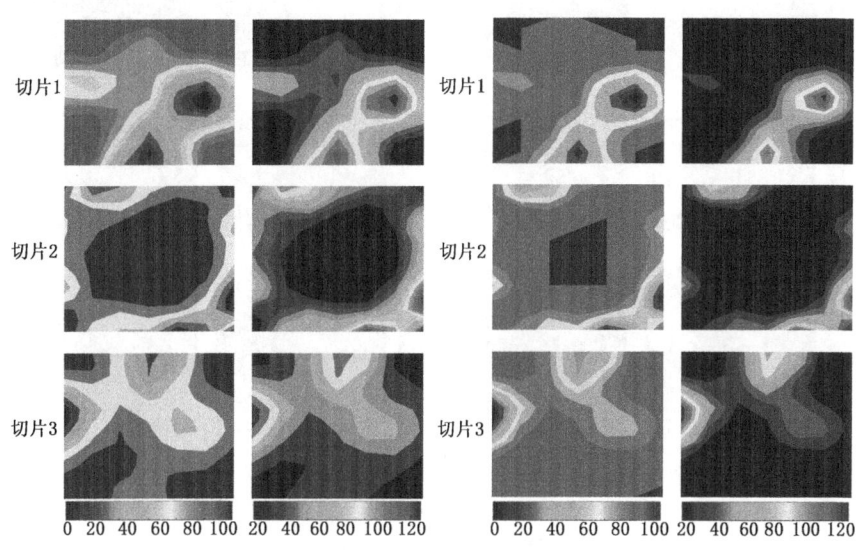

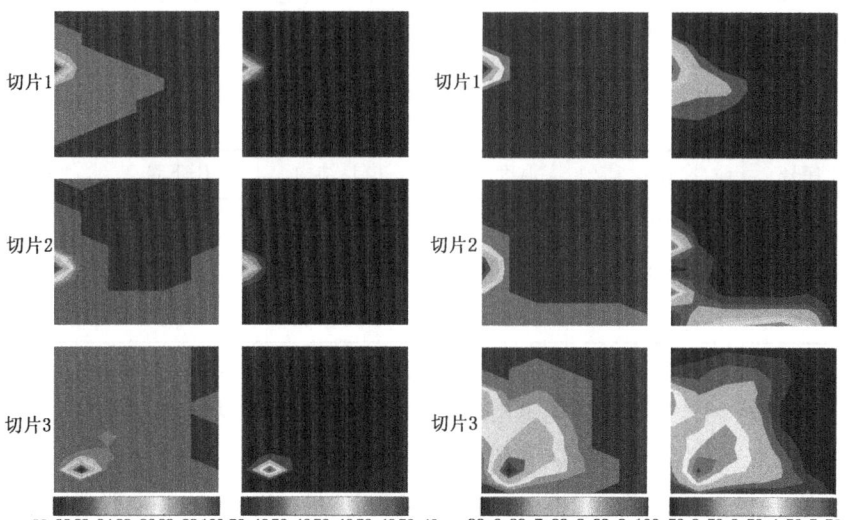

图 7-8 对比 1 结果
a) 有限元模拟　　b) 神经网络

图 7-9 对比 2 结果
a) 有限元模拟　　b) 神经网络

切片1

切片2

切片3

99.2 99.4 99.6 99.8 100　44 46 48 50 52 54 56
动态再结晶体积分数/%　动态再结晶晶粒尺寸/μm
a) 有限元模拟

切片1

切片2

切片3

99.2 99.4 99.6 99.8 100　44 46 48 50 52 54 56
动态再结晶体积分数/%　动态再结晶晶粒尺寸/μm
b) 神经网络

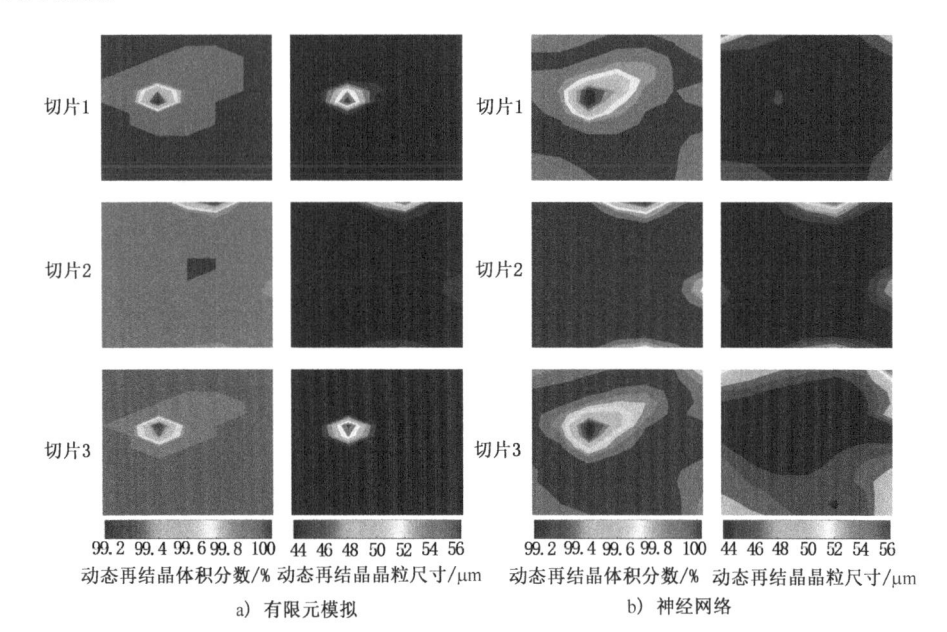

图 7-10　对比 3 结果

7.3.2　神经网络对 TA15 多向锻造预测

对在变形过程中会发生相变的 TA15 材料，同样进行神经网络与有限元模拟的对比预测。随机选取变形条件，使温度范围能够跨越相变温度，参数如表 7-2 所示。

表 7-2　对比列表

对比序号	应变速率/ s^{-1}	温度/℃	模具结构	压下量	变形道次
1	10	800	双开式	0.1	9
2	0.1	1 100	闭式	0.2	3
3	1	950	单开式	0.4	6

图 7-11 为对比 1 的结果，从图中可以看出，采用两种手段计算得出的结果趋势相近，但是使用神经网络预测得出的结果分层更加详细，表达的信息更完善。图 7-12 为对比 2 的结果，可以看出采用有限元计算得出变形后整体的晶粒尺寸均值为 10 μm，而神经网络预测出的结果虽与有限元结果一致，但区分更加细致。图 7-13 为对比 3 的结果，由图可知，在经过多道次变形后使用神经网络可预测出更详细的晶粒尺寸分布情况。综合上述分析认为，所建立的神经网络模型可以用来进行包含相变的多向锻造再结晶演变的预测。

30 44 58 72 86 100   10 12 14 16 18 20
动态再结晶体积分数/%   动态再结晶晶粒尺寸/μm
a) 有限元模拟

30 44 58 72 86 100   10 12 14 16 18 20
动态再结晶体积分数/%   动态再结晶晶粒尺寸/μm
b) 神经网络

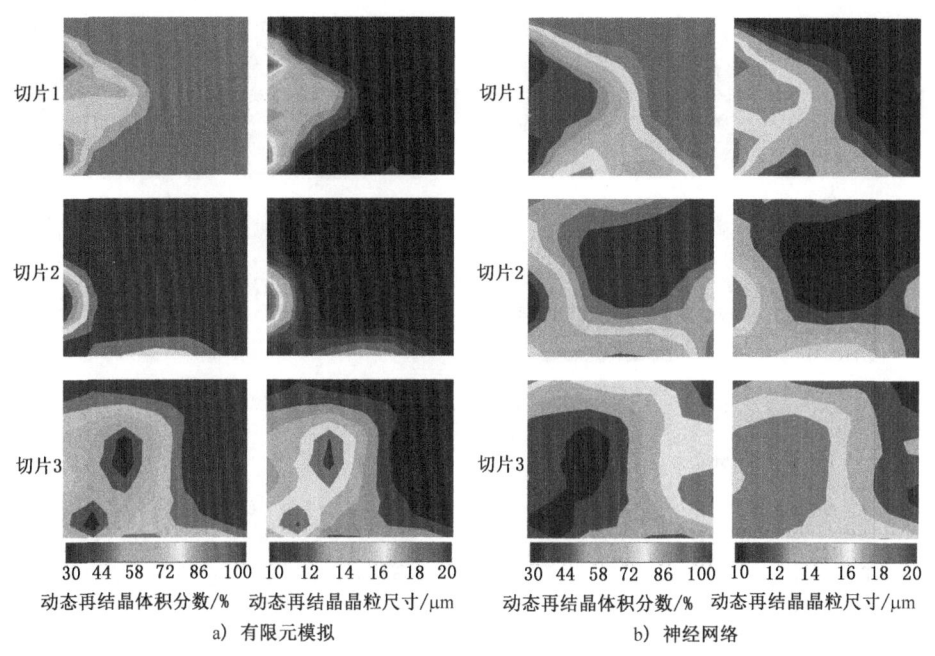

图 7-11　对比 1 结果

84 86 88 90 92 94 96 98 100   9 10 11 12 13 14 15
动态再结晶体积分数/%   动态再结晶晶粒尺寸/μm
a) 有限元模拟

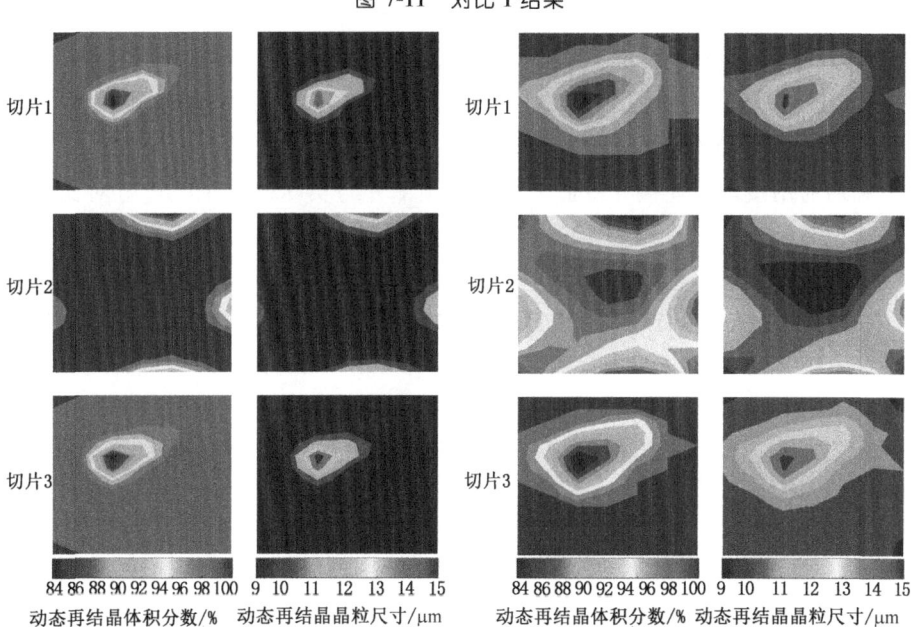

84 86 88 90 92 94 96 98 100   9 10 11 12 13 14 15
动态再结晶体积分数/%   动态再结晶晶粒尺寸/μm
b) 神经网络

图 7-12　对比 2 结果

a) 有限元模拟　　　　　　　　　　b) 神经网络

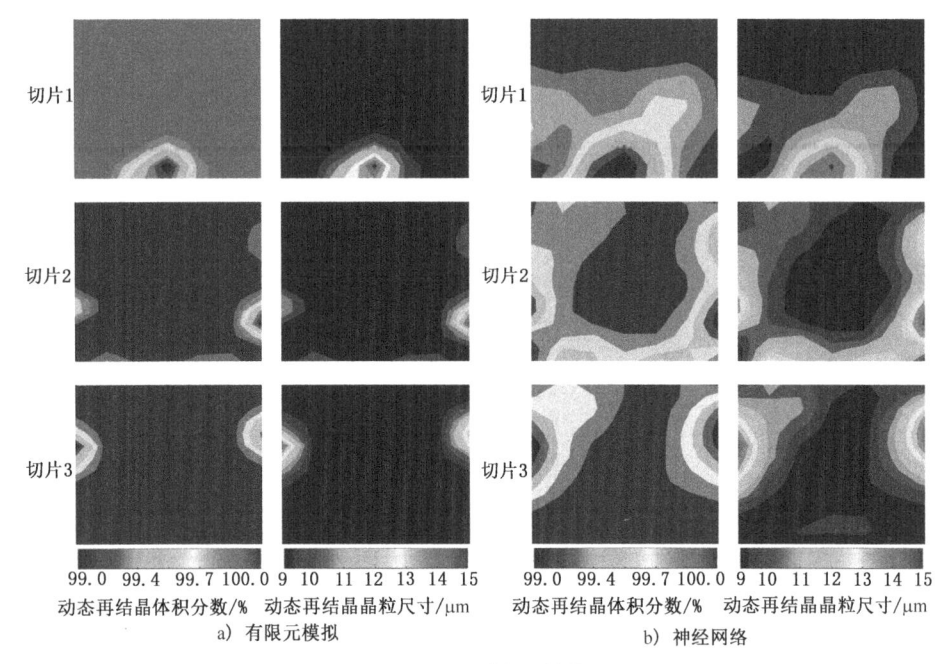

图 7-13　对比 3 结果

7.4　神经网络对其他锻造成形工艺的预报

7.4.1　30Cr2Ni4MoV 钢连接杆锻造工艺

利用通用模块对连接杆锻造工艺进行预测并与实际锻造工艺进行对比,分析微观组织结果,验证网络模型的实用性。

该连接杆成形工艺如下:

(1) 加热至 1 250 ℃,然后快速冷却,取样观察初始微观组织;

(2) 加热至 1 250 ℃,进行镦粗,变形量为 50%,然后快速冷却,取样观察微观组织;

(3) 加热至 1 250 ℃,进行 V 砧拔长,每砧变形率为 50%,然后快速冷却,取样观察微观组织;

(4) 加热至 1 250 ℃,进行平砧拔长并锻打成台阶轴,然后快速冷却,取样观察微观组织;

(5) 将步骤 4 所得的工件加热至 1 250 ℃,放入模具中进行模锻加工,最终加工成连接杆制品,然后快速冷却,取样观察微观组织。

锻造过程中不同工序的锻造制品和各工序的微观组织取样位置如图 7-14 所示,各工序锻造实际制品如图 7-15 所示,最终连接杆制品如图 7-16 所示。工序 2 至工序 4 的微观组织的晶粒尺寸大小统计如表 7-3,使用神经网络进行对比预测。

工序 5 的微观组织的晶粒尺寸统计如表 7-4，同样进行神经网络的对比预测。经过对工序 1 的初始组织晶粒的统计，认为初始晶粒尺寸约为 140 μm。

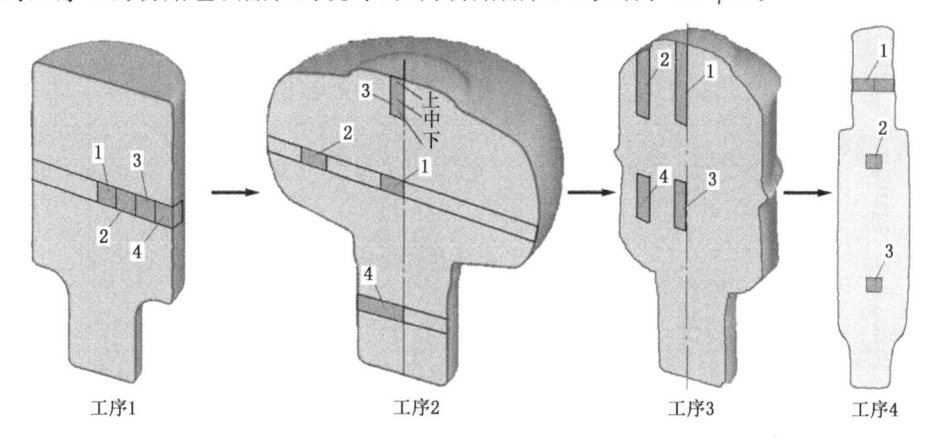

图 7-14 模拟工序顺序与试样取样位置

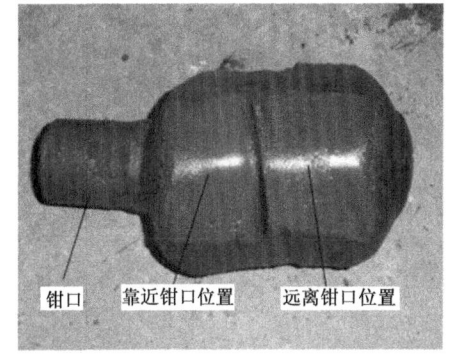

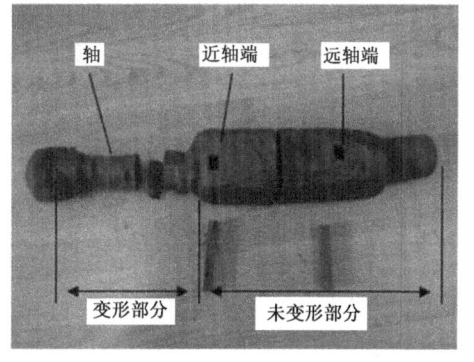

图 7-15 实际工序顺序

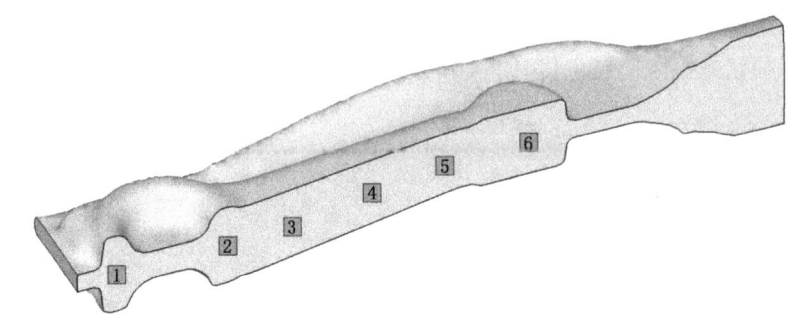

图 7-16 锻造最终制品

表 7-3 工序 2～4 的晶粒尺寸统计　　　　　　单位:μm

工序	位置	试验	有限元 模拟值	有限元 误差	神经网络 预测值	神经网络 误差
2	1	130	90～120	−40～10	117.45	−15.55
2	2	103	75～105	−28～2	80～90	−23～13
2	3	10～105	15～90	5～15	20～120	10～15
2	4	40	30	10	46.34	6.34
3	1	42	30～45	−12～3	28	−14
3	2	42	30～45	−12～3	35	−7
3	3	75	60～90	−15～15	85～91	10～16
3	4	75	45～90	−30～15	80～90	5～15
4	1	30	7.7～36.1	−22.3～6.1	20～30	−10～0
4	2	140	135～150	−5～10	140	0
4	3	140	150	10	130	−10

表 7-4 最后工序的晶粒尺寸统计　　　　　　单位:μm

位置	试验	有限元 模拟值	有限元 误差	神经网络 预测值	神经网络 误差
1	40	36.1	−3.9	32	−8
2	45	40.3	−4.7	47	2
3	46	46.7	0.7	40	−6
4	45	45.8	0.8	40	−5
5	47	46.0	1	40	−7
6	45	45.3	0.3	40	−5

由表 7-3 和表 7-4 中的数据可知,采用有限元模拟和神经网络预测出的结果相近,与实际试验结果存在一定误差。采用有限元模拟工序 2~4 产生误差绝对值最大为 40 μm,最小为 2 μm,采用神经网络模型预测工序 2~4 所产生的误差绝对值最大为 23 μm,最小为 0 μm。最后的成形工序使用有限元模拟所产生的误差绝对值最大为 4.7 μm,最小为 0.3 μm,使用神经网络预测的误差绝对值最大为 8 μm,最小为 2 μm。产生误差的原因可能是实际试验中统计晶相区域范围较窄,并不能准确地代表整体组织状态。从数值大小来看,采用两种数值计算方式所得结果与实际结果的误差在可接受范围内,因此该神经网络模型可以用于指导该种材料的热成形工艺。

7.4.2 TA15 钛合金齿轮托架成形工艺

同样采用通用模块对 TA15 在齿轮托架锻造成形过程中的晶粒尺寸进行数值模拟。该成形工艺成形参数如下:材料初始温度为 1 000 ℃,与空气传热 10 s,模具温度 200 ℃,预锻时长 1 s,终锻时长 3 s。锻造结束后在成品不同位置取样,然后测量晶粒尺寸,取样位置如图 7-17 所示。该成品为轴对称模型,选用其中 1/12 模型作为取样位置,各取样点处晶粒尺寸的试验结果、有限元计算结果和神经网络预测结果如表 7-5 所示。

表 7-5 晶粒尺寸对比

位置	有限元/μm	神经网络/μm	误差/%
1	8.98	9.0	0.2
2	9.39	9.3	−0.96
3	9.78	8.53	−14.65
4	10	8.95	−11.73
5	9.73	9.97	2.41
6	9.97	9.5	−4.95
7	9.89	9.56	−3.45

由表 7-5 分析可知,使用有限元和神经网络对结果的预测所产生的最大的误差为 −14.65%,最小误差为 0.2%。有限元模拟是根据区域内网格节点值计算出的结果数据,而神经网络是根据预测选定点区域内的平均值计算出的结果数据,这造成了表中的数据误差,但整体的偏差值在可接受的范围之内,所建立的神经网络模型可以用来指导实际成形。

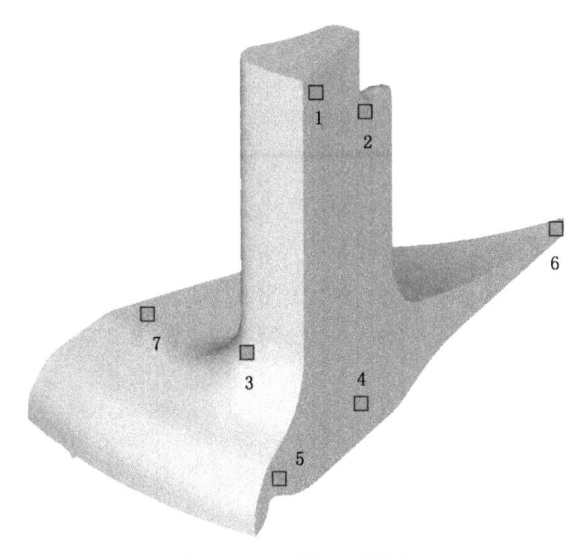

图 7-17 取样点示意图

参考文献

[1] 刘鑫,钟约先,马庆贤,等. 大型核电低压转子锻件倒棱新工艺的模拟[J]. 机械工程学报,2010,46(24):16-21.

[2] 付波,隋大山. 超超临界高中压转子钢锻造工艺试验与数值模拟[J]. 塑性工程学报,2012,19(1):25-29.

[3] 赵艳红,高建军,王欢. 数值模拟在大钢锭制造中的应用[J]. 大型铸锻件,2012(2):12-16.

[4] 尹宗美. TA15钛合金热加工本构模型及微观组织预测研究[D]. 秦皇岛:燕山大学,2014.

[5] GH4169高温合金板材超细晶处理及超塑成形研究[D]. 哈尔滨:哈尔滨工业大学,2005.

[6] 潘利永. 30CrNi4MoV钢热变形微观组织演化与预测研究[D]. 秦皇岛:燕山大学,2013.

[7] 骆俊廷,刘永康,张春祥,等. 一种超细晶GH4169高温合金板材的制备方法:201410410373.6[P]. 2016-05-04.

[8] 骆俊廷,李洪波,张晟伟,等. 一种汽车桥壳及其挤压成形方法和模具:201910644502.0[P]. 2020-02-04.

[9] 骆俊廷,薛浩,赵静启,等. 一种多向挤压强变形模具及其方法:201910489530.X[P]. 2020-10-02.

[10] 栾伟. 42CrMo钢转向节臂成形数值模拟与组织预测[D]. 秦皇岛:燕山大学,2016.

[11] 吴桂芳. GH4169高温合金热加工微观组织仿真预测研究[D]. 秦皇岛:燕山大学,2014.

[12] 王泗瑞. GH4169高温合金多向锻造工艺微观组织演变模拟研究[D]. 秦皇岛:燕山大学,2019.

[13] 靳永波. GH4169合金多向锻造组织演变仿真及神经网络预测研究[D]. 秦皇岛:燕山大学,2022.

[14] Luo Junting,Chu Ruihua,Yu Wenlu,et al. Fine-grained processing and electron backscatter diffraction (EBSD) analysis of cold-rolled inconel 617

[J]. Journal of Alloys and Compounds,2019,799:302-313.

[15] Luo Junting, Yu Wenlu, Xi Chenyang, et al. Preparation of ultrafine-grained GH4169 superalloy by high-pressuretorsion and analysis of grain refinement mechanism[J]. Journal of Alloys and Compounds. 2019,777:157-164.

[16] 骆俊廷,陈艺敏,尹宗美,等. TA15钛合金热变形应力应变曲线及本构模型[J]. 稀有金属材料与工程,2017,46(2):399-405.

[17] 尹宗美,骆俊廷,郝增亮,等. 坯料形状对GH4169合金镦粗锻件组织均匀性的影响[J]. 塑性工程学报,2014,21(4):123-127.

[18] Liu Yongkang, Yin Zongmei, Luo Junting, et al. The constitutive relationship and processing map of hot deformation in A100 steel[J]. High Temperature Materials & Processes,2016,35(4):399-405.

[19] Jin Yongbo, Xue Hao, Yang Zheyi, et al. Constitutive equation of GH4169 superalloy and microstructure evolution simulation of double-open multi-directional forging[J]. Metals, 2019,9(10):1146.

[20] Jin Yongbo, Zhao Jingqi, Yang Zheyi, et al. Constitutive model and microstructure evolution finite element simulation of multi-directional forging for GH4169 superalloy[J]. Metals, 2020,10(12):1695.

[21] Jin Yongbo, Zhao Jingqi, Zhang Chunxiang, et al. Research on neural network prediction of multi-directional forging microstructure evolution of GH4169［J］. Superalloy Journal of Materials Engineering and Performance. 2021,30(4):2708-2719.